il s'y trouve une très-grande quantité de matière alimentaire, ou bien à cause de leur degré de sécheresse qui les rend moins susceptibles d'altération que les autres parties des végétaux.

La première préparation qu'on fit subir aux semences farineuses, fut sans doute la cuisson au feu. Le hasard & l'expérience apprirent ensuite à les diviser & à les combiner de différentes manières avec l'eau; de-là, les bouillies, les galettes & les pâtes. Les femmes chargées spécialement des soins intérieurs de la maison, dûrent préparer le pain chaque jour avec les autres mets qui composoient le repas; mais à mesure que les hommes se sont réunis en société, ils ont partagé entr'eux les différens objets dont ils s'occupoient en famille. Cet antique usage s'est même conservé dans quelques coins du Royaume & chez plusieurs Ordres religieux, où l'on voit encore aujourd'hui les Arts de première nécessité, exercés seulement pour les besoins de la communauté. Il a fallu bien des siècles il est vrai pour porter ces Arts au degré de perfection que la plupart ont atteint aujourd'hui.

L'hiſtoire de la Boulangerie eſt fort obſcure : ſi l'on en croit quelques Philoſophes de l'antiquité, la converſion du blé en pain, a été indiquée par la manière dont on en uſa d'abord : ſuivant leur opinion généralement adoptée, on commença par manger les grains entiers & cruds, à l'inſtar des autres végétaux : les phénomènes de la maſtication donnèrent lieu enſuite aux différens changemens qu'ils ſubirent ; le broiement des dents fit ſonger aux pilons & aux meules ; la réunion de la ſubſtance farineuſe en petite maſſe par le mélange de la ſalive devint le modèle de la pâte. Mais le levain, cette matière actuellement en mouvement qu'on introduit à la faveur de l'eau dans la farine pour la faire fermenter plus promptement, a-t-il été également enſeigné par la Nature, c'eſt ce qu'il paroît difficile d'imaginer ? nous n'avons du moins ſur ſa découverte que des conjectures fort vagues.

Tel est le sort des Sciences & des Arts, lorsqu'on veut pénétrer dans la profondeur des temps les plus reculés, pour suivre la marche de leurs progrès, on ne rencontre qu'incertitude & contradiction ; tantôt ce sont des éloges pompeux sur l'état florissant où ils étoient alors, tantôt ce sont des regrets sur leur décadence occasionnée par quelques catastrophes ; aucun signe, aucun passage ne désignent clairement une méthode, un procédé qui puissent mettre sur la voie, ni laisser deviner comment ils étoient exercés. C'est pour préserver nos connoissances des injures des temps, d'une brutale férocité, & de l'ignorance toujours destructive, que les Savans ont fourni & exécuté le projet de décrire les Arts & Métiers ; entreprise vaste & honorable pour le siècle, la Nation & l'Académie royale des Sciences de Paris.

Que ce soit à la fermentation spontanée de la pâte qu'il faille attribuer l'invention du levain, ou bien au mélange de quelques fruits doux qui en aient développé tout-à-coup le principe fermentefcible ; que nous foyons redevables de cette invention à l'induſtrie ou au hafard, peu importe : il fuffira feulement d'obferver que le levain étant la partie la plus importante & la plus néceſſaire de la Boulangerie, c'eſt à l'époque de fa découverte qu'il faut faire remonter celle de l'ancienneté du pain : jufque-là cet aliment n'étoit autre chofe qu'un compofé groſſier de farine & d'eau qu'on faifoit cuire fimplement fous la cendre, fans apparence & fans goût.

La grande difpofition qu'ont les fubſtances farineufes combinées avec l'eau, de prendre le mouvement de fermentation, & de s'altérer avec une vîteſſe incroyable pendant l'été, doit faire préfumer que les pays chauds font la patrie du pain levé, & que l'art de le fabriquer a paſſé, ainfi que la plupart des connoiſſances humaines, des climats brûlans dans les pays tempérés, avec d'autant plus de vraifemblance, que tous les Auteurs conviennent que la Boulangerie fut cultivée avec fuccès en Égypte,

& qu'elle paſſa enſuite dans la Grèce, où elle reçut encore un degré de perfection. Bientôt les Romains abandonnèrent l'uſage de manger les farineux ſous la forme de bouillie, dont ils étoient amateurs paſſionnés, pour, à l'exemple des Hébreux & des Arabes, ſe nourrir également de pain : alors le goût pour cet aliment ſe répandit & devint plus général.

Mais ſi les Romains n'ont pas été les premiers à pratiquer l'art de faire du pain, il faut avouer qu'ils l'ont traité & regardé comme une de leur plus belle conquête. Ce peuple fameux qui accorda toujours aux Arts utiles le degré d'eſtime qu'ils méritent, attacha une telle importance & un ſi haut prix à la poſſeſſion du bon pain, qu'il fit venir exprès d'Athènes des Boulangers, avec la promeſſe ſolennelle de les fixer par la conſidération & les récompenſes. Les Romains ne négligèrent rien en effet pour conſerver & diſtinguer une profeſſion auſſi eſſentielle à la vie : non-ſeulement ils encouragèrent ceux qui l'exerçoient, les faisant parvenir à toutes les dignités de la République ; mais ils fondèrent encore à Rome un collége de Boulangers avec des sommes considérables pour assurer son éclat & sa solidité : il y eut même des Règlemens qui leur défendoient de se mésallier, de permettre à leurs enfans d'embrasser d'autre état ; & pour qu'aucune occupation étrangère ne vînt les distraire dans la pratique de leur Art, ils les affranchirent de toutes les charges publiques : distinction signalée qui ne manque jamais de faire naître l'émulation, & la perfection qui en est la suite. Les Écrivains les plus célèbres de ce temps nous ont transmis le nom de plusieurs Boulangers de réputation qui illustrèrent leur Art, & l'on voit encore à Aix & dans quelques-unes des villes qui avoisinent l'Italie, des monumens élevés à leur gloire.

Par quelle étrange fatalité, l'existence civile des Boulangers, dont l'Art est en quelques endroits de la France plus perfectionné qu'il ne le fut jamais à Rome, par quelle fatalité, dis-je, ces Artiſtes ſi diſtingués dans la Capitale du monde, ſe trouvent-ils relégués maintenant dans la claſſe la plus inférieure des citoyens ? comment eſt-il poſſible que les avantages infinis que le pain procure aux hommes, ne leur faſſent pas plus eſtimer ceux qui le préparent ? ſeroit-ce parce que dans la vue de ſatisfaire notre plus preſſant beſoin & la délicateſſe en même temps, ils ſont forcés de renoncer aux agrémens de la vie pour travailler ſans relâche dans le ſilence de l'obſcurité, au milieu d'une atmoſphère brûlante, environnés de fumée & de pouſ-ſière, à des heures où la Nature entière ſe repoſe, de ne pouvoir céder enſuite que pour très-peu de temps au ſommeil qui les accable à l'inſtant préciſément où les hommes de tous les états ſe délaſſent dans les plaiſirs ? ſeroit-ce encore par la raiſon que, parvenus de bonne heure aux infirmités de la vieilleſſe, après avoir paſſé leurs premières années & épuiſé toute leur force à la préparation du pain de leurs concitoyens, ils font quelquefois contraints d'en aller mendier dans les hôpitaux, & d'achever leur carrière avec ces êtres que le crime ou la paresse ont rendu les fléaux de la société?

Ce tableau abrégé, mais trop vrai, du fort infortuné du Boulanger, ne devroit-il pas au contraire intéresser en sa faveur la raison & l'humanité? Mais ce n'est pas le travail pénible & assidu qui influe sur le joug humiliant sous lequel il est courbé : il met en œuvre le produit de l'Agriculture, & plus encore que le Cultivateur, il est dédaigné; on rend souvent hommage à l'objet sur lequel l'un & l'autre s'exercent ; on s'occupe quelquefois de ce qu'ils font ; mais rarement prend-on la peine de songer à eux.

Ce font cependant ces Boulangers si vils aux yeux de tant d'esprits superficiels, qui ont l'art de souftraire les procédés de leur fabrique aux intempéries des saisons & au caprice des élémens ; ce font ces Artistes si injuftement méprifés qui pourvoient à notre subsistance, qui préparent le premier & le plus indispensable de nos alimens, que la vanité a placés dans un rang inférieur à ces Marchands qui n'ont jamais besoin de consulter le temps ni les ressources de l'industrie, qui ne doivent rien ajouter, rien changer à la matière qu'ils achettent & débitent; à ces Marchands, qui loin d'avoir un but aussi utile que le Boulanger, lequel améliore encore ce bienfait que la Providence accorde aux travaux & à l'industrie, détériorent très-souvent au contraire ce qu'il y a de plus parfait, & nuisent par-là à notre conservation.

Cependant malgré notre froide indifférence envers les Boulangers, il s'est trouvé parmi eux des hommes assez courageux pour braver l'injustice & l'ingratitude, assez généreux pour consacrer leur fortune & leurs veilles à servir leurs semblables. Différens procès-verbaux d'essais faits dans quelques-unes de nos provinces, telles que la Bourgogne, &c. attestent qu'on en a vu tellement accessibles aux sentimens qu'inspire la misère publique,

INTRODUCTION. xiij

qu'ils ont fait volontairement le sacrifice de leur intérêt propre à l'intérêt du pauvre, en considération de la disette. Dans le nombre, il en existe encore sur lesquels nous daignons jeter à peine un regard, qui perfectionnent leur Art, sans l'espoir d'obtenir cette considération dont jouissent les hommes de tous les états qui se distinguent, & qu'il semble qu'on refuse aux seuls Boulangers.

Si nous voulons tirer les Boulangers de l'état d'engourdissement & d'humiliation où les préjugés les ont plongés : si nous desirons qu'ils s'instruisent des différens moyens qui peuvent concourir à rectifier leurs procédés défectueux ; distinguons la profession, inspirons à ceux qui s'y dévouent une idée plus élevée d'eux-mêmes, ne prêtons plus l'oreille à ces propos populaires, qui n'ont aucune vraisemblance. S'il arrive un renchérissement dans la denrée de première nécessité, ou que les saisons en aient affoibli les qualités, n'en accusons pas le Boulanger, ne rejetons pas sur lui les malheurs des temps & des circonstances; puisque dans ce cas, il faut plus de temps, de peines & d'industrie de sa part pour réparer les torts de la Nature, & obtenir constamment les mêmes résultats. Pénétrons-nous bien d'une vérité incontestable, qu'il n'existe aucun ingrédient, à la faveur duquel il soit possible de restituer aux farines détériorées, leur première qualité, de blanchir les farines bises, & de leur communiquer la faculté de se convertir en un pain analogue à celui qu'on retire des farines blanches; qu'il n'y a que la bonne méthode qui puisse opérer en partie un pareil changement; que la plus légère addition employée à dessein d'augmenter le bénéfice, diminueroit de beaucoup la valeur & le prix. Accordons-leur le privilége dont jouissent tous les Commerçans, celui de vendre leur marchandise au poids, ainsi qu'ils ont acheté la matière première qui en est l'objet, afin de les soustraire à ces amendes, à ces deshonneurs qui les découragent &

les ruinent, & dont on les entache si souvent, faute de pouvoir distinguer toujours la bonne foi mise en défaut par les circonstances & la fraude méditée. Quand il s'agit de les visiter pour constater s'ils sont en contravention, évitons ces scènes humiliantes aux yeux du peuple qui ne voit que son pain, & qui toujours disposé à traiter avec humeur celui qui le fabrique, accourt à sa porte, dans l'espérance de profiter de la confiscation en l'insultant, quelle que soit son innocence. Enfin si le commerce du pain par sa nature & son importance, doit être soumis à la rigueur des loix, que cette rigueur au moins ne porte pas sur l'homme qui le fait, & que l'animadversion dont s'est rendu coupable un Boulanger infidèle, ne rejaillisse pas sur le corps entier. Alors ces encouragemens, ces précautions que la justice & la reconnoissance sembleroient devoir dicter envers cette classe de citoyens, tourneront au profit de l'Art & du bien général; la Boulangerie cessant d'être un labyrinthe de trouble, de crainte & d'humiliation, toutes ses ressources se développeront pour l'utilité commune; la santé, l'économie & l'agrément y trouveront également leur compte, & d'un bout à l'autre du Royaume, le pain fabriqué avec les différens grains dans toutes les saisons, deviendra l'aliment le moins dispendieux & le plus nourrissant; mais je passe à l'exposition de mon Ouvrage.

Depuis que les Savans ont tourné leurs regards vers les travaux de la campagne, & qu'à l'aide de la Physique ils ont éclairé les différentes branches de l'économie rurale, les Cultivateurs voient leurs soins récompensés plus constamment par d'abondantes moissons. L'art de préparer les semences & de disposer la terre par les labours & les engrais est mieux connu; les grains ont moins à craindre de la part des maladies qui les affectent dès leur développement; ils résistent davantage aux accidens qui leur surviennent pendant qu'ils croissent & jusqu'à ce qu'ils aient acquis une entière maturité; nos récoltes sont

moins

INTRODUCTION. xvij

moins exposées à l'action de l'humidité qui faisoit évanouir en peu de temps les espérances les plus flatteuses. Enfin, les moyens de conserver en bon état nos provisions, de les améliorer même encore en les dépouillant de ce qu'elles renferment d'étranger & d'impur, remplissent plus complètement les effets qu'on avoit tout lieu d'en attendre ; toutes ces parties s'étant perfectionnées, la Boulangerie pouvoit-elle rester dans l'oubli, & ne pas se ressentir des influences de ce concours de lumières du Physicien & de l'Agriculteur ?

Nous n'avons connu pendant long-temps que le Boulanger & nullement son Art, excepté quelques procédés chétifs & défectueux disséminés au hasard dans les Traités destinés aux détails de la vie champêtre, cet Art étoit absolument ignoré. Grâces à M. Malouin, les yeux se sont ouverts, & c'est à lui que nous avons la première obligation de savoir que la fabrication du pain ne consiste pas dans une opération aussi facile à exécuter qu'on le croiroit. L'Ouvrage qu'il a publié à ce fujet, offre des faits très-intéreſſans, non-feulement fur l'art du Boulanger; mais encore fur ceux du Meunier & du Vermicellier. Il mérite donc à jufte titre la reconnoiſſance des bons patriotes : mais l'homme qui ouvre la carrière, ne fauroit tout apercevoir ; il lui eſt même impoſſible, malgré un zèle très-éclairé, les vues les plus louables & la meilleure intention, d'éviter tous les écueils, principalement lorfqu'étant forcé de fe fervir des yeux d'autrui pour fe conduire, il a befoin continuellement dans la route qu'il parcourt, de guides qui abufent fouvent de la trop grande confiance qu'on eſt obligé de leur accorder ; telle a été fans doute la poſition où s'eſt trouvé l'Auteur de l'Ouvrage que nous citons.

En effet, M. Malouin, par fon état & par fes places, n'ayant pu confacrer par jour quelques heures de fuite à l'étude de l'Art dont il avoit entrepris la defcription, il a été fouvent contraint de s'en rapporter aveuglément à ceux qu'on lui avoit indiqués, comme les plus propres à l'aider & à l'éclairer dans son travail; en forte que ne pouvant donner toujours une définition claire, exacte & précife des opérations de la Meunerie & de la Boulangerie, il s'écarte quelquefois du véritable but de ces deux Arts; tantôt par exemple il blâme avec raifon une méthode vicieufe pour en louer une autre qui n'eft pas beaucoup plus parfaite, fans décider pofitivement à laquelle il convient d'accorder la préférence, fans propofer les moyens de réformes néceffaires; tantôt feul & livré à lui-même, il rapporte une obfervation conforme à l'expérience, puis auffitôt de concert avec les Meuniers & les Boulangers qu'il confulte, il place à côté une explication qui la contredit, d'où il réfulte que le meilleur précepte devient fouvent obfcur & prefque toujours inintelligible pour l'Artifte lui-même qui doit l'exécuter; & qu'au rapport des plus habiles d'entr'eux, l'Ouvrage de M. Malouin ne peut répandre du jour que chez le commun des Boulangers de certaines provinces où l'Art de fabriquer le pain eſt encore dans ſa première imperfection.

Il s'en faut bien que je cherche à déprimer ici un Ouvrage auquel j'ai déjà rendu ſouvent hommage; j'oſe croire que l'Auteur qui vivoit encore au moment où le mien venoit d'être imprimé, loin de trouver déplacées mes Obſervations, les auroit approuvées, tant l'amour de la vérité étoit puiſſant ſur lui. Nous ſavons d'ailleurs qu'ayant eu l'occaſion & le temps d'approfondir davantage la Boulangerie, il ſe propoſoit, dans une nouvelle édition, d'en rectifier les procédés. Quoi qu'il en ſoit, on ne doit pas moins regarder l'art du Boulanger auquel M. Malouin prenoit tant d'intérêt, & qu'il étoit bien capable de porter au degré de perfection qu'il peut atteindre, comme la meilleure production que nous laiſſe ce Médecin eſtimable.

J'aurois été certainement moins excuſable que M. Malouin, ſi j'euſſe donné dans les mêmes écueils; je lui dois peut-être d'avoir ſuivi une toute autre route, ce n'est pas la seule obligation que je lui aie. Au lieu de commencer par devenir le rédacteur des Artistes que je me proposois d'interroger & de consulter, j'ai tâché auparavant d'en devenir le disciple : j'ai donc consacré tous mes loisirs pour me livrer sans réserve aux différentes parties de l'Art que je voulois décrire, en prenant le blé depuis le moment où il est au pouvoir de l'homme, & le suivant jusqu'à ce qu'il soit transformé en pain; ainsi, je me suis rendu familiers les détails les plus indifférens en apparence, afin de mieux distinguer les méthodes particulières d'avec les vrais principes, & de ne pas confondre les résultats défectueux avec la perfection. Pénétré pendant long-temps des vérités fondamentales de la Boulangerie, j'ai été en état d'apprécier le mérite des avis dont j'avois besoin pour donner un Ouvrage utile, & j'ai eu l'avantage de rencontrer un des premiers Boulangers du Royaume, qui a bien voulu me seconder avec un zèle qu'on met à peine à un travail qui nous appartient en propre; je me fais un devoir & un plaisir de le citer ici, en lui témoignant publiquement toute ma gratitude; c'est M. Brocq, Régisseur de la Boulangerie de l'hôtel royal des Invalides & de l'École Militaire, homme honnête & distingué, connu avantageusement de plusieurs Académiciens, par quelques Mémoires intéressans sur les grains & le pain, que le Gouvernement a déjà employés, & qu'il ne devroit pas perdre de vue dans les circonstances où il s'agit d'être éclairé sur cet objet important des subsistances.

Je considère le Boulanger comme fabriquant & comme commerçant : Sous ce double point de vue, j'ai toujours enchaîné ses intérêts à ceux du public : en dirigeant ses idées & ses connoissances vers la perfection de l'Art qu'il exerce; je n'ai oublié aucun des moyens qu'il pouvoit employer pour en tirer un meilleur parti : c'est je crois de cette manière qu'on devroit continuellement parler aux Artistes, lorsqu'il s'agit d'attaquer leurs préjugés & de les porter à renoncer à leur vieille routine. Tant que les hommes ne font pas convaincus, qu'en changeant de méthode ils auront plus de profit, ils font fourds aux avis qu'on leur donne pour la rectifier ; on ne peut même jamais fe flatter de les faire fortir de l'inertie & de l'indifférence où ils font la plupart, qu'en intéreffant à la fois leur fortune & leur amour-propre. Ce langage convient fingulièrement aux Boulangers, puifque faifant mieux, ils pourront donner à meilleur marché & gagner davantage ; on verra combien m'a occupé dans le cours de mon Ouvrage, cette confidération ; qu'il n'eft pas d'opération en Boulangerie qu'on ne puiffe faire encore mieux & à moins de frais.

Mon Ouvrage eft divifé en fix Chapitres, dont chacun eft compofé de différens Articles : je développe dans le premier Chapitre la nature & les propriétés du blé, de manière à en faire connoître les différentes parties conftituantes: fans m'arrêter long-temps néanmoins aux détails qui concernent leurs effets phyſiques. A qui cette connoiſſance paroît-elle plus utile qu'aux Boulangers chargés de décompoſer le grain & de lui donner une nouvelle forme ? elle peut quelquefois ſervir à les éclairer ſur le choix qu'ils doivent en faire, & leur apprendre à diſtinguer par ſon moyen, les caractères généraux qui lui appartiennent eſſentiellement, d'avec les variétés dûes ſeulement au terrein, à l'expoſition & au climat.

Le Boulanger qui ne ſeroit pas circonſpect & défiant dans ſes achats, courroit ſouvent les riſques de recevoir ſa marchandiſe changée ou altérée, & deviendroit la dupe des ſupercheries ſi communes dans le commerce du blé; afin de l'en garantir je lui indique les précautions les plus eſſentielles à employer contre les fraudes du vendeur qui ſouvent fait ſervir l'eau ou le grain pour maſquer le poids & la meſure; le commiſſionnaire ou le facteur qui, au lieu de ſtipuler ſes intérêts, eſt quelquefois d'intelligence avec le Marchand;

enfin, le conducteur qui peut substituer en chemin un blé médiocre à un blé de première qualité. Je recommande encore au Boulanger les soins qu'il faut prendre pour empêcher que les grains ne subissent des avaries au marché où on les expose en vente, dans les magasins qui les contiennent, & sur la route pendant leur transport.

A ces détails, j'aurois dû joindre un tableau qui pût faire saisir au premier coup d'œil, par des calculs déterminés, les rapports des différentes mesures de grains à celles de Paris; mais l'usage a suffisamment éclairé tous les Commerçans & les Boulangers à cet égard : d'ailleurs, la qualité du blé qui varie chaque année, les oblige à des combinaisons & à des spéculations nouvelles, qui, d'une récolte à l'autre, mettent en défaut les calculs les plus exacts, & rendent presque toujours trompeurs ces tableaux, quelque satisfaisans qu'ils paroissent aux yeux & à l'esprit.

L'objet du second Chapitre intéresse principalement le broiement du blé & sa conversion en farine. Cette opération dont on a fait un Art séparé, a un rapport trop direct avec la fabrication du pain pour être étrangère au Boulanger, puisque la perfection & le bénéfice de son travail dépendent absolument de la bonne mouture, & que les Meuniers non surveillés sont également payés, quelles que soient leurs fautes : il lui importe donc de s'appliquer à bien connoître la Meunerie. Je mets sous ses yeux un abrégé des diverses méthodes de moudre, afin qu'il soit en état de pouvoir juger par comparaison d'après l'examen de la nature & de la qualité des résultats qu'on obtient de chacune, quelle est celle qui mérite la préférence : je crois ne rien hasarder en prononçant d'avance qu'il se décidera bientôt en faveur de la mouture économique, comme tout mon Ouvrage le prouve.

On sait que par l'ancienne manière de moudre, on ne retiroit du grain que la moitié de son poids en farine, encore étoit-elle dans un état defectueux. Aujourd'hui l'expérience démontre que la mouture économique, non-feulement produit une plus belle farine, mais encore un quart de plus, fur laquelle il ne fe trouve qu'un neuvième de farine bife ; d'où il fuit qu'une livre de bon blé, par exemple, donne neuf onces & demie de farine blanche ; deux onces & demie de farine bife, trois onces fix gros de fon, & environ deux gros qui reftent pour le déchet ; ces proportions dans les produits du blé font le réfultat de la perfection, elles varient par la qualité du grain, l'ignorance du Meunier ou la conftruction vicieufe du moulin.

Les farines les mieux moulues ne donnent jamais, au fortir des meules, un auffi beau pain qu'au bout d'un certain temps qu'elles ont été gardées. Ce phénomène, dont j'ai fouvent été témoin, appartient à un de leurs principes, que l'action des meules échauffe & peut même altérer lorfqu'elle eft pouffée trop loin. La matière glutineufe en effet ne fauroit éprouver un certain degré de chaleur au moulin ou dans les étuves, fans perdre un peu de fes propriétés tenaces & élastiques ; c'est cette matière vraiment singulière qui joue le plus grand rôle dans la panification, qu'il faut conserver dans les farines, & répandre dans celles qui n'en ont pas suffisamment, qui, extraite & séparée des autres parties avec lesquelles elle se trouve associée dans le blé, & soumise à quelques expériences simples en présence des Boulangers & de leurs garçons, pourra servir à les éclairer sur les principaux évènemens qui surviennent tout-à-coup dans la fabrication du pain : les démonstrations sont ordinairement plus puissantes que tous les raisonnemens.

Quand le blé est pur & de bonne qualité, les organes font des témoignages suffisans pour s'en apercevoir ; mais le Boulanger achette quelquefois de la farine à la place, & il lui seroit peut-être très-difficile de décider également au toucher & à l'œil, à quelle qualité de grain cette marchandise a appartenu, s'il n'avoit à sa disposition des pierres de touche pour s'assurer de sa bonté, de sa médiocrité & de sa détérioration. Cela posé, on présume bien que je n'ai eu garde d'oublier la conservation des farines, les effets de leur mélange & les moyens propres à faire connoître leur qualité : ces différens objets sont suivis de quelques réflexions sur les avantages qu'il y auroit d'établir & de protéger le commerce des farines.

On sait que la mouture économique ayant déterminé d'une manière invariable les produits en farine & en son qu'on retire d'une quantité de blé d'un poids & d'une mesure connus, on a été bientôt à portée de voir le gain qu'on pourroit faire en commerçant la farine plutôt que du grain ; ce seroit une nouvelle branche à l'industrie, qui procureroit entr'autres avantages, d'occuper beaucoup plus nos moulins, d'empêcher que le temps calme, les sécheresses, les inondations & les gelées, qui souvent font languir, suspendre même les moutures, en renchérissant le prix de la farine, au point de ne plus être en proportion avec celui du blé, de laisser dans l'intérieur du Royaume les issues pour nourrir & engraisser les bestiaux, de rendre la mouture économique plus générale, & de fournir par-tout le Royaume les facilités de préparer un meilleur pain, sans être aussi coûteux.

Le levain étant l'ame de la fabrication du pain, j'ai cru, dans le troisième Chapitre, devoir donner à cette substance la plus grande extension, en développant tout ce qui concerne sa nature & ses effets, sa préparation & son emploi : j'ai montré la manière de le raccommoder, lorsqu'un temps inopiné ou les soins négligés ont retardé, accéléré ou suspendu l'état de fermentation dans lequel il se trouve. L'examen de ces substances, connues sous le nom de *levains artificiels*, me conduit naturellement à celui de la levure, dont le grand usage est dû à l'ignorance dans laquelle on a été pendant long-temps, des règles à observer pour renouveler à propos, conduire & distribuer le levain naturel, suivant les saisons, la qualité des farines

& l'espèce de pain qu'on fabrique. Malgré les lumières que nous avons acquises sur ces différens points, l'usage de la levure se perpétue parmi nous, soit à la place du levain ou concurremment avec lui, soit pour en augmenter l'effet, ou pour diminuer le travail de la pâte, & obtenir un pain plus léger : mais que l'on paye cher de pareils avantages ! La fermentation de la pâte demande un certain espace de temps pour s'opérer comme il convient ; un levain trop hâtif ne permet pas aux parties qui composent la substance dans laquelle on l'introduit, de s'arranger entr'elles de manière à produire un tout homogène & parfait.

En restreignant l'usage de la levure à la dose qu'il est permis de l'employer, je démontre que la fabrication du pain sans l'addition de ce ferment artificiel, pourroit être à la vérité un tant soit peu plus pénible, mais qu'en revanche on obtiendroit un pain plus égal, plus blanc & plus savoureux ; mais l'eau, cet agent principal de la fermentation, sans lequel le levain & la levure n'agiroient que foiblement sur la farine; l'eau n'est pas d'une conséquence aussi grande en Boulangerie qu'on le prétend. Sa qualité n'influe pas sur celle du pain dont elle fait partie; c'est le degré de chaleur qu'on lui donne, ses proportions & la manière de l'employer, qui produisent l'effet principal. Cette discussion m'a paru d'autant plus essentielle à éclaircir, qu'en province particulièrement, les vices de la fabrication du pain sont toujours rejetés sur la nature de l'eau avec laquelle on pétrit, & tandis que les regards s'arrêtent sur les effets attribués à une cause qui n'existe point, on perd entièrement de vue celle qui fait tout le mal. Les expériences variées & multipliées que j'ai faites pour établir cette vérité, répondent à tout ce qu'on pourroit objecter contre mon opinion.

La préparation de la pâte forme le quatrième Chapitre; c'est dans cette partie de la fabrication du pain, que la vigueur & l'intelligence de l'ouvrier se manifestent le plus.

plus. La légèreté, la ténacité, la blancheur & l'égalité de la pâte, font autant d'indices qui décèlent les foins qu'il y a employés : car le pétriffage vivement exécuté, peut reftituer en partie aux farines ces qualités que les faifons ou les défauts de mouture auroient pu affoiblir, tandis que cette opération négligée dans quelques-uns de fes procédés, donneroit à peine avec la meilleure farine un pain paffable. Le pétriffage fini, la pâte ne s'apprête ni ne fe cuit en maffe; elle eft divifée, pefée, tournée, mife en paneton ou fur couches avant d'être portée au four. Toutes ces opérations qui doivent s'exécuter à la fois & vivement, demandent le concours de plufieurs garçons, & de leur part plus d'adreffe & d'agilité que de force & de courage; il femble même que la pâte acquiert d'autant plus de vifcofité & d'uniformité qu'elle paffe dans plus de mains différentes.

A cet endroit de mon ouvrage, je rappelle ce que j'ai avancé à l'article des effets du levain. Pour développer plus en détail les phénomènes qui s'opèrent dans une pâte qui se gonfle & s'apprête, je crois démontrer suffisamment que la fermentation panaire n'est pas une fermentation spiritueuse, mais bien le premier degré de cette fermentation. Si le Boulanger laissoit arriver sa pâte à la fermentation spiritueuse, elle se trouveroit plus avancée que le levain lui-même, & le pain qu'il obtiendroit seroit mat & aigre: c'est donc pour éviter les suites d'un semblable inconvénient qu'on le voit tout agité au moment où il est question de saisir ce point juste de fermentation, & de veiller à ce qu'elle n'aille pas au-delà du terme prescrit, en l'arrêtant par un moyen violent qui est la cuisson.

Ce n'est pas toujours en qualité d'assaisonnement, que dans le pétrissage on associe le sel à la pâte; on s'en sert encore pour réprimer les effets d'une fermentation trop accélérée, ou pour donner de la viscosité aux farines qui en manquent quelquefois, d'où il résulte un pain plus léger, plus abondant & plus savoureux; mais quoique ces avantages du sel soient connus suffisamment des Boulangers instruits, la plupart ne l'emploient pas à cause de sa chèreté, lorsque précisément il seroit nécessaire ; tandis que dans les provinces où il est commun & à bon compte, on le fait servir au même usage, quelles que soient la saison, la qualité des farines & l'espèce de pain qu'on prépare. Il est même à remarquer que sa dose excède presque toujours de beaucoup celle qu'on pourroit mettre sans inconvénient ; c'est ainsi que l'on abuse toujours des meilleures choses: or, le goût de fruit, cette saveur de noisette, que la mouture, le pétrissage, la fermentation & la cuisson développent dans le pain, se trouve masquée & détruite par l'âcreté du sel qui y domine. J'expose donc les seules circonstances où cet ingrédient peut être nécessaire en Boulangerie; de quelle manière il agit sur les farines, le levain & la pâte; à quelle dose on doit l'employer pour améliorer l'aliment, sans diminuer son excellence & ses vertus nutritives.

Il est question dans le cinquième Chapitre, de la cuisson : la description du fournil & des principaux instrumens dont il doit être meublé, précède les opérations du levain ; de même aussi, je donne l'idée du lieu où s'achève la fermentation de la pâte, & où se fait la cuisson du pain. Avant d'entrer dans les détails relatifs à cette importante & dernière opération, je démontre que l'emplacement, ainsi que la bonne construction de la Boulangerie & du four, concourent pour beaucoup à la perfection du pain qu'on y prépare, sans compter le bois considérable qu'on peut épargner. Rien n'est à dédaigner dans une fabrique, où la plus légère économie est capable de soulager doublement le pauvre peuple, en diminuant d'une part le prix du combustible déjà fort rare, & de l'autre celui de la nourriture : car, c'est une vérité reconnue & démontrée que le chauffage du four dépend moins de la quantité de bois qu'on y emploie, que de la manière de l'arranger & d'en diriger l'effet.

L'inſtant le plus critique du travail du Boulanger eſt celui où il s'agit d'enfourner: obligé à cette époque de la fabrication du pain, d'obſerver la marche progreſſive de la fermentation de la pâte, & d'épier tout ce qui ſe paſſe dans le cercle de temps qu'elle parcourt, ſon attention eſt continuellement partagée entre ce ſoin important & celui de chauffer le four à propos. Le moment & la manière d'y placer le pain, demandent ce coup-d'œil & cette agilité qu'il n'eſt guère poſſible de preſcrire que par l'exemple, & que l'uſage même ne donne qu'à très-peu d'ouvriers.

Le ſéjour du pain dans le four eſt réglé ſur une infinité de circonſtances qui déterminent l'eſpèce de cuiſſon, & par conſéquent le défournement: je fais mention uniquement des plus eſſentielles, & je n'oublie pas d'avertir que la cuiſſon ne ſauroit être indiquée par tous les ſignes extérieurs auxquels on s'en rapporte le plus ordinairement. Les opérations de la Boulangerie étant achevées, je rapporte en abrégé les principaux phénomènes que le blé préfente avant & après fa converfion en pain, je termine ce Chapitre par l'expofé des manipulations particulières qu'exigent toutes les efpèces de pain ufitées dans le Royaume.

Le fixième & dernier Chapitre roule fur quelques confidérations relatives au commerce de la Boulangerie. Je fais voir d'abord l'économie que les particuliers trouveroient à acheter leur pain au lieu de le fabriquer : je hafarde enfuite quelques réflexions fur les effais, la taxe & la pefée du pain : enfin, je propofe d'établir une police parmi les Boulangers ; ces divers objets intéreffent directement le bien public, la tranquillité du Fabriquant & la perfection de l'Art ; je defire les avoir traités de manière à en faire fentir toute l'importance.

Indépendamment que le pain fait à la maifon eft prefque toujours de mauvaife qualité, & qu'il entraîne des embarras &

une perte de temps, c'est qu'il revient encore à un prix fort cher; quand bien même on auroit eu affaire à un Meunier adroit & fidèle. On s'éclaire journellement sur cet objet; les Maisons religieuses où l'on est très-surveillant sur tout ce qui peut intéresser la santé & l'économie, prennent maintenant le parti de renoncer à l'usage de fabriquer le pain, pour l'acheter. Le Boulanger étant plus occupé, ses frais de cuisson & de main-d'œuvre seront moins considérables, son pain aura plus de qualité, & il pourra le vendre à meilleur compte; car c'est une chose facile à prouver, qu'il faut le concours de plusieurs garçons pour faire seulement deux fournées, & que le double de travail ne coûte pas beaucoup plus en bras & en bois; il seroit donc très-avantageux de fixer dans toutes nos villes de province les Boulangers à un très-petit nombre.

Si toutes les méthodes de moudre, pratiquées dans le Royaume, étoient réduites à une seule, & que ce fût la mouture économique ; alors il n'y auroit plus qu'un pas à faire pour établir généralement la taxe du pain toujours en proportion du prix du blé; il s'agiroit seulement de faire en préfence des Juges & des Boulangers du lieu, des épreuves du produit d'un fetier de blé, en mélangeant les farines blanches qu'on emploîroit au pain blanc, & les dernières farines pour le pain bis; d'ajouter à ce produit les frais de main-d'œuvre & le bénéfice honnête que doit retirer le Fabriquant; mais je le répète, fans la mouture économique, le pain ne pourra jamais être par-tout dans fa jufte valeur, & il arrivera néceffairement que dans un endroit le peuple courra les rifques de le payer trop, lorfqu'ailleurs le Boulanger fera vexé.

Ajoutons aux avantages précieux que la mouture économique eft en état de procurer, ceux de ne donner que vingt livres de farine bife fur cent quatre-vingts livres de farine réfultante d'un fetier de blé pefant deux cents quarante livres, & de pouvoir offrir par le mélange de l'une & de l'autre, un pain plus blanc que celui qui proviendroit de la farine la plus blanche, obtenue par les moutures ordinaires : il feroit même poffible, dans un temps de difette, d'affocier avec ces farines, celle du feigle également moulue par la mouture économique, pour un tiers ou pour moitié, d'où il réfulteroit un pain auffi blanc & meilleur que celui du froment pur moulu par le moyen des moutures vicieufes.

En entretenant le Boulanger, fur les moyens de perfectionner fon Art, je ne me fuis pas diffimulé les entraves qu'il trouve quelquefois dans les ouvriers qu'il prend pour le feconder ; l'Art lui-même ne préfente pas autant de difficultés à vaincre. Les garçons Boulangers font tellement difpofés à mal faire, foit par inconduite ou par un efprit de contradiction qui les domine, que le Maître ne devroit jamais oublier d'examiner avec les yeux les plus attentifs, leurs procédés, & de les traiter précifément comme des horloges qu'il faut remonter de temps en temps, en mettant la main à l'œuvre. Cette circonstance qui m'a souvent frappé, m'a engagé en finissant, de proposer une police capable de prévenir les abus énormes qui résultent de l'indiscipline des garçons Boulangers.

Telle est la marche que j'ai suivie, & qui m'a paru indiquée par l'objet que je traite; si avec les raisonnemens les plus à la portée des Boulangers, j'ai placé d'autres réflexions que la Physique fournit en abondance à tout Cultivateur des Arts, c'est qu'il me semble qu'en général ce langage n'est pas si éloigné qu'on le pense des hommes pour lesquels cet Écrit est particulièrement destiné, & que d'ailleurs il est le préservatif contre la propagation des erreurs populaires, qu'on ne peut rencontrer sans étonnement dans des Ouvrages très-modernes, d'un mérite reconnu. Si la Chimie eût dirigé & éclairé leurs Auteurs, ils n'auroient pas avancé sans doute que l'amidon étoit une terre, que l'argile avoit des propriétés alimentaires, que l'alkali volatil se

INTRODUCTION. xliij

trouvoit à nu dans la décoction fraîche des végétaux vénéneux, & tant d'autres abfurdités de cette efpèce qui peuvent refroidir la confiance du Lecteur inftruit.

J'aurois defiré pouvoir inférer dans cet Ouvrage, mes recherches & mes expériences fur les maladies des grains, & fur leurs effets dans l'économie animale ; mais je vois déjà à regret qu'il eft trop volumineux & qu'il paffe les bornes que je m'étois prefcrites en le commençant : le nouveau travail que j'annonce formera la fuite de celui-ci. Je ne puis me difpenfer, avant de terminer cette introduction, d'ajouter encore quelques réflexions qui ont peut-être été faites avant moi ; elles ont trop de rapport avec mon objet pour ne pas les rappeler ici.

On affure qu'il falloit autrefois quatre fetiers de blé, mefure de Paris, c'eft-à-dire, neuf cents foixante livres pour la fubfiftance d'un feul homme ; mais l'art de moudre s'étant perfectionné, ces quatre fetiers furent réduits à trois : la mouture économique ayant encore opéré une réduction; deux fetiers un quart fuffifent aujourd'hui pour produire cinq cents foixante livres de pain de toutes farines, ce qui peut nourrir l'homme le plus vigoureux pendant fon année; d'où il réfulte qu'il y a près de moitié profit, & que l'aliment eft plus fubftanciel & plus falubre, tandis que dans les provinces où la mouture économique n'eft pas établie, & où l'on ne fuit pas les bons principes de la Boulangerie, il eft peut-être néceffaire d'employer encore trois fetiers & même plus, pour obtenir un femblable réfultat. Ainfi le pain le plus cher dans fon efpèce qu'il foit poffible de fabriquer, eft le plus mauvais & le moins fubftanciel; tout le monde convient qu'un pain doux, favoureux & parfaitement levé, eft plus falutaire, nourrit & remplit davantage qu'un pain fûr, pâteux, collant & maffif.

Quelle épargne! fi l'on parvenoit à retirer de fon grain la totalité de la farine & du pain qu'il eft poffible d'en avoir :

il est constant que la défectuosité des moutures & la mauvaise fabrication du pain renchérissent davantage le prix de cet aliment, que les années pluvieuses, le dégât de la grêle & du vent, les différens accidens qui font maigrir, noircir, rouiller & germer les blés pendant & après leur végétation : ce seroit donc une richesse presque inconnue dans le Royaume, qu'une bonne Meunerie & une bonne Boulangerie, puisqu'il seroit possible de ménager un tiers des grains qu'on y emploie; d'où s'ensuivroit l'abondance dans la circonstance où l'on croiroit n'avoir que le nécessaire, & la suffisance lorsqu'il y auroit à craindre une disette. Puisse mon Ouvrage, concourir à augmenter les lumières que Mrs Malouin & Béguillet ont déjà portées sur ces deux Arts les plus essentiels après l'Agriculture, & leur faire acquérir dans toutes nos provinces, le degré de perfection dont ils sont susceptibles !

Je ne ferai plus qu'une observation : on a droit d'espérer que dans ce siècle éclairé, où les Arts vraiment utiles, commencent à obtenir la considération qu'ils méritent; celui dont nous nous occupons ne sera pas plus oublié. Pourquoi n'établiroit-on pas dans la capitale une école de Meunerie & de Boulangerie, dont les Élèves munis de certificats les plus authentiques, seroient distribués dans nos villes de provinces? l'École vétérinaire a perfectionné l'Art hippiatrique; la principale nourriture de l'homme vaut bien la santé des animaux.

TABLE
De ce qui est contenu dans cet Ouvrage.

*I*NTRODUCTION.............page j

CHAPITRE PREMIER.
Du Blé.

ART. Ier *De l'origine du Blé*............1
ART. II. *De la nature du Blé*...........8
ART. III. *Des parties qui constituent le Blé*..15
          Du Son de Blé...............21
          De la matière glutineuse du Blé...23
          Du Muqueux du Blé.........25
          De l'Amidon du Blé..........27
ART. IV. *Des accidens qui arrivent au Blé pendant sa végétation*........28
ART. V. *Des Maladies du Blé*........38
          Du Blé rachitique...........40
          Du Blé charbonné...........42
          Du Blé carié...............45
ART. VI. *De la conservation du Blé*.....51
          Des effets de l'air sur le Blé pour le conserver...................58

Des effets du feu pour conserver le Blé.................71
ART. VII. Des animaux qui attaquent le Blé. 81
Des Essais tentés pour détruire le Charançon...........85
Manière de procéder à la destruction des Charançons..........96
ART. VIII. Des Magasins à Blé......104
ART. IX. Du choix du Blé........114
ART. X. De l'achat du Blé.......122
ART. XI. Des transports du Blé......130
ART. XII. Des préparations qui doivent précéder la mouture............136

CHAPITRE II.
De la Farine.

ARTICLE I. De la Mouture..........145
ART. II. Des diverses Moutures......157
De la Mouture à la grosse....165
De la Mouture de Melun ou en Son gras.............168
De la Mouture méridionale...170
De la Mouture rustique ou septentrionale..............173
De la Mouture à la Lyonnoise. 175
De la

De la *Mouture économique*... 179
ART. III. De la préférence qu'on doit accorder à la *Mouture économique* sur toutes les autres *Moutures*... 185
ART. IV. Des moyens propres à faire connoître la qualité des *Farines*... 201
ART. V. Du mélange des *Farines*... 215
ART. VI. De la Conservation des *Farines*. 223
ART. VII. Du Commerce des *Farines*... 231

CHAPITRE III.
Du Levain.

ARTICLE I. Des effets du *Levain*... 246
ART. II. De l'*Eau* considérée comme partie constituante du *Pain*... 253
De la température où doit être l'*Eau* pour pétrir... 264
Des proportions de l'*Eau* avec la *Farine*... 268
Des précautions pour employer l'*Eau*. 270
ART. III. Du *Fournil*... 273
ART. IV. De la Préparation du *Levain*... 277
De la *Fontaine*... 284
Du *Levain de chef*... 286

d

Du premier Levain........287
Du second Levain.........288
Du troisième Levain, ou de tout point................289
ART. V. De l'emploi du Levain......291
Du Levain de pâte........297
De la quantité de Levain....299
ART. VI. De la manière de raccommoder les Levains.............301
ART. VII. Des Levains artificiels......313
ART. VIII. De la Levure...........318
De la Levure employée comme Levain...............329
De la Levure employée avec le Levain................332

CHAPITRE IV.

De la Pâte.

ARTICLE I. Des Ustensiles nécessaires à la préparation de la Pâte......337
Du Bassin & de la Chaudière.338
Du Pétrin...............340
Des Corbeilles & des Panetons. 344
De la Couche & des Couches. 346

Art. II. *Du Sel dans la Pâte*.....348
De l'ufage du Sel en Boulangerie. 352

Art. III. *Du Pétriffage*...........361

Art. IV. *Des Opérations du Pétriffage*. 367
De la Délayure...........368
Obfervations fur la Délayure..369
De la Frafe............370
Obfervations fur la Frafe....371
De la Contre-frafe........373
Obfervations fur la Contre-frafe. 374
Du Baffinage...........375
Obfervations fur le Baffinage..376
Du Battement...........378
Obfervations fur le Battement.idem.
De la Pâte dans le Tour...381
Obfervations fur la Pâte dans le Tour.................382

Art. V. *Réflexions fur le Pétriffage*..383

Art. VI. *Des différentes fortes de Pâte*..390
De la Pâte ferme.........391
De la Pâte bâtarde ou *demi-molle*. 397
De la Pâte molle ou *légère*..403

Art. VII. *De l'Apprêt de la Pâte*....413

ART. VIII. *Du repos de la Pâte dans le Tour.* 423

ART. IX. *De la Pesée de la Pâte* 426

ART. X. *De la Façon de la Pâte*....434

ART. XI. *De la Pâte sur couche & en panetons*................443

CHAPITRE V.

De la Cuisson du Pain.

ARTICLE I. *Du Four & des Instrumens qui y sont nécessaires*..........453
Du Four, des Pelles, du Fourgon & du Rouable..........457
De l'Étouffoir............459
De l'Écouvillon & du Lauriot.460
De l'Allume & du Porte-allume.463

ART. II. *De la Construction du Four*...466

ART. III. *Du Chauffage du Four*......480

ART. IV. *De l'Enfournement*.........495

ART. V. *Du Séjour du Pain dans le Four.* 504

ART. VI. *Du Défournement*..........510

ART. VII. *Du Pain*................515

ART. VIII. *Du choix du Pain*........538

ART. IX. *Des différentes espèces de Pain usitées*
dans le Royaume........548
Du Pain d'Épeautre.......556
Du Pain de Seigle........558
Du Pain de Blé méteil....564
Du Pain d'Orge..........566
Du Pain de Blé de Turquie..568
Du Pain de Sarazin.......572
Du Pain de Pommes de terre.575

CHAPITRE VI.

De quelques Considérations relatives au Commerce du Pain.

ARTICLE I. *De l'Économie que trouveroit le particulier à acheter son Pain au lieu de le fabriquer*.........586
ART. II. *Des Essais*............592
ART. III. *De la Taxe du Pain*......603
ART. IV. *De la Pesée du Pain*......613
ART. V. *De la Police des Boulangers*.633

Fin de la Table,

Extrait des Regiſtres de l'Académie royale des Sciences,

Du 21 Mars 1778.

M.ʳˢ TILLET & BUCQUET ayant rendu compte d'un Ouvrage intitulé : *le Parfait Boulanger*, par M. Parmentier, dans lequel il leur a paru avoir confulté avec choix & difcernement les différens Auteurs qui ont travaillé fur les fujets qu'il traite dans fon Ouvrage, y avoir ajouté un grand nombre de réflexions très-fages, & avoir fait à l'Art du Boulanger, une heureufe application des connoiffances Phyfiques & Chimiques ; l'Académie a jugé cet Ouvrage digne de fon Approbation. En foi de quoi j'ai figné le préfent Certificat. A Paris, ce vingt-trois Mars mil fept cent foixante-dix-huit. *Signé* le Marquis DE CONDORCET, *Secrétaire perpétuel.*

accordé à ce bon végétal une espèce de prédilection, en le faisant croître avec un égal succès dans des climats chauds, & dans ceux qui sont très-froids ; mais en même temps il semble qu'elle ait exigé de nous que nous compensassions sa bienfaisante prodigalité à cet égard par des précautions & des ménagemens plus considérables qu'il n'en faut employer ordinairement pour les autres comestibles. Or, quoique nous ayons une foule d'ennemis à combattre pour conserver notre blé, que tout paroisse conspirer à son dépérissement & à sa corruption, que les influences de l'atmosphère le vicient quelquefois dès en naissant, que chaque saison lui fasse éprouver de nouvelles vicissitudes, que différentes espèces d'animaux le rongent & le dévorent ; enfin, malgré l'avidité des rats & des insectes dont il a les attaques à redouter, il n'en est pas moins vrai de dire, & personne ne pourra raisonnablement en disconvenir, que ce grain ne soit très-précieux, & que l'homme ne doive se trouver amplement dédommagé de ses sollicitudes, lorsqu'il est parvenu à le mettre à l'abri de la rapacité de ces animaux destructeurs, & des influences malignes qui l'altèrent & le détériorent.

Je ne m'attacherai pas à donner ici la description botanique du blé, & de ses espèces plus ou moins nombreuses, parce que le but essentiel de cet Ouvrage est de considérer les grains dans leur emploi pour la nourriture : ainsi, il ne sera question que de ceux dont on se sert ordinairement pour convertir en pain : car il est bon d'observer, avant d'entrer en matière, que sous le nom de blé on comprend souvent, non-seulement les semences de beaucoup d'autres plantes graminées, comme le seigle, l'orge, l'avoine, le sarrasin, &c. mais encore plusieurs semences légumineuses, telles que la vesce, les pois, les lentilles, &c. Pour éviter cette confusion, j'emploîrai la dénomination de froment, lorsqu'il pourroit y avoir quelqu'équivoque.

L'origine du froment se perd dans les annales du monde. Les premiers Historiens & les plus anciens Écrivains que nous connoissions, en font mention avec éloge. Mais ce grain a-t-il toujours été ce qu'il est maintenant, ou bien n'étoit-il d'abord qu'un simple *gramen* qu'on fouloit aux pieds sans y penser, & que l'industrie de l'homme a amené au point où nous le voyons aujourd'hui? croît-il dans quelque coin de la terre sans culture; enfin quelle est sa véritable patrie? Ce n'est qu'aux hommes de génie & à l'expérience, qu'il appartient de réfoudre de pareilles queftions ; je hafarderai feulement ici quelques réflexions à ce fujet.

Il paroît que les fentimens font bien partagés relativement à l'origine & à l'état primitif du froment. Quelques Auteurs veulent que dans la Sicile, l'île autrefois la plus fertile en blé qu'il y eût au monde, il exifte une terre qui, fans culture, depuis plufieurs années, en produit comme les nôtres portent des yebles, des chardons & des orties. Ceux qui nient l'exiftence du blé fauvage, prétendent que le froment eft le chiendent que la culture ou des accidens, dont l'hiftoire trop reculée ne fe trouve nulle part, ont affez éloigné de fa première conftitution, pour en faire l'efpèce de plante vigoureufe qu'on appelle *froment*. M. Tournefort dit même qu'on pourroit rapporter au froment toutes les fortes de chiendents qui ont les épis femblables à ce graminé, mais que l'ufage les en a féparés ; enfin M. de Buffon eft dans l'opinion que le blé étant la plante que l'homme a le plus travaillé, il l'a changée au point qu'elle n'exifte plus nulle part dans l'état naturel.

J'ignore fi quelques expériences ont confirmé ce qu'on a avancé tant de fois ; favoir, que les pluies fréquentes qui tombent dans le mois de Mai, font changer le blé en ivroie, & que l'ivroie femée dans une terre légère & pierreufe, fe convertit à fon tour en beau & bon froment. Je ne faurois mieux faire que de me ranger du côté des Phyficiens, qui regardent toutes ces tranfmutations comme fabuleufes & impoffibles, & je ne puis me perfuader que nous ayons la faculté, non-feulement de créer à notre gré de nouveaux genres, mais encore de changer des efpèces en d'autres : & fans adopter l'opinion de Leeuwenhoëck, qui croit que les femences ne font autre chofe que les plantes elles-mêmes en raccourci, développées feulement par la végétation, il me femble que chaque plante a une graine propre & déterminée, que le germe du blé eft différent de celui de l'ivroie ; & que quand on a effayé de tranfplanter le meilleur blé connu, dans un terrein maigre & aride, à deffein de le faire dégénérer, le grain qui en eft provenu, récolté fucceffivement pendant plufieurs années, s'eft trouvé être petit, chétif & léger, mais que c'étoit toujours du blé.

La plus grande partie du froment de Champagne eft barbu : quelques Laboureurs de cette province font venir, pour enfemencer leurs terres, du blé de Picardie, qui ne tarde pas à devenir également barbu, pourvu que dans le voisinage il se trouve du blé du pays, parce que ce dernier poussant des tiges plus hautes, la poussière séminale se porte sur le froment étranger, & lui communique le caractère naturel aux blés de la Champagne; car cette espèce de métamorphose n'a pas lieu depuis trente ans qu'on y sème le même froment de Picardie, dans un terrain isolé. Mais en supposant que la qualité du sol, la culture & l'exposition fassent perdre aux blés barbus leur barbe, & la leur restitue ensuite; le Cultivateur n'opère pas davantage que le Jardinier, qui, d'une fleur simple, blanche, unie, parvient à en faire une fleur double, rouge & panachée : il ne fait qu'en varier l'espèce, & voilà tout.

S'il falloit décrire ici les caractères principaux du genre & des espèces particulières du blé; la notice abrégée que nous pourrions en donner, deviendroit un article immense, qui ne renfermeroit encore peut-être que des conjectures, puisque, si l'on s'en rapporte aux observations des plus célèbres Botanistes, le nombre des espèces de blé qu'on subdivise à l'infini, monte déjà à trois cents soixante : il est vrai, que dans toutes ces espèces, il y a beaucoup de variétés, & que l'on a peut-être compté comme blé, ainsi que je l'ai déjà fait observer, non-seulement tous les graminés possibles, mais même les autres plantes étrangères qui croissent parmi eux : l'Auteur de l'histoire de l'Agriculture ancienne, assure dans ses notes sur Pline, d'après plusieurs expériences, qu'il n'existe qu'une seule espèce de froment variée, modifiée, & qu'on peut perfectionner par la culture, le sol & le climat.

Cependant si la description détaillée & exacte de tous les fromens cultivés dans les différentes parties du globe, est une chose presque impossible; il faut convenir qu'un ouvrage qui indiqueroit, d'après des expériences entreprises en grand, variées, comparées & répétées avec soin, quelle est, dans cette multitude d'espèce de blé dont la Nature a enrichi le domaine de l'homme, celle qui conviendroit le mieux au terrein, qui seroit moins assujettie aux différentes vicissitudes, qui donneroit une farine plus abondante, plus belle & plus propre à faire d'excellent pain, un ouvrage, dis-je, qui traiteroit cet objet d'une manière étendue, seroit sans contredit, bien essentiel à l'Agriculture, au Commerce & à l'humanité. J'en ai déjà vu l'esquisse dans le porte-feuille d'un Savant, aussi distingué par ses lumières, que par son rang.

& ſes vues patriotiques. Nous l'invitons, au nom des bons Citoyens, de continuer ſon travail, & d'y mettre la dernière main.

Je ſais que cette matière importante a déjà été traitée par quelques Botaniſtes, mais d'une manière trop générale; ils n'en ont même parlé qu'en paſſant, & ce qu'ils en ont dit n'avoit aucun rapport avec les connoiſſances pratiques des Cultivateurs. Le célèbre Manetti, ſeul, mérite à cet égard les plus grands éloges, pour être entré dans plus de détails; ſon Traité des diverſes ſortes de grains, &c. que M. Bertrand a traduit de l'Italien, & qu'il a inſéré en entier dans l'Art du Boulanger, édition de Neufchâtel, ne ſauroit être trop répandu. Nous ne manquerons pas de le rappeler au Lecteur dans le cours de cet Ouvrage.

ARTICLE II.

De la nature du Blé.

Quoique le froment ait une ſupériorité reconnue ſur les autres farineux, tant par rapport à l'excellence du pain qu'on en prépare, que relativement à la vertu éminemment nutritive qu'il poſſède; il a cependant été long-temps dédaigné & même oublié par ceux qui nous ont tracé l'histoire des végétaux dont nous nous servons, soit comme aliment ou assaisonnement, soit en qualité de médicament. Une chose qui paroîtra toujours étonnante aux yeux de l'homme accoutumé à penser & à réfléchir, c'est que nous ayons vécu des siècles sans avoir la curiosité de chercher à connoître la nature de la substance qui nous nourrit. En parcourant la liste étendue des analyses faites sur les racines, les feuilles, les écorces, les tiges, les fleurs, les fruits & les semences appartenant à toutes sortes de plantes qui croissent loin de nous, on ne peut qu'être étonné & même formalisé de n'y pas rencontrer celle du blé & des autres graminés qui fournissent à presque tous les peuples de la terre leur aliment fondamental.

Il semble que les choses les plus simples & les plus familières, celles que la Providence a placées sous nos yeux, & dont l'usage nous est continuellement indispensable, soient devenues, à cause de cela même, le partage de l'indifférence & de l'ingratitude; elles demeurent un temps infini sans considération, jusqu'à ce qu'une circonstance particulière nous porte à les examiner, ou qu'un heureux hasard en fasse découvrir la nature; tandis au contraire que nos efforts, nos lumières & notre attention se réunissent, s'épuisent même sur des substances d'un moindre prix, parce qu'elles nous sont apportées de loin, & qu'elles ont le mérite de naître sous un autre hémisphère : ainsi nous avions depuis long-temps l'histoire naturelle de la serpentaire de Virginie, de l'écorce du Pérou, de la racine du Brésil, & nous n'avions pas celle du blé. Il n'y a guère que quarante ans environ qu'on s'est aperçu de cette espèce d'oubli, & pour le réparer, on a vu éclore tout de suite à ce sujet une foule d'excellens Ouvrages, qui ont pour Auteurs des hommes de toutes les classes, & même des hommes d'État. Heureux le siècle & le Gouvernement où les objets essentiellement utiles méritent quelque considération, & où ceux qui s'y livrent sont assurés d'être accueillis & protégés !

La connoissance de la nature du blé, poussée plus loin, a donné lieu à des recherches & à des observations qui nous ont éclairés sur les bornes des ressources que nous pouvions imaginer ; c'est par elles que nous savons que les années sèches nuisent, par exemple, à la quantité du blé, les années humides & froides, à la qualité. L'eau en s'insinuant par les pores du grain, y demeure combinée, diminue de sa force, & lui communique la disposition qu'il a de germer & de s'altérer : dans les cas contraires, cette eau ne se trouvant pas en suffisante quantité, les parties constituantes ne s'y forment pas en aussi grande abondance.

La nature du blé dépend donc du concours de beaucoup de circonstances qu'il est quelquefois impossible d'empêcher & de prévoir, mais qu'il n'est pas moins très-essentiel de connoître. Pline, cet homme sublime, à qui rien ne paroît avoir échappé, prétend que dans la Sicile, il y a des fromens extrêmement pesans, qui ne rendent presque point de son ; que cela dépend moins du climat & du sol, que de la nature de la semence ; cependant on ne peut disconvenir non plus, que le blé des contrées méridionales, sera toujours supérieur en qualité & en produit à celui du Nord, & que les blés d'Italie cultivés dans une forte terre, sur des hauteurs, dans de belles plaines découvertes & récoltés en temps sec, vaudront mieux que celui de notre pays, à terrein & culture égale, car le climat seul ne donne pas le degré de perfection & de bonté à toutes les productions de la terre ; le sol y est encore très-nécessaire. Chacune de nos Provinces fournit des blés abondamment ; mais quelle différence de l'un à l'autre, pour la valeur du grain, la quantité & l'espèce de farine qu'on en obtient!

Le blé, avant de parvenir à sa maturité, est sensiblement sucré, il présente dans son intérieur une substance d'un blanc laiteux, qui n'est autre chose que la matière farineuse suspendue dans un liquide visqueux & muqueux; à mesure que la végétation fait des progrès, cet état sucré, glutineux & visqueux disparoît en partie, parce que l'humidité se combine & s'évapore : or, l'intensité de cette évaporation, sa durée, sa facilité, étant sujettes à des variations, font varier la nature de cette substance glutineuse, muqueuse & farineuse, puisqu'elle doit sa première combinaison à la présence de l'eau, & sa perfection à l'évaporation.

Si l'on m'objectoit ici que la connoissance de la nature & des propriétés du froment est absolument inutile au Boulanger, & que l'on répétât, d'après quelques Modernes qui ont écrit sur une matière qu'ils n'entendoient absolument pas, qu'il importe fort peu que l'on sache de combien de parties le blé est composé, quelle est celle où réside spécialement la faculté nutritive; puisque, comme je l'ai déjà avancé & prouvé, elles sont toutes plus ou moins alimentaires, je répondrois d'abord que rien n'est inutile à l'homme qui cherche à perfectionner son art ; ensuite, que si cette connoissance qu'on regarde comme superflue, parce qu'on n'en devine, ni l'avantage, ni la bonté, eût été parfaitement établie, on n'auroit peut-être pas été exposé dans des temps malheureux à cette alternative cruelle, ou de faire usage de blés gâtés, ou bien de les jeter, & d'occasionner par-là des pertes & des disettes, faute d'avoir su en tirer un parti avantageux : je répondrois que le principe alimentaire des farineux se trouvant dans une infinité de végétaux, souvent associés avec des matières pernicieuses, on auroit pu l'en séparer, & obtenir une nouvelle ressource, en imitant les Américains, qui ont enlevé le poison du manioc. Je répondrois, que si la nature du blé eût été déterminée & approfondie, on n'auroit pas laissé dans le son cette portion si essentielle à la fermentation panaire, & rejeté dans le pain bis & grossier, ce qui constitue aujourd'hui le pain le plus blanc, le plus savoureux & le plus substanciel ; on n'auroit pas donné des Ordonnances qui défendoient expressément de remoudre le son, & d'introduire dans l'économie animale les gruaux : disconviendra-t-on que la plus belle farine qu'on retire du blé, celle qui boit beaucoup d'eau & fournit une grande quantité de pain, ne vienne précisément des gruaux. Je répondrois enfin, qu'il n'y a que le Meunier, inftruit fur la nature du blé, qui retirera conftamment de belle farine d'un grain imparfait, & le Boulanger également inftruit, qui pourra faire avec la farine de ce grain, un pain bien fabriqué dans toutes les faifons. Ceux qui s'occupent des moyens de perfectionner la mouture, ne fauroient y parvenir fans être bien au fait des propriétés des différentes parties conftituantes du grain. Car il eft de toute impoffibilité de procéder avec méthode & comme il convient, à la divifion d'une matière quelconque dont on ignore la compofition.

Quoique la pulvérifation & la mouture foient des opérations fimples en apparence, & qu'elles n'aient, ni l'une, ni l'autre, la faculté de décompofer les corps qu'on y foumet, il s'en faut bien qu'elles foient fans inconvénient, puifque les diverfes poudres qui en réfultent ne font pas non-feulement reffemblantes entre elles, mais encore au corps lui-même en fubftance : c'eft ce que l'art du Pharmacien confirme tous les jours : tantôt il rejette la première pulvérifation, comme étant la plus ligneufe & la moins néceffaire : tantôt il conferve la dernière, comme celle qui eft la plus réfineufe & la plus efficace ; mais il eft inutile d'accumuler ici d'autres exemples, pour prouver la néceffité de connoître, autant qu'il eft en nous, chacune des parties conftituantes des grains, leurs propriétés fpécifiques, & combien il importe de favoir à quel degré & comment elles font nutritives : il n'eft donc pas indifférent de connoître la nature des blés, puifque l'art de les conferver, de corriger leurs mauvaifes qualités, de les affortir avantageufement, de les bien moudre, & d'en préparer un excellent aliment, dépend fouvent de cette connoiffance.

ARTICLE III.

Des Parties qui conftituent le Blé.

La compofition des corps confidérés chimiquement, a toujours été obfcurcie par ceux même qui ont cherché à y pénétrer : avant cette diftinction établie entre les mixtes, les agrégés, les furcompofés, il n'étoit queftion que de mercure, de foufre, de fel, de flegme & de terre : toutes expreffions métaphoriques dont les Anciens fe fervoient pour rendre plus senfible l'idée qu'ils avoient des principes des corps & de leurs attributs : bornés long-temps à un feul moyen de les examiner, ils ne fe font pas aperçus que ce moyen étant deftructeur, ils décompofoient précifément ce qu'ils avoient intention d'extraire ; en forte, qu'au lieu de féparer des corps leurs parties conftituantes, & de fe les repréfenter telles qu'elles y exiftoient, ils n'obtenoient que les produits de la décompofition de ces parties conftituantes, fans s'occuper à reconnoître dans leurs réfultats, les veftiges des corps qu'ils analyfoient ; beaucoup de Modernes abufant comme eux du mot *principe* : ils l'ont employé également pour défigner les produits de leurs opérations, ce qui a confidérablement retardé les progrès de cette branche effentielle de la Phyfique.

Les Chimiftes d'aujourd'hui, plus éclairés par la Phyfique que n'étoient les Anciens, ayant infenfiblement remarqué combien cette méthode d'examiner les corps pour recueillir leurs principes les plus prochains, étoit infidèle & défectueufe, fe font ouvert une infinité de voies différentes, pour arriver avec plus de certitude, à la connoiffance de la compofition des corps : plufieurs d'entre eux, perfuadés d'après l'expérience que l'analyfe à feu nu

apportoit

apportoit des changemens notables dans les substances qui la subissoient, ont comparé les effets de la distillation par la cornue, à ceux de la fermentation : les produits en sont presque tous semblables ; une substance douce alimentaire, une substance âcre & vénéneuse, offrent absolument les mêmes phénomènes. Ainsi la méthode de décomposer les corps par le feu immédiat, est abandonnée, parce que rarement peut-elle servir de moyen d'analogie, & si l'on y a encore recours quelquefois, ce n'est plus que comme à une vieille routine respectable par son antiquité, & non pour sa valeur.

Que d'expériences, il est vrai, à tenter, de recherches à faire, de phénomènes à expliquer, & de difficultés à vaincre ! avant que nous possédions quelque chose de clair & d'exact sur la nature & les propriétés des parties constituantes des corps, & que l'analyse nous les présente dans l'état de pureté & de simplicité où ils doivent être ; il faut espérer qu'à force d'étudier la Nature sous tous ses aspects, nous aurons peut-être l'avantage de savoir comment elle s'y prend pour opérer ces combinaisons, & que nous parviendrons un jour à les imiter en partie.

Lorsqu'enfin on a songé à examiner le blé,

B

la distillation à feu nu, a été d'abord le premier moyen dont on s'est servi pour déterminer la nature de ses parties constituantes : on a voulu ensuite s'assurer de la valeur alimentaire de ce grain en le traitant avec l'eau, & le produit extractif qui en est résulté, a été regardé comme la totalité de la matière nutritive qui s'y trouvoit contenue. L'extrait est bien le composé le plus essentiel de tout ce qui concourt à la formation des corps ; mais la méthode de l'en séparer sans altération, ne paroît pas une chose très-aisée, du moins jusqu'à présent.

Faire bouillir un végétal dans l'eau, à dessein d'en extraire tout ce qu'il possède de soluble, ou bien le renfermer dans un vaisseau distillatoire, pour séparer à la dernière violence du feu les principes qui le constituent, c'est opérer des décompositions & des recompositions par deux voies différentes : dans le premier cas il est vrai, on conserve au végétal sa texture & sa forme naturelle, en lui enlevant à plusieurs reprises ce qu'il contient d'actif, & le réduisant à l'état de squélette fibreux ; mais quelle est la vraie matière que l'eau a enlevée ; cette matière a-t-elle quelque rapport avec l'état où elle se trouvoit, ou plutôt avant d'avoir été extraite ?

On a mis, par exemple, une livre de blé

dans l'eau, on en a fait plusieurs décoctions, qui, réunies en une seule, & rapprochées par une douce évaporation en consistance de miel, pesoient cinq onces, on en a conclu que ce grain contenoit près d'un tiers de son poids de matière nutritive, sans faire attention que le blé, après avoir bouilli long-temps dans l'eau, étoit pour ainsi dire, dans son état d'intégrité, ayant acquis du volume, & se trouvant encore rempli d'une matière véritablement muqueuse, que la chaleur avoit combinée au point d'en former une substance presque insoluble; c'est à peu-près comme si l'eau dans laquelle on cuit les pois, les fèves, les lentilles, étant évaporée jusqu'à consistance d'extrait, cet extrait étoit considéré comme le principe alimentaire de ces semences légumineuses, tandis qu'il ne contiendroit réellement en partie que les principes de leurs écorces. D'après un pareil raisonnement, je pourrois indiquer les moyens d'obtenir d'une livre de blé, deux fois son poids d'extrait, s'ensuivroit-il que la livre de ce grain renfermeroit trente-deux onces de substance alimentaire! On verra dans mon Mémoire sur la nature & les propriétés de l'amidon, que j'ai pris une toute autre route, pour séparer les parties constituantes du blé, & les examiner chacune séparément.

En examinant à la simple vue l'intérieur d'un grain de blé, il présente une matière blanche & farineuse qui paroît homogène ; mais dès qu'on le soumet au microscope sous différens états, coupé transversalement, longitudinalement, enfin écrasé grossièrement, on y distingue d'une manière assez sensible, les différentes parties constituantes, par la place que chacune occupe dans le grain. L'écorce qui forme plusieurs couches ou membranes, s'aperçoit d'abord ; on observe ensuite une matière jaunâtre, transparente, située immédiatement sous cette écorce, qui se prolonge jusqu'au centre du grain, & forme des cellules à peu-près comme la pellicule d'une grenade ; après cette matière jaunâtre, il paroît une masse blanche rempli de points brillans & cristallins : l'expérience prouvera ensuite de quelle nature sont ces différentes substances.

Le blé qu'on regardoit autrefois comme un être simple, est donc de tous les grains qui servent à notre nourriture, celui qui contient un plus grand nombre de substances ; ce qui lui donne la supériorité qu'il a sur les autres farineux employés à la fabrication du pain ; en sorte que maintenant il est possible de le définir, indépendamment du germe ; un composé d'écorce ou de son, de matière glutineuse, de muqueux sucré & d'amidon. Cette définition du froment adoptée par quelques Auteurs, n'est ni vague ni stérile, j'ai cherché à l'établir sur des faits, & après m'être assuré de la place que chacune de ces parties occupoit dans le grain, je les en ai séparées par l'analyse à froid, c'est-à-dire, au moyen de l'eau & du travail de l'Amidonier, afin de déterminer leur proportion respective; & pour présenter, autant qu'il étoit possible, le complément de la démonstration, je les ai réunies, & j'en ai formé un pain comparable en quelque sorte à un autre pain fait tout simplement de farine ordinaire : mais bornons-nous à montrer ici quelques-unes des propriétés principales des quatre parties dont est composé le froment.

Du Son de Blé.

L'écorce du blé est ligneuse, destinée par la Nature, comme dans toutes les autres semences, à mettre à l'abri des influences de l'atmosphère la partie essentielle qu'elle renferme; son tissu est serré, compacte, fibreux, & par conséquent très-éloigné de pouvoir faire partie de nos alimens; aussi depuis qu'il s'agit d'écraser le blé sous des meules, ne s'est-on appliqué qu'à séparer par des tamis ou bluteaux, cette écorce, dont la plus petite portion nuit à la blancheur, à la légèreté & au goût agréable du pain, ce qui est cause que dans plusieurs de nos Ordonnances réglementaires, on a tellement cherché à l'avilir, qu'on l'a traité comme une matière indigne d'entrer dans le corps humain; mais il semble que dans cette proscription, on n'ait eu en vue que la quantité du son. On verra dans le Mémoire sur le pain des troupes, ses avantages & ses inconvéniens, suivant ses proportions; à quelle dose il peut préjudicier, & à quelle autre il peut devenir utile. Enfin, je donnerai l'examen que j'ai fait de cette écorce considérée sous toutes ses faces.

Le son de froment ne ressemble pas plus au son de seigle, d'orge & d'avoine, que les farines de ces graminés entre elles; l'eau en sépare la moitié de son poids, tant de farine, que de matière extractive : abandonné à l'air chaud dans un état humide, il passe aisément à la putréfaction; & distillé à la cornue, il fournit de l'acide, de l'huile, de l'alkali volatil & un charbon très-abondant.

Quelque dépouillé que le son soit de farine, il en contient cependant encore suffisamment pour blanchir l'eau dans laquelle on le frotte un moment avec les mains, cette eau blanche, si connue dans la médecine Vétérinaire, ne doit ses propriétés nutritives qu'à la farine, & non au son, qui, réduit à l'état d'écorce, n'est nullement alimentaire.

De la matière Glutineuse du Blé.

La seconde partie constituante du blé est la matière glutineuse, dont l'existence a été soupçonnée long-temps par les Physiciens, & même par les Artistes avant qu'on n'en connût la nature : elle n'a cependant été découverte que vers le milieu de ce siècle, par le célèbre Beccari Médecin, de l'Institut de Bologne : c'est même à cette découverte que nous avons l'obligation des premiers pas qu'on a faits dans la connoissance physique des farines : cette substance glutineuse se trouve privativement dans le blé, & il n'existe ailleurs que les matériaux propres à en former; aussi son absence dans le seigle, l'orge & l'avoine, sera-t-elle toujours un obstacle puissant à ce qu'on puisse jamais faire avec ces graminés, un pain aussi parfait que celui du froment.

La substance glutineuse, en s'emparant de l'eau avec avidité, acquiert de la mollesse, de la flexibilité, de la ténacité & de l'élasticité, ce qui lui fait jouer le plus grand rôle dans la fabrication du pain à l'excellence duquel elle concourt davantage qu'à sa vertu alimentaire : elle se dissout dans l'eau froide par le frottement, & plus aisément dans le vinaigre ; mais les acides minéraux ne paroissent pas l'attaquer : elle se putréfie rapidement à l'air chaud, & passe à l'aigre au contraire quand il fait froid ; elle donne par l'analyse à feu nu, des produits semblables à ceux d'une substance animale, beaucoup d'huile & d'alkali volatil, très-peu de résidu.

La substance glutineuse est la matière la plus dure du grain ; elle se broie difficilement, environne la partie farineuse, devient pour elle un abri contre l'action de certains corps extérieurs, & rend le blé capable de résister long-temps aux efforts de la trompe des insectes & de la piqûre des vers. Enfin, d'après les expériences que j'ai faites sur cette substance, & les différens phénomènes qu'elle a présentés, étant traitée avec les dissolvans aqueux, spiritueux, huileux & acides ; j'ai cru qu'on pouvoit la regarder comme une espèce de gomme-résine particulière, sur laquelle nous reviendrons souvent, parce que ses effets dans la panification doivent en rendre la connoissance indispensable au Boulanger intelligent, qui ne parviendra jamais à faire constamment du bon pain, s'il n'est instruit de la plupart des propriétés qui caractérisent la substance glutineuse.

Du Muqueux du Blé.

La dénomination que je donne ici à la troisième partie constituante du blé, a servi long-temps aux Chimistes pour distinguer la substance farineuse du blé & des autres graines, dissoute & extraite par le moyen de l'eau & du feu. Le corps muqueux signifioit encore les gelées qu'on retire des fruits, les gommes qui découlent des arbres, le suc qui exude des feuilles, le mucilage qu'on sépare des semences, la matière sirupeuse qu'on obtient par expression des tiges, des fleurs & des racines des plantes : mais depuis le travail de Beccari, on s'est aperçu que les différens principes contenus dans le froment n'étoient pas assez caractérisés par le nom générique de *corps muqueux*, puisque la substance glutineuse qui est une des parties constituantes de ce grain, possède des propriétés absolument distinctes de l'amidon, & que d'après les expériences multipliées que j'ai faites sur cet objet, il est prouvé que l'amidon lui-même n'est pas le corps muqueux proprement dit, & qu'il n'a avec lui que des rapports éloignés.

Le muqueux du blé & des autres graminés, eſt confondu & enveloppé d'une matière extractive, dont il n'eſt pas aiſé de le dépouiller entièrement; ſa ſaveur eſt ſucrée, il attire l'humidité de l'air, poiſſe les mains, ſe diſſout aiſément dans l'eau froide qu'il colore, & dans les liqueurs ſpiritueuſes; ſoumis à la diſtillation, il donne beaucoup de phlegme & d'acide, peu d'huile & d'alkali volatil qui eſt dû à cette matière extractive.

Le muqueux ſucré ſe trouve diſtribué dans toutes les parties de la fructification des plantes qui ſont nutritives : la Nature lui a accordé le privilége excluſif de fournir de l'eſprit ardent par la fermentation & la diſtillation. Ce muqueux, dans les graminés, devient infiniment plus ſenſible par la germination, & c'eſt le moyen qu'on emploie ordinairement lorſqu'il s'agit de préparer des boiſſons ſpiritueuſes : le blé ſemble être le graminé qui en contienne une plus grande quantité, du moins ſuivant les expériences de M. de Juſti : le ſeigle, l'orge & l'avoine, ne ſont pas auſſi abondans en matière ſucrée que le froment.

De l'Amidon du Blé.

L'amidon est la partie la plus essentielle & la plus abondante du blé : il constitue l'état blanc, sec & brillant de ce grain, ainsi que sa pesanteur, & la disposition qu'il a de se convertir en poudre fine, par l'action du pilon ou des meules ; c'est une matière vraiment singulière, qui présente des phénomènes surprenans ; enfin, sans l'amidon, il n'est pas possible de faire du pain, de la bouillie & de l'empois.

L'aliment naturel de l'homme, celui qui paroît le plus analogue à sa constitution, est farineux, & l'on ne peut disconvenir que cet état farineux ne soit dû entièrement à l'amidon, qui est doué de la plus grande faculté nutritive. Cette substance n'est pas un produit de l'art, comme on l'a cru pendant long-temps ; la Nature l'a répandu abondamment dans une infinité d'autres végétaux que les graminés, & toutes les parties de la fructification le présentent plus ou moins pur. Les Mémoires que j'ai lûs à l'Académie sur cet objet, font connoître les ressources avantageuses que l'on pourroit retirer de l'amidon pour la nourriture, dans une circonstance nécessiteuse.

L'amidon a le toucher froid, & un cri qui

lui est particulier : il n'attire pas l'humidité de l'air, il y demeure au contraire un temps infini sans s'altérer & se détruire : il est insoluble à froid dans tous les véhicules ; mais aidé de la chaleur, il leur fait prendre la consistance & l'état gélatineux : il donne à la cornue beaucoup d'acide, peu d'huile, & aucune trace d'alkali volatil ; son résidu étant converti en cendres, fournit de l'alkali fixe.

Telle est l'idée très-succincte que je crois devoir donner ici, de la nature & des propriétés des quatre parties constituantes du blé, dont l'état & la proportion varient en raison de la semence, de la culture, du sol, du climat & des saisons ; aussi dès qu'une de ces circonstances suspend & fait languir la végétation, ces parties constituantes n'ont plus un degré égal de valeur & de bonté ; souvent même il arrive qu'elles sont tellement viciées dans leur formation, qu'elles ne conservent plus aucun des caractères primitifs qui leur appartiennent essentiellement, ainsi que nous l'allons voir dans les articles qui suivent.

ARTICLE IV.
Des accidens qui arrivent au Blé pendant sa végétation.

Les végétaux ne sont pas plus exempts que

les animaux des accidens & des maladies capables de déranger ou même de détruire leur organisation. Les accidens qui surviennent aux premiers dès qu'ils se développent, pendant qu'ils croissent, & jusqu'à ce qu'ils soient parvenus à une parfaite maturité, sont infinis & semblent dépendre autant de la terre qui les renferme, que de l'abondance & de l'espèce de fluide qui y circule ; de l'attaque des insectes, des intempéries de l'air, & de beaucoup d'autres circonstances auxquelles il n'est pas toujours en notre pouvoir de le dérober. La nature intérieure des semences ou des racines, peut être altérée par un vice de constitution, par des matières pernicieuses qui adhèrent à leur surface, & par l'humidité qui s'y insinue ; comme on voit la santé des animaux dépravée par un défaut de conformation, par des matières contagieuses, par l'excès ou la mauvaise qualité des alimens ; enfin, par une foule d'ennemis qui les environnent de toutes parts, & les menacent sans cesse.

Si l'on s'en rapporte aux propos des Cultivateurs, & même de quelques Écrivains modernes, ce sont toujours les brouillards, les rosées, les pluies & le soleil qui occasionnent les malheurs qu'on essuie dans les moissons ;

en sorte que d'après une pareille opinion, les ressources de l'art & tous les efforts humains seroient vainement tentés pour s'en garantir, ce qui fait que ces bonnes gens, persuadés que le mal est irréparable, & qu'il est impossible de lui opposer aucune barrière, s'abandonnent à la douleur & au désespoir, tandis que dans d'autres évènemens également fâcheux, ils cherchent du moins des moyens de les éviter. La superstition, les préjugés, l'habitude, ont tant d'empire sur les païsans, qu'ils voient toujours dans les choses les plus simples & les plus naturelles, du merveilleux & de l'extraordinaire : est-on parvenu encore à leur faire entendre, par exemple, que la rosée est une évaporation des végétaux ou de la terre échauffée par l'action du soleil, & qui ensuite se condense sur les plantes ? tout vient de l'atmosphère, suivant eux, & les différens accidens qui arrivent à leur champ ou à leur verger, sont sans cesse attribués à la nielle : ce mot est même tellement significatif, qu'on pourroit demander chaque année, aux habitans de la campagne; *qu'a fait la nielle cette fois-ci!*

Il n'y a personne qui méconnoisse l'influence des météores ignés & aqueux sur la végétation : on convient encore que la température de chaque saison, peut concourir au succès de l'Agriculture; les Recueils des Compagnies savantes, le Traité de M. Tagioni; les Dissertations étendues auxquelles la Société royale de Montpellier a décerné le Prix & l'*accessit* de 1774, sur cette question importante, fournissent tous assez de faits qui prouvent que la constitution de l'air, la chaleur, le froid, l'humidité, la distribution des pluies en certaines circonstances, en certains mois, la force, la direction & la durée des vents, augmentent, diminuent, vicient ou anéantissent le produit de nos récoltes; mais combien de fois n'a-t-on pas accusé injustement l'atmosphère d'en être cause, en cherchant bien loin ce qui étoit près de soi, pour expliquer les différens phénomènes que présentent si souvent, aux yeux de l'Observateur attentif, les semailles & les plantations; la germination, la floraison & la maturité des fruits !

On sait que si pendant la floraison, il tombe des pluies abondantes accompagnées de vents & d'orages, toutes les poussières des étamines sont délayées, enlevées, & le blé qui n'a pas été fécondé, demeure petit & vide: on sait que quand les blés sont encore verds, s'il survient tout-à-coup de grandes chaleurs, la tige au lieu de groffir, fe deffèche, les grains mûriffent trop promptement, ils n'ont pas le temps par conféquent de fe remplir fuffifamment de farine : on fait que la grêle peut occafionner des dommages aux grains en hachant les épis, & produifant dans la pièce où elle fe répand un froid glacial, qui fufpend la végétation pour laquelle il faut une chaleur douce & continue : on fait que les vents impétueux faifant verfer le blé, la tige plus ou moins ployée, fouffre une efpèce d'étranglement, la fève interrompue dans fon cours ne monte plus jufque dans l'épi, & le grain, s'il n'eft pas encore bien avancé, prend peu de nourriture, refte petit & maigre.

Tous ces grains ordinairement menus, chétifs & ridés, ont chacun des fignes qui décèlent l'efpèce d'accident arrivé à leur végétation : ils portent différens noms dans le commerce, on les appelle *blés échaudés*, *blés retraits*, *blés coulés*, *blés ftériles* & *blés verfés* : Enfin, on fait encore qu'une pluie froide & continuelle, pénétrant jufque dans la texture du grain encore mou, fe combine avec les parties conftituantes, leur fait occuper plus de volume, d'où il réfulte un blé renflé affez gros, mais léger, à caufe de l'abondance de fon écorce, & dont la farine

qui

qui boit peu d'eau au pétriſſage, n'eſt preſque point de garde; ſouvent même, lorſque cette pluie dure plus long-temps, les blés germent dans l'épi, & la perte alors eſt beaucoup plus conſidérable. Il eſt donc certain que dans le peu que nous venons d'expoſer, on reconnoît manifeſtement l'influence de l'atmoſphère; mais que certains brouillards du printemps produiſent auſſi viſiblement qu'on le prétend, cet accident qui ſurvient en un clin d'œil au blé, avant & après la formation de l'épi, accident que les Anciens ont connu & déſigné ſous le nom de *rubigo*, la rouille, c'eſt ce qui paroît bien difficile à concevoir.

Sans vouloir examiner ici s'il peut y avoir dans l'air une vapeur qui, en ſe condenſant à la ſurface des plantes, acquierre, comme l'on dit, la conſiſtance d'une huile qui les brûle; je ferai remarquer en paſſant, que la rouille, ou plus communément la nielle, attaque preſque toujours les plus beaux fromens, à l'inſtant préciſément où ils ſont dans une vigoureuſe végétation: tant que la rouille ne ſe montre que ſur les feuilles, elle ne fait pas grand tort à la plante, mais lorſqu'elle ſe communique au tuyau, & que l'épi eſt à peine hors du fourreau, ſi le ſoleil vient enſuite à paroître, le blé ſur

C

lequel il dardera fes rayons, fe trouvera prefque réduit à rien, & s'il approchoit de la maturité, il contiendra de la farine en proportion : fi au lieu du foleil, il arrive une rofée, de la pluie, ou qu'il faffe du vent; alors les germes de la rouille font détruits & le grain eft fauvé.

Ne paroîtroit-il pas plus conforme à la faine Phyfique & à l'obfervation, d'attribuer l'accident dont nous venons de parler, à une furabondance de fuc nourricier qui réfulte d'une végétation trop vigoureufe, plutôt qu'aux brouillards qui n'y ont aucune part directe ? Dans les mois de Mai & de Juin, il règne quelquefois une humidité qui brife le tiffu des feuilles & des tuyaux, donne occafion à l'épanchement d'une liqueur fucrée & mucilagineufe, qu'on appelle *le miellat;* cette liqueur, par fon épaiffeur & fa ténacité, adhère à la furface des feuilles & des tuyaux, bouche les pores de la plante, intercepte & arrête la tranfpiration ; en forte que, fi le foleil paroît enfuite, la chaleur de cet aftre enlève la partie la plus fluide de la liqueur qui fe defsèche ; l'air après cela agit deffus, lui fait éprouver un léger mouvement de fermentation, la colore & la change en une pouffière rougeâtre couleur de rouille : la paille devient caffante, noire & mouchetée ; mais fi au contraire il pleut avant l'apparition du soleil, les feuilles & les tuyaux enduits & recouverts, pour ainsi dire, d'un vernis muqueux, se trouvant lavés & le suc séveux exudé, étant délayé, dissous & entraîné par l'eau, ne produit pas un mal aussi considérable qu'on l'avoit d'abord appréhendé : ainsi, les dégâts qu'occasionne la rouille sont plus ou moins dangereux, selon que les grains sont plus ou moins avancés.

Comme l'accident de la rouille arrive assez ordinairement par un temps calme, on a imaginé, pour le prévenir, d'agiter le blé, en tendant au-dessus des cordages, pour empêcher les brouillards prétendus d'y déposer ce qui forme la rouille ; sans doute que par le moyen de cette agitation, on détermine la liqueur extravasée à s'étendre & à couler ; il est d'ailleurs démontré que les secousses imprimées aux plantes par l'action des vents, leur sont quelquefois très-nécessaires : elles facilitent la circulation de la sève, & sont, suivant la remarque de M. Toaldo, à l'égard des végétaux, ce qu'est l'exercice pour les animaux.

Ce n'est pas toujours l'inconstance des saisons qui trompe l'espoir du Cultivateur ; la nature du grain dont il se sert pour la semence,

& les précautions qu'il y emploie, influent souvent autant que l'atmosphère, le terrain & le climat, sur la qualité & le produit de sa moisson : aussi les Auteurs des meilleurs Traités d'Agriculture & d'Économie rurale, pénétrés de cette vérité, recommandent-ils d'apporter les plus grands soins au choix des grains que l'on doit ensemencer, & de leur faire subir une préparation préliminaire avant de les confier à la terre : cette préparation s'appelle le *chaulage,* parce que la chaux en fait la base.

On compose le chaulage de différentes manières, selon les pays ; dans les uns, ce sont des fientes d'animaux de plusieurs espèces, & des cendres de différentes plantes qu'on laisse infuser ensemble pendant huit jours dans un tonneau rempli d'eau, on ajoute à la liqueur qui en résulte, un couple de livres de chaux par seau, & on y trempe ensuite les grains ; dans d'autres, c'est la saumure où l'on fait macérer les semences que l'on recouvre ensuite de chaux ou de coquillages : enfin, l'eau de mare ou de fumier est substituée chez beaucoup de peuples, aux deux autres préparations, & je pense que c'est la meilleure qu'on puisse donner aux semences, parce qu'elle contient des matières extractives végétales & animales en dissolution, auxquelles la chaux donne encore plus de corps & d'activité, en les rendant plus tenaces, plus visqueuses, plus susceptibles par ce moyen, d'adhérer à la surface des grains, d'y entretenir une certaine humidité, & de leur servir comme d'engrais, d'où il résulte que la semence germe plus vîte & plus aisément, devient plus féconde, & résiste davantage à la gelée, aux pluies, aux autres influences de l'air. Mais je prie qu'on me pardonne ces détails étrangers au Boulanger; le Laboureur peut-il être oublié dans un Ouvrage où il s'agit de blé?

Quelque avantageuse que soit l'immersion du blé dans une eau de fumier & de lessive, je suis fort éloigné de penser qu'elle puisse jamais garantir le grain une fois développé, des accidens qui lui surviennent pendant qu'il croît, & jusqu'à ce qu'il soit récolté : est-il donc possible d'empêcher les effets de la grêle, de la pluie, de la sécheresse, &c? Or, comme un homme vigoureux, bien constitué & très-sain, n'est pas aussi susceptible des vicissitudes de l'atmosphère que celui qui est né foible & délicat, il en est de même des végétaux, le chaulage met le grain en état de produire une plante forte qui résiste mieux aux intempéries de l'air; mais je viens aux maladies proprement

C iij

dites du blé, qu'il est bien essentiel de distinguer des accidens, puisque dans ce dernier cas, le grain conserve encore sa forme extérieure, sa couleur, & qu'il n'est pas moins propre à la nutrition & à la production, tandis que dans l'autre, il est défiguré & incapable de nourrir & de germer.

Article V.
Des Maladies du Blé.

On a vu régner pendant long-temps, parmi les Auteurs, beaucoup de confusion relativement à la dénomination des maladies des grains, quoiqu'elles eussent chacune des symptômes particuliers, qui auroient dû servir à établir plutôt entr'elles une distinction caractéristique; & si nous possédons maintenant l'avantage d'avoir des idées claires, exactes & précises à ce sujet, nous les devons aux expériences & aux observations de M.`<sup>`s Duhamel & Tillet, qui ont débrouillé le cahos, en nous présentant dans un ordre facile à être saisi, & dans des termes expressifs, les diverses maladies qui affectent les grains, à l'instant même où ils germent. Les excellens Ouvrages qu'ils ont publiés pour disposer la terre par les labours, l'enrichir par les engrais, préparer les semences, protéger les récoltes & conserver les productions, sont devenues, malgré le silence profond de quelques Auteurs qui les ont copiés, la source de tous les développemens que l'on a vu paroître en ce genre ; le premier de ces Académiciens célèbres a consacré le troisième livre de ses Élémens d'Agriculture, à l'examen des Maladies des grains ; le second a passé une partie de sa vie à en découvrir la nature & l'origine, ainsi que les remèdes qu'on devoit y apporter pour les prévenir : un État est bien riche quand il peut compter un grand nombre d'hommes d'un mérite aussi rare !

Les maladies principales qui attaquent le froment dès qu'il se développe, & jusqu'à ce qu'il soit parfaitement mûr, sont de trois espèces, le *rachitisme,* le *charbon* & la *carie,* tels sont les noms sous lesquels on les connoît maintenant : il ne s'agit pas, comme dans les accidens dont nous venons de parler, d'une simple altération de la paille, de la maigreur des épis, de la petitesse des grains, de la diminution de la farine, de l'abondance du son & de la germination du blé : c'est une monstruosité particulière qui annonce la perte du blé avant sa formation ; c'est un épi qui n'est composé que d'une poussière noire & sèche sur laquelle on diroit que le feu a agi : enfin, c'est un grain qui conserve jusqu'à la moisson sa forme extérieure ; mais qui au lieu de se trouver rempli d'une substance blanche & inodore, ne contient plus qu'une matière pulvérulente, grasse, noirâtre & infecte ; en un mot, une vraie peste des semences. Arrêtons-nous un instant à ces maladies que M. Tillet a décrites de manière à les faire distinguer par les païsans les moins éclairés : le peu que je vais en rapporter est en partie le fruit des lectures de ses Ouvrages, & des détails dans lesquels il a bien voulu entrer avec moi sur ces objets intéressans ; on goûte un plaisir délicieux à converser avec ce Savant inestimable.

Du Blé Rachitique.

Le rachitisme ou le blé avorté, est une maladie du blé que M. Tillet nous a le premier fait connoître ; elle se manifeste sensiblement au printemps, sur les pieds qui en sont affectés ; à peine les tiges ont-elles acquis trois ou quatre pouces de hauteur, que l'on s'aperçoit déjà, avec des yeux exercés, qu'elles porteront des grains avortés ; non-seulement la tige, mais toutes les parties de la plante annoncent un dérangement considérable : le fourreau, les balles, les barbes, sont contournés & recoquillés à mesure que l'épi sort de l'enveloppe, & que le grain avance vers la maturité ; la couleur change sensiblement, puisque de verte qu'elle étoit, elle prend une nuance bleuâtre, & passe au brun plus ou moins foncé. La forme de ce blé contrefait n'a presque aucune ressemblance avec celle du froment sain : il est sillonné dans toute sa longueur, qui n'est que la moitié de celle du grain ordinaire, & se trouve terminé par une, deux & quelquefois trois pointes : on croiroit, à la première inspection, que ce sont plusieurs grains réunis en un seul.

La substance que le blé rachitique contient, ne remplit point entièrement la cavité du grain ; elle est blanche ; étant humectée, elle offre au microscope des filets mouvans, qui ne sont autre chose que les fameuses anguilles aperçues par Mrs Needham, Roffredy & Fontana : le second de ces trois célèbres Observateurs, M. Roffredy, a fait des expériences pour savoir si cette maladie étoit contagieuse, & de quelle espèce étoient les anguilles dont il s'agit : Il a suivi la nature & la progression de ces anguilles dans tous les états qu'elles prennent, depuis le moment de leur naissance, jusqu'à celui de leur destruction totale.

Je ne me permettrai aucune réflexion concernant l'opinion de M. Roffredy, fur l'origine du blé avorté, on peut confulter les deux Mémoires qu'il a publiés à ce fujet dans le Journal de Phyfique des mois de *Janvier 1775*, & de *Mai 1776*. Les épis rachitiques ne renferment rarement que des grains avortés; on y rencontre fouvent des grains cariés, & encore plus fouvent de bons grains.

Cette première maladie du froment, qui eft très-commune dans certains cantons de l'Italie, au grand préjudice des Cultivateurs, ne paroît pas l'être autant dans ces contrées, ni auffi généralement répandue que les deux autres dont on va faire mention : le defir de m'inftruire fur les effets que pouvoit occafionner, dans l'économie animale, la fubftance contenue dans le blé avorté, à la place de la farine, m'a engagé à le chercher dans beaucoup de pièces de froment des environs de Paris, de la Picardie & de la Normandie : J'ai même examiné fort fouvent dans cette intention, les criblures, fans y rencontrer un feul grain rachitique.

Du Blé charbonné.

On a confondu, & on confond encore tous les jours, le charbon, la feconde des maladies du blé, avec la carie ; mais, comme j'ai déjà eu occasion de l'observer, la dénomination des maladies des grains varie singulièrement ; chaque pays, chaque province, chaque canton, chaque Auteur leur ont assigné des noms différens : assez communément toutes les maladies du blé sont désignées par le mot *charbon*, & on nomme la *nielle*, les accidens qui arrivent à ce grain pendant sa végétation.

La plante charbonnée, ne se distingue pas d'abord d'avec celle qui ne l'est pas ; mais l'épi n'a pas encore acquis deux pouces de longueur, qu'on y aperçoit déjà une espèce de moisissure : il blanchit insensiblement ; le fourreau, la tige & les barbes ont une apparence saine, ce qui semble prouver qu'il n'y a exactement que le grain qui soit vicié : cette maladie se présente sous un aspect étonnant. L'épi tout entier se pourrit & se desseche ; la partie farineuse du grain, ainsi que son enveloppe, sont réduits en une poussière noire, fine, légère & comme brûlée : il ne reste plus que le noyau ou le squelette de l'épi, qui se brise aisément ; cette poussière charbonnée examinée au microscope, n'offre qu'un corps pulvérulent de différentes formes ; mais un épi charbonné ne l'est quelquefois qu'en partie ; il contient souvent des grains cariés.

Il n'est pas surprenant, sans doute, de trouver sur une même tige plusieurs épis, dont les uns sont bons & les autres mauvais, puisque chaque épi a sa racine qui pompe l'humidité de la terre, & la façonne d'une manière plus ou moins avantageuse au végétal qu'elle nourrit & fait croître ; mais de rencontrer sur un même épi, des grains avortés, des grains charbonnés, des grains cariés, & enfin des grains sains ; voilà ce qui a droit d'étonner : nous avons, il est vrai, plusieurs exemples de pareils phénomènes ; car, en comparant la tige du blé avec l'arbre, on remarque qu'elle ne diffère qu'en ce que les grains, qui sont le fruit du blé, se trouvent rassemblés autour d'un axe commun, tandis que le fruit des arbres est épars sur les branches ; mais c'est toujours le même suc, les mêmes canaux : or, cependant nous voyons des pommes sans aucunes taches à l'extérieur, pourries néanmoins au-dedans ; des pêches dont la chair est excellente, & le noyau gâté ; des coings, des prunes & des abricots traversés par une larme de gomme : ce qui paroît prouver que les fruits & les semences ont chacun leurs vaiſſeaux particuliers qui déterminent la nature du ſuc deſtiné à les nourrir.

La véritable cauſe du blé charbonné, n'eſt pas encore bien connue, chacun a haſardé ſon ſentiment : M. Tillet penſe avec raiſon que cette maladie eſt décidée au moment où le grain germe, & il en a aperçu les premiers ſymptômes dans la racine : elle n'eſt contagieuſe, ni pour le blé, ni pour les autres graminés ; mais une obſervation qu'il ne faut pas omettre ici, & dont nous ſommes encore redevables à M. Tillet, c'eſt que quand d'un pied de blé, il ſort une tige charbonnée, & que de cette même tige, il en naît une autre qui en eſt totalement indépendante ; cette tige ſecondaire eſt toujours affectée de charbon, ce qui a lieu auſſi par rapport au blé avorté & au blé carié.

Du Blé carié.

La troiſième & la plus redoutable des maladies du blé, c'eſt la carie : les phénomènes qu'elle préſente ſont entièrement différens de ceux du rachitiſme & du charbon ; ſes ſuites ſont auſſi plus dangereuſes, parce qu'elle paroît plus univerſellement & plus abondamment répandue : les Anciens l'ont décrite ſans en connoître la nature & l'origine.

Quoiqu'on diſtingue cette maladie du grain avant le mois de Février; les progrès de la végétation ne font cependant pas retardés; la tige eſt droite & élevée; les feuilles font communément fans défaut; mais à peine la floraiſon eſt-elle établie, que les épis cariés ſe font reconnoître à une couleur verte: les balles font plus ou moins tachées de petits points blancs. Les grains acquièrent une groſſeur plus conſidérable que dans l'état naturel, la couleur eſt d'un gris ſale tirant un peu ſur le brun: l'enveloppe eſt mince & moins forte.

Si l'on écraſe le blé carié, on le trouve rempli d'une pouſſière noire qui exhale une odeur de poiſſon pourri: c'eſt cette pouſſière, qui étant répandue ſur un grain parfaitement ſain, le pénètre lorſqu'il commence à s'amollir, imprégne de ſon poiſon, le germe naiſſant, & perpétue dans la plante le venin ſubtil dont elle eſt le principe; telle eſt la cauſe de la carie, que l'on auroit peut-être attribuée long-temps, fans M. Tillet, aux intempéries de l'air, aux brouillards, à la nature & à l'état des fumiers, aux rayons du ſoleil, aux influences de la lune, & à quelques autres raiſons ſemblables auſſi peu fondées.

Pour ſe convaincre que la cauſe de cette

maladie du grain réfidoit dans la femence, qu'elle n'étoit pas l'ouvrage de l'atmofphère, du terrein ou d'une des parties conftituantes détruites; il fuffifoit de remarquer que, dans le même champ, fous le même ciel, & parmi plufieurs efpèces de blé appartenantes à différens particuliers, il y en avoit qui étoient exceffivement infectées de carie, tandis que d'autres en offroient à peine un épi; il fuffifoit de voir que le dérangement des parties organiques de la plante étoit décidé avant qu'il fût poffible de favoir ce qui pouvoit l'avoir occafionné; mais il étoit réfervé à M. Tillet de dévoiler le fecret de la Nature fur la caufe de cette maladie, & d'indiquer en même temps le fpécifique qu'on pouvoit employer pour la prévenir; découverte précieufe, qui a renverfé une infinité de fyftèmes & de préjugés, qui ne fubfiftent plus que chez les habitans de la campagne, toujours les premiers à fe précipiter devant l'erreur, & les derniers à s'en retirer: la carie du blé, vue au microfcope, n'offre aucun mouvement animal, c'eft un amas de globules tranfparens, affez égaux entre eux.

Dès que M. Tillet eut reconnu que la pouffière de carie étoit contagieufe, & qu'elle avoit la faculté de corrompre le blé le plus fain, il ne s'occupa plus qu'à en rechercher le remède, & ce ne fut pas infructueusement.

Il employa d'abord différentes leſſives ſalines, qui eurent toutes un ſuccès plus ou moins complet, mais aucune ne réuſſit davantage & plus conſtamment, que celle compoſée de cendres de bois neuf & de chaux vive ; j'aurai ſoin d'en rappeler la préparation dans mon Mémoire ſur la carie du blé, on ne ſauroit la mettre trop ſouvent ſous les yeux du Fermier, puiſqu'elle exige peu de ſoins de ſa part, que la matière qui en eſt la baſe eſt toujours ſous ſa main, que d'ailleurs l'application en eſt ſimple, facile & nullement diſpendieuſe ; mais quand les grains ne ſeroient pas infectés de carie, la leſſive dont il s'agit, ne peut que leur être très-avantageuſe ; elle les fortifie & les met en état de réſiſter davantage aux intempéries de l'air. On doit même préſumer qu'étant bien conditionnée, elle préviendroit le rachitiſme & le charbon, qui ſe développent dans la terre, comme la carie.

Outre les maladies communes au blé, & les différens accidens qui lui arrivent pendant ſa végétation ; il peut y avoir encore d'autres circonſtances capables de donner lieu à des états particuliers du grain : on a vu des blés ayant une apparence ſaine, ſe trouver gâtés à
leurs

leurs extrémités seulement ; on en a vu couverts de petites taches noires, & l'intérieur conserver la blancheur de la farine ; enfin, on a vu des fromens exhaler sur pied une mauvaise odeur, quoiqu'ils n'offrissent à la vue aucune marque de carie : Il en est de même des animaux dont les maladies principales sont connues, mais dont les variations sont infinies ; cela ne doit pas nous empêcher de chercher les moyens de prévenir celles dont on a découvert la nature & l'origine.

Comme le chaulage & les lessives préparées & appliquées comme il convient, préservent les grains des vers, des insectes, de la carie, &c. & qu'ils leur donnent plus de vigueur, pourquoi donc a-t-on encore recours quelquefois à ces prodiges de fécondité, qui nuisent plus à la végétation qu'ils ne la favorisent ? que toutes ces recettes bizarres, composées dans les siècles d'ignorance ; que ces prétendus secrets vantés par les charlatans, soient bannis à jamais de nos Livres élémentaires, puisqu'ils peuvent faire un tort infini aux progrès de l'Agriculture, & à la fortune des Cultivateurs : n'y admettons que ce qui paroît démontré & confirmé par l'expérience journalière, choisissons les grains de semence, trempons-les dans l'eau de fumier animée par la chaux, & si les circonstances nous forcent à employer des grains salis par la carie, n'oublions pas sur-tout de les nétoyer avec soin, & de les lessiver, si nous voulons avoir des récoltes abondantes & saines. Ces précautions que la saine Physique a reconnues & approuvées, vaudront infiniment mieux que tous ces spécifiques qui n'ont jamais eu de réalité.

Je m'étois proposé, en parlant des accidens & des maladies du froment, de faire connoître les effets que pouvoient produire dans le corps humain, les grains qui en étoient affectés; mais ce sujet m'a paru assez intéressant pour l'examiner en grand, & le traiter dans un Mémoire particulier. La loi que je me suis imposée d'indiquer au Boulanger tous les moyens de préparer un pain bon & salubre, me fait regarder les détails dans lesquels je viens d'entrer, comme essentiels & propres à l'éclairer sur la nature & le choix des grains : l'homme qui prépare l'aliment indispensable à la vie, ne sauroit être trop instruit sur la qualité de la matière première qu'il y emploie. Le meilleur ouvrier dans tous les genres, n'est-il pas celui qui connoît le mieux la nature de l'objet qu'il travaille !

ARTICLE VI.

De la conservation du Blé.

De tout temps on s'est occupé sérieusement des moyens de conserver le blé, & de le mettre à l'abri des animaux destructeurs : la prévoyance, l'économie & la cupidité, ont été quelquefois de concurrence pour le même objet; mais qu'importe le motif, pourvu qu'il ait donné lieu à une découverte heureuse, pourvu qu'il en soit résulté un avantage pour le bien public, & qu'à la faveur de certaines précautions simples, peu dispendieuses & de facile exécution, on puisse mettre en réserve le superflu des bonnes années, afin de subvenir aux besoins pressans que les mauvaises occasionnent? car, c'est surtout dans les temps d'abondance qu'il faut se ménager des ressources contre les suites de la stérilité & les malheurs de la disette. L'homme affamé ne sent que le prix du pain, le pain est toujours son unique refrain, & il ne voit rien au-delà de son pain.

Pour se garantir de tout évènement fâcheux, les Anciens gardoient les grains dans des dépôts publics. M. Beguillet qui suit dans l'Histoire les traces des précautions que l'on a employées en France jusqu'à ce jour, relativement à cet article intéressant, expose dans son Traité de la mouture par économie, quelles sont les entraves que l'on peut apporter aux établissemens de conservation, par quels moyens on parviendroit à les rendre plus généralement utiles au Public & aux particuliers.

Les deux plus grands ennemis que nous ayons à combattre dans la conservation du blé, sont l'humidité d'une part, qui en accélère le dépérissement, & de l'autre, les insectes qui s'en nourrissent : occupons-nous d'abord du premier objet ; nous passerons ensuite à l'examen du second. Il seroit difficile, sans doute, de présenter à cet égard des vues toujours neuves, après les hommes éclairés en tout genre qui se sont livrés entièrement à l'économie rurale & domestique : je crois cependant nécessaire de rassembler dans les articles qui suivent, ce qu'il y a de plus conforme à la saine Physique & à l'expérience, touchant les moyens de préserver le blé des accidens qui le menacent sans discontinuer : quand leurs observations, & celles que nous avons eu occasion de faire, ne serviroient qu'à les répandre encore davantage, elles pourront toujours être utiles à ceux qui cherchent à s'instruire : s'il est étonnant que les meilleures méthodes ne soient pas suivies dans toutes les provinces, il l'est bien davantage, que ces diverses méthodes ne soient pas réciproquement connues.

Toutes les années ne fournissent pas également des grains propres à être conservés : il y a des blés dont on a bien de la peine à venir à bout en les soignant & en employant les différens moyens dont nous allons parler. Il y en a d'autres au contraire auxquels il est presque inutile de rien faire pour les garder : la saison leur a été tellement favorable, qu'ils supportent impunément toutes les vicissitudes, & semblent braver la durée des temps sans s'altérer. L'histoire fait mention de plusieurs exemples de blés qui se sont trouvés bons au bout de trente ans, sans qu'on pût apercevoir de traces d'aucune préparation. On sait qu'en 1744, le Roi & la famille Royale goûtèrent du pain qui avoit été fabriqué avec un blé que l'on conserve dans la citadelle de Metz depuis deux siècles ; phénomène qui dépend peut-être autant de la nature du blé, que des endroits dans lesquels on l'a serré.

Avant de songer aux moyens de conserver le blé, il faut nécessairement s'informer des circonstances particulières qui ont accompagné sa croissance & sa récolte, c'est-à-dire, si le grain a été recueilli par un temps sec ou par un temps humide; ce que la pratique apprend aisément aux Commerçans : car, c'est l'état où il se trouve après avoir été coupé, qui doit régler la nature & les espèces de soins que l'on doit prendre pour sa conservation ; dans le premier cas, il n'y a rien à appréhender, le blé se perfectionne à la grange, se façonne dans l'épi, & gagne de plus en plus de la qualité; dans le second cas, au contraire, il est important de ne pas le perdre de vue un moment; car pour peu qu'il ne soit pas veillé de près, il ne tarde pas à s'échauffer & à s'altérer. Mais comme il seroit ridicule d'attendre que le mal soit arrivé pour le détruire, il convient de chercher à le prévenir, & de voir si, dans la manière de recueillir les grains, on ne pourroit pas les mettre à couvert de cette humidité, & empêcher que les pluies continuelles qui tombent, lors de la moisson, ne pénètrent dans l'intérieur, & n'affoiblissent les propriétés de leurs parties constituantes ; car il est inutile de s'abuser : un blé qui a été récolté humide, quand bien même on ne le serreroit que parfaitement sec, tout est dit, il n'acquerra jamais dans l'usage, la valeur & la qualité de celui qui n'aura pas été nourri & imprégné d'eau, quels que soient les soins multipliés du Marchand vigilant, l'industrie du Meunier, & la manipulation éclairée du Boulanger ; enfin, il s'agit de préserver le blé de la pluie après la récolte, & de le rentrer sèchement dans la grange ; puisque, comme nous venons de le dire, dès que l'humidité s'est une fois insinuée dans la texture du grain, il n'est presque plus possible de réparer entièrement le tort qu'elle y a fait.

Chaque province a sa méthode plus ou moins vicieuse de recueillir les grains ; cependant il seroit bien à desirer qu'on n'en suivît qu'une seule lorsqu'elle seroit démontrée la meilleure ; puisque de sa perfection, résulte très-souvent la bonne qualité des substances récoltées. Assez ordinairement on n'a pas égard au temps pour scier le blé, je veux dire que si l'on ne fauche pas dans les grandes pluies, on le fait au moins dans les intervalles, sans trop s'embarrasser de ce qui arrivera ensuite : les javelles demeurent sur terre, s'il fait beau, à la bonne-heure ; ou bien on les retourne plusieurs fois, jusqu'à ce que deux ou trois jours de temps sec permettent qu'on les enlève : s'il survient, au contraire, de l'eau pendant plusieurs jours de suite, quoique avec des intervalles de beau temps, les grains, au lieu de se perfectionner & d'achever leur maturité, contractent une disposition à germer.

Ces observations ont frappé singulièrement M. Ducarne de Blangy ; voyageant au temps de la moisson, il vit les Fermiers désespérés de ne pouvoir rentrer leurs grains, que des pluies continuelles retenoient au milieu des champs, où la plus grande partie étoit déjà germée & presque entièrement gâtée : ce spectacle vraiment attendrissant pour un cœur sensible & patriote, lui imposa à son retour le devoir de faire connoître la méthode qui étoit pratiquée de temps immémorial avec avantage, chez lui, pour recueillir les grains dans les années pluvieuses. Cette méthode à laquelle M. Ducarne de Blangy a donné la forme de dialogue, comme plus amusante, plus instructive, & plus à la portée des gens de la campagne, qu'il a intention d'éclairer, consiste à mettre le blé en petites moies ou meules sur le champ même où on l'a recueilli & aussi-tôt qu'on l'a coupé : chaque meule doit avoir six à sept pieds d'élévation, & contenir cinquante à soixante gerbes.

On sent bien qu'en suivant la méthode de l'Auteur dont nous parlons, le blé, quoique récolté dans un temps pluvieux, sera toujours remis sèchement dans la grange, sans qu'il y en ait jamais de germé plus de la trentième ou quarantième partie. Dans le cas même où cette perte paroîtroit mériter quelque confidération, on pourroit encore l'éviter en n'employant, pour former le toît des meules, que la paille de feigle battue de l'année précédente; cette paille eft même préférable à celle du froment, en ce qu'étant plus longue, elle recouvre infiniment mieux. En fuppofant donc qu'il ne faffe que quelques heures de beau temps, c'eft affez pour fécher les blés. Au lieu de les couper au hafard, fans favoir ce qu'ils deviendront enfuite, on ne les fcie qu'à mefure qu'ils font fecs & bons à mettre fur le champ en meule ; ils font fauvés, & il n'y a plus rien à craindre de la part de l'eau : s'il pleut toujours, au contraire, on laiffe les grains fur pied, & ils font bien moins fujets à germer. Mais il faut voir, dans la Differtation de M. Ducarne de Blangy, les détails qui concernent la manière de former les meules, & les avantages qui en réfultent; on ne fauroit trop recommander une pratique auffi aifée & auffi falutaire.

Ce n'eft pas le tout d'avoir garanti le blé de l'humidité extérieure provenante de la pluie qui tombe pendant la récolte, & de l'avoir rentré en bon état dans la grange; celle qu'il contient encore suffiroit pour l'altérer, si l'on n'empêchoit pas la réaction de cette humidité, en la combinant ou en l'évaporant. Les différens agens employés à cet effet, sont l'air & le feu. Voyons de quelle manière on les applique pour la conservation du blé.

Des effets de l'air sur le Blé pour le conserver.

Quelque parfait que soit le grain après la moisson, il s'améliore encore si on le laisse dans la gerbe, il y grossit & prend un beau jaune clair. L'humidité végétative renfermée dans le tuyau, s'élève jusqu'au grain qui adhère encore à l'épi, s'y combine insensiblement, & procure le dernier degré de la maturité ; à peu-près comme certains fruits qui achèvent de se murir après avoir été cueillis, sur-tout lorsqu'on leur a conservé un peu de la tige à laquelle ils appartenoient. Aussi le blé resté long-temps en gerbe dans la grange faute d'emplacement, ou qui a été mis en meule, est non-seulement plus propre à se conserver, mais il acquiert encore une supériorité sensible ; tandis que battu au moment même de la moisson, il ne quitte pas volontiers la balle dans laquelle il se trouve resserré, ce qui occasionne la perte de tout le grain qui demeure adhérent à l'épi, sans compter qu'il perd une partie de ses excellentes qualités, parce que cette humidité, ce *gas* qui n'a pas eu le temps de s'échapper ou de se combiner à la longue, peut disposer davantage le blé à la fermentation ; enfin le grain, suivant l'expression du Cultivateur, n'a pas ressué & jeté son feu.

Dans quelques villes d'Allemagne où il y a des greniers publics, on serre les blés en épi dans la grange, & on ne les bat qu'à mesure de la consommation : certainement il n'y auroit pas de méthode plus efficace & moins dispendieuse pour garder les blés en bon état, que de les laisser dans la gerbe, s'ils n'exigeoient alors des emplacemens considérables pour les contenir ; aussi les Laboureurs qui ont plus de granges que de greniers, qui peuvent en outre se passer de paille pour leurs bestiaux, ne se pressent pas de faire battre le blé, sur-tout quand il est à bon marché. Ceux qui manquent d'emplacement & de paille, qui ne veulent pas faire des meules, soit par préjugés ou par la raison qu'ils ont suffisamment de grains : ceux-là, dis-je, font battre & vanner le blé. Mais beaucoup remettent ensuite la petite paille avec le grain, & étendent le tout dans la grange ou dans le grenier, cette méthode est, pour ainsi dire, celle de M. Sarcy de Suttiere, qui defireroit que quand le blé eft battu, on le laiffât dans la paille, c'eft-à-dire, dans la paille au vent, & qu'on le mit enfuite dans la grange ou autre endroit fec & froid : ce moyen eft très-bon pour conferver le blé fans avoir befoin de le remuer, cependant il ne vaut pas celui de le garder dans l'épi.

Nous avons déjà parlé dans l'article précédent, des avantages qu'il y avoit de mettre en petites meules, les blés fur les champs mêmes où on les coupoit, afin de les garantir des pluies continuelles, qui tombent fouvent pendant la moiffon. Une autre caufe détermine encore l'ufage des meules que l'on conftruit plus folidement, & qu'on élève beaucoup plus haut ; c'eft lorfqu'on manque d'emplacement pour ferrer les grains : ufage d'autant plus précieux que, par ce moyen, ils fe bonifient. On en connoît les avantages dans toute la baffe Bretagne & dans d'autres endroits. Comme les gerbes qui compofent les meules doivent être arrangées & diftribuées de façon qu'il n'y ait aucun vide entre les épis par où l'eau puiffe pénétrer, & que le grain ne touche à la terre par aucun côté ; de cette manière on peut être affuré de conferver le blé durant trois années frais & en bon état. Mais l'expérience fuffit pour prouver l'utilité des grandes & des petites meules, & combien il feroit intéreffant qu'on adoptât & qu'on fuivît par-tout une méthode qui offre de fi grands avantages.

Le blé eft encore dans la grange, mais renfermé dans l'épi, il faut l'en féparer pour le vendre ou l'employer : s'il étoit queftion d'expofer ici les différentes préparations qu'on doit faire fubir au blé, féparé de l'épi par le fléau, de la menue paille par le van, & des femences étrangères par le crible, on ne pourroit pas fe difpenfer de parler des attentions qu'on doit apporter avant de mettre le blé en réferve, pour empêcher qu'il ne contracte quelque mauvaife qualité ; il feroit en même temps indifpenfable de remonter aux méthodes pratiquées autrefois, afin de faire valoir les avantages de celles qu'on y a fubftituées dans la plupart de nos provinces ; mais cet hiftorique, qui exigeroit beaucoup de détail, nous mèneroit trop loin, il fuffit d'obferver que l'état où fe trouve le grain, l'ufage auquel on le deftine, le temps où l'on a réfolu de s'en fervir, indiquent ordinairement l'efpèce de moyen propre à employer pour conferver le blé.

La méthode la plus univerfellement connue

de conserver le grain, dès qu'une fois il est battu, vanné & criblé, c'est de le mettre en tas dans le grenier; mais on sait que le blé le plus sec en apparence, contient cependant encore beaucoup d'humidité, dont il faut empêcher l'effet, en favorisant l'évaporation d'une partie, & en concentrant l'autre. Si ce moyen exige des soins & des précautions, il est sans contredit un des meilleurs qu'on puisse mettre en usage, & le plus conforme aux loix de la Nature; mais pour peu que du blé, amoncelé dans le grenier, ne soit pas remué la première année, & dans l'été, il travaille & fermente. On sent même, en enfonçant la main dans le tas, une chaleur considérable & une certaine humidité, qui, n'ayant pas la liberté de s'échapper au dehors, acquiert vers le centre de l'intensité; il s'établit un mouvement de fermentation qui altère & décompose le grain; cette altération se communique bientôt de proche en proche à toute la masse, en sorte que s'il règne un froid humide, le blé contracte une odeur aigre, qui devient infecte quand l'altération s'est opérée par les grandes chaleurs: le blé alors n'est plus propre à fournir de bon pain, les volailles même auxquelles on le jette, refusent de le manger.

On prévient donc ordinairement cet accident, en ne donnant au tas de blé qu'un pied ou dix-huit pouces d'épaisseur, suivant que l'année a été plus ou moins humide : on le crible & on le remue à la pelle ; par cette opération, on fait passer successivement, & peu à peu, le grain d'un lieu dans un autre en le rafraîchissant par de l'air nouveau qui emporte une partie de l'humidité du blé.

Pour donner plus d'activité à cet air, & en introduire davantage dans les couches horizontales du blé répandu sur le plancher du grenier, on a imaginé d'exciter un courant par le jeu des soufflets, & de faire traverser l'épaisseur de la masse par de l'air froid & sec, qui renouvelle à l'infini celui qui se trouve interposé entre les grains de froment : M. Duhamel s'est assuré des bons effets du renouvellement d'air, en éventant un petit grenier qui contenoit quatre-vingt-quatorze pieds cubes de grains, par le moyen du soufflet de M. Hales.

On ne doit jamais attendre, pour remuer & travailler le blé, qu'il exhale de l'odeur, & que la main introduite dans le tas éprouve de la chaleur ; car le grain auroit déjà subi un commencement de fermentation, & pourroit être altéré : cette altération seroit même d'autant plus prompte & plus confidérable, que la faifon feroit plus chaude & le blé plus humide : il faut donc, par rapport à ces deux circonftances, paffer le blé à la pelle plus ou moins fouvent; c'eft ordinairement tous les quinze jours en été, & tous les mois en hiver; le criblage demande à être répété tous les deux mois.

Dans des chaleurs exceffives, & lorfqu'on eft menacé de tonnerre, il eft bon de redoubler d'attention. Les Tranfactions philofophiques rapportent un accident furvenu inopinément par un orage, à un magafin de froment & de feigle, qui étoit de bonne qualité. Le blé qu'on oublie au grenier en tas, fe recouvrant d'une efpèce d'humidité, & l'eau étant le conducteur de l'électricité; il arrive au grain ce que nous voyons arriver à certains corps fermentés ou fermentefcibles qui paffent à la putréfaction, avec une rapidité incroyable; il s'agit donc de faciliter l'évaporation de cette humidité & de tempérer cette chaleur par de l'air nouveau & froid; ce que procurent le criblage & le pelage. Peut-être qu'en faifant traverfer le tas de blé par un fil d'archal qui porteroit au dehors l'électricité magnétique, on mettroit le grain à l'abri des influences de la foudre, ainfi qu'on parvient à en préferver les œufs, le vin, la
viande,

viande, &c. par le moyen d'un morceau de fer : convenons cependant qu'il falloit que le grain, qui est le sujet de cette observation, fût déjà bien malade, ou qu'il eût été recueilli extrêmement humide, pour avoir tourné de cette manière ; car il ne paroît guère vraisemblable qu'un corps naturellement sec comme le blé & le seigle, se gâte aussi vîte que les liquides les plus corruptibles.

La Nature nous livre presque toujours ses présens dans le meilleur état, c'est à nous à rechercher & à employer les moyens que la raison & l'expérience nous indiquent pour les conserver, & c'est ici où commence l'art. L'ignorance est souvent moins coupable que la cupidité & l'inattention. Combien de fois le blé le plus parfait ne s'est-il pas gâté par la faute de ceux qu'on payoit pour le soigner ! Les propriétaires qui ne peuvent inspecter par eux-mêmes les hommes qui en sont chargés, devroient bien à ce défaut les faire surveiller par quelqu'un de confiance. En songeant que rien ne peut représenter le blé, & que dans un temps de disette l'or, dans les pays où le pain fait la principale nourriture, n'a aucune valeur à côté de lui ; on ne sauroit s'empêcher d'être révolté contre ces négligences affreuses, qui, dans des circonstances où l'on n'a que le nécessaire, occasionnent des malheurs sans nombre. J'ai vu il y a quelques années dans la Brie, des greniers très-vastes remplis de blé détérioré en partie par la négligence du régisseur : le Seigneur à qui on avoit caché la cause de cet évènement, a perdu près d'un tiers sur la quantité & sur le prix. Celui qui est chargé de la conservation du blé, est non-seulement responsable envers le maître qui l'a commis à cet effet, mais encore envers l'État, qui, comme un père tendre, veille sans cesse à tout ce qui concerne la santé & le bonheur de ses enfans.

Toutes les méthodes de conserver le blé battu, vanné & criblé, ayant chacune leurs avantages & leurs inconvéniens, on a cherché les moyens les plus simples, les plus praticables & les moins dispendieux pour la multitude des Citoyens, intéressés à garder les grains, soit pour leur propre consommation, soit pour les vendre. M. l'abbé Villin, Membre de la Société d'Agriculture de Paris, peut se flatter d'être un de ceux qui a le mieux rempli cet objet : fondé sur ce que les œufs de poule se gardent très-long-temps, même en été, étant déposés tout frais sur des couches de petite paille qui les empêchent de se toucher ; il a imaginé de mettre le blé dans des paniers de paille de seigle, ayant la forme d'un cône renversé ou d'un entonnoir, dont la pointe est terminée par une ouverture fermée ordinairement au moyen d'une petite planche qui glisse sur des coulisses, & s'ouvre aisément quand il s'agit d'ôter le grain pour le remuer ou pour le vider.

Ces paniers contiennent deux setiers & demi de blé, c'est-à-dire cinq cents quarante livres environ : on établit perpendiculairement dans leur milieu une espèce de tuyau également fait de paille, qu'on assujettit au fond afin qu'il ne se dérange point pendant qu'on verse le grain.

Cette méthode de conserver le blé dans des paniers de paille, réunit un très-grand nombre d'avantages, que M. l'abbé Villin expose sans prétention, & qu'il appuie de raisonnemens & de preuves, comme de garder beaucoup de grain à peu de frais & dans un petit espace, de pouvoir être pratiquée par les particuliers les moins aisés & qui sont logés le plus étroitement, d'avoir, dans le même grenier, différentes sortes de grains sans confusion ni mélange, de permettre l'entrée des magasins sans gâter un seul grain avec les pieds, de ne pas avoir autant à craindre de la part des animaux, enfin de pouvoir fe garantir plus aifément des incendies en ifolant le bâtiment.

On fent aifément que le blé qui s'échauffe & fermente, amoncelé dans le grenier, parce que l'air ne peut s'infinuer dans la couche du grain que perpendiculairement du haut en bas, n'éprouvera pas auffi aifément cet inconvénient dans un panier fufpendu, où ce fluide pénètre avec beaucoup plus de liberté à travers les brins de paille, dont le panier eft tiffu, & circule de toutes parts entre les différentes couches ; rien ne paroît mieux fenti ni plus conforme aux bons principes, que l'effet phyfique que M. l'abbé Villin attribue à fa méthode & l'explication qu'il en donne. J'aurois defiré pouvoir tranfcrire ici en entier le Mémoire que cet ingénieux Obfervateur a publié fur la confervation des grains, tout y eft intéreffant, & je ne crains pas d'avancer que cet Ouvrage eft un chef-d'œuvre de netteté, de fimplicité & d'utilité. On le trouve à Paris, chez Moutard, Libraire, *quai des Auguftins.*

Il réfulte donc de tout ce que nous avons avancé, que le moyen le plus fimple, le plus économique de conferver le blé & de le bonifier, c'eft de le tenir long-temps renfermé dans l'épi, parce que chaque grain fe trouve ifolé &

recouvert d'une pellicule de la nature de la paille, c'est-à-dire, d'une matière sèche & lisse, qui ne s'humecte pas à l'air, qui renvoie les rayons du soleil plutôt que de les absorber, & tient le blé par conséquent dans l'état sec & froid. L'inégalité du grain empêche que cette pellicule soit juxt-apposée, l'air y pénètre facilement, entretient dans la masse une fraîcheur & une sécheresse qui permettent aux parties constituantes de s'affiner & de s'arranger entre elles, sans subir aucune évaporation sensible, ce qui fait qu'un blé conservé ainsi dans l'épi, ne perd presque point de son poids, de sa couleur & de sa qualité.

En battant & vannant le blé, on dissipe une légère humidité adhérente à la surface du grain. Le crible, en séparant la poussière & les semences étrangères qui s'y trouvent mêlées, favorise encore cette évaporation; la pelle, l'instrument dont on se sert au grenier pour remuer le blé qui y est amoncelé, enlève une matière qui transude ordinairement des corps appliqués pendant un certain temps les uns sur les autres, diminue la chaleur qui s'est établie dans le centre & prévient enfin la fermentation.

Or, soit que l'on garde le blé en gerbes dans la grange ou qu'on en fasse des meules, soit qu'on le dépofe fur le plancher féparé de l'épi, pur ou mélangé avec la petite paille, foit enfin qu'on le renferme dans des paniers de paille ou bien dans des facs ifolés de toutes parts, fuivant la pratique de M. Brocq, que nous détaillerons à l'article de la confervation des farines; c'eft toujours l'air que nous voyons agir; tantôt comprimé dans plufieurs endroits, il produit un froid fenfible ; d'autres fois, il fe fubftitue à la place de celui qui ayant féjourné un certain temps dans les interftices du grain, s'eft chargé des vapeurs qui en émanent, & a perdu une partie de fon reffort & de fon élafticité : fouvent il fait les fonctions de diffolvant en enlevant avec lui l'humidité qui s'eft échappée de l'intérieur du grain à la furface.

Dans toutes ces circonftances, une partie de l'humidité furabondante du grain s'évapore infenfiblement & au bout d'un certain temps, tandis que l'autre plus adhérente, & logée prefque dans le cœur du blé, cherchant pareillement une iffue pour s'échapper, eft retenue par des obftacles, & ne peut arriver à l'écorce que dans un laps de quelques années ; dans le chemin qu'elle parcourt elle fe combine avec les autres principes conftituans, ce qui achève de perfectionner le blé, & lui donne les qualités qu'on reconnoît aux bons vieux blés. Mais l'opération du feu par laquelle on parvient à dissiper toute l'humidité du blé, & à le mettre en état de se conserver long-temps sans invoquer ensuite les différens moyens que nous recommandons, produit un tout autre effet; il est temps de nous en occuper.

Des effets du feu pour conserver le Blé.

Les premières phrases que nous avons exposées touchant la conservation du blé en général, indiquoient assez qu'il s'agissoit déjà du moyen dont il va être question, pour mettre dans l'espace de vingt-quatre heures, les grains les plus humides, & par conséquent les plus susceptibles de s'altérer, en état de se garder des siècles, & de pouvoir être transportés par-tout sans craindre qu'ils subissent aucune fermentation. Il seroit en effet bien difficile de donner aussi promptement aux blés une pareille propriété, en employant une des opérations mentionnées dans l'article précédent.

Toute l'Europe connoît l'étuve de M. du Hamel & ses greniers de conservation : ce que je pourrois en dire ici ne vaudroit sûrement point les éclaircissemens détaillés qu'on trouvera dans l'Ouvrage & le supplément que ce célèbre

Académicien a publiés fur ce feul objet : les opérations qu'il a exécutées en petit & en grand avec un défintéreffement & un patriotifme rares, y font développées de manière à ne pouvoir fe refufer à l'évidence des faits qu'il cite en faveur de fa méthode.

Dans le nombre des avantages qui appartiennent à l'étuve, on peut en compter de très-importans, fur lefquels il paroît qu'on eft affez généralement d'accord : tels font ceux de diffiper une odeur défagréable que les blés ont quelquefois contractée à leur fuperficie, d'arrêter, & même de détruire leur trop grande difpofition à germer; de les rendre moins fufceptibles d'être attaqués par les infectes, de les dépouiller de l'humidité fuperflue, de les mettre en état de fupporter les voyages de long cours & outre-mer; enfin, de procurer à ceux qui ont une immenfe provifion de grains, les moyens de les conferver un temps infini dans des greniers faits exprès, ou dans des caiffes, fans aucun frais de main-d'œuvre; mais comme tout a fes inconvéniens, il ne faut pas s'étonner qu'on ait fait plufieurs objections contre l'étuve, contre cette invention qu'on ne peut fe laffer d'admirer tout en la critiquant.

On prétend d'abord qu'il eft impoffible de

déterminer combien de temps le blé doit demeurer dans l'étuve, & le juste degré de chaleur qu'il faut employer pour le défsècher, puisque cela dépend de son humidité. M. du Hamel indique, comme un signe de la parfaite sécheresse du grain, lorsqu'il se casse net sous la dent comme du riz. On veut encore que l'étuve soit une opération difficile & incommode, qu'elle ne puisse être employée par tout le monde, qu'elle préjudicie au commerce par le déchet prodigieux & les frais qu'elle occasionne, qu'elle rougit le blé, que la farine qui en provient n'a pas autant d'éclat, qu'elle n'a plus cette couleur jaune & ce coup-d'œil agréable, & que le pain qu'on en prépare manque de ce goût de fruit qu'on distingue dans celui fait avec les bons blés non étuvés.

Il est bien certain que le blé soumis à l'étuve, perd de son volume & de son poids, dont il est impossible d'évaluer au juste la quantité pour les raisons déjà déduites; mais cette perte n'est pas réelle, il ne s'est évaporé que de l'eau, & la farine en absorbe d'autant plus dans le pétrissage, qu'il s'en est dissipé davantage à l'étuve. Cette vérité n'est pas ignorée des Boulangers, ils achettent de préférence les blés ainsi desséchés, qu'ils payent même plus chers que ceux qui ne le sont pas; mais cette augmentation peut-elle dédommager entièrement le propriétaire des déchets sur la mesure & des frais indispensables de l'étuve ! M. l'abbé Villin, que nous avons déjà présenté au Lecteur sous les titres avantageux qu'il mérite, convaincu que le succès de l'étuve dépend du concours de beaucoup de circonstances difficiles à saisir & à concilier, en montre les défauts avec cette candeur qui caractérise le Savant honnête : excité par les mêmes motifs & animé du même zèle que M. du Hamel, il entreprend d'arriver au même but par un chemin en quelque sorte opposé, puisque son moyen consiste à empêcher l'humidité de réagir en la concentrant, pour ainsi dire, par le froid, tandis que l'autre évapore tout-à-coup cette humidité par le feu. Mais la méthode des paniers, toute excellente qu'elle soit, ne doit être pratiquée que dans les circonstances où le blé ne périclitera point, qu'il sera recueilli sans défaut, que son commerce n'aura lieu que de Province à Province, de Ville à Ville ; toutes les fois au contraire qu'il s'agira d'un blé qui menacera ruine, qu'il faudra lui administrer un secours prompt, qu'il sera destiné, soit à être déposé dans des grands magasins pour les besoins de l'État & du Public, soit à séjourner dans des vaisseaux sur mer pour passer dans les climats brûlans, alors l'étuve deviendra indispensable & très-utile dans tous ces cas.

Comme une découverte n'a pas toujours, à son origine, le degré de perfection auquel il est possible qu'elle atteigne un jour, l'étuve fut d'abord construite en bois; après cela on a voulu y substituer l'étuve en fer, sans faire attention qu'indépendamment de la dépense considérable qu'elle occasionne, elle a comme dans les autres étuves le réchaud placé au centre, & c'est un défaut, parce que d'abord le grain répandu sur les tablettes n'éprouvant pas par-tout une chaleur égale, celui qui est le plus voisin du feu peut être trop desséché, tandis que l'autre qui en est le plus éloigné, ne le sera pas suffisamment, ensuite l'humidité qui s'évapore du grain n'ayant pas d'issue pour s'échapper de la chambre, est absorbée par le grain lui-même, ce qui le blanchit & puis le rougit. Nous verrons dans la suite que la chaleur qui règne dans l'étuve, n'a pas non plus le pouvoir de faire périr tout le charançon qui se trouve dans le blé.

Sans vouloir attacher à l'étuve plus d'imperfection qu'elle n'en a, il conviendroit de faire en sorte de la rendre moins dispendieuse, plus commode & plus utile. On pourroit en construire la charpente en bois & les tablettes en fer poli, parce qu'on a éprouvé que la chaleur déjette le bois, ce qui nuit à l'opération de l'étuve & exige des réparations continuelles. Si le fourneau étoit placé au centre avec des tuyaux diftribués dans les parties latérales & inférieures autour de l'étuve, que les tablettes fuffent percées comme un crible au lieu d'être en treillis de fer, le blé ne s'arrêteroit pas dans les mailles, & la chaleur qui tend toujours à s'élever, fe répandant du centre aux extrémités, elle agiroit en tout fens, & deffécheroit le blé d'une manière plus égale & plus uniforme. Mais laiffons aux Citoyens éclairés qui fe font déjà occupés de l'étuve, les foins de lui donner le degré de perfection dont elle eft fufceptible.

On devine bien ce qui fe paffe dans l'étuve, le blé augmente d'abord de volume, l'humidité qui participe encore de la sève, & qui tient le blé dans l'état qu'on peut appeler *blé nouveau* ou *frais*, fe raréfie & s'évapore enfuite ; mais celle qui appartenoit à la bonne nature du blé, qui y entre comme partie conftituante, & qui n'auroit fait, moyennant les précautions ordinaires, que difparoître à la longue, en fe combinant plus exactement ; cette humidité, dis-je, eft, pour ainfi dire, forcée de quitter fon agrégation par un degré de chaleur que n'a aucun climat, ce qui produit le deſsèchement defiré, qu'on ne peut obtenir que par le moyen de l'étuve, ſoit en Italie, ſoit dans les pays ſeptentrionaux ; ainſi le deſsèchement du grain opéré par l'étuve, eſt dû à l'évaporation de ces deux eſpèces d'humidité, qui apportent dans la conſtitution du grain un dérangement réel, dérangement dont le germe deſtiné à reproduire la plante, ſe reſſent le premier, & qui s'opère inſenſiblement dans l'eſpace de trois ou quatre ans.

Pour connoître le caractère phyſique de l'humidité qui s'échappe du blé par le moyen de l'étuve, j'en ai diſtillé pluſieurs fois dans le bain-marie d'un grand alambic, de manière qu'il n'y avoit qu'un pouce d'épaiſſeur de blé dans la cucurbite, la liqueur que j'en ai retirée étoit claire, limpide & ſans goût, ayant l'odeur du blé : examinée avec les réactifs, elle n'offrit aucun phénomène. Après quelques heures d'une chaleur de 70 degrés, chaque livre a fourni une once & demie de liqueur : le grain reſté dans l'alambic étant expoſé dans un endroit ſec pour refroidir, reprit en moins de vingt-quatre heures le tiers du poids qu'il avoit perdu par la diſtillation.

Cette manière d'enlever au blé l'humidité qu'il contient, dans un vaiſſeau fermé, ne pouvant pas être tout-à-fait comparée à celle de l'étuve, j'ai cherché à imiter cette dernière, en étendant sur un bain de sable à l'air libre un pouce d'épaisseur de blé humide auquel je donnai, pendant quelques heures, une chaleur de 80 degrés; après cela je le pesai, il avoit perdu un douzième de son poids; je le portai dans un lieu frais; la légère odeur qu'il avoit contractée disparut bientôt, & il reprit un quart du poids qu'il avoit perdu dans le desséchement.

J'ai fait écraser ce blé ainsi desséché, dans un moulin à café, & j'en ai séparé autant qu'il m'a été possible tout le son, par le moyen d'un tamis : avec la farine qui en est provenue, j'ai préparé du pain, qui, comparé avec un autre pain du même blé non desséché, mais divisé, tamisé & fabriqué de la même manière, n'a présenté d'autre différence, si ce n'est que la farine s'échauffoit un peu plus, absorboit proportionnément davantage d'eau, pas tout-à-fait cependant la quantité qu'elle auroit prise avant d'avoir été desséchée, & que le pain, quoique très-blanc, très-léger & très-savoureux, ne possédoit pas parfaitement ce goût exquis de noisette que l'on rencontroit dans l'autre.

Ces dernières expériences ont été faites &

répétées en grand par M. du Hamel. Il n'est pas possible de les révoquer en doute; mais je conclus de celles que je rapporte, que comme les corps reprennent l'eau à proportion de leur sécheresse & de leur densité; que les grains récoltés extrêmement secs, battus à l'instant de la moisson, & conservés au grenier jusqu'en hiver, augmentent en poids & en volume, les grains étuvés ne sont pas plus exempts de cette loi commune; que par conséquent au sortir de l'étuve, ils prennent nécessairement de l'humidité; qu'il faut les remuer avant de les serrer: car, quelque secs que l'on suppose les greniers de conservation, ils permettent toujours l'entrée de l'air & sa pénétration dans le grain : qu'une livre de blé qui a passé à l'étuve, y compris le déchet qu'il y a éprouvé, absorbera un tant soit peu moins d'eau que la même quantité non étuvée, parce que les substances mucilagineuses & gommeuses qui constituent le blé, ne peuvent souffrir une dessiccation forte & brusquée, sans perdre en même temps la faculté qu'elles ont d'absorber & de retenir beaucoup d'eau; qu'il s'est exhalé dans l'opération de l'étuve un principe volatil odorant, qu'on pourroit appeler l'*esprit recteur du blé*, lequel ne se dissipe que lentement & au bout d'un certain temps, ce qui fait qu'à mefure que le blé s'éloigne de l'année où il a été récolté, le pain qu'on en prépare, fans ceffer d'être bon, falubre & nourriffant, n'a plus cette faveur agréable de noifette qu'on aime à y rencontrer; qu'enfin, l'étuve réduit en un jour le grain à un état qu'il ne parvient à acquérir qu'infenfiblement & par la vétufté.

Malgré ces légers inconvéniens qui n'influent que fur l'agrément & la délicateffe du pain; ayons toujours recours à l'étuve lorfque nous aurons de grandes provifions à garder; que le fol de notre habitation fera humide, que l'on deftinera les grains à paffer au-delà de notre hémifphère, que ces grains auront été noyés d'eau fur pied, récoltés dans un temps pluvieux, ou qu'ils feront difpofés à paffer à la germination, ou bien encore qu'ils auront contracté un peu d'odeur; mais le blé le plus parfait auquel on a enlevé l'humidité fufceptible de le détériorer, n'eft pas encore fauvé de tout accident. Il a d'autres ennemis à redouter, qui ne femblent occupés qu'à le détruire: cette confidération mérite bien qu'on s'y rende attentif: voyons donc les moyens qu'il eft poffible d'employer pour s'en délivrer.

ARTICLE VII.

ARTICLE VII.

Des animaux qui attaquent le Blé.

Si le blé est de tous les grains le plus susceptible de s'échauffer & de s'altérer par l'humidité qu'il renferme ; il est aussi celui pour qui les animaux ont le plus d'attrait. Les Naturalistes qui ont observé que chaque production végétale a son ennemi particulier, auroient pu ajouter en même temps que le froment en trouve dans presque toutes les espèces vivantes, que la plupart sont très-friandes de ce grain, & qu'elles le choisissent de préférence lorsqu'on le leur présente confondu & mélangé avec d'autres semences ; mais le tort infini que ces ennemis occasionnent, ne se borne pas seulement au déchet, plusieurs altèrent encore la portion du grain qu'ils n'ont pas rongée, par une mauvaise odeur & un goût désagréable, que le temps, l'air, le moulin & le four ne font souvent qu'augmenter ; ce qui suffit bien pour démontrer l'avantage qu'il y auroit de pouvoir s'en garantir.

En vain la prévoyance du Fermier, l'industrie du Commerçant & les lumières du Physicien se sont-elles réunies quelquefois pour tâcher de mettre le blé à l'abri de la rapine, leurs efforts ont diminué le dégât fans le prévenir : par quel moyen en effet arrêter ces nuées de pigeons qui fondent fur les femences & les enlèvent avant qu'elles foient germées ! quel obftacle oppofer à cette multitude innombrable de rats & de mulots qui fouillent la terre, & dérobent le dépôt que le laborieux Cultivateur y a confié ! de quelle rufe fe fervir pour empêcher que ces bandes de francs-moineaux, dont le larcin annuel eft eftimé à près d'un demi-boiffeau pour chacun, ne raviffent le blé fur pied, avant que le Moiffonneur y ait porté la faulx ! enfin, comment interdire l'entrée des granges, des magafins & des greniers à ces effaims d'infectes fi redoutables, à caufe de leur petiteffe, de leur voracité & de leur prodigieufe multiplication ! Tant que les colombiers de volière ne feront pas fermés durant les femailles & la moiffon ; tant que l'on oubliera de tendre des piéges aux rats, aux mulots, & que l'on négligera les moyens indiqués & reconnus pour les détruire fans retour ; tant que les habitans des campagnes dédaigneront de faire peur aux francs-moineaux par des épouvantails, ou que la tête de ces ennemis ailés ne fera pas à prix, comme dans quelques États d'Allemagne; enfin, tant qu'on n'obfervera pas, avant de ferrer le blé dans les greniers, fi les infectes n'y exiftoient pas déjà, & qu'on n'ufera pas des précautions recommandées en pareil cas, il ne fera jamais poffible d'efpérer mettre les grains à l'abri de toutes les déprédations qui en enlèvent une partie & préjudicient à la bonté & à la confervation de l'autre. On dira peut-être que fi les animaux dont je parle, partagent notre fubfiftance, ils font en même temps la chaffe aux infectes, dont ils empêchent l'énorme population : mais cette objection feroit fondée, fi ces animaux étoient carnivores ; d'ailleurs on fait jufqu'où va le défordre des premiers, & on ignore fi l'utilité qu'on leur attribue eft auffi démontrée ; le nombre & le danger des derniers n'ont-ils pas été fouvent groffis par nos craintes.

Parmi les animaux qui attaquent & dévorent le blé, je laifferai de côté les pigeons, les moineaux, les rats, les mulots, &c. parce que le dégât qu'ils occafionnent, s'exerce particulièrement dans les champs, fans nuire à la portion du grain qu'ils n'ont pas mangé : il n'en eft pas de même des infectes, dont l'invafion eft d'autant plus à craindre, que leur génération eft prefque continuelle, & que loin de tarir, elle ne fait qu'augmenter chaque fois : de plus, les insectes rongent sans cesse l'intérieur du grain, l'échauffent, & lui communiquent une mauvaise odeur : de tous ceux qui font tort aux Cultivateurs les plus attentifs, je citerai particulièrement le charançon, parce que d'un côté, il est l'ennemi le plus redoutable du blé, dont il semble avoir juré la perte, & que de l'autre, ce que nous allons en dire pourra s'appliquer à toutes les autres espèces d'insectes.

Beaucoup d'auteurs qui nous ont donné l'histoire naturelle des insectes à blé, se sont plus attachés à satisfaire notre curiosité, qu'à indiquer les moyens de les exterminer ; ce qui auroit dû être leur principal objet. Aussi je me dispenserai de parler des ruses & des manèges qu'on a prétendu qu'ils employoient pour mettre leurs jours en sûreté, soit en contrefaisant le mort afin de désarmer leurs persécuteurs, soit en se rappetissant pour se soustraire à leur vue, de peur qu'il n'en soit du charançon comme de plusieurs insectes à qui on a accordé une intelligence humiliante pour l'espèce humaine, & sur le compte desquels on est obligé de revenir tous les jours ; telle est la fourmi, telle est l'abeille, tels sont encore beaucoup d'autres animaux, qui, observés de plus près avec des yeux physiciens, montreront toujours la sagesse du Créateur, mais jamais un instinct supérieur à la raison, un instinct qui aille au-delà des loix de la conservation & de la propagation.

Des Essais tentés pour détruire le Charançon.

Dans le nombre des Savans qui ont traité du Charançon, Mrs du Hamel & Deslandes paroissent l'avoir suivi de plus près & le mieux connu : M. de Joyeuse, Commissaire de la Marine, s'est également occupé de cette étude : ses recherches & ses expériences ont même obtenu le Prix de la Société royale d'Agriculture de Limoges : le premier objet de son Mémoire relatif à la vie de cet insecte, nous a paru rempli de manière à intéresser des Naturalistes : le second, celui qui concerne les moyens de préserver le blé du Charançon, & de le détruire dans celui qui en est infecté, ne semble pas avoir le même mérite : l'Auteur se contente de rapporter des méthodes déjà connues, & leur multiplicité en décèle l'insuffisance & leur peu de valeur.

Il est malheureux sans doute que les différens remèdes employés jusqu'à présent pour prévenir l'accident des charançons, soient insuffisans, quelquefois dangereux, & par cela même impraticables : les propriétés merveilleuses qu'on leur a attribuées, ne se font jamais réalisées, ou n'ont eu qu'un succès médiocre ; les fumigations, les décoctions, les odeurs fortes, le grand chaud, le grand froid, ont été successivement tentés, sans opérer l'effet qu'on en attendoit ; ceux qui ont eu quelque réussite agissoient sur le grain lui-même, le remède alors étoit, comme l'on dit, pire que le mal. On peut citer pour exemple la vapeur du soufre qui communique de l'humidité & de l'odeur au grain ; la pratique des Italiens qui consiste à plonger le blé dans l'eau bouillante ; enfin, les expériences que M. du Hamel a faites sur le charançon, qui doivent rendre pour jamais suspectes, la plupart des recettes indiquées dans les Traités d'économie domestique, ou qui courent de main en main, sous le titre imposant de secret.

Le Physicien & le Commerçant conviennent, il est vrai, de la difficulté extrême qu'on rencontre pour se défaire du charançon, dès qu'une fois il s'est introduit dans le blé ; les premiers moyens connus qu'on ait mis en usage pour en venir à bout, sont encore employés aujourd'hui dans nos Provinces, je veux dire le pelage & le criblage : l'instrument qui concerne cette dernière opération a seulement été perfectionné ; on a donc imaginé les cribles à vent

& à cylindre, ce moyen rafraîchiſſant le blé, en lui donnant un mouvement continuel, l'humidité s'en exhale, & il ne contracte aucune odeur capable d'attirer les inſectes; mais lorſque le charançon eſt parvenu juſqu'au grain, il ne paroît guère poſſible que le crible puiſſe l'en chaſſer entièrement.

Si l'on eût été plus inſtruit des habitudes de vivre du charançon, de la manière dont il ſe reproduit, on auroit vu d'abord que le mouvement de la pelle imprimée à un tas de blé qu'on remue, peut bien inquiéter cet animal tant que durera l'opération, parce qu'il a beaucoup d'attrait pour le repos, qu'il quitte ſon lieu natal pour chercher un abri; mais que ſitôt qu'on ceſſe de remuer le blé, il y revient un moment après pour dépoſer ſes œufs; on auroit vu que le crible eſt bien en état de ſéparer du grain le charançon qui s'y trouve à nu & en liberté, & que par le moyen de cette opération répétée ſouvent pendant l'hiver & avant le printemps, on peut détruire juſqu'au dernier de ces inſectes, mais non pas ceux qui ſont cachés ſous l'enveloppe vide du grain; le mouvement que reçoit le blé en tombant dans le crible, ne ſuffiſant point pour l'en faire ſortir, & encore moins les œufs ramaſſés & attachés à la ſurface du blé par un gluten : enfin, on auroit vu que deux ou trois de ces infectes, pourvu qu'il s'y trouvât une femelle, étoient capables de dévafter en peu de temps tout un grenier, & de ne laiffer au Propriétaire que du fon au lieu de farine.

Les moyens ordinaires ne pouvant que diminuer le mal fans en détruire la fource, on a eu recours à d'autres expédiens : fondé fur ce que la chaleur de l'étuve defsèche fort bien le grain fans nuire fenfiblement à fa qualité, on a voulu trop étendre fon pouvoir en lui attribuant des effets qu'elle ne fauroit produire complètement. D'abord on s'eft perfuadé que l'étuve mettant le blé dans l'état fec & compacte, il feroit à l'abri de l'attaque des infectes, & particulièrement du charançon, parce que la peau extérieure du grain devenue coriaffe & dure, ne permettroit pas à l'infecte de l'entamer, ni de pénétrer dans l'intérieur pour fe nourrir de la matière farineufe; mais l'expérience a prouvé que du blé parfaitement étuvé, & porté enfuite dans un grenier où il y avoit dejà eu des charançons, n'en a pas moins été endommagé par la fuite ; c'eft d'ailleurs ce qu'atteftent ceux qui, de bonne foi, ont cherché la vérité. Ils ont aperçu au commencement du printemps ces animaux deftructeurs fe répandre de nouveau fur les blés étuvés qu'ils rongeoient fans relâche, cependant avec moins d'avidité & de facilité, ainfi que le prouve l'expérience.

Lorfqu'on abandonne à la voracité du charançon un mélange de blés étuvés ou non étuvés, ces derniers font dévorés de préférence : ainfi il eft bien certain que du blé qui a acquis de la fécherefse & de la dureté en vieilliffant ou par le moyen de l'étuve, eft beaucoup moins fufceptible des invafions du charançon ; mais foit que l'humidité qui tranfpire de ces infectes ramolliffe le grain, ou que preffés par la faim, ils redoublent d'effort, & viennent à bout de percer avec leurs organes, la pointe du blé pour en tirer leur fubfiftance, toujours eft-il prouvé que des blés étuvés peuvent devenir la proie du charançon ; il eft d'ailleurs aifé de s'en affurer plus pofitivement dans l'hiftoire de cet infecte, par M. de Joyeufe : mais pourfuivons.

Quelques effais ayant conftaté qu'une chaleur de dix-neuf degrés fuffifoit pour faire mourir cet infecte lorfqu'il fe trouvoit fans blé, feul & renfermé fimplement dans un fac de papier, on en a conclu, avec quelque fondement, que l'étuve devoit opérer beaucoup plus promptement cet effet, puifque le degré de chaleur étoit deux ou trois fois plus confidérable, & que ce moyen devoit avoir la préférence sur les odeurs fortes & le crible; mais on a négligé d'obferver les raifons phyfiques pour lefquelles une chaleur moindre pouvoit produire un effet contraire.

Dans l'étuve, le charançon ne reçoit pas l'action du feu immédiatement, la vapeur humide qui s'exhale du grain lui fert comme de véhicule dans lequel il nage & refpire; au lieu que quand il eft ifolé & renfermé dans un petit efpace, l'air perd bientôt de fon reffort & de fon élafticité en fe raréfiant par le feu, & fe chargeant des émanations de l'animal, qui ne tarde pas à périr fuffoqué.

Feu M. Duverney, cet homme vraiment célèbre par les preuves innombrables qu'il a données de fon patriotifme & de fon humanité, avoit fait conftruire au parc de Vaugirard une étuve, fuivant les plans qu'en a tracés M. du Hamel, dans l'intention d'y conferver une certaine quantité de blé pour l'approvifionnement de l'École militaire pendant une année; mais ce projet fi louable & fi utile, n'a eu aucune exécution, faute d'avoir choifi un blé pur, nouveau, de bonne qualité, & où les infectes ne s'étoient pas déjà introduits: celui qu'on avoit acheté dans cette intention, provenoit des environs de Rebais en Brie, & étoit non-seulement médiocre, mais rempli encore de charançons, au lieu d'avoir pris le blé de 1762, qui étoit généralement bon : on en fit faire l'obfervation, mais les partifans de l'étuve crurent que la chaleur appliquée au blé pour le dépouiller de fon humidité furabondante, fuffifoit en même temps pour faire mourir tout le charançon.

C'étoit à la vérité une belle occafion, d'avoir à démontrer le double avantage de l'étuve, & elle fut faifie avec empreffement ; mais les charançons, que la chaleur attaquoit, fe réfugioient aux extrémités de l'étuve, dans les endroits où la chaleur n'étoit pas auffi confidérable. L'humidité qui s'échappoit en vapeur des grains, leur fervoit comme de bain, qui partageoit l'action du feu ; on auroit cru ces infectes morts, tandis que le plus grand nombre étoit refté dans une efpèce d'engourdiffement qui en impofa fur leur état vivant : dans cette perfuafion, on demeura tranquille fur le compte de ces blés, qu'on renferma enfuite dans des caiffes ; mais les charançons, au retour de la belle faifon fe réveillèrent de nouveau, produifirent également leurs ravages, & l'on fut obligé, l'année d'enfuite, d'employer ces blés avec perte, pour en éviter la destruction totale, tandis que le vœu & l'intention de M. Duverney étoit de les conserver pour les années où le grain seroit devenu fort cher : je tiens ce fait d'une personne de l'École militaire, qui m'a fait lire le procès-verbal dressé sur l'état de ces blés, lorsqu'on eut résolu de les employer.

Des expériences postérieures à celles que je viens de rapporter, ont démontré qu'en donnant à l'étuve 80 degrés, au lieu de 70, il y avoit à la vérité des charançons qui périssoient, mais que la plupart demeuroient immobiles & se réveilloient ensuite sans paroître avoir rien éprouvé de particulier, en sorte qu'il falloit nécessairement pousser jusqu'à 90 degrés, pour que ces insectes, vieux ou jeunes, succombassent entièrement : le malheur est qu'une semblable chaleur dessèche trop fortement le grain, & que si elle ne le torréfie point, elle met cependant, ainsi que je l'ai déjà dit, la farine qui en résulte, dans le cas de donner un pain moins blanc, moins léger & moins savoureux.

Mais quoique ces degrés de chaleur maintenus un certain temps, suffisent pour faire mourir la majeure partie des charançons; il est cependant certain que ceux qui se trouvent éloignés du foyer de l'étuve ou dans les tuyaux qui conduifent le blé fur les tablettes, n'éprouvent jamais un degré de chaleur auſſi grand, de manière que les charançons qui font dans la partie la plus éloignée du feu refpirent un air dilaté, raréfié, qui ne les incommode pas au point de les étouffer fur le champ.

Le four doit être préféré à l'étuve lorſqu'il eſt queſtion de détruire les inſectes mêlés & confondus dans le blé : il fuffit de l'y mettre deux heures après que le pain en eſt ôté, & de le laiſſer un jour, on eſt affuré qu'il n'éprouvera pas pendant ce temps une chaleur capable d'altérer aucun de fes principes ; que les œufs, les vers, les chenilles, les chriſalides & les papillons feront parfaitement détruits.

Le Miniſtère informé, en 1761, que les fromens de quelques-unes de nos Provinces étoient dévorés par un infecte particulier, il en écrivit à l'Académie, qui chargea Mrs du Hamel & Tillet de s'occuper de cet objet : ces Académiciens fe rendirent en Angoumois, le pays qui en étoit le plus infecté, pour remédier à leurs ravages, ce qui donna lieu à pluſieurs expériences, dont les réfultats furent qu'il falloit expofer au four les grains attaqués, dans une efpèce de claie faite en bateau.

Si le charançon ne fauroit foutenir l'épreuve

du four fans périr, ce n'eſt pas à la chaleur qui y règne qu'il faut attribuer cet effet, parce qu'elle égale tout au plus celle de l'étuve ; mais bien à la forme du four, dont la chaleur réfléchie de toutes parts, ſe porte ſur l'animal, raréfie l'air qui l'environne, & le fait périr ſuffoqué, à peu-près de la même manière que dans des vaiſſeaux de verre luttés ou renfermés dans des ſacs de papier.

Il paroît que juſqu'à préſent le charançon a ſingulièrement intéreſſé ceux qui ont traité de la conſervation des grains, & que le ver à blé n'a pas également fixé leur recherche & leur attention ; cette eſpèce d'indifférence viendroit-elle de l'idée qu'on auroit eue que ce dernier inſecte eſt moins commun, que ſes ravages ſont moins terribles, ou bien qu'une fois introduit dans le blé, il eſt impoſſible de l'en chaſſer ? On obſervera cependant qu'on a vu dans certains endroits, des grains infectés de vers, qui ne contenoient pas de charançon ; qu'il n'y a pas de Boulanger qui n'ait à ſe plaindre du tort ſenſible que leur a fait le ver à blé ; & qu'enfin, ſi le criblage ne peut opérer ſur lui le même effet que ſur le charançon, parce que le ver adhérant à la ſurface du blé, gliſſe ſur le crible & ne ſe détache point, la chaleur de l'étuve peut, suivant les expériences de M. du Hamel, le faire mourir aisément à cause qu'il a la vie moins dure que le charançon.

A peine les vers à blé sont-ils éclos, qu'ils grimpent à la superficie du tas, s'attachent ensemble par des filamens, pour former ce qu'on nomme des *grappes*, insensiblement ils font une espèce de croûte plus ou moins épaisse, que l'on brise d'abord avec la pelle, & que l'on crible ensuite : le ver se sépare alors, parce qu'ayant passé à la première métamorphose il se trouve dans l'état de chrysalide, mais comme le Commerçant n'a pas ordinairement d'étuve, & que quand on s'aperçoit de la présence du ver, le mal est presque décidé, il seroit bien plus simple & plus avantageux d'employer un moyen qui en empêcheroit l'entrée dans le blé. Nous en parlerons à l'article des magasins.

Comme on n'est pas encore parvenu à anéantir complètement le charançon dans un blé qui en est infecté, & que de tous les moyens mis en usage jusqu'ici pour cet effet, aucun n'a eu une réussite plus marquée que le criblage bien fait & répété à propos, il faut s'en tenir à cette opération, puisqu'elle n'est ni coûteuse ni embarrassante ; que loin de nuire à la qualité spécifique du grain, elle empêche au contraire qu'il ne s'échauffe, & ne contracte de l'odeur; & qu'enfin, elle sépare l'insecte à mesure qu'il se forme; mais ne nous lassons cependant point de faire des recherches & des tentatives pour découvrir un secret aussi précieux à l'humanité, & sans adopter aveuglément tous les remèdes qu'on propose contre le charançon, ne les rejetons qu'après quelques essais méthodiques & variés qui en assurent la véritable propriété.

Manière de procéder à la destruction des Charançons.

L'inefficacité que l'on trouve dans un moyen quelconque imaginé pour opérer tel ou tel effet, ne dépend pas toujours du moyen lui-même, elle est quelquefois dûe à plusieurs circonstances secondaires, & particulièrement à l'industrie de celui qui l'emploie : par exemple, rien n'est plus nécessaire aux arbres fruitiers que la taille ; sur vingt Jardiniers instruits de cette opération, combien y en a-t-il qui la font de manière à produire un mal infini !

Un particulier de Limoges, nommé le sieur Manent, avoit proposé au Gouvernement un remède contre le charançon : ce remède consistoit en une poudre fine, légère & d'un blanc gris. Le Commissaire Machurin & M. Brocq,

Brocq, Directeur de la boulangerie de l'École militaire, furent chargés d'en fuivre les effets, & de ne rien négliger de tout ce qui pourroit concourir à démontrer l'utilité de cette poudre annoncée comme infaillible. M. Brocq, dont nous aurons fouvent occafion de parler dans le cours de cet ouvrage, crut devoir préfenter au Magiftrat qui préfidoit alors à la police de Paris, différens Mémoires dans lefquels il indiquoit la marche qu'il étoit néceffaire de tenir pour examiner les effets du remède en petit & en grand. On ne fera peut-être pas fâché de trouver ici l'extrait du plan qu'il avoit tracé à ce fujet, d'autant mieux, qu'en ce genre comme dans beaucoup d'autres, ce ne font pas, ainfi que je l'ai déjà obfervé, les remèdes qui nous manquent, mais bien la véritable manière d'en faire l'application.

Comme les charançons, dit M. Brocq dans fon premier Mémoire, ne font de ravages dans les blés que pendant l'été; que durant les temps froids, ils fe tiennent ramaffés enfemble, tapis & fans bouger; enfin dans un engourdiffement qui les met hors d'état de faire aucun mal au grain, il ne feroit pas poffible de s'affurer de l'efficacité du remède propofé pour la deftruction de ces infectes, fi l'on ne cherchoit d'abord à les revivifier, & à leur rendre, par une chaleur factice, celle dont ils ont besoin pour mouvoir & agir; l'hiver s'étant déjà fait sentir, & l'expérience ne pouvant plus être tentée en grand, il convenoit de commencer l'essai sur une moindre quantité. Voici de quelle manière on peut, suivant M. Brocq, y parvenir.

On aura dans deux caisses en bois doublées en fer-blanc, pour prévenir la fuite du charançon, au moins un setier de blé infecté de cet insecte, ou que l'on ajouteroit dans une même proportion si le grain en étoit exempt. On placera ces deux caisses dans un endroit que l'on échauffera à la faveur d'un poële jusqu'à 30 degrés, selon le thermomètre de M. de Reaumur, afin d'équivaloir aux plus vives chaleurs de l'été; alors on fera sur l'une de ces caisses, l'épreuve du remède, & l'autre servira à en attester le succès, en démontrant la conservation de ces insectes ou leur entière destruction.

Mais comme il ne suffit pas de détruire le charançon, qu'il faut encore s'assurer si le remède, au cas qu'il produisît son effet, ne seroit pas encore capable de préjudicier à la blancheur & à la qualité du pain, en conséquence on fera moudre séparément le blé renfermé dans chacune des deux caisses, & après que l'on aura fait du pain avec l'une & l'autre farine qui en résultera, on pourra juger de la différence entre le grain sur lequel on aura fait l'épreuve, & celui sur lequel on ne l'aura pas faite.

Mrs du Hamel & Tillet ayant été invités par M. le Lieutenant général de Police, de prendre connoissance de l'épreuve dont il s'agit, ces Académiciens ont approuvé la route que l'on a suivie pour l'exécution de cette épreuve ; & le succès leur ayant paru mériter quelque considération, ils ont demandé, dans un rapport qui fut fait, une épreuve en grand de ce remède, afin d'en constater plus solidement les effets : le sieur Manent lui-même le désiroit, & sur l'observation qui lui en avoit été faite que l'expérience entraîneroit dans une certaine dépense, il offrit d'en faire tous les frais. Déjà M. Brocq, persuadé de l'importance d'une pareille découverte, s'étoit empressé de rédiger un second Mémoire concernant la manière dont on pouvoit procéder à cette expérience en grand avec le plus d'exactitude possible ; mais dans ce temps, M. de Sartine ayant été appelé au ministère de la Marine, on ne mit pas cet objet sous les yeux de son respectable successeur : comme il étoit essentiel d'entreprendre cette expérience au plus tôt, afin de suivre le charançon dans fa reproduction, & qu'il falloit pour cela profiter des premières chaleurs, c'est-à-dire, lorsque l'insecte commence son accouplement, on y a renoncé, & l'épreuve est encore à faire. Voici néanmoins comment M. Brocq comptoit y procéder.

Dans deux chambres ou greniers à proximité l'un de l'autre, & cependant à distance suffisante pour que les insectes n'aient aucune communication entre eux, on mettroit dans chacun vingt setiers de blé pris dans une masse totalement infectée de charançon; on suivroit dans ces deux greniers la reproduction de ces insectes, & lorsqu'après les premières chaleurs du mois de Juin on se seroit assuré qu'ils auroient fait leur ponte & déposé leurs œufs à la surface du grain, alors on répandroit dans l'un des greniers, la quantité qu'on voudroit du remède proposé, qui auroit bientôt fait périr les vieux charançons, en supposant qu'il agisse sur une grande masse avec autant de succès qu'on l'a éprouvé sur une quantité moins considérable; il seroit bon aussi d'examiner si, sans ajouter une nouvelle portion du remède, celle qui auroit été employée précédemment auroit encore la même vertu; de quelle manière elle agiroit sur la nouvelle population; & si enfin, les charançons qui viendroient d'éclore périroient comme les premiers, ou s'il ne feroit pas à propos de répéter une ou plusieurs fois l'usage du remède, pour continuer de détruire ces insectes, à mesure qu'ils naîtroient.

En même temps que l'on s'assureroit, dans l'un de ces greniers, de la propriété du remède & de la quantité qu'il faudroit employer à produire l'effet; on suivroit dans l'autre la reproduction des charançons, avec l'attention dans celui-ci, de ne point les troubler ni d'occasionner leur fuite. Sans doute que leur multiplication sera prodigieuse, sur-tout si les chaleurs de l'été sont vives : à la fin de l'automne, temps auquel le charançon ne multiplie plus, & reste engourdi par le froid, on réveilleroit son activité au moyen de la chaleur d'un poêle, en faisant monter le thermomètre à 30 degrés.

Après avoir revivifié par une chaleur factice, les charançons répandus dans la masse entière du blé de ce grenier, on feroit usage du remède proposé dans ce deuxième grenier, on observeroit en quelle proportion on auroit besoin de l'employer pour détruire une plus grande quantité d'insectes, & si l'effet en seroit complet : en se conduisant ainsi, il seroit aisé de prononcer sur le degré de confiance que l'on devroit accorder

G iij

à la composition du sieur Manent, sur la dose qu'il faudroit employer suivant les circonstances, & les sur-frais qu'elle exigeroit. L'auteur ne bornoit pas l'utilité de son remède à la seule propriété de détruire le charançon : il le proposoit encore contre le ver à blé, ainsi que pour la chenille qui a causé tant de ravages dans quelques-unes de nos Provinces.

Sans doute on regrettera de ne pas trouver ici la recette du remède du sieur Manent, mais d'après ce que m'en a dit M. Brocq, je présume que c'est un mélange de chaux & de soufre, dont l'odeur n'est soufferte impunément par aucune espèce d'animal, & qui tue presque tous les insectes. Comme il seroit possible que l'application immédiate d'une pareille poudre sur le blé nuisît à sa qualité, & entraînât dans de grands frais ; on pourroit y substituer, au moyen des terrines distribuées dans le grenier, une liqueur connue sous le nom d'*hépar volatil*, qui est la combinaison de la chaux, du soufre & du sel ammoniac. La vapeur fétide qui résulteroit de cette combinaison n'auroit pas les inconvéniens de celle du soufre que l'on brûle également à cet effet.

Nous avons rapporté ces détails, parce que l'objet a mérité l'attention des Physiciens ; &

que si jamais on proposoit au Gouvernement des remèdes de cette espèce, ils pourroient servir de règle & de marche pour en apprécier le mérite & l'utilité : nous le répétons, les épreuves n'ont souvent qu'un succès médiocre, par la raison que ceux à qui on en confie le soin, ne voient rien au-delà de ce qu'on leur prescrit, & qu'ils mettent en défaut les vues louables de patriotisme & d'humanité des personnes en place qui les emploient.

S'il est prudent de se défier de toutes ces recettes, pompeusement vantées par leurs Auteurs, il est bon de ne pas négliger d'examiner celles que l'on propose : car, loin de blâmer les Citoyens qui se livrent à de semblables recherches, & dont les motifs sont purs ; on ne sauroit trop les accueillir & les protéger, ce sont, si l'on me permet cette comparaison, les troupes légères qui font la petite guerre, on profite de leurs succès, leurs défaites sont pour leur compte ; mais enfin on les encourage : ne cessons donc de poursuivre ouvertement une race que nous avons tant d'intérêt d'exterminer, puisque ses désordres, en nous ruinant, peuvent encore occasionner des maladies & des disettes.

ARTICLE VIII.

Des Magasins à Blé.

Toutes les précautions employées pour mettre le blé à l'abri de l'humidité pendant la récolte, & le conserver ensuite, soit par l'intermède de l'air, soit par celui du feu, n'empêcheroient point le grain, battu & nettoyé suivant les règles prescrites, de s'échauffer, de s'altérer & de devenir la pâture des insectes, si l'endroit où on va le serrer étoit mal construit, situé désavantageusement & tenu sans soins : C'est ici qu'il faut réunir toutes les lumières que l'on a acquises, tant sur la nature que sur les propriétés du blé, puisque souvent c'est dans le magasin que le grain peut perdre ou acquérir de la qualité, se détériorer ou se bonifier.

En général, les endroits où l'on conserve le blé, n'ont jamais été bâtis ni destinés particulièrement pour cet objet. Assez ordinairement ce sont les endroits les plus sales, les plus élevés de la maison & les plus près du toit, obscurs, mal recouverts, dont les murailles & le plancher sont remplis de crevasses, qui n'ont la plupart que des ouvertures pratiquées au midi, & ne ferment point exactement, qui ont dans leur voisinage de l'eau, des écuries, des latrines. Les magasins même destinés à contenir les blés pour les approvisionnemens publics, ne sont pas plus exempts des défauts que nous exposons. On s'est contenté, en les construisant, de les faire spacieux & solides; on a oublié la nature de la matière qui devoit y être renfermée; en sorte que le grain est exposé à tout ce que la poussière, la chaleur, l'humidité, les exhalaisons fétides & les insectes peuvent lui faire éprouver.

Les particuliers qui ne gardent le blé que pour la consommation de leur famille, courent beaucoup moins de risques de voir leur provision se gâter, parce qu'à la faveur de quelque soin, il est possible d'empêcher de petites masses de se détériorer; mais ceux qui font le commerce en grand, ne sauroient trop prendre garde aux constructions de leurs greniers, & chercher à multiplier les soins en proportion des circonstances qui s'opposent à la conservation du blé, il faut donc que le magasin, par son exposition & sa construction, ajoute encore aux effets des moyens qu'on y emploie ordinairement pour conserver le blé.

En voyant dans l'Histoire les soins & les peines infinies que les Anciens avoient pris pour se ménager des ressources contre les malheurs des disettes, on est surpris que les magasins où ils renfermoient leurs grains aient resté imparfaits pendant tant de siècles : on est étonné que l'expérience & le temps, les deux maîtres du monde, ne leur aient pas montré que ces citernes, ces puits profonds, ces creux souterrains, si vantés par nos Modernes, conservoient à la vérité le blé en le mettant à l'abri de l'humidité, de la chaleur, & par conséquent des insectes ; mais que ce grain ne tardoit pas à se rider, à se racornir, enfin à acquérir les défauts qu'on reproche aux blés *durs de plancher*, d'où il résultoit un produit inférieur en farine, & un pain moins blanc, moins savoureux & en moindre quantité : trop heureux sans doute de pouvoir se procurer de quoi subsister dans les circonstances fâcheuses, de si légers défauts pouvoient disparoître à côté des avantages qu'on trouvoit à jouir des douceurs de l'abondance au milieu même de la disette, j'en conviens, & je ne puis assez admirer la sagesse d'une pareille administration, qui savoit faire un si bon usage des années fertiles, mais comme nous connoissons mieux qu'eux la nature du blé, les effets de l'air & du feu ; & qu'il est possible de conserver au blé pendant quelque temps sa fraîcheur, sa couleur, & toutes les qualités qu'on desire rencontrer dans le bon blé nouveau ; pourquoi nos efforts ne tendroient-ils pas à ce but, puisqu'il n'en coûtera pas plus de dépense & de soins ? c'est dans cette vue que je vais hasarder quelques réflexions.

Pour que les magasins réunissent tous les avantages nécessaires à la conservation & à l'amélioration du blé, il seroit à souhaiter que le bâtiment destiné à cet usage ne fût pas élevé sur un sol humide, qu'il se trouvât éloigné des endroits où il y a des matières végétales & animales en putréfaction, que les murs eussent une certaine épaisseur, que le toit ne pût retenir la chaleur du soleil & la transmettre ensuite dans le grenier, que garnis de fenêtres petites & très-multipliées du côté du nord, il y eût seulement aux deux extrémités opposées une ouverture qui produisît l'effet du ventilateur, que la porte d'entrée fermât exactement ; & qu'enfin, ils fussent le plus à claire-voie possible ; les charançons, & en général tous les insectes se plaisent dans les ténèbres, leurs yeux peu accoutumés à l'éclat du jour paroissent en être blessés.

On empêcheroit la chaleur que reçoit le toit de se communiquer au-dedans du magasin en le lambrissant, & en observant une distance suffisante entre le toit & le lambri : cet inconvénient seroit également sauvé, si la couverture en tuile & en ardoise étoit doublée de chaume, parce que la paille a la propriété de réfléchir la chaleur, & de procurer du froid ; on éviteroit l'effet de l'air humide, en adaptant aux fenêtres une double croisée, dont l'une extérieure seroit en vitrage & l'autre en châssis revêtu de toile, qu'on ouvriroit & qu'on fermeroit alternativement, suivant le temps & les opérations du grenier : on pourroit encore augmenter la fraîcheur du magasin en plaçant tout autour des ventouses, ce qui, sans embarras & sans frais, feroit continuellement l'office des soufflets, il s'agiroit seulement de les distribuer de manière que par le moyen des tuyaux, l'air froid & sec pénétrât le tas, & qu'ils n'empêchassent point de remuer & de déplacer le blé, dès que le besoin l'exigeroit. Passons maintenant aux précautions qu'on doit employer dans les magasins.

Nous avons dit, en parlant de la conservation du blé, qu'il falloit, avant de songer à lui enlever l'humidité qui est le principe de son altération, arrêter le mal à sa source, c'est-à-dire, empêcher que cette humidité ne s'introduise dans le grain, & ne pas l'emmagasiner qu'on ne fût bien affuré qu'il n'en contient pas encore fuffifamment pour s'échauffer & fermenter malgré tous les foins : nous ferons la même remarque à l'égard du blé rempli de charançon. Il faut favoir en premier lieu, fi celui qu'on va ferrer n'en eft pas déjà infecté ; examiner enfuite fi le grenier lui-même ne renferme pas du charançon : ainfi, quand les magafins à blé feroient fitués & conftruits à peu-près de la manière que nous defirerions qu'ils fuffent, ils manqueroient encore leur effet, fi ces deux objets étoient négligés.

L'examen du grenier eft donc un point capital qui mérite la plus férieufe attention, s'il y a eu du charançon l'année précédente, on doit bien prendre garde d'y ferrer du blé avant qu'on ne foit affuré pofitivement qu'il n'en exifte plus un feul, il convient alors de le bien nétoyer, de vifiter les planchers, l'efcalier du magafin & les lieux qui l'avoifinent ; de faire au mur, s'il eft dégradé, & même quand il ne le feroit pas, un crépis avec de la chaux vive, d'employer des odeurs fortes. M. de Monvallon Confeiller au Parlement d'Aix, s'eft convaincu qu'en brûlant quelques mèches foufrées dans le grenier, avant qu'on y apporte le blé, fon grain n'avoit pas de charançon, tandis qu'il en étoit dévoré quand il oublioit cette précaution : si les murailles se sont fendues, les solives déjetées & le bois gersé, il est essentiel, au lieu de se servir de pommades qui ne produisent jamais un effet complet, de remplir tous les interstices avec du mastic, du mortier ou du plâtre, en revêtir les autres endroits avec du papier bien collé ; cela est d'autant plus essentiel que le plus petit trou, la moindre crevasse, qui permettroit à peine l'entrée d'une lame mince de couteau, pourroient receler des milliers d'œufs, & même des insectes qui, se trouvant à l'abri des grands froids pendant l'hiver, se réveilleroient à la belle saison, & produiroient leurs ravages.

Après avoir balayé, bouché, calfeutré & soufré le magasin, on peut y serrer le grain, & sa conservation dans un grenier ainsi disposé, deviendra très-facile ; mais il faut encore être bien sûr que ce grain est sain : attention qu'on a bien pour les blés vieux ; mais pas autant pour ceux qui sont nouveaux, parce qu'on prétend qu'il y a moins à craindre ; cependant l'endroit de la grange où il a été déposé d'abord, les sacs qui le renferment, ne pouvoient-ils avoir du charançon ? dans ce cas, il faudroit porter le blé dans un grenier particulier éloigné du magasin, là le travailler jusqu'à ce qu'il soit dépouillé tout-à-fait des insectes.

La difficulté de chasser les charançons des magasins & des greniers, lorsqu'une fois ils s'y sont jetés en foule pour trouver leur subsistance, & choisir une retraite commode à leur postérité : les déprédations qu'ils occasionnent ensuite, si on ne les inquiète pas continuellement, nécessitent la recherche des moyens pour leur en interdire l'entrée : car, il n'en est pas du charançon comme des chenilles : ces dernières, dans l'état de papillon, déposent leurs œufs sur le blé monté en épi. Ils y naissent suivant les circonstances favorables à leur développement, & se glissent entre les balles à cause de leur petitesse ; mais le charançon ne paroît point dans les champs, ni même à la grange, soit que le blé y reste en gerbe, soit qu'on le garde en tas après l'avoir battu ; ces insectes n'éclosent que dans le grenier, & si l'on en a été quelquefois incommodé dans la grange, c'est que suivant l'observation de M. Vilin, les tas trop peu serrés & les granges mal fermées, ont laissé pénétrer un degré de chaleur suffisant pour donner au blé une odeur capable de les attirer.

En rafraîchissant continuellement le blé par le moyen des ventouses & du courant d'air que donneroient les ouvertures pratiquées aux extrémités du magasin, le blé ne contracteroit pas une odeur capable d'allécher le charançon, & le froid empêcheroit son séjour & sa multiplication : on auroit soin que les portes & les fenêtres fussent hermétiquement fermées, afin que les chats, les rats, les souris & les insectes n'y entrent point à cause des dégâts qu'ils occasionnent & des mauvaises qualités que leurs émanations peuvent communiquer au blé.

Un défaut essentiel qui règne dans les magasins à blé, & dont on ne sauroit trop faire voir le danger, c'est que quand on travaille & que l'on remue le grain, les croisées & même les portes demeurent toujours ouvertes, ce qui d'une part favorise l'introduction de l'air humide quand il pleut, & de l'autre ces papillons que l'on aperçoit dans les chaleurs de l'automne voltiger au déclin du jour auprès des fenêtres : ce n'est que par ces ouvertures qu'ils entrent & arrivent au tas de blé pour y déposer leurs œufs, d'où naissent des insectes connus sous le nom de *teigne* ou de *ver à blé :* ces insectes font un tort infini dans le grenier, donnent au grain une odeur de ver qui se conserve dans les farines, comme dans le pain qu'on en prépare.

Les doubles croisées que nous avons proposé
d'adapter

d'adapter aux ouvertures pratiquées dans les magasins à blé du côté du nord, serviront particulièrement pour ce troisième objet : on ouvrira le vitrage quand l'air ne sera pas chargé de vapeurs humides, & la nuit sur-tout, lorsqu'on travaillera le blé ; l'air frais passant à travers la toile du châssis ajoutera à celui des ventouses, & les insectes n'ayant aucune issue, il ne sera pas possible aux papillons de parvenir jusqu'au tas de blé : si par hasard quelques-uns avoient pénétré dans le magasin, l'air froid qui y règneroit les feroit bientôt mourir, ou empêcheroit leurs œufs d'éclore.

Nous terminerons cet article par une réflexion. Il n'y a qu'une méthode usitée parmi les Commerçans, pour conserver le blé, c'est celle de le tenir en couches dans le grenier, & de l'y remuer par le moyen de la pelle & du crible : on pourroit employer une autre pratique, mettre le blé en sacs isolés par des cafes, d'où l'humidité s'échapperoit aisément, & autour desquels l'air circuleroit ; mais nous reviendrons sur ce dernier objet, puisqu'il intéresse si directement la fortune du Boulanger & le bien public.

ARTICLE IX.

Du choix du Blé.

Nous avons observé précédemment, que les accidens qui arrivoient au blé pendant sa végétation, n'apportoient aucuns dérangemens dans ses parties organiques : nous ajouterons ici que le sol, l'exposition & la culture, n'influent pas davantage sur la forme extérieure & les qualités essentielles de ce grain. On remarque en effet, que les blés des contrées les plus opposées, comme des pays les plus rapprochés, ne différent entre eux que par des nuances perceptibles seulement pour ceux habitués à voir & à trafiquer cette semence ; car aux yeux du vulgaire, toutes les variétés de blé s'évanouissent ; il n'y a tout au plus que le volume qui les frappe. Mais comme souvent les alimens nuisent plus par le défaut de qualité que par leurs espèces, il convient de donner les caractères généraux qui appartiennent au blé, quels sont ceux ensuite qui distinguent le territoire d'où il provient, & enfin le degré de bonté qu'il possède.

Le blé à qui l'on a donné le nom de *froment* par excellence, est la semence d'une plante de la riche famille des graminés ; sa couleur est d'un jaune clair, doré & luisant, il paroît lisse à sa superficie ; mais placé au foyer d'un microscope simple, il présente à une de ses extrémités, qu'on appelle la *brosse*, une infinité de petits poils, qui se trouvent même répandus sur la surface de l'écorce, & sont, suivant les observations de M. l'abbé Poncelet, autant de tubes appliqués verticalement les uns contre les autres, & communiquant ensemble par des insertions latérales.

Le blé est convexe d'un côté & marqué de l'autre par un sillon, ayant une forme ovale, c'est-à-dire, pointu à la partie du germe, aplati & évidé de l'autre, & s'élargissant jusqu'au sommet où est la brosse, ayant une sorte de poli & de sécheresse qui le fait couler, & lui donne ce que les Marchands nomment *la main* : mais la couleur & la grosseur varient en raison du climat, des années, de la culture & du sol. Le blé a trois nuances de couleur, le jaune, le gris & le blanc : il est plus ou moins alongé, gros, bombé & profond dans sa rainure ; fin, lisse, rude, terne, luisant, ridé, poli, ce qui produit des différences dans le blé, & le fait distinguer par les noms de patrie ou par une épithète qui désigne sa valeur.

Arrêtons-nous d'abord au blé qui nous vient de l'étranger, & que le commerce nous a mis à portée d'examiner ; nous dirons après cela deux mots fur celui de notre pays.

Le blé de Barbarie reſſemble beaucoup à l'orge mondé ; il eſt gros, jaune, long & preſque fans écorce ; il eſt ſi compacte & ſi ſec, qu'il ſe briſe avec une peine infinie fous la dent : l'Italie ne produit pas moins abondamment de blé : il eſt également peſant, jaune ; mais petit, ſonneux, & ſon produit en farine n'eſt pas tout-à-fait auſſi conſidérable que celui qui vient de l'Afrique. L'Italie eſt un des greniers de l'Europe où s'approviſionnent ſouvent les Nations qui ne récoltent pas ſuffiſamment de blé pour leur ſubſiſtance, ou qui ſont affligées par la diſette & la cherté.

Les grains les plus recherchés qui viennent dans les royaumes ſitués au nord de l'Europe, ſont les blés de la Pologne : ceux que nous avons vus, qui étoient fans mélange, & qui provenoient des bons cantons, étoient d'un jaune clair & vif, petits, ramaſſés, & d'une écorce aſſez fine ; mais ils ne produiſent pas, à meſure égale, autant de farine ; elle eſt blanche & de bonne qualité : il croît auſſi dans ce pays du blé blanc qui a aſſez de réputation. L'Angleterre ne recueille pas affez de blé pour fa confommation; lorfqu'elle tranfporte ce grain ailleurs, c'eft toujours un blé de commerce que fes habitans tirent des contrées qui en ont abondamment. La Hollande, ce pays fi couvert de riches & grandes Villes, ne produit pas de blé; cependant fes habitans induftrieux en font un commerce immenfe; ils le confervent dans de vaftes magafins qu'ils n'ouvrent que pour l'exporter enfuite avec quelque avantage : ce blé ne paroît être qu'un compofé de tous les blés des différentes Nations avec lefquelles les Hollandois commercent; ce qui fait qu'il eft impoffible de lui affigner aucun caractère particulier.

On peut avancer que les blés des pays méridionaux ont des propriétés qui leur font communes, telles que la féchereffe, la fermeté, l'intenfité de couleur & la pefanteur, ce qui les met en état de fe conferver aifément, & de fupporter les voyages de long cours fans éprouver d'altération; les blés du Nord, par une raifon contraire, muriffant lentement, font d'une couleur moins vive, plus petits, plus ramaffés; la température de ce climat conviendroit affez bien à leur confervation, mais l'humidité qu'ils abforbent en route dans le tranfport, fur-tout par la navigation, ajoute à celle qu'ils renferment déjà : en forte que ces grains arrivent rarement en bon état, à moins qu'ils n'aient été étuvés ; cette précaution encore ne les garantit pas des accidens qui les avarient.

La France, qui par la fertilité de son sol, la variété de ses productions & l'agrément de sa situation, peut être regardée comme le pays le plus favorisé par la Nature : la France, dis-je, produit des grains plus qu'il n'en faut pour la consommation de ses habitans, & la plupart ont l'avantage de réunir les différentes qualités de ceux qu'on récolte dans les contrées dont nous venons de parler ; la sécheresse, la pesanteur, la finesse, le jaune doré, enfin tout ce qui caractérise la meilleure qualité : on connoît dans tous les endroits de l'Univers où l'on mange du pain, les blés dont on fait la farine dans les fameuses manufactures de Nerac & de Moffac : nos Boulangers de Paris qui emploient les blés de la Beauce, de la Brie & de la Picardie, prouvent de la manière la plus complète, que ces grains méritent à juste titre l'éloge que l'on fait de leur supériorité. Mais dans les blés de tous les cantons il y a encore des nuances qui fixent l'attention des Commerçans, & dont ils ont formé autant de claſſes : ſavoir, blé de première, ſeconde & troiſième qualités.

Le blé de tête ou de première qualité, eſt celui dont la couleur eſt d'un jaune clair & tranſparent, ramaſſé, bien nourri, bombé & peu profond dans ſa rainure, ſe caſſant nettement ſous la dent, il préſente dans ſon intérieur une ſubſtance ſerrée & compacte, d'un blanc jaunâtre & brillant; il ſonne lorſqu'on le fait ſauter dans la main, & cède aiſément à l'introduction du bras dans le ſac qui le renferme : il répand dans la bouche, lorſqu'on le mâche, un goût de pâte, & on y aperçoit une odeur qui appartient à la bonne qualité de blé, que l'habitude fait diſtinguer plus aiſément que toutes les deſcriptions.

Le blé de ſeconde qualité eſt celui qui s'éloigne un peu des caractères diſtinctifs que nous venons d'expoſer, c'eſt-à-dire, qu'il eſt plus maigre & plus alongé, d'un jaune plus foncé, léger, ſe caſſant moins aiſément ſous la dent, & offrant dans ſon intérieur une matière moins blanche & moins ſerrée : on peut mettre dans cette claſſe les blés gris ou glacés; les blés de mars qui, quoique de bonne qualité, ſont toujours vendus moins cher à cauſe de leur abondance en écorce & du peu de blancheur de leur farine : il eſt poſſible de placer encore ici les blés, qui, ayant été nourris d'eau pendant la récolte, & recueillis humides, ſont d'un jaune terne, moins farineux, abſorbant peu d'eau dans le pétriſſage, & ne fourniſſant pas autant de pain : il eſt cependant des années où ces blés inférieurs approchent de ceux de la première qualité, ſoit par rapport au volume, à la ſéchereſſe, à la couleur ou au poids, tels ont été les blés de 1762 ; année qui fera époque parmi les Cultivateurs & les Vignerons, en ce que les différents degrés de la végétation furent ſi avantageux, que de ce concours de circonſtances heureuſes réſulta une univerſalité de bonne eſpèce de blé.

Les blés médiocres ou de troiſième qualité, ſont encore plus alongés, plus chétifs & moins peſans que ceux dont nous venons d'expoſer les caractères : leur rainure eſt plus profonde, & leur écorce plus épaiſſe : preſque toujours ils ſe trouvent mélangés d'autres ſemences, comme le ſeigle, l'orge, la nielle, l'ivroie, la rougeole & le pois gras, qui colorent & diminuent beaucoup le produit de la farine, rendent le pain mat, bis, & ſouvent peu agréable, ſans pourtant nuire à ſa ſalubrité. Ces blés inférieurs étant ordinairement humides ; il eſt utile de les confommer fur les lieux où on les a récoltés, parce qu'ils fe gardent & fe tranfportent moins aifément que les blés fecs de première qualité.

A l'égard des blés auxquels il eft arrivé des évènemens particuliers pendant la végétation & après la moiffon, il y a également des marques d'après lefquelles on peut facilement les diftinguer : les blés mouillés fur pied ou qui ont fubi quelques préparations, telles que les lotions & la defficcation, s'écrafent & molliffent fous la dent au lieu de s'y caffer : ils ne font pas coulans, les petits poils qu'on aperçoit à l'extrémité des grains & répandus à la furface de l'écorce, font hériffés, ce qui les rend rudes à la main : on reconnoît les blés retraits à leur maigreur & à leur légèreté ; ceux qui font falis par la carie nommée *la cloque*, à leur afpect noirâtre, à leur toucher gras & à l'odeur rance qu'ils exhalent : les blés *durs* ou négligés au grenier font raccornis, livides, & portent au nez quelque chofe de moifi ; enfin les blés réellement altérés, ont une odeur & un goût défagréables qui fe développent dans la maftication ; d'ailleurs ils font prefque toujours rougeâtres, & la matière farineufe qu'ils renferment, offre un blanc terne fans aucune liaifon ni ténacité entre fes parties.

Mais une des méthodes les plus sûres à laquelle le Boulanger doit avoir principalement recours pour juger de la qualité des grains, c'est de comparer leur pesanteur spécifique. Le blé le plus lourd à mesure égale, sera toujours le meilleur, sur-tout lorsqu'à cette qualité, il joindra encore l'avantage d'avoir l'écorce fine, d'être d'un jaune clair : c'est aussi cette dernière espèce que les Boulangers achettent de préférence, parce qu'indépendamment du produit plus considérable qu'ils en retirent, produit qui les dédommage de l'excédant du prix qu'ils l'ont acheté, ils ont encore beaucoup plus de facilité de le conserver & d'en faire un pain excellent & très-blanc.

Article X.

De l'achat du Blé.

QUAND le blé est pur & de bonne qualité, les organes sont des témoignages suffisans pour s'en apercevoir : l'œil, le goût, l'odorat & la main, exercés, ne s'y trompent jamais : le grain a des caractères de bonté, de médiocrité & d'altération. Sa forme, sa couleur, son volume, sa sécheresse, son poids, sa netteté, son éclat, sont autant de signes qui peuvent servir à faire juger de son degré de valeur. Mais le choix du blé nous a déjà assez occupé ; voyons ce qu'il est essentiel de savoir lorsqu'il s'agit d'en faire l'achat.

Le commerce du blé se fait de différentes manières & par différens particuliers ; tantôt le Boulanger achette chez le Laboureur, dans le grenier ou au marché ; tantôt c'est chez le Marchand qu'il vient s'approvisionner, ou bien enfin c'est le Commissionnaire qui le représente. Dans l'un & l'autre cas, il y a des règles à suivre pour tirer plus de parti de son achat & ne pas être trompé dans la qualité.

Le Boulanger devroit toujours préférer de faire ses achats au marché, parce qu'il auroit l'avantage de tirer de la première main, & de ne pas être trompé sur le prix du courant, sur-tout si dans tous les marchés on observoit la même police qu'à Provins : quatre Notables du lieu, connoisseurs en grain, sont chargés de veiller aux fraudes qui peuvent se commettre : si l'acheteur a sujet de se plaindre, le blé sur le champ est cacheté, porté dans un grenier de dépôt, & confisqué au profit des pauvres s'il y a prévarication. Cette institution est fort sage, il seroit à desirer que les punitions de toutes les infidélités dans le commerce tournaffent au foulagement des malheureux.

Une vérité dont le Boulanger ne fauroit affez fe pénétrer, c'eft que le vendeur, quel qu'il foit, a le plus grand intérêt de préfenter fa marchandife fous la plus belle apparence ; en forte qu'il eft bien important que les moyens dont on fe fert quelquefois pour y parvenir, foient parfaitement connus de celui qui achete. Si l'on traite d'après l'échantillon, ce dernier, quoique conforme au blé dont il eft l'image, ne peut-il pas acquérir de la fupériorité tout naturellement, fans que la fraude s'en mêle ! d'abord fi on l'apporte dans la poche pour le montrer, il devient plus liffe par le frottement, & plus fec par la chaleur : l'ôte-t-on enfuite du petit fac qui le renferme ; ceux qui l'examinent, le foulèvent, le font fauter dans la main, en diffipent de la pouffière, & tout en reprochant au vendeur les défauts de fa marchandife, ils en rejettent infenfiblement *les grains auger, les blés morts, les femences étrangères*, & rendent eux-mêmes fans s'en apercevoir, l'échantillon d'un blé médiocre, d'une qualité qui le rapproche des meilleurs blés.

Suppofons maintenant qu'il y a prévarication, & que l'on a deffein de préfenter un échantillon différent du blé qu'on veut vendre, alors on ne sauroit être trop sur ses gardes. Si le grain est en tas dans un des angles du grenier, ou bien qu'il soit répandu en couches sur le plancher, la superficie peut être d'une autre qualité que le fond, & le centre que les côtés : si le blé au contraire est exposé au marché, l'entrée & le fond du sac peuvent se ressembler, tandis que le milieu se trouvera différent : enfin, lorsque l'objet de la vente est plus considérable, le dessus de la pile des sacs sera conforme à la *montre*, tandis que le Marchand, abusant de la confiance du Boulanger aveuglé par cette apparence de régularité, aura glissé, à la faveur de la quantité, plusieurs sacs de blé de médiocre qualité.

Ces observations, dont la vérité ne se justifie que trop souvent, devroient bien rendre le Boulanger plus circonspect dans les achats & lorsqu'on lui livre son blé, puisque sa fortune, sa réputation & le bien public y sont quelquefois également intéressés. S'il achette d'après l'échantillon, il pourroit le diviser en trois parts, deux seroient cachetées sur ficelle ; & contiendroient un écrit signé du vendeur & de l'acheteur, portant la mesure, le poids & le prix du blé, la quantité qu'on en a acheté & le jour qu'on doit le fournir, l'un resteroit entre les mains du Marchand, & le Boulanger garderoit l'autre: le troisième échantillon serviroit de pièce de comparaison.

Lorsque le Boulanger auroit acheté au grenier ou dans les magasins, il seroit nécessaire d'enlever le blé du fond du tas avec la pelle pour le confronter avec celui de la superficie, enfoncer la main de plus en plus autour du tas & dans le centre; enfin, se servir de l'échantillon divisé, cacheté & déposé; mais au marché, réserver le dernier sac qui a servi de montre, & comparer sans discontinuer chaque sac, jusqu'à ce que tout le grain soit mesuré.

Ces précautions essentielles ne sont, ni gênantes, ni coûteuses, elles ne demandent que quelque soin, & en procurant au Boulanger la certitude de son achat, elles lui donneront de la tranquillité sur les besoins de sa consommation: dans le cas où il arriveroit un renchérissement inopiné, depuis l'instant où le blé seroit vendu, jusqu'à celui où l'on seroit convenu de le livrer; la cupidité aux aguets ne pourroit plus tromper la bonne foi confiante. Les échantillons cachetés deviendroient des preuves juridiques pour le vendeur comme pour l'acheteur, & à l'ouverture du sac, il seroit très-aisé de décider lequel du marchand ou du Boulanger seroit fondé

On defireroit, pour prévenir d'autres abus, que le commerce des grains fe fît au poids, parce que, dit-on, la même mefure variant d'un lieu à un autre, & la manière de mefurer pouvant donner lieu à de nouveaux inconvéniens, il s'enfuit des différences très-notables dans le prix du blé : mais l'effai de la balance eft-il moins fujet à erreur ?

Un blé très-fec peut abforber un douzième d'eau, & acquérir par-là une augmentation en poids & en volume, fans qu'il foit trop poffible de s'en apercevoir au premier coup d'œil : Or, la pefanteur fpécifique étant un des moyens les plus certains pour juger de la qualité du grain, il eft donc effentiel en achetant au poids, de mefurer enfuite, puifque le fetier de bon blé qui pèfe ordinairement deux cents quarante livres, pourroit donner, s'il étoit humecté, près d'un boiffeau ou vingt livres de plus, fans pour cela fournir davantage de pain que le même grain auquel on n'auroit pas ajouté d'eau : pour obvier à cet inconvénient, il faut employer les deux moyens à la fois, fe fervir d'une mefure dont le poids foit connu. Par exemple, le fetier de blé étant compofé de douze boiffeaux, péfant chacun vingt livres, le demi-litron qui eft notre plus petite mefure, & qui forme la trente-deuxième partie d'un boisseau, pèsera dix onces, de manière qu'autant de demi-once qu'il y aura en moins ou en plus, diminuera ou augmentera de huit livres le setier de blé.

Nous observerons ici que les grains agissant les uns sur les autres, ils se serrent & s'entassent beaucoup mieux dans une grande mesure que dans une petite, en sorte que dans le rapport du demi-litron avec le boisseau, & du boisseau avec le setier, il peut y avoir une différence de trois livres, ce qui fait que la balance d'essai des Hollandois avec laquelle les Négocians font le commerce des blés, quoique très-excellente pour juger de leur pesanteur réelle, n'est pas encore la plus exacte possible. Le Boulanger peut aisément s'en passer, la grande habitude qu'il a de manier le blé le met dans le cas de décider du poids d'un setier de grain qu'on lui présente, à une livre près. D'ailleurs, ce n'est pas toujours le poids qui le détermine : il préfère souvent un blé fin, clair, à un blé de mars ou glacé qui pèse davantage.

Il y auroit sans doute beaucoup d'avantages pour le Public & pour le Boulanger, si le Gouvernement ordonnoit que le commerce du blé se fît au poids ; cette loi préviendroit la fraude des blatiers qui mouillent souvent leurs

grains

grains pour les faire renfler ; en employant pour rendre à des blés qui ont souffert, comme aux blés *durs*, une apparence de bonne qualité, par des moyens qu'il seroit peut-être dangereux de faire connoître à ceux qui les ignorent : ces Marchands ambulans n'achettent la plupart du temps que des blés très-inférieurs, qu'ils revendent après cela aux particuliers pauvres ou aux Boulangers de campagne.

N'est-il pas bien étonnant que dans un commerce d'où l'amour de l'humanité, ce sentiment si pur & si naturel, sembleroit devoir bannir toute infidélité, tout intérêt sordide, on voie cependant les fraudes se multiplier à mesure que les grains passent en des mains différentes pour être recueillis, conservés, vendus, transportés, préparés, moulus & convertis en pain : mais puisqu'il le faut, je suis fâché que les malversations de quelques particuliers faisant le commerce des blés, m'aient forcé à indiquer ici des précautions dont, sans contredit, n'ont pas besoin beaucoup de Citoyens, beaucoup de Fermiers, qui commercent avec cette candeur digne de l'âge d'or, si honorable pour l'Agriculture & la Boulangerie.

ARTICLE XI.

Des transports du Blé.

LE Boulanger, dont le commerce est le plus étendu, ne tire pas ordinairement son blé de l'étranger : il est dans l'habitude de l'acheter sur les lieux ou dans les marchés des environs, qui ont la qualité de grain relative à l'espèce de pain qu'il fabrique ; mais comme des circonstances particulières peuvent le déterminer à se procurer des blés ailleurs & dans les Provinces les plus éloignées de son domicile, il convient d'ajouter aux précautions que nous avons cru devoir lui recommander, pour ne plus être trompé à l'avenir dans ses achats, celles qu'il faut encore employer pour que sa marchandise soit bien transportée, qu'elle ne puisse être changée en chemin & qu'elle arrive à sa destination sans avoir éprouvé la moindre altération.

Il seroit superflu de répéter ici ce que nous avons déjà avancé touchant la conservation du blé, & les manipulations qu'il falloit employer pour dérober au grain son humidité surabondante, & prévenir sa germination qui en est la suite inévitable ; il ne s'agit pas de grands approvisionnemens ou de voyages de long cours :

nous n'envisageons dans cet Ouvrage que le commerce du Boulanger : tout ce qui peut concourir à la perfection de son art est notre principal objet. Nous présumons donc que le blé qu'il va faire transporter est de bonne qualité, & qu'il aura prescrit à son commissionnaire ou à son facteur, les règles que l'on doit suivre dans l'achat, qu'il aura comparé la mesure du marché où il a acheté, avec celle du pays qu'il habite ; qu'il aura calculé les frais de voyage, de louage de sac, & autres dépenses d'exportation : enfin, qu'il sait à combien reviendra le blé rendu chez lui.

Les sacs qui doivent contenir le blé pendant son transport & jusqu'à ce qu'il soit converti en farine, ne sont pas toujours soignés ni assez examinés : la toile qui les forme étant une espèce d'éponge, elle peut s'imprégner en dedans de l'humidité qu'exhale continuellement le grain, & en dehors de celle de l'atmosphère ou bien de l'eau ; ces sacs gardés souvent en tas ou les uns dans les autres, peuvent avoir encore renfermé des blés mouillés, charançonnés, mal nétoyés, & receler par conséquent de quoi détériorer le blé. Il convient donc de s'assurer, si les sacs n'ont aucune odeur & sont fort secs, de n'en faire usage qu'après les avoir secoués, retournés, étendus fur des cordes dans un lieu aéré & parfaitement fec : enfin, imiter le Vigneron qui a grand foin de ne pas verfer fon vin dans les tonneaux, qu'ils ne foient bien propres & fans la plus petite odeur.

On doit faire attention enfuite de marquer & contre-marquer les facs de fon nom, afin d'éviter les erreurs, les furprifes, les échanges, & à mefure qu'on y met le grain, cacheter ou plomber fur la ficelle ; fi le blé doit être tranf- porté par eau, il faut que l'endroit où il fera dépofé, en attendant qu'on le charge fur les bateaux, foit fec & à l'abri des injures de l'air ; fi l'on eft obligé de le laiffer fur le port, qu'il foit couvert au moins de toile cirée ou de bannes ; & que quand on le dépofera dans le bateau, le fond de celui-ci foit furmonté d'une petite char- pente, & que les facs foient environnés de paille sèche, pour que les rats & l'humidité ne puiffent l'endommager, que l'air circule tout autour & entretienne de la fraîcheur.

Lorfque le blé vient de Provinces éloignées, il eft rare que les bateaux qui l'apportent, foient fecs, couverts & bien conditionnés : or, pour peu que le grain ait une certaine humidité na- turelle, que les grandes eaux ou les glaces fufpendent la navigation, ou qu'il tombe de l'eau pendant la route, accompagnée de chaleur & d'orages, toutes ces circonstances réunies peuvent singulièrement détériorer le blé. Combien n'en a-t-on pas vu qui étoit de la meilleure qualité à son départ, arriver échauffé & germé ?

Si l'on manque de sacs & de bateaux couverts, le blé alors est transporté en grenier, & exposé pendant tout le trajet, à toutes les injures du temps : il conviendroit dans ce cas, au lieu d'employer des sous-traits, formés de claies ou de paille qui ne garantissent pas de l'humidité, & occasionnent beaucoup de déchet, d'établir au fond du bateau une petite charpente de volige qui remédieroit à ces inconvéniens, on laisseroit au milieu & autour du bateau un espace vide, on éleveroit au-dessus une corde tendue sur des chevalets pour y mettre une banne, qui, recouvrant bien le bateau, seroit étendue de manière à laisser l'eau dans les espaces vides, d'où elle pouroit être vidée, comme on vide celle qui entre naturellement.

Pourquoi donc ne prendroit-on pas pour le blé les mêmes précautions que l'on emploie pour mettre le sel & la chaux à l'abri de l'eau pendant leur transport ? on a vu des masses de sel refoutes en liqueur : on a vu des pierres à chaux s'effleurir, se convertir en poussière, &

occafionner fouvent des incendies : quoi, parce que la détérioration du grain n'a pas un effet auffi effrayant, s'enfuit-il que cette détérioration foit moins terrible enfuite par les maladies que les blés gâtés peuvent occafionner ? Qu'il me foit permis d'implorer ici, au nom de l'humanité, la bienfaifance & les lumières des Magiftrats chargés de veiller au bonheur des peuples & à la falubrité des fubfiftances de première néceffité, pour ordonner que tous les bateaux & les voitures deftinés au tranfport des grains, foient déformais exactement couverts, conftruits de manière à ce que l'humidité y pénètre difficilement, & que les facs foient arrangés, garnis & parfaitement ifolés.

Il arrive quelquefois que les circonftances des temps, des lieux, des rivières, obligent de décharger d'un bateau dans un autre, il faut alors que le Boulanger ait des facteurs prévenus à temps par des lettres d'avis, de la quantité qu'il y en a, de la marque des facs, afin de furveiller aux déchargemens, & à ce que la marchandife ne dépériffe point.

Dès que le blé eft arrivé, s'il eft fort fec, & qu'il n'ait pas reçu d'eau pendant le tranfport, on peut le garder ainfi dans les facs fans le vider ; mais lorfque la faifon eft fort chaude,

& qu'il est demeuré long-temps en route, il est bon de le remuer & de le travailler afin de le rafraîchir; éviter sur-tout dans ce cas, d'envoyer une grande quantité de grain au moulin, surtout quand les eaux sont basses ou que le temps est calme, parce que le Meunier manque ordinairement d'emplacement, pour permettre l'opération du pélage & du criblage, & qu'alors faute de grenier, le charançon, le ver peuvent endommager le grain : il n'est aucun Boulanger qui, dans le cours de sa vie, n'ait fait cette triste expérience. On court donc toujours de grands risques en faisant entreprendre la mouture d'une provision de blé considérable, à moins qu'on ne l'envoie qu'à mesure que l'on moud, parce que ne pouvant seul jouir du moulin, il est nécessaire, comme dit le proverbe, *que chacun engraine à son tour.*

Je ne prétends pas être le premier qui ait fait ces observations concernant le transport trop négligé des blés; elles n'ont échappé à aucun des Auteurs qui se sont occupés de l'objet des grains; mais pouvois-je me dispenser de les rappeler ici puisqu'elles intéressent la santé des hommes & la fortune de ceux pour lesquels j'écris ! Je répéterai donc aux Boulangers : inutilement vous auriez pris les plus grands soins, les mesures les plus sages pour vous procurer des blés de la meilleure qualité, & ne pas être trompé dans vos achats, si vous ne les faites vanner & cribler sur les lieux avant leur transport ; si les sacs ne sont pas bien nétoyés & séchés avant d'y rien renfermer; si dans les endroits de chargemens & de déchargemens, les blés ne sont pas à l'abri de toute humidité ; si conduits, soit par eau, soit par terre, on les a déposés dans des voitures ou dans des bateaux découverts, n'espérez pas que votre marchandise arrive sans avoir été fatiguée sur la route, & que pendant son trajet elle n'ait souffert assez pour ne plus vous permettre de l'employer à la fabrication du pain sans nuire à votre intérêt & au bien public.

Article XII.
Des préparations qui doivent précéder la mouture.

On sait que les Magistrats chargés de la police, veillent à ce qu'il ne se débite que des blés de bonne qualité, cependant malgré leur vigilance, nos marchés sont quelquefois remplis de grains, qui avec une apparence saine, pourroient préjudicier à la santé & à l'économie, si avant de les envoyer au moulin, on ne leur faisoit subir quelques préparations simples & faciles à exécuter.

Le blé qui résulte d'une année sèche & chaude, auquel il n'est arrivé aucun accident pendant sa croissance, qui n'a pas été nourri d'eau durant la moisson, & qu'on a transporté bien conditionné à la grange, qui a été battu, vanné & criblé avec les précautions usitées en pareil cas; ce blé, dis-je, quoique nouveau, peut servir à la nourriture sans danger : il faut convenir cependant, que quelque parfait que soit le grain au moment de sa récolte, il est toujours avantageux d'attendre que l'hiver ait passé dessus, parce qu'il se bonifie encore à la grange ou au grenier, qu'il s'y ressuie, jette son feu, & se moud ensuite avec plus de profit.

Mais si le blé provient d'années pluvieuses & froides, son séjour à la grange & au grenier est d'une nécessité indispensable : si on en faisoit usage, il pourroit occasionner des désordres dans l'économie animale. Le pauvre habitant de la campagne qui soupire après la récolte, se jette sur le grain qu'il consomme aussi-tôt qu'il est coupé, quelque temps après les maladies l'assiégent, & on en ignore souvent la cause : c'est à l'usage des grains trop nouveaux, qu'il faut attribuer ces fièvres, ces dévoiemens qu'on a vu régner en automne dans quelques-unes de nos Provinces septentrionales, sans qu'il fût trop possible d'en découvrir d'abord l'origine.

L'expérience a prouvé que la plupart des graminés & des végétaux sont le plus souvent mal sains dans leur verdeur : plusieurs Médecins ont rapporté que des familles entières étoient mortes pour avoir mangé du pain fait avec du seigle nouvellement récolté : on a observé que l'avoine de l'année incommodoit les chevaux, & leur donnoit du dévoiement ; que beaucoup de fruits pris à l'arbre avoient une saveur différente, & produisoient d'autres effets que quand on attendoit quelques heures pour les manger : en sorte que gardés seulement vingt-quatre heures, ils ne causent plus la colique & les diarrhées qu'ils occasionnoient ordinairement, lorsqu'on les mange immédiatement après les avoir cueillis. Vraisemblablement au premier instant de la cueillette, les parties constituantes des fruits & des semences, sont encore dans un mouvement rapide, qui tend à perfectionner leur maturité, de manière que dans l'usage, il en émane un principe volatil, *un gas* pernicieux en raison de la substance d'où il provient : ainsi, depuis le blé jusqu'à l'ivroie, les grains nouveaux peuvent nuire à la santé dans les circonstances dont nous avons parlé.

Les Cultivateurs que la nécessité contraint à faire servir à leur nouriture les grains qui viennent d'être récoltés, ne devroient jamais négliger au moins de les exposer auparavant à la chaleur du soleil ou à celle du four ; avec cette simple précaution facile à être employée partout, ils opéreroient en un moment, une partie des effets qui se passent à la grange & au grenier dans l'espace de cinq à six mois ; je veux dire, qu'ils dépouilleroient le blé d'une espèce d'humidité nuisible & particulière, appartenante encore à la végétation, & qui se trouve en plus grande abondance dans les autres grains, à cause de leur état gras & visqueux.

Quand il ne devroit résulter, de la précaution de dépouiller les grains mouillés ou nouveaux, de leur humidité surabondante, qu'un avantage pour la santé, ne seroit-ce pas une raison suffisante pour s'empresser de l'employer ; mais l'économie y trouvera également son compte : les grains trop nouveaux ou humides se compriment au moulin au lieu de se rompre : en les desséchant comme nous le recommandons, l'écorce se détachera plus aisément, on aura moins de son, les meules ne seront pas *engrapées* & les bluteaux graissés; la farine qui en proviendra sera plus abondante, plus parfaite; enfin elle se conservera infiniment mieux, boira davantage d'eau au pétrissage, & donnera par conséquent une quantité plus considérable de pain, & de meilleure qualité.

Les blés, sans avoir été soumis à l'étuve, peuvent avoir acquis une sécheresse précieuse pour la qualité du pain qu'on en prépare, mais préjudiciable à leur produit : en sorte qu'envoyés trop secs à la mouture, ils ne seroient pas non plus exempts de quelques inconvéniens; il est vrai qu'alors les précautions qu'ils exigent, sont absolument opposées à celles que nous avons indiquées pour achever la maturité; le blé trop sec s'écrase plus aisément qu'on ne voudroit, une partie de l'écorce se réduit en poudre fine sous les meules, & passe à travers les bluteaux les plus serrés, ce qui altère la blancheur de la farine, & occasionne un déchet marqué, soit à la mouture, soit dans le transport, soit enfin lorsqu'on l'emploie; il faut donc restituer à ces blés trop secs la portion d'humidité que ceux qui sont trop nouveaux ou mouillés ont par surabondance.

Comme les blés ont besoin, pour être moulus dans le meilleur état, d'avoir un vingt-quatrième d'eau environ que leur a enlevé la saison pendant qu'ils croissent & qu'ils mûrissent, ou bien que l'action de l'air a fait dissiper insensiblement à la grange ou dans le grenier ; il est nécessaire de mouiller ceux-ci immédiatement avant la mouture dans le temps chaud, & de ne les jamais envoyer au moulin, que l'on ne soit assuré de leur emploi parce que s'il faisoit chaud, le blé ainsi arrosé d'une humidité étrangère à celle qu'il contient naturellement, courroit d'autant plus vîte encore les risques de s'échauffer & de s'altérer, qu'il seroit entassé & en masse.

Sur un setier de blé trop sec, pesant à peu-près deux cents cinquante livres, on répand environ huit pintes d'eau, c'est-à-dire, seize livres : on en verse d'abord la moitié par le moyen d'un arrosoir, & après avoir bien retourné le grain, on ajoute l'autre moitié en retournant sans discontinuer, afin que chaque grain s'imbibe & se pénètre insensiblement de l'humidité qui le recouvre ; vingt-quatre heures après l'opération, on peut mettre le blé en sac & l'envoyer au moulin : cette préparation augmentera le volume du grain, produira *un bon de mesure.*

Dans les années où l'on auroit beaucoup de blés noirs, il ne faudroit pas les envoyer ainsi au moulin ; car la carie sans être malfaisante, noircit le grain, donne à sa farine une odeur de vieille graisse, & rend le pain violet; rien n'est plus simple que le procédé à employer pour corriger ce défaut, il suffit de mouiller le blé, de le faire sécher, & de le vanner ensuite; la poussière de carie dont l'adhérence est détruite par un simple mouillage, se détache & s'envole au vent.

Les blés durs de plancher, c'est-à-dire, ceux qui ayant exhalé au dehors une certaine vapeur humide rassemblée en masse à la surface du grain, & dont l'action a été bridée pour ainsi dire par le froid, ainsi qu'il arrive aux blés gardés dans les citernes & dans les autres endroits où l'air n'a pas un libre accès : ces blés, dis-je, ternes & ridés à cause de cette humidité qui, seule, a éprouvé une espèce d'altération, contractent une odeur de moisi qui ne pénètre pas jusque dans l'intérieur, & n'endommage aucune des parties constituantes; en les lavant, les frottant dans l'eau & les desséchant ensuite, cette odeur disparoît, & la farine qui en provient sans être fort blanche, fait de très-bon pain.

Quant aux blés attaqués par les insectes, outre le déchet de la partie farineuse qu'ils ont dévorée, l'humidité qui résulte de leur transpiration, communique une odeur fétide qui rendroit le pain qu'on en prépareroit rebutant, & peut-être dangereux dans l'économie animale. Il convient donc, après avoir bien criblé ces grains pour séparer les animaux ou les résultats de leurs débris, de les laver, de les faire sécher, & de les travailler ensuite, l'odeur ne tardera pas à se dissiper.

On a vu qu'en recommandant de faire précéder la mouture par quelques préparations ; c'étoit toujours la nature du blé qui devoit les déterminer, & qu'elles avoient pour objet de conserver à la farine toutes ses qualités sans rien perdre du produit & d'enlever au grain des défauts qui pourroient nuire à la quantité, à l'agrément & à la salubrité du pain. Ces trois circonstances ne sauroient trop nous rendre attentifs sur l'état où se trouvent les blés, lorsqu'on est disposé à les envoyer au moulin : ces préparations exigent peu de soins, d'embarras & de dépense : quand elles en demanderoient davantage, une pareille considération ne doit-elle pas disparoître à la vue des avantages sans nombre qui peuvent en résulter ! le pauvre habitant de la campagne est le premier qui souffre de la mauvaise qualité des grains : Or, la santé du Cultivateur est de la plus grande importance à un État.

Après avoir considéré le blé sous tous les

points de vue qui pouvoient le faire connoître dans les divers états ou la Nature nous le préfente. Après avoir expofé les différentes précautions & les travaux qu'il falloit employer pour lui conferver fes qualités, ou le priver de défauts que des accidens ou le temps lui avoient communiqués ; un autre objet doit nous occuper. Les parties conftituantes du blé font diftinctes & féparées dans le grain, elles ont chacune une place à part, mais bientôt elles vont être confondues & mélangées par le moyen des meules ; leurs propriétés, ainfi que leurs effets, ne feront plus les mêmes ; alors d'autres foins, d'autres manipulations ; enfin ce ne fera plus du grain.

CHAPITRE II.

CHAPITRE II.
De la Farine.
ARTICLE PREMIER.
De la Mouture.

Comme il est démontré que le blé le plus parfait peut perdre une partie de ses excellentes qualités par l'ignorance ou la négligence du Meunier, ou bien par l'imperfection du moulin, & que souvent il y a une différence étonnante entre les produits d'un bon ou d'un mauvais moulage; j'ai cru devoir commencer ce second Chapitre par quelques réflexions sur la mouture.

J'observerai d'abord que la Meunerie a tant de rapport & de liaison avec la Boulangerie, qu'il seroit à desirer que le même homme exerçât l'un & l'autre état, ou qu'au moins le Boulanger pût réunir les connoissances principales de l'art de moudre, pour éclairer & diriger quelquefois son Meunier, lui rappeler de temps en temps ses principes, en lui indiquant les précautions qu'il doit prendre suivant les circonstances, la nature des grains & les vues qu'il a pour ses opérations. Qui doit mieux connoître en effet la perfection d'une farine que celui qui l'emploie : aussi les Boulangers propriétaires de moulins, & ceux qui font le commerce des farines, savent-ils tirer un parti plus avantageux du blé pour la fabrication du pain.

Quelque persuadé que soit le Boulanger, des talens du Meunier, il ne peut & ne doit se dispenser cependant de veiller sans cesse sur son travail, parce que s'il survient des pertes & des défauts dans la mouture, c'est toujours lui qui les éprouve, & que si l'ouvrage est bien ou mal fait, le Meunier n'en retire pas moins le prix convenu : il est donc de son intérêt de bien connoître le moulin & le Meunier qui le conduit. Une farine trop fine, ou celle qui ne l'est pas suffisamment, auront même effet, c'est-à-dire, qu'elles n'absorberont pas assez d'eau dans le pétrissage, d'où il s'ensuivra nécessairement une diminution dans le produit en pain.

Nous ne nous proposons nullement de parler ici du mécanisme des moulins & de toutes les pièces qui composent ces industrieuses & grandes machines. Le Manuel du Meunier, le Traité de la mouture économique, publié par M. Beguillet, ainsi que l'Art du Boulanger, par M. Malouin, offriront à ceux qui voudront avoir une connoissance plus exacte & plus étendue à ce sujet, tout ce qu'il est possible de desirer. Notre objet principal consiste à donner au Boulanger quelques notions sur la mouture, en lui indiquant en même temps les précautions qu'il a besoin d'employer tant avec son Meunier que pour le moulin dont il doit se servir.

Avant d'envoyer le blé au moulin, il est bon de prévenir le Meunier de la quantité qu'il en envoie, & du poids de chaque sac qui seront cachetés ou plombés, pour les raisons que nous avons détaillées à l'article du transport des blés : mais comme le Boulanger est souvent trop éloigné du moulin pour être à portée d'examiner par lui-même le grain dans le moment où il arrive ; le Meunier, dans cette circonstance, doit le représenter vis-à-vis du commissionnaire, compter les sacs, en peser plusieurs devant le voiturier, & les ouvrir indistinctement, afin de vérifier si réellement la quantité & le poids sont conformes à l'énoncé de la lettre de voiture, & si enfin la qualité répond à l'échantillon que le Boulanger aura eu soin de faire passer au Meunier. Ce dernier, après son examen fait, délivrera au voiturier un reçu dans lequel il n'oubliera pas de rappeler le nombre des sacs & le poids de chacun : cette pièce bien en règle deviendra pour le Commissionnaire une preuve non équivoque de son exactitude & de sa fidélité ; pour le Meunier, une assurance qu'on ne lui demandera pas un produit différent de celui du blé qu'il a reçu ; enfin, pour le Boulanger, la certitude d'avoir une qualité de farine relative au blé qu'il aura acheté, & il sera en droit d'exiger qu'elle soit proportionnée à l'espèce de grain dont il a confié la mouture.

Ces précautions me paroissent d'autant plus essentielles & plus utiles, que souvent le Meunier ne trouve pas dans le blé le même degré de pesanteur que lui avoit accusé son Commissionnaire ; plusieurs causes peuvent occasionner cette différence de poids, sans pour cela changer le grain. Il faut d'abord s'informer si le blé a été pesé long-temps avant son chargement, parce qu'il peut avoir diminué de poids au grenier ou dans le transport en perdant de son humidité : s'assurer après cela si la manière de mesurer s'est bien faite, si les mesures & les poids dont se sont servis le Commissionnaire ou le Meunier, se rapportent & sont bien étalonnés : ainsi quand il y a contestation, indépendamment de la montre à laquelle il faut avoir recours, il est nécessaire de faire encore entrer en considération, ce que nous observons, sans quoi le Boulanger s'en prend au Meunier, celui-ci au Commiſſionnaire, & ce dernier au Voiturier, en ſorte que chacun crie au voleur, & que c'eſt toujours le Boulanger qui devient la victime, ſi ce n'eſt le Public.

Quand le Boulanger achette ſon grain au marché, & que le moulin eſt dans ſon voiſinage, il court beaucoup moins de riſque, parce que non-ſeulement il a vu meſurer le blé qu'il a acheté, qu'il a pu le faire peſer ſous ſes yeux & en préſence du Meunier ; mais encore par rapport à la facilité qu'il a d'aller à tout moment inſpecter le Meunier, le moulin & la mouture.

Nous avons déjà inſiſté ſur les motifs qui devroient déterminer à ne faire porter le blé au moulin qu'à l'inſtant où on voudroit le convertir en farine : il eſt néanmoins des circonſtances qui peuvent néceſſiter le Boulanger d'en agir autrement, ſa conſommation étant plus conſidérable que ſon emplacement n'eſt grand, il fait porter le grain d'avance chez le Meunier, afin de pouvoir ſaiſir le moment où l'on peut moudre ; mais dans ce cas, il eſt important d'examiner la ſituation du lieu où il doit reſter en dépôt, & ne rien négliger pour empêcher que le blé ne s'échauffe ou que les inſectes ne s'y introduiſent.

Lorſque le blé eſt ſorti du magaſin & tranſporté chez le Meunier, le Boulanger doit prescrire le moulage qu'il defire & qui doit varier, en raifon de la nature & de l'efpèce de blé qui en eft l'objet ; obferver fi les meules ne font pas nouvellement rhabillées ou piquées, parce que leur action trop vive pourroit influer fur la blancheur & la perfection de la farine. Si les pierres dont font compofées ces meules, n'ont pas les qualités requifes, le meilleur blé entre les mains du plus habile Garde-moulin, ne rendra qu'une farine défectueufe ; mais comme on dit, à l'ouvrage on connoît l'ouvrier, le Boulanger avant d'avoir fixé fon choix fur un Meunier, doit avoir l'attention d'examiner la qualité & le produit de la farine que celui-ci fait tirer d'un blé qu'il voit moudre.

Quel que foit le moteur qui faffe agir le moulin ; fi fon action eft modérée, fi les meules font bonnes & qu'elles ne foient pas trop rapprochées, les farines fortiront froides ou tout au plus tièdes ; mais dans le cas contraire, elles feront chaudes & brûlantes, alors les parties favoureufes & odorantes développées par l'action du broiement, fe volatiliferont, la matière huileufe du blé augmentera de couleur, & éprouvera une forte de décompofition ; la fubftance glutineufe perdra de fa ténacité & de fon élasticité : en un mot, la farine *mollira* au travail, & n'aura presque plus de corps. Il faut donc éviter, autant qu'il est possible, un semblable inconvénient, & empêcher que le Meunier ne dénature le blé à ce point.

Le Boulanger ne doit pas faire venir du moulin les farines à mesure qu'elles sont finies, il est bon qu'elles reposent quelque temps avant de les mélanger ou de les transporter; les sacs doivent rester dans un endroit sec & frais, en y enfonçant le manche d'une pelle, pour former ce qu'on appelle une *cheminée*, afin que l'air se renouvelle dans l'intérieur du sac, & rafraîchisse la farine qu'il contient ; ces précautions sont indispensables si le blé est humide, la saison chaude, & que les farines ne puissent être placées ailleurs qu'au pied ou au rez-de-chaussée du moulin. L'humidité qui y règne souvent, a l'inconvénient de faire pelotonner la farine, même celle qui est la plus sèche.

Lorsque le blé est moulu & bluté à l'avantage du Boulanger, c'est-à-dire, que la farine est douce, blanche, sans odeur, & que le son est bien épuisé ; que tout est marqué, pesé & mélangé suivant l'espèce de mouture & l'intention de celui à qui appartient la marchandise ; les dernières précautions qu'il y a encore à employer, c'est de fixer les sacs à un poids invariable, de les faire transporter dans des voitures garnies de planches & soigneusement couvertes, d'envoyer chaque fois une lettre de voiture dont le Boulanger donnera son reçu, après avoir toutefois examiné sa farine & pesé quelques sacs. Dès qu'il voudra compter avec son Meunier, il se fera représenter tous ses reçus, & il verra si le produit est réellement conforme au poids & à la qualité du blé qu'il a donné à moudre.

Il n'existe, autant que je sache, aucun règlement en France sur la police des moulins & le prix des moutures. Il paroît qu'à cet égard on est encore assujetti aux anciens usages établis dans chaque Province; les Meuniers qui travaillent pour les Boulangers de Paris ou pour les Marchands qui les fournissent, perçoivent dix à douze sous pour la mouture à la grosse, c'est-à-dire, pour moudre une seule fois, & le double environ pour moudre & remoudre ce qu'on appelle *par économie*. Le transport coûte vingt sous par setier.

Dans beaucoup d'endroits les Meuniers font la loi, ils demandent ou prennent ce que bon leur semble, en argent ou en nature. La plupart se sont mis en possession d'exiger le douzième ou le dixième, ou même le huitième du poids du blé, fans compter le fon qu'ils retiennent fans mefure pour la voiture ; ils ont par ce moyen trois livres à trois livres dix fous, indépendamment des frais de tranfport, ce qui eft exhorbitant ; ailleurs on eft parvenu à faire rendre la farine brute au poids ; mais cette précaution fuffit-elle pour empêcher toute fraude ! ne peut-on pas enlever la farine la plus pure, la remplacer par des gruaux, ou même par du fon !

Si dans toutes les circonftances la bannalité eft regardée comme un abus, c'eft fur-tout pour la mouture que cet abus eft criant : dans un moulin bannal on y moud toujours mal, & le prix eft pour le moins auffi cher : on n'a pas la liberté de faire moudre comme on veut & où l'on veut ; on ne peut moudre qu'à fon tour, & deux facs à la fois ; en forte que les Boulangers les plus intelligens n'employant jamais la farine qu'après un certain temps qu'elle a été moulue, parce qu'ils ont obfervé que la fabrication du pain étoit plus aifée & plus parfaite, fe trouvent entièrement privés de cet avantage. Un autre abus non moins révoltant, eft celui des Propriétaires, qui en louant leurs moulins un prix exceffif, & même au-delà de ce qu'ils pourroient légitimement rapporter quand ils feroient occupés le jour & la nuit à des moutures très-chèrement payées, mettent le Meunier honnête & intelligent dans la cruelle alternative, ou de faire mal son métier, ou de nous tromper pour pouvoir vivre : au lieu d'employer trois quarts d'heure que dure ordinairement la bonne mouture d'un setier de blé, ils n'y mettent que le tiers de ce temps : alors la farine moulue avec autant de vîtesse, est échauffée, bise, grossière, & le son mal fini, contient encore le quart de la farine, ce qui diminue la bonté du pain, & augmente d'autant le prix du blé. Il ne faudroit jamais permettre de fournir à autrui l'occasion de nous tromper.

Dans presque toutes nos Provinces, les Meuniers sont plus à leur aise que les Boulangers; ces derniers invoquent quelquefois leur secours pour avoir de quoi s'établir, ou pour étendre & agrandir leur commerce. Mais qu'ils paient cher un pareil service ! Le Meunier qui craint toujours de ne pouvoir être remboursé de la somme qu'il a prêtée, commence par prendre ses précautions : il met à contribution le grain du Boulanger, qui gémit & n'ose se plaindre quand il s'en aperçoit. Le dernier homme à qui le Boulanger devroit s'adresser pour emprunter de l'argent est le Meunier. Ne nous lions jamais, par la nécessité de la reconnoissance, avec ceux qu'il nous est essentiel d'inspecter, ou qui tiennent notre fortune dans leurs mains : à Dieu ne plaise cependant que je cherche à rendre suspecte la conduite de qui que ce soit ! je desirerois au contraire qu'il fût possible d'effacer ici toute impression défavorable sur le compte du Meunier : j'en connois d'honnêtes qui font leur état avec une probité digne d'éloges.

Lorsque les grains étoient à bon compte, le prix de la mouture en substance balançoit assez celui de la mouture en argent; mais le renchérissement successif du blé ayant rompu cette balance, & augmenté les autres denrées à proportion, il s'en est suivi que le Meunier qui retient la mouture sur le grain, a vu son bénéfice doublé & même triplé; tandis que celui à qui on paye la mouture en argent a perdu un tiers, à cause des prix excessifs des baux, des frais d'entretien de moulins, de voitures & de main-d'œuvre : en sorte que l'un perçoit par setier quelquefois un écu ou quatre francs, dans la cherté des grains, & que l'autre ne se trouve pas avoir trente sous pour la même mesure.

On doit espérer que le Gouvernement, convaincu déjà par l'expérience des avantages qu'il y auroit d'établir dans tout le Royaume une feule & même mouture, voudra bien fe rendre un jour aux vœux des Citoyens éclairés, qui defireroient un Règlement concernant les Meuniers, & que les Arrêts rendus par le Parlement en 1719, qui ordonnoient que les Meuniers feroient dorenavant payés en argent & non en grain, fuffent exécutés dans tout le Royaume. Il s'agiroit de fixer dans chaque Province le prix en argent de la mouture & de la voiture, fuivant l'efpèce, la quantité de grain & la diftance où l'on fe trouveroit du moulin. Par exemple, pour fe rapprocher du taux des prix des moutures de Paris, on pourroit par fetier fixer dix fous pour la mouture à la groffe, dans les moulins où la mouture à blanc n'eft pas encore pratiquée, & trente fous pour cette dernière, fans y comprendre la voiture qui, pour aller chercher le blé & conduire la farine, feroit fuffifamment payée à raifon de cinq fous par lieue.

En Saxe il y a à ce fujet des loix fort fages, & des Infpecteurs qui veillent à leur maintien. Il faudroit obliger enfuite les Meuniers d'avoir, comme ceux des environs de la Capitale, des balances, pour recevoir le blé & rendre la farine à un poids invariable.

Il résulteroit d'un pareil Règlement, que le particulier & le Boulanger pourroient avoir tout d'un coup l'aperçu du produit en farine & en issues de leur blé; qu'ils ne seroient plus continuellement sur le *qui vive* au sujet du Meunier; que celui-ci acquerroit également la faculté de pouvoir sans crainte occuper le moulin pour son compte lorsqu'on le laisseroit chaumer : tout le monde y gagneroit; celui qui ne récoltant pas de grain, ou qui préférant de le vendre pour éviter les embarras de la mouture, seroit à même d'acheter les farines qu'il desireroit; le Meunier à son tour, pourroit vendre ses issues ou avoir une basse-cour pour les consommer, sans être dans aucun cas suspecté. C'est ce qui arrive dans la Beauce & dans certains cantons de la Picardie, où la plupart des Meuniers sont fariniers, & moulent alternativement pour le public & pour eux-mêmes.

Article II.

Des diverses Moutures.

Dès que l'expérience eut appris que les grains entiers, crus ou cuits, n'étoient pas autant nourrissans ni aussi agréables qu'ils pouvoient l'être, pris sous une autre forme, l'industrie chercha les moyens d'en tirer un parti plus avantageux : la division des grains parut d'abord fixer l'attention, & l'on se servit pour cet effet de mortiers de pierre; mais l'action de piler, au lieu de mettre à part les différentes parties constituantes du corps qui y étoit soumis, les combinant ensemble pour en former une poudre homogène; d'un autre côté, cette méthode employant un temps trop long pour préparer la subsistance de quelques hommes; on fut obligé de l'abandonner.

Le broyement du grain qu'on avoit en vue, & non sa décomposition, fit imaginer des meules, qui succédèrent aux mortiers : ces meules commencèrent par être petites, construites en bois & armées de pointes de clous, dont l'arrangement produisoit l'effet des meules piquées : on les faisoit mouvoir par le moyen des manivelles; mais ce moyen ne pouvoit agir assez efficacement sur le grain, il occupoit d'ailleurs trop de bras à proportion de la petite quantité qu'il pouvoit moudre; on lui substitua un corps plus lourd, plus solide & d'un diamètre plus considérable.

Les meules de pierre remplacèrent celles de bois : on les fit mouvoir par des hommes que la loi ou la misère forçoient à ce travail : on en a même une preuve dans la personne de *Plaute*, qui, malgré son génie supérieur pour le genre comique, n'en fut pas moins réduit à la dure & humiliante nécessité de faire le métier de tourneur de meules chez un Boulanger. Ces meules ne produisant pas encore un effet complet, on les augmenta de volume, & on les mit en œuvre par des chevaux ; mais le mouvement inégal d'un semblable moteur, produisant toujours sur le blé une action plus ou moins vive, les tamis trop clairs ayant également un mouvement indéterminé, la farine qui en résultoit étoit toujours grossière & mal-faite. Tel fut néanmoins, pendant des siècles, l'état de la mouture parmi les peuples les plus anciens.

Lorsque les hommes songèrent à diriger leurs travaux vers les objets utiles, leurs premiers regards se portèrent sur l'aliment principal à la vie, & ils s'aperçurent bientôt qu'il étoit possible de le perfectionner. Les meules conduites à bras d'hommes ou par des animaux, qui avoient succédé à la méthode de piler les grains dans des mortiers, furent mises en action par l'air & par l'eau ; l'art, l'expérience & le raisonnement furent ensuite combiner, modifier, accélérer les effets de ces deux élémens, au point de les maîtriser ; de-là les moulins à eau & les moulins à vent : on ne connoît guère l'époque de l'invention des premiers ; nous favons feulement que les moulins à vent nous viennent des Orientaux : peut-être que les inondations ou le défaut d'eau y ont donné lieu ; mais il importe fort peu lequel des deux moulins foit le plus ancien : ce point de difcuffion éclairci n'ajoutant rien à l'objet que j'ai eu en vue dans cet Ouvrage, il feroit fuperflu de s'y arrêter. Qu'il me foit permis feulement de faire ici une réflexion.

Comment eft-il poffible que depuis que l'on a abandonné l'ufage de piler les grains pour y fubftituer celui de les écrafer fous des meules, cette opération, qui a été un fi grand nombre de fiècles pour parvenir au point de perfection où elle eft aujourd'hui, ait pu mériter, dans l'état de défectuofité où elle étoit originairement, des éloges de la part de quelques Auteurs qui regrettent de ce qu'on ne la pratique plus ainfi, parce que, fuivant eux, elle produifoit plus de farine & de pain d'un même blé ! Les paffages de Pline qu'on cite toujours pour appuyer une pareille affertion, prouvent qu'en remettant les fons fous les meules, les réduifant en poudre fine, & ne retirant de la mine de blé pefant cent huit livres, que trois livres de gros fon de rebut,

rebut, on n'obtenoit qu'une farine très-bife remplie de petit fon, un pain bis, groffier & mat. Si c'eſt-là ce qu'on appelle la perfection de l'art, rien n'eſt plus aifé d'y atteindre; il fuffira de revenir fur fes pas, c'eſt-à-dire, de faire une mouture baſſe, de remoudre le fon & d'employer des bluteaux clairs.

Sans rappeler ici par leurs noms phyſiques les différentes parties dont le blé eſt compofé, nous obferverons qu'il porte avec lui trois caractères diſtinctifs entre les mains du Meunier: l'écorce, qui eſt la fubſtance la plus extérieure du grain, qu'on appelle *fon*; la farine qui eſt déjà divifée dans le grain dont elle occupe le centre, qu'on y aperçoit au plus léger effort qu'on emploie pour l'écrafer, & qu'on défigne par *farine de blé*; enfin une autre farine la plus voifine de l'écorce qui, étant détachée, fe préfente fous la forme de petits grains durs & folides, lefquels ont le plus befoin d'être broyés, & qu'on nomme vulgairement *gruaux*; mais ces diverfes parties, pour être féparées les unes des autres fans fubir aucune altération, exigent de l'attention & des procédés.

L'art du Meunier confifte donc à dérober au grain fon écorce, fans la réduire en poudre, sans qu'elle change de couleur; à diviser la farine sans l'échauffer ni trop l'atténuer, afin qu'il ne s'établisse pas entre les parties une désunion capable de préjudicier à la blancheur, au goût & à la perfection de l'aliment qu'on a dessein d'en préparer. Mais on ne parviendra à produire complètement ce double effet qu'en employant des meules dures & piquantes, en les rebattant par rayons, suivant la méthode pratiquée par les Meuniers les plus habiles qui approvisionnent la Capitale & les environs; en les allégeant & modérant leur action de manière qu'au sortir de la huche la farine soit froide ou tiède au plus, qu'elle n'ait perdu aucune de ses qualités, que le son se trouve parfaitement évidé, ne renferme presque plus rien de farineux, & qu'enfin il conserve la même couleur qu'il avoit avant d'avoir été séparé du grain. Tel est le but que l'on doit se proposer, dans quelque moulin dont on se serve, de quelque manière que l'on procède à la mouture, & quelle que soit l'espèce de grain qu'on y soumette.

En examinant avec attention ce qui se passe sous les meules, nous voyons que le grain y est d'abord déchiré, & que, passant du centre à la circonférence, la partie déjà divisée & connue sous le nom de *farine de blé*, se sépare du gros son, & l'autre, qui est la substance la plus dure, la plus sèche & la plus pesante, les gruaux enfin, échappent à la première trituration, & se présentent sous la forme de grains ronds plus ou moins blancs & revêtus à leur surface d'une pellicule mince : ces trois résultats se montrent dans une mouture quelconque.

Que la farine sortant des meules tombe dans un bluteau & soit séparée en même temps que l'on moud, ou bien que cette opération de la mouture (la bluterie) se fasse chez le particulier, de la même manière qu'elle se pratique au moulin, les produits seront toujours semblables. Mais si les meules fatiguées, usées, montées trop hautes ou tournant trop lentement, n'ont fait que concasser le grain, il restera beaucoup de farine dans le son, tandis que ce sera la farine au contraire qui abondera en son, si les meules trop rapprochées, trop nouvellement piquées & mues par un courant trop rapide, ont réduit une portion de l'écorce en poudre fine : c'est donc du premier broiement que dépend la perfection du moulage & la quantité du produit ; la bluterie la mieux perfectionnée ne pourra pas restituer à la farine les produits & les qualités qu'une mouture défectueuse lui aura fait perdre.

En vain on objecteroit que les meules ne font pas toujours les caufes effentielles & principales du produit du blé en farine, puifque les bluteaux trop fins pourront laiffer dans le fon une bonne partie des gruaux, & que s'ils font trop groffiers, les gruaux pafferont avec la farine, mais nous fuppofons une bluterie bien conditionnée, une bluterie par laquelle on tire la farine, les différentes efpèces de gruaux & de fons, chacun féparément. Ainfi il n'en eft pas moins vrai que le fon fera conftamment le même, s'il eft ce qu'on appelle *bien fini*, ce qui eft très-fenfible à la fimple vue & au poids; le boiffeau de fon qui réfulte d'une mouture trop ronde ou mal-faite, pourra pefer jufqu'à douze livres, & quatre livres & demie feulement s'il a été détaché du grain par une mouture très-baffe.

D'après ces réflexions préliminaires, il eft aifé de voir que l'état où fe trouvent la farine, les gruaux & les fons, après que le grain a été écrafé, eft dû au premier broiement qui fait la bafe d'une bonne mouture, & que fi les méthodes de moudre, ufitées dans le Royaume, font connues fous différentes dénominations, il eft poffible cependant de les réduire à une feule & même efpèce : la mouture méridionale, la mouture feptentrionale, la mouture de Melun, la mouture à la Lyonnoife, ne font que des nuances de la mouture à la groffe, & approchent plus ou moins de la mouture à blanc, connue depuis peu fous le nom de *mouture économique ;* mouture qu'on doit regarder aujourd'hui comme la perfection de l'art du Meunier, & qui, malgré fes détracteurs, n'en a pas moins mérité les recherches des Phyficiens, la protection du Gouvernement éclairé, & des encouragemens honorables pour ceux qui fe font occupés de la répandre. Pour donner la preuve de ce que nous avançons, il eft néceffaire de dire un mot fur toutes les moutures, de montrer les rapports qu'elles ont entre elles, les défauts de chacune, & combien l'art de moudre, perfectionné & foigné par-tout, peut rendre de fervices à l'État & au Public.

De la Mouture à la groffe.

La mouture à la groffe eft fans contredit la plus ancienne & la plus généralement pratiquée dans le royaume : elle confifte à moudre une feule fois, & à bluter hors du moulin : mais on peut dire que cette mouture eft encore chez la plupart de nos habitans de la campagne, dans le premier état d'imperfection : les meules composées de plusieurs pierres à carreau de mauvaise qualité, y sont mal montées : on ignore la façon de les rhabiller : on les rebat à coup perdu ; le moulin conduit sans intelligence va toujours trop fort ou trop lentement, il s'en détache une poussière fine, qui, mêlée avec celle que le blé non criblé a sur sa surperficie, passe dans la farine, d'où il résulte un pain mat & bis qui craque sous la dent. Ajoutez à ces inconvéniens, qu'au lieu de reporter les gruaux sous les meules, on les mêle avec les farines bises ; ce qui fait que les gros gruaux sont rejetés dans les sons, qu'on ne retire pas du blé la moitié de farine blanche qu'il contient, & que la meilleure partie est convertie en pain bis & grossier.

Il y a une grande différence entre cette mouture à la grosse, pratiquée dans nos Provinces, & celle qui est usitée près de Paris. Les moulins sont construits & dirigés par des Meuniers intelligens qui en connoissent le mécanisme & l'effet ; les meilleures pierres pour composer les meules, sont dans le voisinage ; on fait les monter & les rhabiller à propos, suivant la nature & la qualité du grain ; on a soin de ne donner aux meules que le mouvement relatif à la force du moteur, de manière que la farine n'eſt nullement échauffée, qu'elle eſt très-blanche, & que le ſon eſt parfaitement écuré & fini.

Le Boulanger qui reçoit ſon blé moulu à la groſſe ſe ſert de bluteaux compoſés de pluſieurs ſées de diverſes groſſeurs, afin de tirer à part la farine, les gruaux & le ſon : ce qui a paſſé par le premier bluteau ſert à faire le pain blanc, & au lieu de rejeter le reſte dans la compoſition du pain bis, il profite des lumières qu'a fournies la mouture économique, en les ſoumettant de nouveau à l'action des meules, d'où il obtient une très-belle farine & de bonne qualité : ainſi le blé donne tout ce qu'il contenoit de farineux, & fait beaucoup plus de pain blanc que de pain bis ; c'eſt donc, à quelque choſe près, l'image de ce qui ſe paſſe dans les moulins montés à blanc ou à l'économie, que la mouture à la groſſe, pratiquée par les bons Boulangers. Cependant ils gagneroient beaucoup plus, ſi au lieu de bluter chez eux, ils faiſoient faire cette opération au moulin, parce que le double tranſport, les déchets plus conſidérables, les frais indiſpenſables de main-d'œuvre pour bluter, ſaſſer, peſer, meſurer & tranſporter enſuite, entraînent toujours dans des embarras

& dans des frais qu'on peut réellement éviter fans aucun inconvénient.

Je conviens que le Boulanger qui blute lui-même, a l'avantage de mieux féparer les gruaux blancs & bis, de les nétoyer plus exactement ; mais le Meunier faffant & blutant avec le même foin, épargnera toujours une évaporation de farine : il s'agit feulement de veiller ces différentes opérations, & on gagnera encore fur les frais de tranfport : nos réflexions ont été fans doute celles de beaucoup de Boulangers, qui ont abandonné la méthode de bluter chez eux, ce qui a engagé en dernier lieu les Meuniers des environs de Paris de faire monter leurs moulins à blanc ou à l'économie.

De la Mouture de Melun ou *en fon gras*.

Il s'eft écoulé bien des années avant qu'on fût remoudre la portion du blé qui refte après la féparation de la première farine : cette portion qui contient les gruaux & l'écorce, étoit appelée *fon gras ;* long-temps elle fervit à faire l'amidon & à engraiffer les beftiaux. Qui auroit cru qu'une matière avilie, profcrite & regardée comme indigne d'entrer dans le corps humain, deviendroit un jour propre à fournir la plus belle farine & le meilleur pain !

La mouture de Melun ne diffère de la mouture à la groffe, dont il vient d'être queſtion, que par un bluteau adapté au moulin, & qu'un même moteur fait agir : ce bluteau eſt aſſez fin pour ne laiſſer paſſer que la farine dite *de blé*, ce qui reſte enſuite eſt le ſon gras que le Boulanger reblute au bout d'un certain temps, afin d'en ſéparer les gruaux qu'il renvoie au moulin.

Le motif qui a pu déterminer le Boulanger à adopter cette méthode de moudre, c'eſt qu'elle lui permet de ſéparer, par la bluterie, les gruaux blancs, les gruaux bis & les recoupettes ; de les faire faſſer après cela pour en ôter une eſpèce de petit ſon, qu'on nomme *rougeur* ou *foufflure*. En ſorte que les gruaux ainſi épurés, donnent une farine plus claire ; mais on ne peut obtenir un pareil avantage dans les moulins où il n'y a point de bluterie, & où l'on ſépare les gruaux par le moyen d'un dodinage qui, laiſſant les gruaux & les rougeurs confondus enſemble, ne fourniſſent qu'un produit moins blanc & plus piqué.

Un autre motif qui a pu encore engager de ſe ſervir de la mouture de Melun, vient ſans doute de ce que dans le temps où les grains étoient à bas prix ; le Boulanger ne trouvant pas à ſe défaire de ſes dernières farines, parce que alors le peuple dédaigne le pain bis; il se contentoit de faire remoudre les gruaux blancs qui rendent peu de bis, & vendoit les autres aux Amidonniers.

Mais dans la circonstance où il s'agit de faire servir tous les produits du blé, excepté les sons à la nourriture des hommes; il est plus avantageux de n'employer que les moulins où l'on blute & où l'on fasse les gruaux, comme nous l'avons vu chez plusieurs Meuniers intelligens, le sieur Buot entre autres, près les Gobelins : par ce moyen le Boulanger auroit toujours des farines pour le moins aussi belles & aussi abondantes; il éviteroit en outre les embarras, les déchets & les frais inséparables de la mouture de Melun.

De la Mouture méridionale.

Je ne sais pourquoi on a distingué cette mouture de celle qu'on nomme *mouture à la grosse*, puisqu'elle consiste à transporter du moulin chez le particulier, la farine sans être blutée : on croiroit qu'elle en diffère, parce qu'on laisse pendant un certain temps la farine & le son mêlés ensemble; ce qu'on appelle conserver la farine en rame ou en couche, & que cette méthode, dit-on, procure aux farines, que l'action des meules a trop échauffées, le temps de se détacher du son, par une dessiccation insensible, & de se séparer plus aisément par le moyen des bluteaux; mais par la mouture à la grosse, le Boulanger ne laisse-t-il pas quelque temps la farine en sac ou vide pour les mêmes vues?

Nous avons déjà dit que quand les farines sortoient chaudes ou tièdes des meules, il falloit laisser un intervalle entre la mouture & le blutage; mais c'est une erreur de penser que cet intervalle doive être aussi long, sous le prétexte que l'écorce les conserve & les bonifie, sous le prétexte encore qu'il est essentiel que la farine s'échauffe naturellement, fasse son effet, & prenne la fermentation de la rame : il est démontré au contraire, par une multitude d'expériences, que le son s'échauffe & s'altère plus promptement que la farine, qui contracte à la longue une disposition à fermenter, de l'odeur, de la couleur, & particulièrement une saveur que l'on désigne par le nom de *goût de son* ou de *bis*. D'ailleurs, c'est une maxime parmi les Meuniers & les Boulangers, que les farines s'échauffent d'autant plus facilement, qu'elles sont moins blanches, c'est-à-dire, qu'elles contiennent plus de son.

La mouture méridionale eſt donc ſemblable à la mouture à la groſſe, qui fait à peu-près la même choſe, mais elle a deux défauts eſſentiels; le premier, d'échauffer la farine; le ſecond, de l'expoſer à prendre de l'odeur & de la couleur pendant ſon ſéjour avec le ſon. Cette circonſtance bien obſervée par M. Brocq, l'avoit engagé, il y a une quinzaine d'années, à montrer les inconvéniens d'une pareille mouture, & les avantages de la mouture économique; ce ne fut qu'après des eſſais de comparaiſon variés & multipliés, qu'il parvint à faire adopter la mouture à blanc qu'il propoſoit.

Si l'on renonçoit à l'habitude dans laquelle on eſt de laiſſer ſéjourner le ſon dans les farines qui réſultent des moulins de Nérac, de Moſſac, & qu'au lieu de ſe borner à ne retirer que la farine dite *de blé*, on fît remoudre les gruaux pour y mêler enſuite les farines qu'on en obtiendroit; le mélange ſeroit plus beau, plus ſec, plus ſuſceptible de ſe conſerver long-temps, plus propre à être exporté, & donneroit un pain meilleur, moins cher & plus ſavoureux; les farines qu'on prépare dans ces fameuſes manufactures, n'acquerront jamais le plus grand degré de perfection dont elles ſont ſuſceptibles, qu'au moyen de la mouture économique.

De la Mouture rustique ou septentrionale.

La mouture dont il s'agit est encore nommée la *mouture des pauvres :* on pourroit la regarder comme l'origine de la mouture économique; elle consiste à ne moudre qu'une seule fois, en ayant soin de tenir les meules fort rapprochées, de les rhabiller différemment que pour la mouture à blanc, & de se servir d'un bluteau assez ouvert pour laisser passer tout d'un coup la farine, les gruaux, les recoupettes, excepté le gros son.

Si on emploie un bluteau moins clair, qui ne permette qu'à la farine & aux gruaux les plus fins de passer, alors cette mouture porte le nom de *mouture pour le Bourgeois.* Si enfin le bluteau est encore plus serré, on ne retire que la farine dite *de blé,* c'est la mouture du riche; mais pour peu qu'on se rappelle ce que nous avons avancé concernant les avantages qui résultent du premier broiement bien fait, on apercevra aisément le vice d'une semblable méthode.

Quelques Auteurs qui ne connoissent pas parfaitement les opérations de l'art de moudre & de bluter, ont prétendu, d'après le Commissaire *Lamarre,* qu'on ne retiroit de la mouture ruftique que quatre-vingts livres de farine par fetier, & ils fe font beaucoup récriés relativement aux pertes énormes qui en réfultoient ; mais ils n'ont pas voulu faire attention qu'il ne s'agiffoit que de la mouture du riche, qui, comme nous venons de l'obferver, laiffoit dans le fon, les gruaux, & que fi ces gruaux euffent été moulus, le produit de quatre-vingts livres auroit plus que doublé. Les plaintes ne devoient donc pas porter fur la première manière de moudre & de bluter, puifque les meules très-rapprochées, hachant le fon & le réduifant en poudre, puifque les bluteaux fort clairs laiffant prefque tout paffer, la totalité du grain fe trouvoit être réduite en poudre, & propre à fournir un pain qui, à la blancheur & à la légèreté près, peut devenir économique pour les hommes adonnés à des travaux forcés & violens.

Ainfi, tous les reproches qu'on a faits à la mouture ruftique, ne regardoient que la bluterie de la mouture du riche, il étoit naturel que le pain fût plus blanc ; mais on auroit évité toutes ces pertes qui font extrêmes, fi au lieu de laiffer les gruaux dans le fon, on les eût introduit dans la compofition du pain des domeftiques : quelle autre différence encore, fi ces mêmes gruaux euffent été moulus & reblutés comme dans la mouture à blanc, dont nous parlerons incessamment!

Si la nature & la quantité des produits, résultans de la mouture rustique, diffèrent autant de ceux des autres moutures; on voit donc que cela dépendoit de la finesse ou de la grosseur des bluteaux qu'on y employoit; mais cette mouture est heureusement abandonnée, & comme l'observe très-judicieusement M. Malouin dans son *Art du Boulanger*, on ne devoit pas autoriser une pareille méthode, sous le prétexte que le riche, pour qui on la faisoit, est en état de supporter les pertes qu'elle occasionnoit nécessairement, parce qu'il s'agit ici d'une denrée qui appartient en quelque sorte à la société, & qu'il faut éviter sur-tout une consommation préjudiciable.

De la Mouture à la Lyonnoise.

On a encore appelé *mouture à la Lyonnoise,* le raffinement de la mouture économique; mais elle n'en est, à bien dire, que l'abus; car si l'une est l'art de retirer la totalité de la farine que le grain renferme sans aucun mélange de son : l'autre au contraire tend à moudre les sons avec les gruaux, & à les réduire en poudre fine, qu'on appelle fort improprement en cet état, *la farine* : c'est ce qu'il est aisé de voir, en examinant attentivement la manière d'agir de cette mouture & les produits qu'elle fournit.

La mouture sur laquelle je m'arrête, bien appréciée, n'est réellement bonne qu'à faire des farines bises; elle consiste à retirer par un premier broiement, la farine de blé; ensuite par la mouture des gruaux, la première & seconde farine dite *de gruaux*, ainsi que fait la mouture à blanc; mais elle en diffère, en ce qu'au lieu de continuer de remoudre, on jette ce qui reste avec les gruaux bis dans les sons, pour en faire une seule mouture; d'où il résulte un produit plus considérable, ce qui a valu à cette méthode le nom de *mouture des pauvres*; cependant, de l'aveu même des Meuniers & des Boulangers, cette mouture est très-défectueuse, & on peut la regarder comme l'art dans son enfance.

On sait que les gruaux étant la substance la plus dure du grain, ils exigent une mouture différente de celle qu'il faut employer pour les sons dans lesquels ils se trouvent comme enveloppés, & que pour avoir de ces derniers le peu de farine qu'ils contiennent, il est nécessaire de faire une mouture ronde, afin de ne pas les réduire en poussière; ainsi, quelqu'avantageux qu'il soit de retirer du blé destiné à la

subsistance

subsistance du peuple & des habitans de la campagne, tout ce qu'il est possible d'en extraire, encore ne doit-on pas s'écarter des principes établis, puisqu'en parvenant au même but, il n'en coûte pas davantage.

Si on vouloit donner aux produits de la mouture économique, une augmentation, on pourroit mêler avec la farine des derniers gruaux, le petit son ou remoulage, & en laissant reposer long-temps le gros son & les recoupes pour les bluter ensuite, il seroit possible d'en séparer tout ce qu'il y a de farineux; par ce moyen on obtiendroit ces produits considérablement vantés, & en faveur desquels on s'abuse, en prenant pour de la farine, ce qui n'est que le son réduit en poussière & mélangé avec elle.

Suivons un moment dans le commerce la farine résultante de la mouture à la Lyonnoise, & nous verrons qu'en supposant qu'un setier de blé, suivant les partisans de cette mouture, produise douze ou quinze livres de plus que la mouture par économie; ce ne sera jamais que de la farine bise; or, cette farine estimée vingt livres le sac, c'est sur le pied de dix-sept sous le boisseau; mais le mélange de toutes les farines provenant de la mouture à la Lyonnoise, étant encore plus bis, se vendra un écu par sac

M

de moins ; voilà donc une perte réelle. Une autre obfervation, c'eſt que pendant que les moulins remoulent les fons, ils ne font pas de farine, ce qui occaſionne une nouvelle perte : ajoutons encore, que les iſſues devenues plus petites, plus fines, diminuent d'un quart de leur volume, & que n'étant plus auſſi farineuſes, elles perdent encore de leur valeur.

C'eſt ainſi qu'il eſt toujours dangereux de donner dans les extrêmes. La mouture à la groſſe, la mouture ruſtique laiſſoient originairement dans le fon beaucoup de farine, & tous les gruaux qui échappoient au premier broiement ; alors les beſtiaux, pour qui cette partie, la plus ſubſtantielle du grain, étoit deſtinée, y trouvoient amplement de quoi s'engraiſſer ; mais aujourd'hui que l'art de moudre s'eſt perfectionné, non-ſeulement on ne ſe contente pas d'épuiſer l'écorce de tout ce qu'elle peut contenir de farineux ; on cherche encore par la mouture à la Lyonnoiſe, à en réduire une portion en poudre, auſſi fine que la farine, comme ſi on envioit aux animaux leur nourriture habituelle & ſouvent principale. Quand une fois nous ſommes parvenus à faire bien, ne cherchons le mieux qu'avec circonſpection, dans la crainte de tomber préciſément dans les excès que nous voulions éviter.

De la Mouture économique.

La mouture économique, connue d'abord sous le nom de *mouture à blanc*, n'est pas aussi moderne qu'on veut bien le prétendre : elle fut apportée il y a plus d'un siècle dans la Beauce, par un particulier nommé *Rousseau* ; il paroît même, par nos anciennes Ordonnances, qui défendoient l'usage de remoudre, que cette mouture étoit connue bien auparavant, & que comme on avoit observé que le pain dans lequel on rejetoit les gruaux, étoit mat, bis & grossier, à cause de leur état solide & insoluble, on ne permettoit pas de les moudre, parce qu'on imaginoit que la farine & le pain qui en seroient résultés, conserveroient encore les mêmes défauts.

Quelques essais tentés en secret dans des temps fâcheux, par des Boulangers intelligens, qui regrettoient de voir la moitié du grain perdu pour la nourriture des hommes, leur ayant vraisemblablement appris que ces gruaux donnoient de belle farine, avec laquelle il étoit possible de préparer le pain le plus blanc & le plus savoureux ; ils se hasardèrent de transgresser une loi qui, enchaînant l'industrie, tendoit à nous frustrer de la meilleure partie du grain. Voilà comme souvent le besoin plus pressant donne lieu à des recherches que l'industrie, aux prises avec l'extrême nécessité, n'a jamais le courage d'entreprendre.

Dans le temps qu'on ne faisoit qu'un seul moulage, à dessein de convertir tout d'un coup la farine & les gruaux en poudre, aussi fine qu'il est possible : il suffisoit de rapprocher les meules, pour ne laisser que peu de résidu ; maintenant le Meunier dirigé par le Boulanger, agit bien différemment : il ne cherche pas à avoir une trop grande quantité de farine par la première mouture, & plus ses reprises sont considérables, plus aussi les différentes farines qu'il obtient ensuite par la mouture des gruaux, ont de corps & de bonté. Je dis, le Meunier dirigé par le Boulanger, parce que la plupart abandonnés à leur routine, suivent souvent le contraire de cette méthode.

Si l'on m'objectoit ici que la mouture ronde, c'est-à-dire, celle où l'on tient les meules plus hautes, & où on les fait aller très-légèrement, rend peu de farine de blé ; je répondrai qu'elle produit en revanche beaucoup plus de gruaux qui sont infiniment plus gros & plus propres à fournir une belle farine, & que tous les résultats sont plus blancs & plus parfaits : cette vérité importante devroit bien frapper tout

Meunier, dont le premier intérêt est toujours de contenter son Boulanger ; ainsi lorsque dans la mouture à la grosse tout est fini quand la farine sort d'entre les meules, dans la mouture économique au contraire l'opération ne fait que commencer.

Un moulin économique ressemble, au premier coup d'œil, aux autres moulins ; les pièces principales en sont les mêmes ; les cribles & les bluteaux en constituent seulement les différences : tous les moulins peuvent donc être facilement montés à l'économie ; si ce n'est cependant que dans les moulins à vent qui font d'aussi belles farines que les moulins à eau, quand ils sont bien gouvernés, le même moteur ne sauroit faire agir le criblage & la bluterie : ces deux opérations s'exécutent dans des bâtimens à côté du moulin, ou bien au pied, pourvu que la maçonnerie en soit solide, propre & revêtue de planches exactement jointes ensemble.

Le moulin économique a deux ou trois étages ; dans le premier, le blé en réserve, tombe dans deux cribles, dont la réunion forme un angle : l'un s'appelle *crible à cylindre*, il sert à purger le grain, *des blés morts*, de l'ivroie, de la nielle, des calandres, des pierrettes, & d'une partie de la poussière ; l'autre qu'on nomme *tarare*, sépare *la cloque* & *les hotons;* le blé paſſe enſuite dans l'étage au-deſſous, & eſt reçu dans un troiſième crible, déſigné ſous le nom de *crible d'Allemagne*, qui achève ce que les autres ont commencé; de-là il eſt conduit dans la trémie : ces différens cribles mus par le moteur qui fait agir les meules & les bluteaux, doivent être regardés comme le commencement de la mouture économique, & une des cauſes eſſentielles de la netteté du grain, d'où s'enſuit la blancheur & la bonté des farines.

Quoique je diſe que le moulin économique a ordinairement deux ou trois étages, il ne faudroit pas croire malgré cela, qu'un moulin où il n'y auroit qu'un étage, ne fût pas également propre à la mouture économique : le moulage deviendroit ſeulement plus gênant, plus diſpendieux & plus pénible, parce qu'il ne ſeroit pas poſſible d'adapter les cribles, dont il a été queſtion, au-deſſus du moulin, & qu'on ſe trouveroit obligé de les faire travailler à la main; opération qu'on feroit obligé d'employer de cette manière, ſi le courant d'air ou d'eau étoit trop foible; mais il n'en réſulteroit pas moins une auſſi belle farine.

Le blé bien dépouillé de ſemences étrangères & parfaitement nétoyé par les différens cribles, étant dans la trémie, il passe bientôt sous les meules, où il perd sa forme, se déchire & s'écrase; il tombe après cela dans la huche, séparé, au moyen des bluteaux, des gruaux mêlés avec le son : ce mélange se rend dans un dodinage agité par le moulin, où il est divisé en deux parties ; savoir, les gruaux & les gros bis : dans les forts moulins il y a un second dodinage, placé comme les cribles en sens contraire, lequel met à part les différens gruaux ; mais on doit préférer les bluteaux à cylindre de dix lès de longueur, parce qu'ils séparent chaque espèce de produit d'une manière plus distincte & plus favorable au genre de mouture qu'elle exige.

La première mouture du blé étant achevée, on reprend les gruaux séparés par les bluteaux, on les passe & on les porte sous les meules pour en obtenir, par plusieurs moutures, différentes farines ; savoir, une première & une seconde qu'on nomme *farine blanche de gruaux*, une troisième, une quatrième, quelquefois même une cinquième & une sixième appelée *farine bise* : le restant de toutes ces moutures n'est plus que le remoulage, la pellicule ou le petit son qui recouvroit les gruaux, & dont les Boulangers se servent pour saupoudrer la toile fur laquelle on met la pâte à fermenter & la pelle pour enfourner.

On voit par ce court expofé de la mouture économique, que chaque mouvement de la roue fait aller les cribles deftinés à nétoyer le grain, les meules qui doivent l'écrafer, enfin, les bluteaux qui féparent la farine d'avec les gruaux & les recoupettes d'avec les fons : ces différentes opérations fe font plus ou moins parfaitement, fuivant que les inftrumens qu'on y emploie font bien conditionnés, montés comme il faut, & dirigés avec intelligence ; car on ne peut fe diffimuler que la plupart des Meuniers qui font ufage de la mouture par économie, ne foient dominés par la routine, en forte qu'ils n'obtiennent pas tous les avantages que cette méthode eft en état de procurer lorfqu'elle eft exécutée fuivant les vrais principes : ajoutons encore, avant de terminer ce qui concerne les moutures, quelques obfervations à ce fujet, heureux fi elles peuvent concourir aux progrès d'un art qui, après l'Agriculture, eft le plus intéreffant, puifqu'il eft le commencement de la perfection de la Boulangerie que je décris !

ARTICLE III.

De la préférence qu'on doit accorder à la Mouture économique sur toutes les autres Moutures.

QUOIQUE la mouture économique, par une suite naturelle de l'empire des préjugés, ne soit pas aussi universellement répandue que la mouture à la grosse & les autres moutures, dont nous avons exposé très-brièvement les procédés; cette mouture ne doit pas moins mériter la préférence, & être regardée comme la perfection de l'art de moudre : les preuves que nous allons en donner seront prises dans les détails qui concernent la qualité & l'abondance des produits en farine, dans l'état d'épuisement où elle réduit les sons, & enfin, dans l'avantage, tant d'éviter une multitude d'embarras de transport, de bluterie, que d'épargner sur le déchet & les autres frais. Ces preuves vaudront infiniment mieux que les divers raisonnemens que nous pourrions allégu r en faveur de la mouture économique ; il suffira d'ailleurs de voir les tableaux des résultats des produits de différentes moutures, comparés entre eux, insérés dans le Traité de la connoissance générale des grains, & de la mouture par économie, pour en être pleinement convaincu : cet Ouvrage, que M. Béguillet a rédigé sur différens Mémoires, ne sauroit être trop consulté ; on le trouve chez Panckoucke Libraire, rue des Poitevins.

Rien en apparence n'est plus aisé que d'écraser le blé & le réduire en farine : rien cependant n'exige autant de soin & de précaution, puisque d'une substance qui semble homogène, il s'agit d'en obtenir jusqu'à onze produits différens entre eux ; savoir, sept espèces de farine & quatre sortes de son, sans qu'aucuns de ces produits ait éprouvé la plus légère altération. C'est, nous le répétons, du premier broiement que dépend la perfection de toutes les farines ; une fois manqué, il n'est plus possible d'y revenir : nous ne saurions donc trop insister sur l'attention qu'on doit donner à ce premier broiement, & sur les avantages de la mouture ronde, qui d'abord détache parfaitement l'écorce du blé, & ensuite la farine d'avec le son : la mouture des gruaux ne mérite pas moins de soins & de précautions.

Il paroît que la plupart des Auteurs qui ont parlé de la mouture économique, séduits par un zèle assurément bien louable, ont attribué à cette mouture plus d'avantage ou d'imperfection qu'elle n'en a réellement.

M. Béguillet, peu satisfait des produits ordinaires de la mouture à blanc, qui, dirigée par les Meuniers les plus habiles, ne retirera jamais d'un setier de blé, pesant deux cents quarante livres, plus de cent quatre-vingts livres de farine, a prétendu, d'après le rapport de Pline & de quelques Meuniers enthousiastes, qu'il étoit possible d'obtenir encore un plus grand produit; mais qu'il me permette de lui observer que le son est une écorce qui a de l'odeur, de la couleur & de la saveur, qu'en vain on le réduiroit en particules menues, en poudre impalpable, les organes tant soit peu exercés, l'apercevront toujours dans la farine & dans le pain; il y jouira continuellement de toutes ses propriétés; enfin, quelle que soit la nature du blé d'où il provienne, & la ténuité extrême que lui donne la méthode de moudre, il ne sera jamais au pouvoir de l'art d'assimiler le son à la farine.

Tout a ses bornes: la substance qui revêt le grain à l'extérieur, ne ressemble point à celle qu'il renferme intérieurement. L'écorce a un poids qu'on ne peut diminuer, jusqu'à un certain point, sans nuire à la farine; lorsqu'on vife à la quantité, & qu'on dépaffe le produit en queftion, la farine eft plus piquée, n'a pas autant de valeur dans le commerce, ainfi que le pain qu'on en prépare. Les blés d'Italie qui paffent pour avoir peu d'écorce; les blés blancs de Pologne qui femblent en être dépourvus, ayant été foumis aux mêmes effais de comparaifon que nos bons blés de France, ont donné un produit égal en fon, à quelque différence près.

M. Bertrand, fi avantageufement connu dans les Sciences & dans les Lettres, a avancé dans fes notes fur l'Art du Boulanger, édition de Neufchâtel, que la mouture économique en France ne méritoit pas ce nom, & que, comparée à la mouture pratiquée en Saxe, elle lui étoit bien inférieure; nous lui répondrons, que cela peut être vrai quant à la quantité, & que cette mouture Saxone, tant vantée, fera d'autant plus défectueufe, que les produits feront encore plus confidérables que ceux de la mouture à la Lyonnoife, dont nous avons apprécié le mérite & l'effet. Si donc on obtient plus de cent quatre-vingts livres de farine d'un fetier du meilleur blé, nous pouvons affurer avec certitude d'après des expériences variées, répétées, multipliées & comparées chez nos Meuniers les plus habiles, que les meules ayant été fort rapprochées & les bluteaux très-clairs, la totalité du fon s'eft trouvée être réduite en poudre fine, & a paffé dans les farines où il demeure confondu ; ainfi lorfque M. Bertrand conclud qu'un Meunier Saxon fait tellement tirer parti du froment, que fur deux cents quarante-fix livres de blé, il n'y a que vingt livres de fon, c'eft comme s'il difoit que de cinquante-deux livres environ de fon, que donne ordinairement le fetier de blé, il en convertit trente-cinq en poudre auffi fine que la farine; dans ce cas, il n'y a aucun de nos Meuniers qui ne puiffe égaler & même furpaffer le Meunier faxon; car, en tenant les meules encore plus baffes, & les bluteaux moins fins, il feroit poffible de faire tellement difparoître le fon, qu'il n'en refteroit plus que fix livres ; tel étoit vraifemblablement le réfultat de la méthode citée par Pline, & que l'on a tant préconifée en dernier lieu.

Tous ces grands produits que l'on dit avoir retirés du blé, par la mouture économique, n'en ont pas impofé à ceux qui ont coutume d'examiner avant de prononcer ; à ceux qui par état n'auroient pas manqué d'adopter avec tranfport cette méthode, fi elle eût été capable, en augmentant le poids de la farine, d'ajouter à leur bénéfice. Plusieurs Auteurs, persuadés que c'étoit-là le but de la mouture économique, se sont récriés hautement contre ses effets, en la définissant, l'art de faire manger le son avec la farine ; lorsque c'est au contraire un moyen de conserver à la farine ses qualités spécifiques, d'obtenir tout ce que le grain en renferme, d'écurer les sons sans les réduire en poudre, & de les séparer exactement. Les farines bises qui font le douzième du produit, ne contiennent pas même une parcelle de son, à plus forte raison les farines blanches. Un criblage dirigé comme il convient ; un excellent moulage répété plusieurs fois & une bonne bluterie ; voilà ce qui constitue la véritable mouture économique.

Ayant toujours en vue la perfection de la meunerie, & non une abondance nuisible, nous avons rejeté l'avantage que procure la mouture à la Lyonnoise, parce qu'il est tout-à-fait contraire au véritable but que doivent se proposer le Meunier adroit & le Boulanger instruit. Connoissant les limites où il faut s'arrêter dans la mouture, ils ne courent jamais les risques de sacrifier la perfection d'où dépend la valeur d'une matière, à une superfluité qui la déprise & la gâte.

Qu'on n'imagine point que je blâme les motifs de ces Auteurs estimables qui ont prodigué des éloges à la mouture à la Lyonnoise : il seroit ridicule en effet de ne songer qu'à la blancheur des farines, lorsque ne devant pas entrer dans le commerce, elles sont particulièrement destinées à la consommation de cette classe d'hommes, d'autant plus respectable, qu'elle est indigente & malheureuse. Nous pensons au contraire, que quand on retireroit d'un setier de blé cent quatre-vingt-dix à cent quatre-vingt-quinze livres de farine, le pain qu'on en prépareroit seroit bon & salubre ; mais c'est une erreur de présenter cette mouture comme un modèle de la perfection de l'art. Nous avons déjà dit qu'il étoit possible de produire par-tout & à volonté une semblable économie par une voie plus simple & moins dispendieuse.

Que de soins, que de bonne foi, que de lumières, que de prudence ne doivent pas réunir ceux à qui on confie les essais qui doivent servir ensuite de règle pour fixer les produits des grains en farine & en pain ! On ne sauroit trop examiner l'espèce de moulin dont on se sert, comment il est monté, quel est le talent de celui qui le dirige, les qualités du blé & des produits qu'on en obtient, avant de prononcer. Quand il s'agit d'établir une loi, l'homme impartial doit tout confidérer, tout calculer; le moulin, le Meunier, les lieux, l'atmofphère, occafionnent des différences notables; en veut-on la preuve, il fuffit de faire par-tout la même épreuve avec les mêmes précautions & fur la même efpèce de grain, pour être affuré qu'elle ne peut convenir qu'à un feul endroit, qu'à un feul temps. Ces différences n'arriveroient pas s'il n'y avoit qu'une mouture, & que ce fût la mouture économique.

Pour que les effais acquièrent la confiance publique, il faut toujours en rendre témoins ceux dont la fortune eft intéreffée à ce qu'on ne commette aucune erreur, foit par défaut de lumières ou par excès d'enthoufiafme. L'intention du Magiftrat qui confulte, eft toujours de chercher la vérité, de foulager le peuple dont il eft le protecteur, & de ne pas ruiner le fabricant : il feroit révoltant, lorfque la qualité & les produits feront le réfultat de l'attention & de la bonne foi, d'exiger que les Meuniers & les Boulangers rendent encore plus de farine & de pain qu'il eft poffible d'en retirer légitimement, en employant les précautions indiquées

indiquées & toutes les reſſources de l'art. Écrivains, qui que vous ſoyez, ne préſentez jamais des réſultats d'eſſais faits dans le particulier & arrangés dans le ſilence du cabinet, puiſqu'ils ſervent enſuite de loi écrite, qu'après cela ils ſont copiés & cités par d'autres, ſouvent moins clairvoyans, comme la preuve de ce qu'on a fait, & de ce qu'il eſt poſſible de faire encore.

Ce n'eſt pas aveuglement de patriotiſme de ma part, qui me porte à réfuter le ſentiment que M. Bertrand, trop prévenu en faveur des Meuniers de Saxe, a de nos Meuniers françois, mais quand il dit avec aſſurance qu'il y a des défauts conſidérables dans la mouture ſuivie en France, & que pour parvenir à faire auſſi bien que les Allemands en ce genre, il faut commencer par apprendre d'eux une foule de choſes qu'on ignore ; j'oſe lui proteſter qu'il n'a vu ſans doute que nos moulins défectueux, car il eſt trop bon Obſervateur pour ne pas s'être aperçu, s'il eût été inſtruit à fond de la théorie & de la pratique de la mouture économique uſitée dans les environs de la Capitale, qu'il eſt phyſiquement impoſſible d'aller au-delà du degré de perfection qu'ont atteint nos habiles Meuniers à cet égard, parce qu'en confidérant l'art de moudre fous fes différens points de vue les plus effentiels, ils les rempliffent tous complètement : le parfait nettoiement des grains, la blancheur & la quantité des farines qu'on en retire, la féchereffe & la légèreté des fons.

Nous avons déjà fait remarquer que la mouture économique n'étoit pas par-tout au degré de perfection où elle pouvoit être, que cela dépendoit non-feulement de l'efpèce & de la pofition du moulin, de la nature des meules, de la manière de les rhabiller & de la mouture des gruaux, mais encore du talent du Meunier dont les connoiffances avoient quelquefois la faculté de remédier à des vices locaux de mouture. Le meilleur moulin économique ne doit faire que vingt-quatre à trente fetiers du premier coup dans l'efpace de vingt-quatre heures, afin que la farine dite *de blé* qui en réfultera, forme, fi les bluteaux font proportionnés, environ la moitié du produit.

C'eft ordinairement d'après cette divifion exacte que le Meunier & le Boulanger inftruits jugent de la perfection du moulage : car fi le produit dont il vient d'être queftion eft très-inférieur, ils font affurés que la mouture étoit trop ronde, & qu'il eft refté par conféquent de la farine dans le son, ce qu'ils appellent *son dur*; si au contraire la farine dite de blé excède la moitié du produit, c'est que la mouture a été nécessairement trop basse, alors la farine est molle, échauffée, contient beaucoup de petit son, & les gruaux sont moins gros & plus remplis de *rougeur*. Voilà les inconvéniens de ces grands moulins pressés, forcés & où l'on convertit soixante setiers de blé par jour.

Après la première opération de la mouture du blé, ce qui reste à faire est le complément de la mouture économique : ce mélange grossier composé de gruaux & de son, dont on ne savoit retirer autrefois qu'un parti désavantageux se change, entre les mains du Meunier, presque tout en farine très-blanche ; il s'agit seulement d'employer la mouture ronde pour l'écraser, mais on ne peut se flatter d'y parvenir sans sasser préalablement les gruaux ; le produit est même plus beau si on se sert du *lanturlu*, instrument destiné, ainsi que le sas, à séparer les petits sons & les rougeurs confondus avec les gruaux ; c'est à ces deux opérations négligées dans le plus grand nombre des meilleurs moulins qu'il faut rapporter les défauts qu'on reproche même aux farines de gruaux de la Beauce, d'être quelquefois piquées & molles ; c'est ainsi que souvent la perfection d'une chose tient à des soins peu dispendieux dont on est bien dédommagé par la beauté & la valeur des marchandises qui en sont l'objet. Quelques Meuniers de cette Province, qui séparent exactement leurs gruaux & se servent du sas, trouvent la récompense de leurs peines dans la préférence qu'on donne à leurs farines & dans le prix qu'y mettent les Boulangers curieux de préparer ce pain agréable & savoureux qu'on sert sur nos meilleures tables.

Nous allons joindre ici un tableau abrégé des produits, tant en son qu'en farine, qu'on retire d'une quantité donnée de blé par le moyen de la mouture économique bien faite, soit afin de fixer les idées à ce sujet, soit dans la vue d'établir la base de toutes les espèces de produits qui en résultent, & d'ajouter une nouvelle preuve à celles que nous avons déjà apportées pour faire sentir la préférence que l'on doit accorder à cette mouture :

ÉTAT *des produits retirés par la mouture économique d'un setier de blé, mesure de Paris, du poids de 240 liv.*

Produits en farine.

livres.
1.ère farine dite de blé.........92	
2.e ———— dite 1.ère de gruau..46	
3.e ———— dite 2.e de gruau....23	} 180 liv.
4.e ———— dite 3.e de gruau....12	
5.e ———— dite 4.e de gruau.....7	

Produits en issue ou son.

livres.
Remoulage................13	
Recoupes.................15	} 54 liv.
Gros son.................26	

Déchet des moutures.............6

POIDS égal à celui du blé........... 240 liv.

Nous aurions bien desiré pouvoir offrir également ici le tableau des produits de toutes les moutures en particulier, afin de les comparer entre eux ; mais comment le faire sans donner lieu en même temps à des erreurs & à des inconvéniens préjudiciables, puisque les Meuniers & les Boulangers blutant chacun différemment, l'un tire trop d'un produit, & l'autre n'en tire pas suffisamment ? Une circonstance en outre à laquelle on ne fait peut-être pas assez d'attention, & qui mérite d'être obfervée ici, parce qu'elle feule feroit capable d'empêcher la précifion de ces tableaux de réfultats, c'eft que le Boulanger qui reçoit fa farine brute, c'eft-à-dire, mélangée avec le fon, n'a d'autre moyen, pour s'affurer de l'exactitude & de la fidélité de fon Meunier, que la balance : or, ce moyen fuffit-il pour prévenir toutes les prévarications ! n'eft-il donc pas poffible d'enlever la farine la plus pure & de la remplacer enfuite par du fon en proportion égale ! c'eft ce qui eft arrivé plus d'une fois, & ce qui pourra arriver fort fouvent dans les moutures où la farine, les gruaux & les fons font rendus pêle-mêle, fans aucune féparation.

La mouture économique eft, non-feulement l'unique moyen de parer aux inconvéniens en queftion ; mais il n'y a qu'elle qui puiffe donner la certitude conftante des produits qu'on peut obtenir du grain, puifqu'ils font mis à part & déterminés à un poids connu. Quant aux tableaux de réfultats des blés inférieurs à celui dont nous avons expofé les produits, on les trouvera dans le Manuel du Meunier, où l'on verra que, comme les grains font d'autant plus farineux qu'ils font plus pefans ; il réfulte que, dans la différence des qualités, l'Auteur fait tomber avec raifon celle des produits fur la farine ; mais non pas fur les fons qui augmentent toujours en quantité, à mefure que le blé eft fpécifiquement plus léger.

Si l'exactitude qu'on annonce par l'ordre des réfultats, n'eft nullement confirmée par l'expérience, & que ces tableaux de produits dans lefquels tout eft compaffé jufqu'à un grain, un gros ou une once (comme fi dans la meunerie on connoiffoit de pareils poids), fourmillent d'erreurs de calcul qui font tort à la précifion qu'on étale ; nous ne craignons pas de mériter jamais un pareil reproche ; le tableau de produit que nous venons de tracer, eft fondé fur nos effais & d'après le fuffrage des Meuniers & des Boulangers auxquels nous l'avons foumis. Comptant la blancheur & la qualité pour beaucoup, nous n'avons pas cherché à augmenter les produits en farine aux dépens du fon ; il nous fuffit de préfenter les réfultats d'une mouture parfaite, & elle ne fera parfaite qu'autant que chacun des produits, la totalité des farines & des fons, ne s'éloigneront pas trop de l'aperçu que nous avons donné.

On ne peut eftimer le déchet réel de la mouture qu'autant que le blé fera pur & parfaitement nettoyé, autrement il peut beaucoup varier en raifon de la féchereffe des grains, de leur netteté, de la perfection du criblage, du climat & des magafins dans lefquels ils font confervés. Il feroit donc injufte de ne paffer au Meunier que le déchet que le moulage feul occafionne, puifqu'indépendamment de l'humidité qui s'eft échappée du blé avant la mouture, ce déchet peut être porté, dans un blé extrêmement fale ou mêlé de femences étrangères, jufqu'à un douzième de la mefure & un dix-huitième du poids.

Sans doute il ne faudroit pas regarder comme mouture défectueufe celle dont les produits s'écarteroient de quelque chofe de ceux que nous avons expofés, puifque le même moulage, les mêmes bluteaux peuvent être fufceptibles de quelques variétés entre les mains des mêmes Meuniers; d'ailleurs combien d'efpèces de blé qui exigent de légers changemens dans les procédés? Un blé tendre, nouveau & humide fourniroit moins de farine dite de blé, fi l'on n'étoit pas attentif à rhabiller plus fouvent les meules & à tenir les bluteaux plus ronds; les blés glacés, les blés de mars donneroient davantage de cette farine, fi l'on n'évitoit précifément le contraire; les blés vieux & les blés étuvés font dans un cas femblable.

Ainfi concluons: la meilleure farine dans

quelque pays qu'elle se fasse, quel que soit le grain d'où elle provienne & l'espèce de moulin dont on se serve, sera toujours celle qui résultera d'un moulin économique bien monté & conduit avec soin, parce que non-seulement elle sera plus blanche & moins susceptible de s'altérer, mais encore à cause qu'elle absorbera davantage d'eau par rapport à son extrême division, ce qui permettra d'en fabriquer un pain plus abondant, plus léger & plus savoureux. Enfin, pour terminer, la bonne mouture à blanc dite économique, pratiquée suivant les principes que nous avons énoncés précédemment, sera seule capable de faire évanouir toutes les nuances légères qui distinguent les bons blés entr'eux, & de rapprocher les blés médiocres de ceux-ci, en retirant tout ce qu'ils renferment de farineux pour en préparer, sinon un pain extrêmement blanc & délicat, du moins un aliment salubre, agréable au goût & très-nourrissant.

Article IV.

Des moyens propres à faire connoître la qualité des farines.

LES farines sont toutes composées des mêmes principes que le grain d'où elles proviennent;

il s'y trouve feulement dans des proportions différentes, de-là cette variété de nuances qu'offre fi fouvent le pain qu'on en prépare ; ainfi la farine dite de blé qui eft la plus blanche, la farine dite quatrième de gruau qui eft la plus bife, contiennent l'une & l'autre les quatre parties que nous avons dit conftituer effentiellement le blé ; l'amidon & la matière glutineufe font feulement beaucoup plus abondans dans les premières farines blanches que dans les dernières qui pofsèdent une plus grande quantité de muqueux extractif & de cette membrane qui revêt intérieurement le fon.

Les farines diffèrent donc entr'elles, non-feulement par rapport au blé auquel elles appartenoient, mais encore relativement à la quantité de chacune des parties dont elles font formées ; il faut ajouter en outre que la farine d'un blé mal moulu reffemble, on ne peut pas mieux, à celle d'un blé de médiocre qualité ou humide : nous en avons détaillé les raifons dans les articles précédens, qui traitent de la mouture ; il s'agit maintenant des moyens de connoître la qualité des farines, confidérées indépendamment du grain qui les a produites.

Si la connoiffance des grains eft d'une utilité importante pour le Boulanger, celle des farines ne lui eft pas moins très-effentielle :

sans ce double avantage, jamais il ne saura l'espèce de farine qu'il doit traiter, & continuellement exposé à être trompé dans ses achats & au moulin, il ne pourra point se flatter d'obtenir constamment la qualité de pain qu'il a intention de fabriquer. Heureusement que les farines ont des caractères de bonté, de médiocrité & d'altération, comme le grain d'où elles résultent, qu'il est même impossible à l'œil, à l'odorat & à la main, un peu exercés, de ne pas saisir.

La meilleure farine est d'un blanc jaunâtre, douce, sèche & pesante; elle s'attache aux doigts, & pressée dans la main, elle reste en une espèce de pelote; elle n'a aucune odeur, mais la saveur qu'elle laisse dans la bouche peut être comparée à celle de la colle fraîche : la très-petite quantité de son que les meules détachent & réduisent en poudre fine, n'y est pas perceptible pour aucun de nos organes. La farine de moyenne qualité a un œil moins vif, & est d'un blanc plus mat, quand elle n'auroit pas davantage de son que la première, le pain n'en seroit pas moins un peu bis; mais si on la serre dans la main, elle échappe entièrement, à moins cependant qu'elle ne provienne de blé humide.

Les petits blés parmi lesquels se trouvent beaucoup de semences étrangères, fournissent une farine qui a différentes nuances de couleur, de faveur & d'odeur : le pois gras, par exemple, lui donne un gris blanc, d'où il résulte un pain lourd & massif; *la cloque* lui communique une odeur de graisse, la semence de nielle un goût amer; enfin, la rougeole rend la farine d'un jaune de rouille.

Quant aux farines altérées, elles s'annoncent suffisamment par leur odeur & leur aspect; elles sont quelquefois aigres ou infectes, d'un blanc terne ou rougeâtre, & dans la bouche elles laissent un goût âcre & piquant, qu'il faut bien distinguer de celui qu'elles doivent au terroir ou aux engrais fétides qui ont fumé le sol sur lequel ont crû les grains.

Mais les blés ne fournissent pas seulement de la farine blanche, l'art a su en retirer celle qui, étant la plus voisine de l'écorce, en conserve l'odeur & la couleur; on la caractérise ordinairement par le nom de *farine bise,* dont la bonne qualité est marquée par une couleur d'un jaune plus ou moins obscur & lorsqu'elle n'est pas piquée ou mêlée de petit son.

Les qualités inférieures des farines bises se connoissent par un toucher un peu rude, par une couleur rougeâtre, par du petit son qui s'y trouve mêlé en si grande abondance qu'elles se rapprochent de très-près du remoulage, c'est-à-dire de l'écorce qui revêt les gruaux.

Puisque l'état des farines peut être aperçu dans leur odeur, dans leur saveur, dans leur couleur & dans leur toucher, il convient toujours d'invoquer préalablement le témoignage des organes, avant d'employer d'autres moyens pour se décider sur leur qualité ; mais comme ces moyens se sont multipliés, & que la plupart ne peuvent rien apprendre de plus, je vais me contenter de rapporter seulement ceux dont les Boulangers se servent le plus communément, & qu'ils regardent avec quelque sorte de raison comme la véritable pierre de touche de la valeur d'une farine.

Pour juger de la blancheur, de la finesse & de la douceur d'une farine, le Boulanger commence d'abord par en prendre une poignée dans le sac qu'il roule entre les doigts, & après l'avoir comprimée dans la main, il traîne le pouce sur la masse afin de voir les points gris ou rouges qui se présentent à la superficie; il vaut mieux se servir pour cet effet d'une lame de couteau qui, rendant la surface de la farine plus lisse & plus unie, permet au rayon de lumière qui tombe dessus de réfléchir son éclat, sa blancheur, & de laisser voir distinctement le petit fon que la farine peut contenir; le lieu où fe fait cette épreuve doit entrer en confidération, il eſt bon de choifir celui dont le jour eſt fort clair & de changer de pofition. Paſſons au fecond des moyens pratiqués par le Boulanger pour s'aſſurer de la qualité des farines.

On prend la quantité de farine que le creux de la main peut renfermer, & avec de l'eau fraîche on en fait une boulette d'une confiſtance qui ne foit pas trop ferme : fi la farine a abforbé beaucoup d'eau, c'eſt-à-dire, environ le tiers de fon poids; fi la pâte qui en réfulte s'affermit promptement à l'air, qu'elle prenne du corps & s'alonge fans fe féparer, c'eſt alors un figne que la farine eſt bien faite, que le blé qui l'a fournie eſt de bonne qualité; fi au contraire la pâte mollit, s'attache aux doigts en la maniant, qu'elle foit courte & fe rompe volontiers, on en conclud que la farine eſt de moyenne qualité, & même qu'elle eſt altérée, fi à cette circonſtance elle ajoute celle d'avoir une odeur défagréable & un mauvais goût.

Néanmoins la boulette, quoique le moyen d'épreuve le moins équivoque pour déceler la bonté d'une farine, peut aifément induire en erreur par la manière dont elle eſt faite : & en effet, si l'on ne donne pas à l'eau le temps de se combiner avec la farine, si la masse qui en résulte est formée par des mains mal propres ou trop chaudes, si on ne la manie pas assez long-temps pour qu'elle devienne flexible & uniforme, la pâte, loin de s'alonger, se cassera & fera soupçonner que la farine manque des qualités requises, lorsque cette apparence défavorable aura pour cause un défaut d'observation de la saison & des moyens employés pour la bien juger, car il est constant que la boulette, préparée en été avec de l'eau chaude & en hiver avec de l'eau prête de se glacer, est courte, se rompt aisément & ne prend pas de corps. Ces moyens ne sont donc pas sans inconvénient pour acquérir dans tous les temps la certitude de la fidélité des marchandises qu'on achette. En voici un autre qui nous paroît moins équivoque.

Prenez une livre de farine dite de blé, formez-en une pâte avec suffisante quantité d'eau froide, maniez ensuite cette pâte pendant un demi-quart d'heure pour qu'elle soit sans aucuns grumeaux, puis tenez-la entre les mains sous le robinet d'une fontaine d'où sort un filet d'eau qui, en passant sur la pâte, doit traverser un tamis, afin que s'il se détachoit quelque chose de la pâte, on pût l'y incorporer : faites en sorte sur-tout de contenir toujours la pâte dans sa forme, de la retourner, de l'exprimer continuellement sans jamais la désunir : dès que l'eau aura entraîné toute la matière farineuse, & qu'elle cessera d'être blanche, il restera dans les mains une substance collante qui, en s'étendant, présente une membrane transparente, incapable de s'attacher aux doigts mouillés : on pèsera cette substance, & s'il s'en trouve entre quatre & cinq onces, on doit présumer que la farine est très-bonne.

Quand bien même le moyen que nous venons d'indiquer pour acquérir la connoissance de la nature & des qualités des farines, paroîtroit superflu à certains Boulangers qui s'en tiennent à la boulette, toute insuffisante qu'elle soit, nous ne saurions trop les engager à l'employer au moins une fois, ne fût-ce que pour voir le caractère singulier de cette matière glutineuse, entièrement séparée des différens principes avec lesquels elle se trouve associée dans la farine, & pour peu qu'ils aient la plus légère envie de s'instruire des fonctions qu'elle remplit dans leur travail, ils n'ont qu'à la soumettre à quelques expériences simples, comme de l'exposer à l'air chaud & humide, de la laisser tremper

tremper dans l'eau froide ou dans l'eau chaude, de la faire sécher fur le four, les effets qui s'enfuivront leur prouveront évidemment que la matière glutineufe joue le plus grand rôle dans la panification.

Quel eft le Boulanger un peu inftruit & curieux de fe rendre raifon des phénomènes dont il eft quelquefois témoin dans fa fabrique, qui n'a pas été intrigué lorfqu'il a fallu expliquer pourquoi des fournées entières ont été gâtées fur le champ, par des circonftances particulières de l'atmofphère ou l'influence des exhalaifons fétides? pourquoi par accident ou par inattention, les garçons ayant employé de l'eau extrêmement chaude ou des levains trop prêts, ils n'ont pu, malgré leurs efforts & leurs lumières, reftituer à la pâte fa confiftance & fa ténacité pour en obtenir un bon pain? M. Brocq qui foupçonnoit, non fans fondement, qu'il y avoit dans la farine de froment un agent autre que celui de la fermentation & de la nutrition, fut fingulièrement étonné lorfque je retirai devant lui la matière collante ou glutineufe, il détermina même, à ma follicitation, plufieurs Boulangers, tels que M. le Roux, M. Deftor, à répéter l'expérience en préfence de leurs garçons, & depuis ils ont grand soin de la faire servir dans leurs achats, de moyen d'épreuve, concurremment avec ceux que nous avons rapportés & discutés, parce qu'on ne doit pas négliger d'employer plusieurs moyens à la fois, sur-tout lorsque l'un peut aider & servir de preuve à l'autre.

Combien ne se tromperoit-on point, si dans la préoccupation où l'on est toujours, que la connoissance physique des farines est inutile aux Boulangers, on prétendoit encore que celle de la matière glutineuse doit leur être également étrangère ! j'assure ici que rien ne leur est plus essentiel & plus utile, & que leurs garçons, dont il faut subjuguer la routine & les préjugés par des démonstrations, plus puissantes ordinairement que tous les raisonnemens, renonceroient sans doute à cette fureur qu'ils ont toujours d'employer de l'eau chaude, s'ils voyoient que la matière glutineuse extraite & séparée de la farine, acquiert encore plus de fermeté dans l'eau froide, qu'elle diminue par la chaleur des mains, qu'elle se relâche dans l'eau tiède, s'amollit dans l'eau chaude, & cesse d'avoir de la consistance dans l'eau prête à bouillir : n'est-ce pas-là positivement ce qui se passe dans la fabrication du pain, selon la température de l'eau où elle est prise !

Nous osons le dire, le Boulanger qui dédaigneroit d'acquérir la connoissance du moyen simple que nous proposons, seroit exposé à être puni de sa froide indifférence ; car, sans beaucoup d'intelligence & une habitude raisonnée qui suppléent souvent aux lumières physiques, il ne retirera même de la plus belle farine qu'un pain mal fabriqué, qui, en le mettant continuellement en butte aux reproches des Magistrats & aux plaintes du Public, circonscrira son commerce au point de gagner à peine de quoi subsister ; tel est assez ordinairement & sera toujours le sort de ces hommes stupides, qui, pour l'avantage de la société, devroient être déclarés incapables d'exercer un état, dont l'objet principal intéresse si directement la santé, & où la main-d'œuvre éclairée fait infiniment plus que la qualité des matières premières qu'on y emploie.

Plus la farine fournira de cette matière collante ou glutineuse, plus aussi elle aura de qualité, sera d'un bon travail, rendra de pain savoureux, léger, agréable, *& vice versâ*. Je dis toujours la farine, parce que le blé pourroit en contenir beaucoup, & la farine très-peu. Le Meunier en moulant mal, laisse beaucoup de gruaux dans les sons, diminue d'autant la valeur & la bonté de la farine, ainſi que la proportion de cette matière collante qui n'eſt jamais auſſi ténace, auſſi élaſtique, auſſi abondante dans les blés auxquels il eſt arrivé quelques accidens pendant leur végétation, ou qui ont été nourris d'eau à l'approche de la moiſſon; car, c'eſt une vérité que je crois avoir mis dans le plus grand degré d'évidence, que la ſubſtance glutineuſe varie en proportion & en qualité, à raiſon du ſol, de la culture, des ſaiſons, de l'eſpèce & de l'état des blés où elle ſe trouve contenue. *Voyez mon Ouvrage économique des pommes de terre.*

Outre que l'abondance de la matière glutineuſe eſt un caractère de la bonne qualité des farines, elle peut ſervir encore à faire reconnoître leur mélange & leur détérioration. Ceux qui ne font le commerce que pour un moment ont quelquefois trompé la bonne foi confiante en introduiſant dans les farines celles du ſeigle, de l'orge, de fèves, &c. Or, la matière collante ne ſe rencontrant que dans la farine qu'on retire du blé, tous les ingrédiens qu'on y ajouteroit enſuite pour l'augmenter & la falſifier ne ſerviroient qu'à diminuer la proportion de cette matière glutineuſe.

Mais ſi jamais on pouvoit ſe permettre,

ainsi qu'on l'a avancé souvent sans preuve, de mélanger la farine avec des matières qui n'ont aucune analogie avec elle ni même avec l'effet nutritif, comme le plâtre, la craie, la chaux, il suffiroit de la délayer à grande eau, ces matières terreuses se précipiteroient bientôt par leur propre poids au fond des vaisseaux & se présenteroient sous la forme qui leur appartient; rien d'ailleurs ne décèleroit mieux une fraude aussi punissable qu'un essai en pain qui seroit lourd, massif & craqueroit sous les dents. Et comme je crois avoir démontré que les diverses altérations éprouvées se portent en général sur la matière glutineuse, que dans cet état elle manque ordinairement d'un peu d'élasticité, il seroit possible que la matière glutineuse devînt encore un moyen d'épreuve pour reconnoître les farines gâtées, mais je prie qu'on ne prenne aucun parti à ce sujet, qu'on n'ait pesé les faits que je rapporterai dans mon Mémoire sur les farines altérées.

L'épreuve de la matière glutineuse peut donc répandre un très-grand jour sur la nature & les qualités des farines, indépendamment qu'elle servira à rendre les différentes opérations de la boulangerie plus sûres & plus parfaites : nous avons dit qu'on retiroit ordinairement du blé, par le moyen de la mouture économique, cinq fortes de farines qui ont chacune des propriétés générales & particulières ; c'eft fpécialement la matière glutineufe qui les diftingue par rapport aux effets du pétriffage, de l'apprêt de la pâte & de la cuiffon du pain. La farine blanche de gruau en contient environ cinq onces par livre ; la farine dite de blé quatre onces & demie dans un état moins blanc & moins clair ; la troifième farine de gruau trois onces ; enfin la dernière, dite quatrième de gruau, à-peu-près une once & demie d'un gris fale.

On fent bien, puifqu'il eft prouvé que les viciffitudes des faifons & les différences du fol peuvent influer d'une manière très-fenfible fur la quantité & la qualité de cette matière glutineufe, que les proportions qui fe trouvent dans les farines, doivent varier, non-feulement en raifon des circonftances que nous avons rapportées, mais encore relativement à la mouture, les meules trop rapprochées, par exemple, produifant une action trop vive fur la matière glutineufe. Cette dernière éprouve une telle chaleur, qu'elle acquiert une odeur d'échauffé qui fe communique à toute la farine, & perd un peu de fa ténacité & de fon élafticité.

Comme les farines bifes pofsèdent davantage

de matière extractive que les farines blanches qui font plus riches en glutineux, elles abforbent auffi moins d'eau, & ne fourniffent pas autant de pain. Les Auteurs modernes qui avancent le contraire, n'ont fait fans doute que rapporter les anciennes épreuves faites d'après les produits des moutures vicieufes qui laiffoient les gruaux bruts confondus dans les farines bifes, lefquels gruaux font, comme nous l'avons démontré, la partie du grain la plus abondante en matière glutineufe. Ce n'eft qu'en diftribuant cette matière glutineufe uniformément, & en dofe fuffifante dans les farines qui n'en font pas affez pourvues, que nous pourrons nous flatter de retirer un parti avantageux des mélanges fur lefquels il eft temps de nous entretenir.

ARTICLE V.

Du mélange des farines.

SI la connoiffance des parties conftituantes du blé, peut fouvent guider & éclairer le Boulanger fur le choix des différentes farines, ainfi que fur les procédés à employer pour les conferver & les changer en aliment digeftible; c'eft particulièrement dans la circonftance où il s'agit de les mêler suivant leur nature, & en proportion convenable, afin d'obtenir un réfultat meilleur & plus avantageux. Il y a des blés qui réuniffent toutes les qualités néceffaires à la bonne fabrication du pain. Il y en a au contraire qu'on eft obligé quelquefois de mélanger, parce que le temps, la faifon, le terrein, l'expofition leur ont refufé cette efpèce de perfection qu'ils acquèrent enfuite, en fe prêtant mutuellement leurs propriétés fpécifiques.

Mais le mélange des blés étant fujet à inconvénient, il vaut infiniment mieux combiner leurs farines déjà faites, parce que la diverfité des formes & le degré de féchereffe du blé empêchant l'action égale des meules, il en réfulte une farine qui n'eft jamais auffi belle, ni auffi abondante, que fi les grains avoient été écrafés féparément. Nous allons d'abord dire deux mots du mélange des différentes farines provenant d'un même blé; nous parlerons enfuite de l'affociation de celle qu'on retire de plufieurs efpèces de blé.

Quand on ne doit employer que la farine d'une feule efpèce de blé, comme la mouture économique en produit de cinq fortes, que le Boulanger ne confomme nulle part féparément, il faut déjà qu'il en faffe différens mélanges, relativement à la qualité du pain qu'il a coutume de fabriquer : la plupart n'en font que deux fortes, l'un est le résultat des trois premières farines blanches, l'autre des deux dernières qui font bises; mais ceux d'entre eux qui vendent tous ces pains de fantaisie, que le luxe, le caprice & la délicatesse ont imaginés, y font servir communément la farine de gruau, de manière, que c'est avec la farine dite *de blé,* & la deuxième de gruaux, qu'ils font ce qu'ils appellent *pain demi-mollet* ou *de pâte ferme,* suivant le degré de consistance que l'on donne à la pâte : les deux dernières farines bises mêlées avec un tiers de farine blanche, forment le pain bis-blanc, qui approche beaucoup de celui résultant du mélange de toutes les farines, qu'on nomme à cause de cela *pain de toutes farines* ou *de ménage*.

Les Boulangers qui ne donnent pas de blé à moudre, n'achettent pour l'ordinaire que de deux ou de trois espèces de farine au plus : les marchands qui les leur vendent font eux-mêmes différens mélanges; les uns, par exemple, réunissent toujours la seconde farine de gruau quand elle est belle, avec la première; les autres y ajoutent encore la farine dite *de blé,* pour des trois n'en former qu'une seule, parce que les blés qui les produisent sont tendres; ils mêlent ensuite les troisième, quatrième & cinquième farines ensemble, en sorte que des cinq produits farineux qu'ils obtiennent par la mouture économique, ils ne les débitent que sous deux espèces, tandis que les Meuniers de la Beauce les vendent séparément ; voilà à peu-près ce qui se pratique à l'égard des blés qui n'ont pas besoin d'être associés à une autre espèce qui les bonifie & les améliore.

Nous avons déjà dit qu'il ne falloit mélanger les blés qu'autant qu'ils avoient quelque défaut particulier, & que pour les moudre avec avantage, il étoit nécessaire de leur faire subir une préparation : tels sont les blés très-humides qui engrapperoient les meules & engraisseroient les bluteaux, si on ne les faisoit sécher avant de les envoyer au moulin : tels sont les blés excessivement secs, qui éprouveroient des déchets considérables, & laisseroient passer beaucoup de son dans la farine, si on ne les humectoit ; alors il est bon de mêler les blés deux fois vingt-quatre heures auparavant la mouture ; mais sans cette circonstance, il convient de moudre les blés à part, & de ne les mêler qu'après leur conversion en farine.

Tout en faisant valoir les avantages du mélange des farines, qu'on n'imagine pas que les bons blés mêlés avec d'autres plus médiocres, deviendront encore meilleurs qu'ils n'étoient : Pline, il est vrai, fait mention de grains qui, employés féparément, donnoient moins de pain & plus bis, qu'ils ne fourniroient, étant mêlés & moulus enfemble. L'autorité de ce célèbre Naturalifte que je refpecte dans tant de circonftances, ne m'en impofe point ici ; un blé inférieur n'égalera jamais en qualité celui auquel on l'affociera, dans la vue de le bonifier ; s'il devient plus facile au travail, & qu'il donne un meilleur pain, c'eft toujours aux dépens de celui-ci, qui perd d'autant de fes propriétés.

Il ne faut pas s'abufer, les mélanges n'auront de réuflite conftante & affurée, que quand ils feront affortis, proportionnés & fondés fur la nature des fubftances qui en font l'objet. Plufieurs circonftances peuvent les déterminer, les rendre même indifpenfables : tantôt les farines font *revêches*, c'eft-à-dire, très-abondantes en matière glutineufe, comme celles de la Beauce & de la Brie ; alors il convient de leur affocier une farine qui ait moins de corps, telle que celle de la Picardie : d'autres fois les récoltes n'étant pas toujours égales, & l'inftant de les faire fixé aux mêmes époques dans tous les cantons, fi les blés de l'année ont été fort humides, & ceux de la moisson précédente extrêmement secs, il convient de mêler leurs farines, quel que soit le pays d'où elles proviennent, afin de les mieux conserver, & de faciliter leur travail au pétrin : souvent enfin une farine, sans être altérée, peut néanmoins avoir perdu, par la vétusté, ses parties savoureuses. Le moyen de les lui restituer consiste à mêler avec elle la farine d'un blé nouveau qui partage le goût de fruit, dans lequel réside l'agrément du pain. Ainsi le mélange des farines est indiqué par la nécessité de donner à quelques-unes ce qu'elles n'ont pas en proportion suffisante, & de former par-là un tout approchant de la meilleure farine. Le Boulanger ne sauroit donc être trop attentif à la qualité des blés qu'il achette & qu'il emploie, à la nature de leurs farines & au bon choix qu'il doit en faire.

Il est bien essentiel sur-tout de ne pas attendre, pour mélanger les farines, l'instant où l'on va les soumettre à la fermentation panaire ; les corps solides, quand ils se trouvent aussi atténués, aussi divisés qu'est la farine, peuvent être comparés en quelque sorte aux fluides, dont les molécules se pénètrent, se combinent & s'identifient au point de ne plus former insensiblement qu'une substance tout-à-fait homogène ; c'est ainsi que le vin bu à l'instant de son mélange avec un autre vin, quoique composé tous des mêmes parties, n'est absolument pas potable, tandis qu'il le devient au bout d'un certain temps.

En mélangeant les farines peu de temps après la mouture, elles n'ont pas encore laissé échapper cette vapeur huileuse, cet esprit recteur qui se dissipe en les gardant ; ce qui, à ce que je crois, concourt pour beaucoup à leur combinaison ; d'ailleurs, l'odeur que les meules développent souvent dans la farine, & que celle-ci ne perd qu'à la longue, s'exhale & disparoît pendant l'opération du mélange, en sorte qu'il est toujours avantageux de le faire dès que la farine est refroidie.

Ainsi, soit que le Boulanger fasse moudre son blé dans le pays d'où il le tire, ou que cette opération s'exécute sous ses yeux, soit qu'il achette ses farines toutes moulues, la première attention qu'il doit avoir, c'est de faire les mélanges nécessaires pour l'espèce de pain qu'il cuit ; car, outre que la durée du séjour des farines entre elles, les assimile & les perfectionne, les garçons qui seroient chargés de faire ces mélanges dans le pétrin, n'obferveroient point les justes proportions, occasionneroient beaucoup de déchet en remuant, & pourroient se tromper en prenant une farine pour l'autre : toutes ces raifons doivent engager les Boulangers à faire eux-mêmes les mélanges, & fur-tout à prendre leur précaution d'avance pour remplir plus complètement leurs vues.

Le Boulanger, pour s'affurer de plus en plus de la qualité de fes farines & des différentes proportions qu'exige leur mélange, doit toujours avoir en réferve une certaine quantité de chaque efpèce de farine, dont il a coutume de fe fervir, qu'il tiendra renfermée dans des vafes de verre numérotés, & fur lefquels feroient infcrits la qualité, la patrie & le prix du blé, l'efpèce de farine & la quantité qu'il en a obtenue s'il l'a fait moudre, combien cette farine abforbe d'eau, contient de matière glutineufe, & fournit de pain. Cet objet de comparaifon qui pourroit être renouvelé chaque année, lui ferviroit continuellement de bouffole dans fes moutures, dans fes mélanges, dans fon travail, en même temps qu'il deviendroit contre le Meunier une preuve qu'il auroit mal moulu ou retenu quelque chofe fur les produits.

Avant de quitter l'article des mélanges, je crois qu'il eft néceffaire d'obferver que les dernières farines bifes qu'on obtient d'un blé quelconque par la mouture économique, ne devroient jamais être employées seules à la fabrication du pain, qu'il faudroit toujours leur associer partie égale de farine de seigle, ou un tiers de farine blanche, par la raison que sous un même poids, il se trouve fort peu d'amidon ou de matière alimentaire : l'homme du peuple est ordinairement celui qui a le plus besoin de trouver dans son pain beaucoup de nourriture.

Cette observation intéresse particulièrement les personnes chargées de grande administration, qui ne sauroient trop surveiller les manœuvres de ceux auxquels elles confient la fourniture du pain sous quelque forme que ce puisse être. Nous les avertissons sur-tout de ne jamais accorder cette fourniture que d'après un modèle en blé ou en farine, mais non en pain, parce que ce dernier ne peut servir long-temps de pièce de comparaison, & qu'on a bientôt oublié son apparence & ses qualités ; avec la farine, au contraire, on peut répéter à volonté des essais en petit, pour vérifier si la fourniture est conforme aux engagemens qu'on a contractés.

Article VI.
De la conservation des Farines.

DANS le nombre des grains destinés à la nourriture fondamentale de l'homme, sous la forme de *pain* ; il n'en est point de comparable au blé, soit qu'on le considère du côté de son produit en farine, ou bien qu'on l'examine dans la quantité & l'excellence de l'aliment qu'on en prépare ; mais la Providence en nous accordant un pareil bienfait, semble y avoir mis un prix, en multipliant les obstacles qui rendent sa conservation difficile.

En voyant tout ce qui a été fait & écrit sur la conservation des blés, on a droit d'être surpris que celle des farines n'ait pas également fixé l'attention des Savans estimables, qui ont consacré leurs veilles à l'étude de cet objet important, avec d'autant plus de raison, que les farines s'altèrent plus aisément & plus promptement que le blé. Comme lui, elles sont sujettes aux influences de la chaleur humide, des mauvaises exhalaisons, & à la voracité des insectes ; mais elles en diffèrent en ce qu'elles ne peuvent être remuées, tamisées, transportées & vidées, sans souffrir des déchets considérables, & qu'il n'y a plus ensuite de moyens de les dépouiller, comme le blé, des matières étrangères qui y ont été apportées, avant de les convertir en pain. Quelles sont les ressources qu'on employoit autrefois, & qu'on emploie encore

encore aujourd'hui pour tâcher de garder les farines en bon état.

L'humidité ayant été regardée de tous les temps comme l'inftrument de l'altération des farines, & cette marchandife ne pouvant être tranfportée au loin fans fe détériorer, on a cherché à la deffécher par le feu, en lui appliquant comme au blé, la chaleur du four; par ce moyen, les farines acquièrent bien la faculté de pouvoir être gardées dans des barils bien fecs, plufieurs années de fuite en bon état; mais après cela, quelque foin qu'on fe donne, il eft impoffible d'en faire un pain léger & bien favoureux; c'eft ce qu'a très-bien remarqué M. Deflandes, dans fes Obfervations phyfiques fur la manière de conferver les grains. Le feu agiffant fur la farine plus immédiatement que fur le blé, défendu par l'écorce qui lui fert d'enveloppe, elle perd un principe volatil; d'ailleurs, la fubftance glutineufe qui eft, des parties conftituantes du blé, celle qui abforbe le plus d'eau, ne fauroit éprouver le degré de chaleur le moins confidérable, fans perdre un peu de cette propriété, d'où réfultent l'infipidité & l'état maffif du pain préparé avec un blé ou une farine que le feu a trop defféché. Les farines qui paffent les mers connues fous le nom de *minot*, & deftinées à la

P

subsistance de nos Colonies, s'altèrent souvent en route au point d'être entièrement gâtées avant d'arriver à leur destination, sur-tout lorsque les blés qu'on y emploie proviennent d'années froides & humides, quoique récoltés dans les provinces méridionales : M. du Hamel forma, en 1760, le dessein de faire des recherches précises sur ce point intéressant. Persuadé d'abord qu'on pouvoit faire des farines de minot avec tous les blés de l'intérieur du Royaume, même des pays septentrionaux, pourvu qu'ils fussent fort secs; il entreprit des expériences sur des blés extrêmement humides, qu'il étuva & qu'il fit encore étuver étant convertis en farines, afin de donner à ces dernières le plus grand degré de sécheresse possible : ces farines sont arrivées bien conditionnées à l'Amérique. On peut voir à ce sujet le *Supplément au Traité de la conservation des grains*; mais l'étuve très-bonne en pareil cas, n'est jamais employée par les Marchands qui font le commerce des farines dans l'intérieur du Royaume. Passons aux différentes méthodes qu'ils suivent pour les conserver.

On met la farine en garène, en couches ou en tas dans les angles, sur le plancher ou le carreau du magasin; mais abandonnée ainsi aux injures de l'air qui pénètre par les différentes ouvertures, à la poussière qui tombe du plancher & ternit la superficie, aux dégâts qu'y occasionnent les chats, les rats, &c. à la voracité des insectes; cette farine qui est sale, qui contient des animaux, qui a contracté de l'odeur, sert cependant à la fabrication du pain dans les grandes maisons & chez la plupart des Boulangers qui suivent cette méthode de conserver les farines, parce qu'ils la trouvent la plus commode.

Ceux qui gardent les farines en sacs pour éviter les inconvéniens dont nous parlons, commettent d'autres erreurs pour le moins aussi préjudiciables : ils rangent les sacs près les uns des autres ou en pile ; en sorte qu'ils se touchent par tous les points de leur surface. L'air ne pouvant circuler tout autour du sac, l'humidité qui s'en exhale, n'est pas dissoute ni entraînée, & comme elle ne fait plus partie du corps d'où elle émane, elle réagit sur lui, y dispose & établit la fermentation : la farine alors commence par se pelotonner à la surface interne du sac, bientôt l'altération arrive au centre, & ne présente plus qu'une masse qui prend la forme du sac qui la contient ; dans cet état, le principe fermentescible commence à se développer avec d'autant plus d'activité, qu'il se trouve comme gêné & renfermé dans un corps devenu presque solide, qui passe bientôt à la corruption, si le lieu où elle est exposée se trouve plus humide.

Mais cette méthode, quelques précautions que l'on mette en usage pour empêcher qu'elle ne soit aussi défectueuse, peut devenir perfide : souvent on est dans la plus parfaite sécurité sur le compte de ses farines, parce qu'on a eu soin de visiter de temps en temps les sacs qui sont les plus extérieurs des piles, & par conséquent rafraîchis par le contact de l'air ; ce qui fait qu'ils n'ont éprouvé aucune altération, tandis que les autres sacs placés au centre, sont déjà échauffés & détériorés.

M. Brocq, plus exposé qu'aucun autre aux mauvais effets des méthodes suivies pour la conservation des farines, à cause du peu d'étendue & d'élévation qu'avoit son magasin de l'École militaire, voyant que nonobstant la vigilance & les soins, sa farine s'échauffoit & s'altéroit même : persuadé d'un autre côté qu'il étoit très-important de tenir la farine renfermée en sac, telle qu'on la reçoit du Meunier & du Commerçant, afin d'empêcher l'accès des insectes qui lui sont particuliers, & éviter les pertes qu'elle éprouve nécessairement en la travaillant

& la vidant ; il imagina un moyen pour parer à ces inconvéniens.

Ce moyen consiste à poser les sacs de farine dans des cases en bois, dont la largeur suffit pour permettre quatre sacs de front sur une étendue déterminée par la grandeur de l'emplacement du magasin : la première rangée se trouve isolée par deux traverses qui sont à la hauteur du tiers des sacs, & ainsi de suite dans chaque case : ces sacs qui se placent d'eux-mêmes, permettent à l'air de circuler tout autour, & d'entraîner avec lui l'humidité qui s'échappe continuellement de leur intérieur : dans le cas où la farine est fort humide, on peut y pratiquer des cheminées, c'est-à-dire, des trous perpendiculaires, depuis l'orifice jusqu'au fond du sac, ainsi que cela se pratique ordinairement ; mais il faudroit avoir l'attention de couvrir le dessus de ces sacs avec une toile fort claire, pour éviter toujours l'introduction des mites & autres insectes.

Pour s'assurer de plus en plus des bons effets de sa méthode, M. Brocq divisa deux parties égales de la farine qui n'étoit pas parfaitement sèche ; la première qu'il avoit isolée suivant le moyen indiqué, a bravé toutes les chaleurs de l'été, l'autre au contraire, conservée à l'ancienne manière, c'est-à-dire, les sacs en pile les uns à côté des autres, s'est échauffée au centre : cette expérience a justifié son opinion, & depuis douze ans, il éprouve de cette méthode tout le succès qu'on en peut attendre.

Si l'on construisoit exprès un magasin pour conserver les farines, il seroit utile d'y pratiquer des ventouses, qui, pendant les chaleurs de l'été, porteroient un courant d'air frais, & empêcheroient qu'on n'ouvrît les sacs ; il faudroit encore que le plancher fût en bois parce que la fraîcheur & l'humidité du carreau durcit à la longue la farine, qu'entre ce plancher & le sol, il y eût de l'intervalle pour établir sous les sacs des petites trapes qu'on ouvriroit d'espace en espace, ce qui isoleroit de toutes parts les sacs : c'étoit d'après un pareil plan que M. Brocq avoit proposé de construire au Collège de la Flèche un magasin à blé & à farine, & de réunir dans le même lieu la meunerie & la boulangerie. Le Ministre en ordonnant l'exécution de ce projet, avoit encore en vue de fournir un grand exemple à toute la province d'Anjou, où comme ailleurs le pain est mauvais & revient fort cher.

D'après les avantages réels que procure la méthode de M. Brocq, & dont nous avons été témoins, pourrions-nous nous difpenfer de terminer l'expofé que nous en avons fait, fans engager les Boulangers à l'adopter, d'autant plus qu'elle eft fimple & nullement difpendieufe ? Les farines qu'on reçoit de différens blés, de différentes moutures, provenant de différens marchands, ne feront plus expofées à être confondues, en cas d'abfence, par leurs garçons, dont les méprifes font fréquentes : chaque envoi placé dans des cafes, étant numéroté, ils auroient la facilité de l'employer par conféquent fuivant fa date.

Article VII.

Du commerce des Farines.

L'OBJET qui concerne le commerce des blés ayant été confidéré fous tous les points de vue poffibles, & développé dans une multitude d'Écrits dictés par l'intérêt ou l'amour du bien public ; nous nous fommes reftreints dans celui-ci à ne parler que du choix, des tranfports & des achats de ce grain : mais comme le commerce des farines ne paroît pas avoir été traité d'une manière auffi détaillée, nous avons cru qu'il méritoit ici un article particulier, fans prétendre néanmoins y renfermer tout ce qu'on pourroit dire à ce fujet.

Autrefois le commerce des farines étoit abfolument ignoré : on achetoit le blé, on le faifoit moudre fur les lieux, & on le blutoit long-temps après chez foi, en forte que le grain écrafé fimplement fous les meules, fortant brut du moulin, c'eft-à-dire, le fon, les gruaux, la farine, confondus enfemble, demeuroit en cet état un certain temps dans les magafins comme approvifionnement; le particulier ou les Boulangers, à l'aide de tamis ou bluteaux plus ou moins groffiers, féparoient ces différens produits à mefure qu'ils en avoient befoin; c'eft ainfi que dans quelques cantons on en agit encore, foit par ignorance ou par habitude, foit encore dans l'efpérance d'être moins trompé : nous nous fommes déjà fuffifamment étendus fur l'abus d'une femblable méthode.

A peine la mouture commença-t-elle à fe perfectionner, que le nombre des moulins devint plus confidérable ; alors le commerce des farines parut plus commode & plus économique, aux Boulangers fur-tout, qui n'ayant pas une connoiffance parfaite des blés & des moutures, étoient continuellement volés dans les achats & dans les produits : pour faire ce commerce on se servit d'abord de la mesure, qu'on abandonna dès qu'on en eut aperçu les inconvéniens, & l'on ne vendit plus la farine qu'au poids, en fixant les sacs de vingt-quatre boisseaux à trois cents vingt-cinq livres, la tarre comprise; il faut bien que ce commerce ait présenté réellement dans la spéculation & dans la pratique, des avantages infinis, puisque maintenant on ne voit plus à la halle de Paris que de la farine, & fort peu de blé.

Si une pareille révolution a pu s'opérer dans la capitale, quoiqu'environnée de bons moulins bien conduits, combien ne seroit-il pas à desirer qu'elle eût lieu dans nos provinces où l'on ne sait pas bien moudre, & qu'on y transportât des farines, jusqu'à ce que la mouture économique fût établie! car enfin, c'est toujours de la farine qu'on se propose de faire avec le blé, & l'abondance des grains ne suffit pas pour tranquilliser sur les besoins de la consommation. L'éloignement où l'on se trouve quelquefois du moulin, les mauvais chemins pour y arriver, le temps calme, la sécheresse, les inondations, les gelées, sont autant d'obstacles qui peuvent retarder & même suspendre pendant long-temps les moutures, renchérir la farine au point qu'elle n'est plus en proportion avec le prix du blé.

Que l'on ajoute encore à ces inconvéniens celui des moulins mal conftruits, mal entretenus, dirigés fans intelligence, l'on ne pourra point fe difpenfer de convenir de la néceffité qu'il y auroit d'établir le commerce des farines dans tout le Royaume, & d'en garnir nos marchés autant que de blé; puifqu'on ne feroit plus expofé à être trompé par la cupidité, la maladreffe & la négligence du Meunier. Les pertes, les mauvaifes façons feroient toujours à la charge du marchand, qui, par cette raifon-là même auroit le plus grand intérêt à veiller de près les farines, dont la bonté & la blancheur ne répondent pas fouvent à la qualité du blé qui les a produites.

Les particuliers, de leur côté, ne pourroient que trouver du bénéfice en vendant leurs blés pour acheter de la farine à la place, parce que quand ils font moudre ils ne s'attachent point à connoître d'une manière pofitive le produit en farine & en fon qu'on leur rend des grains qu'ils ont confiés à la mouture; ils n'en ont pas même les moyens, puifque la plupart du temps ils font livrés à l'ignorance & à la difcrétion du Meunier qui exige & rend ce qu'il veut, tandis que la farine qu'ils auroient payée au poids leur donneroit bientôt la facilité d'établir, d'après un calcul exact, le prix auquel reviendroit leur pain qu'ils fabriqueroient à la maison, sans compter qu'ils n'auroient plus d'inquiétude ni de soupçon, la peine de soigner la mouture, l'attirail des bluteaux, les gênes continuelles de vider & de remplir les sacs, tous embarras qui occupent & partagent en pure perte le temps en occasionnant des déchets.

Une observation qui nous paroît très-importante, c'est que si la mouture parfaitement exécutée, augmente encore en qualité & en valeur les produits, cette considération mérite d'autant plus de nous intéresser, que les blés de médiocre qualité qui, excepté les temps de disette, n'ont de débit qu'à la faveur du très-bon marché, peuvent donner, étant moulus comme il convient, une farine plus abondante & plus belle que celle des meilleurs grains écrasés dans nos moulins défectueux. Les blés qui servent à la consommation de Paris, fournissent, comme l'on sait, les meilleures farines & les plus grands produits : ces mêmes blés transportés dans plusieurs de nos Provinces, telles que l'Anjou, en supposant qu'ils y arrivent en bon état, donnent une farine semblable à peine à celle que nous retirons dans nos moulins économiques, des blés très-inférieurs;

quelle différence ne résulteroit-il pas, si au lieu de transporter ces blés de si bonne qualité, on y substituoit leur farine toute préparée ! c'est ce qu'on a déjà éprouvé toutes les fois qu'on a transporté nos farines de la Beauce, de la Brie & de la Picardie dans l'Orléanois, la Bretagne, &c.

Comme les choses les plus utiles sont ordinairement celles qui trouvent le plus d'opposition lorsqu'on cherche à les rendre générales, je ne doute pas qu'on ne multiplie ici les objections, & qu'on ne dise d'abord, que la forme des corps étant un moyen de plus pour reconnoître leur nature & leurs propriétés, le grain converti en farine n'auroit pas cet avantage ; que le commerce de farine remplaçant celui du blé, donneroit lieu à de nouveaux abus d'autant plus dangereux, qu'il seroit difficile, & peut-être même impossible de s'assurer des mélanges de toutes sortes d'ingrédiens qu'on auroit pu mettre en usage pour la falsifier & l'alonger ; & qu'enfin, le blé déjà difficile à se conserver, quoique revêtu d'une enveloppe qui le dérobe aux influences de l'atmosphère, en deviendroit bien plus susceptible dès qu'il en seroit dépourvu. Toutes ces objections spécieuses en apparence ne manqueroient pas d'en impofer, fi nous ne les prévenions.

Rien d'abord n'eſt plus aiſé de répondre à la première objection, fi on ſe reſſouvient ſurtout que nous avons fait voir que la connoiſſance des farines étoit pour le moins auſſi facile à acquérir que celle des grains d'où elles provenoient, qu'elles avoient des caractères diſtinctifs & frappans de bonté, de médiocrité & d'altération qui n'échappoient jamais, aux ſens un peu exercés ; que les procédés les plus ſimples ſuffiroient pour s'aſſurer de la préſence d'une matière étrangère qu'on y auroit mêlée. Mais fi jamais le Négociant qui a le plus grand intérêt que ſa marchandiſe ſoit pure & de bonne qualité, pouvoit ſe permettre des mélanges illicites qu'aucun moyen ne décéleroit, comment ſeroit-on plus en ſûreté avec le Meunier, toujours indifférent ſur la matière qu'il rend, parce qu'il en eſt également payé ! Enfin, je dirai plus, c'eſt que le blé peut avoir contracté une légère odeur que le Marchand aura maſquée, ſoit en le lavant ou en l'étuvant, mais que les meules développent au point de devenir très-ſenſible dans la farine ; voilà donc une nouvelle circonſtance favorable encore au commerce des farines.

Pour peu qu'on veuille auſſi ſe rappeler des précautions que nous avons recommandées au Boulanger, pour ne pas être trompé dans ſes achats, & ne pas laiſſer endommager les grains ſur la route pendant leur tranſport; on conviendra qu'il ſera également facile de les employer par rapport aux farines qui demandent les mêmes ſoins, ſi les Marchands ont l'attention de cacheter ou de plomber les ſacs, de bien revêtir les voitures & les bateaux en paillaſſons, de les couvrir exactement, d'y tenir les ſacs iſolés, de les tranſvider auſſitôt qu'ils arrivent, lorſque la ſaiſon eſt humide & chaude; les farines alors ne courront pas plus de riſques que le blé, & la preuve la plus complète qu'on puiſſe en donner, c'eſt que depuis la découverte du Nouveau-monde, nous n'approviſionnons nos Colonies qu'en farines. Lorſqu'elles ſe gâtent en paſſant les mers, c'eſt la faute de ceux qui ont négligé d'employer des blés ſecs, ou de les dépouiller de leur humidité ſurabondante avant de les convertir en farine. Ainſi, en iſolant les ſacs, il y auroit à la vérité un peu plus d'eſpace vide qui rendroit le chargement plus volumineux; mais l'expérience prouve que ſous ce volume les efforts du tirage ne ſont pas auſſi conſidérables : les chevaux traînent plus aifément quatre milliers de foin, que le même fardeau en pierre ou en plomb ; un bateau chargé de blé en grenier navigue moins aifément, que celui dans lequel le grain feroit en facs. Ce phénomène de ftatique, qui a donné lieu à cette queftion plaifante, lequel étoit plus lourd d'une livre de plume ou d'une livre de plomb, n'a pas befoin d'être expliqué ici ; il fuffit feulement de le rapporter.

Lorfque dans les tranfports fur les rivières, il arrive que les bateaux chargés de grains en facs ou en grenier prennent l'eau, le blé alors eft perdu ; mais le même accident n'eft pas autant préjudiciable aux farines, parce que l'eau ne pénètre dans le fac que jufqu'à un pouce, ce qui forme une croûte qui défend tout l'intérieur, & réduit la perte à un douzième environ, fuivant que la farine a été foulée.

Indépendamment des reffources fans nombre que le commerce des farines offre aux particuliers, le Négociant & le Boulanger y trouveront également leur compte : le premier qui garderoit cette marchandife, dans l'efpoir de profiter des circonftances, faifiroit le moment de la vendre avec plus d'avantage que le blé, parce qu'elle feroit toute prête à être employée : le Boulanger qui feroit la même fpéculation, auroit un autre avantage fur le Négociant, c'eſt qu'en fuppoſant que l'état des eaux & de l'atmoſphère fût favorable aux moutures, & que le prix de la farine ſe trouve en proportion de celui du blé, il ne perdroit jamais le fruit de ſon attente, parce que les farines bien faites & gardées, ſuivant la méthode de M. Brocq, expoſée à l'article de la conſervation des farines, ne coûtent aucune dépenſe, qu'elles ſe bonifient en vieilliſſant, ſont d'un travail plus facile & donnent davantage de produits, ce qui le dédommageroit de la miſe de ſes fonds.

D'après ce qui précède, il eſt inconteſtablement démontré que le commerce des farines ſeroit avantageux, non-ſeulement au Public, aux Boulangers & aux Marchands; mais encore au Gouvernement qui pourroit accorder une préférence marquée à l'exportation des farines ſur celle des blés, parce que, comme l'obſerve l'Auteur de la Légiſlation du commerce des grains, *troiſième Partie, page 96* (dont nous ne ſaurions mieux faire que d'emprunter ici les propres paroles) « les Étrangers auroient à
» payer, outre le prix des grains, les frais de
» mouture, & enfin, le bénéfice des divers
» agens de ces ſortes d'opérations : ces objets
» réunis augmenteroient peut-être le prix du

ſetier

tier de trois à quatre livres au profit de la « France; cependant comme les Étrangers font « obligés de payer chez eux une partie de ces « frais, quand ils achettent des grains, la loi qui « ne permettroit que l'exportation des farines, « n'empêcheroit point les Étrangers de se pour- « voir en France, d'autant plus que dans le « temps où cette exportation seroit permise, les « prix seroient très-modérés, & conviendroient « probablement aux différens spéculateurs de « l'Europe; enfin, il est une convenance essen- « tielle que j'apercevrois dans l'obligation de « n'exporter que des farines, c'est qu'elle en- « gageroit à une sorte de mesure & de lenteur « qui seroient souvent salutaires. » Il est très-constant qu'une loi pareille pareroit à bien des inconvéniens, & procureroit une infinité d'avantages, parce que la main-d'œuvre qui resteroit dans le Royaume, donneroit lieu à des établissemens considérables.

Le commerce des farines seroit sans doute l'unique moyen qui pourroit rendre la mouture économique plus générale en France, ce seroit encore un moyen de tirer de l'indifférence & de l'inertie, les propriétaires de moulins & les Meuniers de nos provinces, au sujet de l'utilité évidente de cette mouture : tant qu'ils

Q

auront la certitude d'avoir de l'ouvrage & d'être également payés, tout en faisant mal, ils éterniferont leur entêtement & leurs préjugés : mais le commerce des farines, l'établissement d'un seul moulin économique dans chaque canton, produisant une plus belle marchandise à un moindre prix, les forceroient de renoncer à leur routine, & de-là naîtroient sans contrainte & sans dépense, l'émulation, la perfection & le meilleur marché.

Dans ce changement de commerce, nos Marchands trouveroient, par la beauté & la qualité des farines, un bénéfice au-delà du prix d'achat du blé, & les issues, en ajoutant encore à ce bénéfice, deviendroient un supplément de ressources alimentaires pour nos bestiaux, sans compter que le poids de ces issues formera toujours une diminution réelle sur le prix de transport.

A l'aide de nos moulins multipliés & d'un grand nombre de fariniers, le quart de la quantité de blés nécessaires à la consommation de la Capitale & des environs, se trouve converti en farine; les Marchands qui iroient s'établir dans les provinces, avec l'intention de faire le même commerce, y porteroient nécessairement leur industrie, leurs talens & leur habitude de bien travailler. Ils monteroient de bons moulins, &

pourroient même exporter fans aucun danger : il eſt étonnant quels frais de tranſport on éviteroit, tous frais qui, ſans améliorer le produit, ne font qu'augmenter le prix du blé.

Si on prenoit le parti que propoſe l'Auteur de l'ouvrage ſur la Légiſlation & le Commerce des grains, de faire des proviſions de blés, & de ſe ſervir pour cet effet de l'entremiſe des Boulangers, dont les achats très-diviſés, devenant imperceptibles, pourroient fournir au beſoin, & écarter les craintes ; ce parti ſeroit d'autant plus ſage, qu'il n'eſt pas poſſible de mettre ces proviſions en de meilleures mains ; elles ſe feroient ſans appareil, ſans frais, & auroient pour ſurveillant l'homme dont la fortune, la réputation & l'induſtrie ſeroient également intéreſſés à en retirer dans tous les temps, les plus grands avantages ; mais je crois qu'il vaudroit beaucoup mieux que ces proviſions fuſſent plutôt en farine qu'en blé.

Il faut avouer auſſi que la plupart des Boulangers, très-inſtruits d'ailleurs, ne poſſèdent, ni emplacemens, ni fonds pour faire des approviſionnemens conſidérables ; beaucoup vont au jour le jour, & ceux d'entre eux qui pourroient profiter des circonſtances, & étendre leur commerce à la faveur de leur crédit, ſont ſans cesse arrêtés par la crainte de perdre le fruit de leurs soins & l'intérêt de leur argent, à cause de la diminution subite que les vicissitudes des temps occasionnent dans un commerce qui varie perpétuellement. Ajoutons à ces motifs, ce dernier; la taxe de diminution est imposée dans certains endroits au moment même, & sans avoir aucun égard aux approvisionnemens, qui méritent pourtant d'être protégés, quand ils sont formés dans la vue d'assurer le service public; tandis qu'au contraire, la taxe d'augmentation n'est presque jamais signifiée que quelques semaines après.

Le commerce des farines une fois démontré plus avantageux que celui des blés, donneroit lieu à une exportation d'autant plus nécessaire, que les combinaisons instantanées produites par la mobilité des circonstances, permettroient à ceux qui apporteroient de la farine, d'avoir la préférence sur le blé, parce que leur marchandise ayant déja subi une préparation essentielle, ils profiteroient de la faveur du moment, & les marchands appelés en foule, par la certitude de la vente, mettroient la concurrence, produiroient bientôt l'abondance, & par conséquent un très-grand bien au Gouvernement : il ne seroit plus nécessaire de calculer le voifinage & la distance du moulin; on ne seroit pas exposé autant à ces pertes, à ces inconvéniens qui résultent du commerce des grains par rapport aux moutures, aux saisons & au temps, on pourroit approvisionner de farines les grandes Villes où le choc des évènemens & les hasards, comme l'observe l'Auteur, que nous citons toujours avec plaisir, sont terribles en matière de subsistance : on ne verroit plus nos provinces épuisées par des levées de grains trop considérables, à raison de la consommation; on ne feroit pas revenir des grains d'abord vendus vingt livres le setier, que le besoin rappelle & paye un tiers de plus qu'on ne l'avoit vendu après avoir passé par différentes mains, & perdu même de ses qualités; mais je m'arrête pour revenir à mon objet principal, quelqu'important que soit celui que je viens de traiter.

CHAPITRE III.

Du Levain.

ARTICLE PREMIER.

Des effets du Levain.

Dans un Ouvrage qui traite de la Boulangerie, il n'est pas nécessaire, je pense, d'expliquer ce que j'entends par levain, on devine bien sans doute qu'il ne s'agit point de ces fermens destructeurs qui bouleversent nos liqueurs & produisent des épidémies, de ces développemens qui métamorphosent le germe en œuf, l'œuf en insecte, l'insecte en chrysalide & la chrysalide en papillon : je vais parler de cette matière végétale farineuse en fermentation, qui, dispersée dans une substance à demi-solide, qu'on nomme *la pâte*, communique bientôt sa mobilité & de la vie à la totalité de la masse où elle est confondue, d'où il résulte une transposition de parties, une combinaison de principes, enfin un nouveau corps.

On ne doit faire remonter l'ancienneté du pain qu'à la découverte importante du levain;

car avant, qu'étoit cet aliment! une galète plate, visqueuse, lourde, indigeste, qu'on cuisoit tout simplement dans l'âtre du four ou sous la cendre; telle fut pendant long-temps la nourriture principale de nos bons ayeux. Vraisemblablement un morceau de pâte oublié aura été cuit au bout d'un certain temps, ou pétri avec de nouvelle pâte, d'où il sera résulté un meilleur pain : mais quelle que soit l'origine du levain, c'est toujours la partie la plus essentielle de la panification, puisque sans lui la farine combinée avec l'eau dans l'état de pâte, & abandonnée dans un lieu froid, tiède ou chaud, ne boufferoit pas autant ni aussi vîte, ne prendroit pas cette odeur vineuse qui caractérise la fermentation spontanée, passeroit bientôt à l'aigre, & insensiblement à la putréfaction, en présentant ces anguilles de colle farineuse observées par les Physiciens qui s'occupent d'expériences microscopiques.

Ce que nous disons ici par rapport à la pâte, se remarque journellement à l'égard de la bière & de la préparation du grain pour tirer l'eau-de-vie. Il ne seroit pas possible d'obtenir ces liqueurs sans des opérations particulières; car, pour porter la farine au mouvement de fermentation spiritueuse, ce n'est pas le tout que d'y introduire un levain & de l'eau pour en favoriser l'effet, il faut encore des procédés & des combinaisons qui augmentent l'état visqueux, & développent la matière sucrée, la seule substance connue jusqu'à présent pour être susceptible de fournir de l'esprit ardent.

Si les sucs sucrés contenus dans la plupart des fruits passent spontanément à la fermentation vineuse sans avoir besoin d'aucun agent, ni d'opérations préliminaires : il n'en est pas de même des corps farineux qu'il ne suffit pas d'associer avec un levain approprié & la dose d'eau nécessaire ; il faut des proportions justes dans les mélanges, un degré de feu convenable, des soins pour établir la fermentation, la ralentir, l'accélérer ou la suspendre ; enfin de l'attention à saisir le véritable moment de distiller à propos & sans interruption : telles sont encore une bonne partie des conditions sans lesquelles les graminés, quels qu'ils soient, ne donnent que des atomes de spiritueux.

La fermentation du levain ayant été regardée par M. Malouin, comme spiritueuse, j'ai voulu m'assurer de son degré de spirituosité ; en conséquence, j'ai mis six livres de levain de tout point, c'est-à-dire, bon à être employé pour pétrir, dans le bain-marie d'un alambic sans aucune addition, & j'ai diſtillé ; il s'annonça d'abord par un fiflement, un principe volatil incoërcible ; bientôt une liqueur volatile & gaſeuſe ſe raſſembla dans le récipient ; je la préſentai à la flamme d'une bougie, & elle ne prit pas feu.

J'ai pris la même quantité & la même eſpèce de levain, que j'ai délayé dans ſuffiſante quantité d'eau, & que j'ai diſtillé enſuite à feu nu ; dès que l'ébullition a été établie dans la cucurbite, j'ai ſéparé les premières quatre onces de liqueur qui avoient paſſé, & j'ai pourſuivi la diſtillation juſqu'à ce que j'euſſe encore le double de liqueur ; alors je l'ai arrêtée pour examiner mes deux produits : le premier étoit un flegme volatil, qui tendoit à devenir ſpiritueux & inflammable, s'il eſt permis de s'exprimer ainſi, il n'altéroit pas les couleurs bleues des végétaux : le ſecond produit étoit manifeſtement acide, il rougiſſoit la teinture de tourneſol.

J'ai répété cette dernière expérience ; mais pour la faire, au lieu de me ſervir d'un levain de tout point, c'eſt-à-dire, dans le plus grand degré de force, j'ai attendu qu'il fut très-aigre pour diſtiller ; j'ai mis à part le premier produit qui a paſſé, & l'ayant examiné avec précaution, j'ai obſervé qu'il étoit ſpiritueux & inflammable ; le ſecond produit avoit tous les caractères d'un acide.

L'esprit du levain, si connu par ses effets dans la Boulangerie, qu'on aperçoit aux lumières qui languissent lorsqu'on délaye la masse qui le renferme, est donc de la même nature que celui qui fixe maintenant l'attention des Chimistes, auquel ils accordent tant de noms & de propriétés différentes. Cet esprit se développe dès l'instant qu'un corps éprouve le premier degré de la fermentation : une partie se combine avec les autres principes, pour former l'esprit ardent ; l'autre s'échappe au dehors, mais renfermé dans une masse à demi-solide, comme la pâte, il cherche une issue en soulevant la masse, & rompant les capsules visqueuses dans lesquelles il se trouve comme emprisonné ; il est donc bien nécessaire d'empêcher que l'esprit dont il s'agit ne se fasse jour à la surface ou par les côtés, parce qu'alors le levain s'affaisse, s'aigrit, & perd son principal effet. Ainsi le levain, dans l'état où on l'emploie pour faire la pâte, se trouve voisin de la fermentation vineuse, puisque soumis à la distillation à feu nu, il ne fournit qu'une liqueur volatile *gaseuse* qui n'est pas inflammable. La bière nouvelle & le cidre sortant du pressoir, sont précisément dans le même cas ; mais si on attend que ces liqueurs tournent un peu à l'aigre, alors on en obtient de l'esprit ardent : le vieux levain, comme nous l'avons vu, offre un phénomène semblable : l'acide en effet est un des principes constituans de l'esprit ardent, & l'on sait que les Bouilleurs allemands ne commencent à distiller leur eau-de-vie qu'après que la fermentation a passé à l'acide.

On dit communément que plus les levains sont aigres, plus ils ont de force & d'activité ; mais il faut bien se garder de jamais les employer pour la panification immédiatement en cet état, la fermentation n'est nullement avantageuse au pain quand elle est brusquée & rapide ; c'est un mouvement qui doit s'opérer lentement & par degrés, afin que les parties de la farine aient le temps de s'affiner, de s'arranger entre elles, & de se combiner intimement, pour qu'il en résulte un tout plus homogène & plus parfait : la petite portion d'esprit ardent que les levains aigres contiennent, n'est pas assez développée pour agir ; d'ailleurs, leur effet spiritueux n'en dépend absolument point, puisqu'à l'instant où les levains sont dans le meilleur état, il n'y a pas encore une molécule de liqueur inflammable de formée.

Les effets des levains donnent ordinairement trois qualités de pain différentes, ou ils sont trop prêts, ou ils ne le sont pas suffisamment, ou bien enfin ils se trouvent à leur vrai point : les levains sont-ils trop prêts, ils se crevassent, s'affaissent, s'aigrissent, & le pain qui en résulte est lourd, sûr & bis : si au contraire ils ne le sont pas suffisamment, la pâte lève peu, ne bouffe pas au four, & le pain, quoique plus blanc, est mat, sans yeux, indigeste, & a le goût de pâte.

Les levains sont à leur vrai point, quand la surface en est lisse & élastique, que leur volume est double, & qu'ils exhalent, lorsqu'on les entre-ouvre, une odeur vineuse & agréable : tel est l'état où ils doivent être pour produire le meilleur effet; c'est aux Boulangers adroits & vigilans d'épier tout ce qui peut les conduire, non-seulement à obtenir un pareil levain, mais encore à combiner avec tant de précision la quantité qu'il faut en mettre, le degré de l'eau pour le pétrissage, la consistance de la pâte; afin que le levain se trouve dans le meilleur apprêt au moment où ils vont commencer son travail; mais avant de parler des soins multipliés que doivent employer les Boulangers pour préparer le levain, le veiller sans discontinuer & le conduire à son degré de perfection, il convient de parler de l'eau qui est l'agent principal de la fermentation.

Article II.

De l'Eau considérée comme partie constituante du pain.

De tous les fluides connus, il n'y en a point de plus généralement répandu que l'eau : ce grand instrument que la Nature emploie dans toutes ses opérations, donne de la fraîcheur, du ressort & de l'humidité à l'air que nous respirons; à la terre, sa fécondité; aux végétaux, leur aliment principal; aux animaux, une liqueur salutaire pour appaiser agréablement leur soif; enfin, l'eau concourt si souvent & de tant de manières aux besoins & aux commodités de la vie, à la formation des corps des trois règnes, qu'il ne faut pas s'étonner si les Anciens l'avoient regardée comme l'agent universel, le seul élément, le principe de toutes choses, &c. Mais ne me proposant point d'exposer ici en détail tous les avantages que nous retirons de l'eau; je renvoie aux Physiciens dont les Ouvrages sur ces objets sont trop connus pour les indiquer ici; je parlerai seulement de ses propriétés dans la fabrication du pain.

L'eau, ainsi que je viens de le dire, n'est donc pas seulement la boisson que la Nature ait accordée à tous les êtres vivans, elle fait encore partie essentielle de nos alimens, la plupart doivent même à ce fluide, sinon leur degré éminemment nutritif, du moins la propriété qu'ils ont d'être solubles & digestibles, mais c'est particulièrement dans la panification que l'eau joue le plus grand rôle; sans son concours, il ne seroit jamais possible d'obtenir le levain, & par conséquent le pain fermenté qui en est le résultat : cependant une vérité dont il est très-important de se pénétrer, & sur laquelle je ne saurois trop insister, c'est que la qualité de cet aliment ne dépend nullement de celle des eaux avec lesquelles on le fabrique, c'est du degré de chaleur qu'on leur donne, de la quantité qu'on en met; de la manière de les employer : voilà ce qui y contribue. Ces trois points essentiels nous occuperont bientôt, tâchons auparavant de démontrer que la nature de l'eau ne fait pas le pain.

En vain on a prétendu que l'eau de pluie étoit la meilleure pour faire lever la pâte, parce qu'étant plus légère que celle de fontaine & de rivière, elle s'insinuoit beaucoup mieux dans les parcelles de farine mêlées avec le levain, que les eaux dures & froides qui avoient de la difficulté à chauffer, n'étoient pas propres au pain, & que la variété de cet aliment provenoit de la diversité des eaux qu'on y employoit : cette opinion est absolument sans aucun fondement, nous devons en faire voir le ridicule & l'abus.

On auroit peine à se persuader combien l'idée dans laquelle on est en province que l'eau fait le pain ; combien, dis-je, cette idée nuit à la bonté de cet aliment : quand il est mauvais, on ne s'en prend jamais à l'imperfection du moulage ou à l'ignorance du fabriquant, c'est toujours sur la qualité de l'eau qu'on se rejette, & tout en gémissant sur l'impossibilité de s'en procurer d'autre dans le lieu qu'on habite, on s'accoutume insensiblement à une nourriture défectueuse, qu'on pourroit rectifier si l'on n'étoit pas trompé sur la véritable cause ; c'est ainsi que souvent on attribue à l'air des phénomènes qu'on ne se donne pas la peine de chercher ailleurs. Les expériences que j'ai faites dans quelques endroits où l'opinion que je crois devoir combattre étoit le plus en vogue, ne me permettent plus de douter de cette vérité ; je me bornerai à en rapporter les principales.

J'ai pris cinq livres de farine, & la même dose de levain pour chacune : j'ai pétri l'une avec de l'eau de rivière, la seconde avec de l'eau de puits, la troisième avec de l'eau de pluie, la quatrième avec de l'eau de fontaine, la cinquième enfin avec de l'eau pure diftillée ; les pâtes ayant été tournées, apprêtées, enfournées au même moment, & retirées à la fois du four ; les pains qui en font réfultés, bien examinés, n'ont laiffé apercevoir nulle différence entre eux par rapport au goût, à la blancheur & à la légèreté.

Cette même expérience répétée fur de plus groffes maffes avec les mêmes précautions, préfenta des réfultats entièrement femblables, fans qu'il fût poffible de difcerner par aucun côté, le pain fait avec de l'eau de pluie, qu'on dit être la plus légère, d'avec celui fabriqué avec l'eau de puits qui paffe pour la plus pefante.

Une autre expérience qui fert encore à confirmer ce que j'avance, c'eft qu'après avoir imprégné l'eau diftillée d'une furabondance de ce qu'on nomme *air fixe*, & l'avoir mife par conféquent dans le plus grand degré de légèreté poffible, le pain que j'ai obtenu avec une pareille eau n'étoit pas différent de ceux dont il vient d'être queftion.

Ceux qui prétendent toujours, malgré les expériences décifives qu'on leur cite, & la folidité des raifons qu'on allègue, que la nature de l'eau influe essentiellement sur la qualité du pain, donnent pour étayer leur sentiment, quelques exemples ; ils disent entre autres, que des garçons boulangers ayant travaillé dans des endroits où l'on fabriquoit d'excellent pain ; transportés à quelques lieues de-là, ils n'avoient pu obtenir une même réussite, quoiqu'employant la même farine, à cause de la nature de l'eau qui s'y opposoit ; tel est le grand argument qu'on m'a fait, & qu'on a répété par-tout, lorsque j'ai entrepris d'attaquer le préjugé, & de pénétrer dans les raisons sur lesquelles on le fondoit. Mais en supposant que l'expérience dont il s'agit, ait été faite avec tout le soin qu'elle exigeoit ; je demande si l'eau étoit au degré où il faut qu'elle soit pour être employée, si le levain se trouvoit à son véritable point, si l'on a suivi ponctuellement les vrais procédés de chaque opération concernant la fabrication du pain, & quoique ce soit le même ouvrier, le préjugé de son déplacement n'auroit-il pas influé sur sa manipulation ?

Pour m'assurer de plus en plus de la vérité de mon opinion, & convaincre en même temps, s'il étoit possible, les esprits les plus incrédules à ce sujet : j'ai emporté avec moi, dans un voyage que j'ai fait l'année dernière en Picardie, une petite provision de farine, avec laquelle on préparoit de bon pain à Paris, & par-tout où j'apprenois que l'on accusoit l'eau d'avoir une crudité préjudiciable à la bonne fabrication du pain, je mettois aussitôt la main à la pâte pour manifester le contraire.

Enfin, si l'on hésite encore de se rendre aux expériences dont je viens de rendre compte, je prie du moins qu'on fasse attention à cette remarque qui, à elle seule, vaut toutes celles que je pourrois rassembler ici. Les trois quarts du pain qui se consomme à Paris se fabriquent avec de l'eau de puits, c'est-à-dire, avec une eau lourde, chargée de matière saline, & contenant peu d'air ; l'autre quart est fait avec de l'eau d'Arcueil & de rivière ; cependant on n'observe point, chez les Boulangers intelligens, que le pain varie dans les différens quartiers, & l'on ne disconviendra point, sans doute, qu'il ne soit un des meilleurs qu'on mange en Europe.

Les Auteurs qui sont continuellement disposés à imaginer des phénomènes, pour les expliquer, à perpétuer des erreurs qui n'ont aucune vraisemblance, & à répandre l'alarme sans aucun sujet, devroient bien vérifier par quelques expériences, si réellement leur crainte ou leur opinion sont fondées avant d'en faire part au Public : pourquoi sans cesse crier l'eau de rivière pour faire le bon pain ? pourquoi désigner avec assurance celle où cuisent les légumes, qui dégraisse les étoffes & dissout parfaitement le savon, comme la seule propre à cet effet, puisque la plupart des Boulangers de la Capitale, ainsi que je l'ai dit, n'emploient que de l'eau de puits, qui n'a précisément aucune des propriétés que ces Auteurs exigent ! Il y a mieux, c'est que bien loin que l'eau de rivière soit regardée comme la meilleure pour préparer le pain, ceux d'entre eux qui croient le plus à l'influence de l'eau dans leur travail, préfèrent celle de puits, qui suivant leur sentiment, donne à la pâte plus de corps & de soutien : voilà même les raisons qu'ils ont fait valoir, lorsqu'on a voulu les obliger à ne se servir que de l'eau de rivière, à ce surcroît de dépense qui deviendroit en pure perte, & pour les Boulangers & pour le Public.

Mais si réellement l'eau de puits méritoit une telle préférence dans la fabrication du pain, c'est qu'étant plus crue, plus lourde & plus grossière, elle résiste davantage aux efforts de la fermentation qui l'atténuent : car je sais très-bien que les eaux douces ne possèdent pas toutes les mêmes propriétés, & qu'elles varient entre elles, non-seulement par rapport à la nature de l'élément aqueux qui les conſtitue; mais encore relativement aux matières à travers leſquelles elles ſe filtrent, ou qui s'y décompoſent : je ſais bien encore que l'eau, dont le courant eſt lent & tranquille, diffère de celle qui coule avec rapidité; que le palais d'un buveur d'eau ſaura diſtinguer une eau de rivière d'avec une eau de puits, une eau qui a roulé ſur du ſable ou ſur du gravier, d'avec celle qui a paſſé ſur de la glaiſe; enfin, une eau filtrée & celle qui ne l'eſt pas, tous ces effets tiennent à la plus ou moins grande quantité d'air que les eaux contiennent, & qui eſt le principe de leur ſapidité. On peut conſulter les détails que j'ai donnés ſur cet objet dans ma Diſſertation ſur l'eau de la Seine, *Journal de Phyſique*, *Février 1775*.

Ceux qui regardent les ſels comme le principe des ſaveurs, objecteront ici que plus l'eau contiendra de ſels, plus le pain dans lequel on la fera entrer aura de goût; mais j'obſerverai ici que dans le nombre des eaux dont nous nous ſervons comme boiſſon, & par conſéquent pour faire le pain, il n'y en a point qui renferment une plus grande quantité de matière ſaline, & qui ſoient plus fades en même temps que les eaux de puits; la ſélénite qui ſe trouve abondamment dans ces eaux, empêche bien qu'elles ne diffolvent le favon, & ne cuifent parfaitement les légumes, mais elle n'eft pas également la caufe de cette faveur plate, & de leur pefanteur fur l'eftomac qui les caractérifent : il faut plutôt attribuer ces défauts à la privation d'air de ce fluide élaftique, de ce *gratter*; puifqu'il y a des eaux minérales, qui, quoique très-féléniteufes, ne font pas moins légères, favoureufes, piquantes & très-digeftibles, par la raifon qu'elles renferment une furabondance d'air qui s'eft formé pendant leur trajet.

Si on abandonne ces eaux quelques inftans dans des vafes débouchés, elles deviennent entièrement femblables à celles de puits, fans avoir perdu néanmoins de leur limpidité. Que l'on faffe chauffer d'ailleurs l'eau qui a le plus de goût, & on verra bientôt combien elle eft fade, fans avoir perdu aucun de fes fels. Il feroit en effet impoffible au meilleur gourmet en ce genre, de deviner l'eau qu'il boiroit, fi elles étoient toutes dans l'état tiède.

Je n'entreprendrai pas non plus d'examiner, jufqu'à quel point l'eau peut avoir de l'influence dans quelques arts; & fi, comme on le prétend, le fuccès de certaines opérations dépend abfolument de fa nature : les Chimiftes, dit-on, éprouvent tous les jours, à caufe de cela, des obftacles infinis dans la criftallifation de plufieurs fels : telle eau réuffit aux Confifeurs & aux Liquoriftes, telle autre fait manquer leurs gelées & leurs ratafias ; les faifeurs de colle & d'empois prétendent la même chofe. On affure encore que ces fingularités ne s'aperçoivent pas moins dans les ateliers & les manufactures, que l'eau dans une des provinces de la Chine, contribue à la valeur de la porcelaine, comme la rivière des Gobelins à la beauté de la teinture écarlate.

Tous ces effets différens de la part de l'eau, ne font pas dûs feulement à l'efpèce & à la quantité de fubftance qu'elle contient, mais encore à la nature de l'eau, qui varie peut-être autant qu'il y a de rivières, de fontaines, de fources & de puits: l'eau en fe combinant ainfi peut bien, fans éprouver d'autre altération que celle du feu, relever l'éclat des couleurs, augmenter la tranfparence des gelées & de l'empois, la fapidité des liqueurs, &c. Mais toutes les fois qu'elle entrera dans la compofition d'une fubftance qui doit fubir le mouvement de fermentation, elle change comme elle de manière d'être : fes parties fe confondent avec celles du corps auquel on l'affocie, & il arrive que bientôt elle n'agit plus par elle-même.

L'eau mêlée d'abord avec la farine, dans l'état froid, ne tarde pas à perdre une partie de l'air qui la conftitue, à caufe de la combinaifon & de la chaleur qui en réfulte : dans le pétriffage, cet air continue d'abandonner l'eau, de fe diftribuer par le mouvement des mains dans la pâte, & de fe nicher dans les enveloppes vifqueufes dont elle eft compofée; mais à peine la fermentation a-t-elle commencé, que c'eft l'eau elle-même qui éprouve un changement total; fes parties s'atténuent & fe fubtilifent au point, que l'eau a beau être pefante avant de s'être corporifiée avec la pâte, elle fe trouve par ce moyen affimilée à l'eau la plus légère : auffi l'idée des Braffeurs & des Bouilleurs, à cet égard, ne me paroît-elle pas plus fondée que celle des Boulangers : tous auront une réuffite complète dans leur fabrique, beaucoup de forte eau-de-vie, une très-bonne bière & d'excellent pain, quand ils auront difpofé leurs matériaux à une fermentation graduée & fagement conduite. En fuppofant qu'une eau légère puiffe accélérer cette fermentation, & qu'une eau pefante, au contraire, foit capable de la retarder, ce feroit-là tout au plus à quoi fe borneroit le pouvoir de l'eau à l'égard du pétriſſage & de la fermentation de la pâte ; mais alors plus ou moins de levain & de chaleur rendroit l'opération égale & uniforme.

Toutes ſortes d'eaux, pourvu qu'elles ſoient bonnes à boire, peuvent donc ſervir indifféremment à la préparation du levain, au pétriſſage, à la fermentation de la pâte, & donner conſtamment d'excellent pain, ſi elles ſont employées comme nous allons le décrire ; mais je ne ſaurois trop le répéter : l'eau de puits, l'eau de fontaine, l'eau de rivière, l'eau de pluie, l'eau diſtillée, l'eau *gaſeuſe* ou *aërée*, ne préſentent aucun phénomène différent entre elles durant la fermentation, & le pain qui en réſulte, n'offre après ſa cuiſſon, aucune nuance de légèreté, de blancheur & de goût, qui puiſſent faire décider la nature, l'eſpèce & l'origine de l'eau qui a ſervi à la compoſition de cet aliment.

De la température où doit être l'eau pour pétrir.

TROIS choſes me paroiſſent déterminer la température que l'eau doit avoir pour être employée dans la fabrication de cet aliment ; la ſaiſon, la qualité de la farine, & l'eſpèce de pain qu'on a intention de préparer ; mais en général on établit qu'il faut prendre l'eau ; 1.° telle qu'elle est ; 2.° tiède en hiver ; 3.° chaude dans les grandes gelées ; mais ces différens états de l'eau donnent toujours, avec la même farine, trois qualités de pain différentes dans les mêmes saisons. Il faut donc, autant qu'il est possible, n'employer l'eau que dans l'état le moins chaud, puisque le pain qui a été pétri à l'eau froide ou tiède, est constamment meilleur, plus blanc & plus savoureux que celui fait à l'eau chaude.

C'est une vérité qu'on ne sauroit trop souvent répéter aux Boulangers, sur-tout à ceux de province, qui ont coutume d'employer dans tous les temps l'eau la plus chaude, sans remarquer en même temps que c'est à cette fatale habitude qu'ils doivent rapporter les défauts qu'on reproche avec raison à leur pain : n'est-il pas bien étonnant, qu'après avoir donné à l'eau un degré de chaleur trop considérable, ils prennent ensuite tant de peines & de soins pour en retarder l'effet, comme de mettre la pâte à l'air, d'accélérer le chauffage du four ! tandis qu'ils pourroient s'épargner ces embarras, toujours préjudiciables à la bonne qualité du pain, s'ils avoient seulement la précaution de n'employer dans toutes les saisons, excepté dans les grands froids, l'eau plutôt froide que tiède, & plutôt tiède que chaude; en forte que la certitude dans leur manipulation fera pour l'eau froide; le moindre inconvénient pour l'eau tiède, & le plus grand inconvénient pour l'eau chaude.

Pour régler le degré que l'eau doit avoir dans fon emploi au pétriffage, nous allons entrer dans quelques détails, & fi le Boulanger veut nous fuivre il ne pourra pas difconvenir que nos obfervations ne foient conformes à fon expérience. Dès qu'on ajoute l'eau à la farine, il en réfulte une chaleur, parce qu'il n'y a pas de combinaifon fans mouvement; cette chaleur eft fingulièrement augmentée en été par celle de la farine elle-même, par la chaleur des mains, & l'action du travail de la pâte, d'où il réfulte avec l'eau la plus froide, une pâte déjà tiède: dans l'hiver, au contraire, l'eau la plus chaude eft tempérée d'abord en la verfant fur le levain, par l'air dont elle éprouve le contact, en la délayant & la combinant avec la farine qui eft froide, & en faifant entrer pendant le travail de la pâte expofée dans le pétrin, un air froid, ce qui fait que dans les grands chauds, on ne fauroit employer l'eau trop froide, & dans les temps extrêmement froids, de l'eau trop chaude; car, dans l'une & l'autre circonftance, la pâte n'est que tiède, & c'est toujours-là le degré de chaleur qu'elle doit avoir au sortir du pétrin, afin que la fermentation s'y établisse, de manière à ne pas aller trop vîte ou trop lentement.

Beaucoup de Boulangers qui, semblables aux autres Artistes, ne veulent jamais vérifier par une ou deux expériences au plus, si les inconvéniens ou les avantages qu'on leur assure être attachés à leur fabrique, sont vrais ou faux, font pendant toute leur vie des fautes capitales qui nuisent à leur fortune & à la perfection des ouvrages dont ils s'occupent : combien, par exemple, de Boulangers qui prétendent qu'on ne doit jamais employer l'eau au sortir du puits ou de la fontaine ; parce que, dans cet état, elle saisit les levains & en empêche l'effet ! cependant plusieurs ont eu le courage de s'écarter de cette opinion : M. Brocq entre autres est dans l'usage de se servir de l'eau telle qu'elle sort des conduits, & qui est alors beaucoup plus froide que si on venoit de la tirer du puits, son pain est toujours léger, blanc, agréable à la vue & au goût. L'eau froide donne à la pâte de la consistance, en procurant à la matière glutineuse encore plus de fermeté & d'élasticité ; d'où il suit, que la pâte même la plus molle se raffermit à mesure qu'elle s'apprête, au lieu que l'eau chaude rendant la pâte grasse, loin de se raffermir, elle s'affaisse & s'amollit : si le Boulanger a eu la curiosité de faire l'expérience de la matière glutineuse, & qu'il l'ait mise à tremper un moment, ainsi que nous lui avons recommandé, dans l'eau froide ou dans l'eau chaude, il doit déjà nous entendre & être d'accord avec nous sur ce que nous lui observons. Lorsque la farine est tendre & humide, l'eau froide lui donnera du corps, & en employant une plus grande quantité de levain jeune, on en obtiendra un meilleur pain.

Des proportions de l'Eau avec la farine.

IL seroit difficile, pour ne pas dire impossible, d'évaluer au juste la quantité d'eau qu'il faut employer pour la pâte, puisqu'elle est toujours relative à l'espèce de farine & de pain qu'on se propose de fabriquer. Nous allons cependant donner ici des *à peu-près*, non pour les Boulangers instruits qui, ayant une connoissance exacte de la qualité de leur farine, des véritables effets de l'eau, & de l'état de l'atmosphère, ne se trompent jamais sur leurs proportions; mais c'est sur-tout pour ceux qui travaillant sans principes, & ne consultant jamais le temps, font presque toujours leur pâte trop molle ou trop ferme, de manière que le pain qu'ils obtiennent, est ou plat, séparé de sa croûte, ou bien sûr, pâteux & lourd, sans apparence.

C'est une chose connue, que, plus la farine est sèche, blanche & bien faite, plus elle absorbe d'eau; la bonne farine, pour produire un pain qui ne soit, ni trop lourd, ni trop léger, boit un tiers au moins de son poids; celle d'une qualité médiocre en absorbe un quart, mais la farine provenant d'un blé humide peut n'en prendre qu'un cinquième; en général une farine absorbe d'autant plus d'eau, que la pâte qui en résulte est plus travaillée.

La quantité d'eau augmente encore par rapport à la saison; la pâte de la même farine, pour faire le même pain, exige plus de mollesse en hiver & plus de consistance en été, afin que la fermentation dans toutes, emploie toujours le même espace de temps pour s'opérer : mais en général il faut toujours donner à la pâte un certain degré de mollesse qui permette à la matière glutineuse de produire son effet, & à celui qui pétrit, les moyens de bien travailler son pain.

Il y a beaucoup moins d'inconvéniens de l'excès de l'eau par rapport à la fabrication, que pour le pain qui en résulte dont le goût est très-affoibli, mais celui auquel on n'a pas donné suffisamment d'eau, non-seulement fatigue au travail, se tourne mal, mais encore il lève difficilement, & le pain qu'il produit n'a pas de volume, sent la farine, & ne cuit jamais bien; le meilleur pain sera donc celui où l'eau entrera pour un tiers.

Des précautions pour employer l'eau.

EN supposant que l'eau soit à la température où elle doit être pour pétrir, qu'elle se trouve dans les proportions relatives à la qualité de la farine & à l'espèce de pain qu'on a intention de fabriquer ; la manière de l'employer exige encore quelques soins, que nous allons indiquer ; rien n'est minutieux dans un art dont l'objet unique intéresse si directement notre premier besoin.

Il est bien essentiel de ne jamais verser sur le levain de l'eau bouillante, même dans le temps où les grands froids rendent l'eau chaude nécessaire, dans l'intention de la tiédir aussitôt par le mélange de l'eau froide, parce qu'elle surprendroit la pâte, la rendroit grise, molle, lui ôteroit de sa fermeté & de sa consistance ; c'est même comme cela qu'il faut entendre les mauvais effets qu'on attribue fans preuve à l'eau qui a bouilli, on a voulu dire fans doute l'eau bouillante.

Dans beaucoup d'endroits, on eſt dans l'uſage de chauffer la totalité de l'eau qu'on veut employer pour préparer le pain; mais il ſuffit d'en faire bouillir une partie, & de la mêler enſuite toute bouillante avec l'autre qui eſt froide, d'où il réſulte une eau à la température que l'on deſire, & lorſqu'il eſt queſtion de s'en ſervir, il ne faut pas la verſer de haut, ni trop précipitamment deſſus le levain, dans la crainte qu'elle ne rejailliſſe ſur la farine qui eſt à côté, & ne forme des *marrons*. Il eſt bon en même-temps de n'en mettre jamais que le tiers environ qu'on doit employer, afin d'empêcher que le levain n'échappe des mains, & que ſon eſprit, d'abord trop étendu, ne ſe volatiliſe.

Dans les temps de ſéchereſſe, & quand les rivières ſont très-baſſes, leurs eaux contractent ſouvent un goût marécageux qu'elles ne manqueroient pas de communiquer au pain, ſi on ne les expoſoit ſur le feu pour la leur faire perdre. Lorſqu'il fait chaud, il ne faut jamais ſe ſervir d'eaux ſtagnantes de citerne, qu'au préalable on ne les ait fait bouillir, afin de détruire les ſubſtances tendantes à la putréfaction, &

avoir foin, en la verfant dans le pétrin, de la paffer à travers un tamis de crin ferré pour en féparer les œufs, les infectes & autres hétérogénéités que l'eau pourroit contenir.

Il eft du devoir des Boulangers de tenir leur réfervoir & leur chaudière dans une extrême propreté ; comme il s'y introduit journellement de la pouffière, des infectes, ils ne doivent jamais employer l'eau fans la paffer, quelque bonne que foit la fource d'où elle provient.

Enfin, pour dernière attention dans l'emploi de l'eau pour pétrir, nous ne diffimulerons pas qu'il arrive quelquefois que les puits font fi voifins des latrines, que l'eau qu'on y puife peut communiquer avec elles, & donner de l'odeur & de la couleur au pain ; la Police alors ne fauroit trop s'empreffer de réprimer un pareil abus, & de défendre l'ufage d'une eau auffi malfaine, qui entre pour un tiers dans la préparation de notre nourriture journalière, parce que la fanté & la vie des citoyens s'y trouvent intéreffées.

Avant de continuer ce qui regarde les levains, je crois qu'il eft à propos de faire mention de l'endroit où on les prépare & où on les expofe à fermenter, parce qu'il peut, par fa fituation, influer fur leur qualité, & faciliter

par

par la manière dont il est construit, une bonne partie de la perfection de tout l'ouvrage.

Article III.

Du Fournil.

Le fournil est le laboratoire du Boulanger; rarement commode, toujours mal exposé & entretenu sans soin, la plupart du temps obscur & peu aëré; voilà pourquoi souvent les différentes opérations ne s'y font ni d'une manière également avantageuse, ni avec assez de promptitude, dans une manutention sur-tout où ces opérations se succèdent rapidement, & où le retard d'une d'entre elles suffit pour faire manquer toutes les autres, & préjudicier à l'objet qui doit en résulter.

Communément ce n'est qu'une petite salle, une arrière-boutique, le dessus d'un four ou la cave, qui composent tout le laboratoire du Boulanger, en sorte que souvent le four se trouve tellement circonscrit & à l'étroit, qu'à peine l'ouvrier peut faire jouer la pelle, & son camarade travailler au pétrin, sans se gêner & s'embarrasser mutuellement.

Le vice est encore bien plus grand lorsque le fournil se trouve placé au-dessus du four, la chaleur y eſt toujours beaucoup trop conſidérable & pour la pâte & pour le pétriſſeur qui fatigue aiſément dans une atmoſphère trop raréfiée, & où l'air a perdu de ſon reſſort : la pâte fondroit même très-aiſément, & s'aplatiroit, ſi on ne lui donnoit de la fermeté & du ſoutien pour prévenir cet inconvénient, en ſorte qu'il eſt extrêmement difficile de fabriquer du bon pain dans de pareilles boulangeries. J'ai été ſouvent frappé en entrant dans beaucoup de fournils par une odeur déſagréable d'aigre échauffé qui provenoit d'une fermentation trop accélérée, & de la malpropreté des inſtrumens qui ſervent à préparer & à contenir les levains, la pâte, &c. Dans quelle circonſtance peut-on employer plus efficacement la propreté, que lorſqu'il s'agit de l'aliment le plus eſſentiel à la vie!

On ne ſauroit trop ſe récrier encore contre ces fournils trop bas, dont les ſolives deſſéchées s'enflamment par le contact du moindre corps dans l'état d'ignition, & qui ont produit ces incendies terribles que l'on n'a pu encore oublier : de ſemblables accidens arrivés trop ſouvent par cette ſeule cauſe, font deſirer que toutes les boulangeries ſoient voûtées ou plafonnées : ceux qui ont tranſporté leurs fournils dans les caves pour éviter les inconvéniens du feu, ne voient pas clair dans leur travail, & la chaleur s'y trouvant toujours concentrée faute du renouvellement d'air, la pâte, sur-tout en été, s'apprête continuellement trop vîte, & le pain n'est jamais parfait.

Il est bien malheureux, que dans les grandes Maisons, la Boulangerie soit précisément la partie la plus négligée; cependant si les ustensiles qui doivent servir à une fabrique quelconque, sont soumis à des loix dans leurs proportions & dans le choix des matières, si de ces loix, plus précises qu'on ne pense, résulte la meilleure exécution de ce qu'on se propose de faire ; la considération des lieux & des emplacemens destinés à mettre en jeu ces ustensiles, mérite sans doute pour le moins autant de soins que l'examen des matières sur lesquelles on doit opérer. Il peut s'être glissé quelques préjugés sur cet objet ; mais il n'est pas moins certain que de tous les temps, les hommes de génie qui ont perfectionné les Arts, ont eu une attention extraordinaire au choix des lieux où il s'agit d'établir une fabrique. On peut dire avec vérité, que l'emplacement & la bonne construction d'une Boulangerie, concourent pour beaucoup à la perfection & à la qualité du pain qu'on y fait.

Il conviendroit qu'une Boulangerie fût isolée, bien claire & exactement fermée, qu'elle fût voûtée ou du moins plafonnée & pavée en dales de pierre, pour parer à la fois, aux inconvéniens du feu & aux effets de la malpropreté; qu'elle soit commode, élevée & suffisamment grande; qu'il n'y ait pas dans son voisinage d'égoûts, d'écuries, de latrines, ou autres matières végétales & animales en putréfaction; car, on ne voit que trop souvent la fermentation de la pâte arrêtée ou troublée tout-à-coup, que, ne sachant à quoi s'en prendre, l'on attribue à des vices de matières & de fabrication.

On devroit ajouter à ces précautions indispensables pour la construction d'une bonne Boulangerie, qu'il y eût un réservoir avec deux robinets, l'un laisseroit couler l'eau dans la chaudière, & l'autre la fourniroit dans l'état froid; ce dernier serviroit en même temps à laver la Boulangerie, & à nétoyer les ustensiles: cette précaution, jointe à celle des ventouses, qu'on pourroit y pratiquer, détruiroit d'abord cette odeur aigre, désagréable, elle arrêteroit, dans les grandes chaleurs la fermentation qui va toujours trop vîte dans les Boulangeries étroites, privées d'air & mal tenues.

Mais le fournil est ordinairement meublé de beaucoup d'ustensiles; nous parlerons des principaux ou de ceux qu'il seroit nécessaire de perfectionner, chaque fois qu'il s'agira des opérations auxquelles ils servent. Reprenons la suite des levains.

ARTICLE IV.

De la préparation du Levain.

LE levain, comme nous l'avons déjà défini, est une substance à demi-solide, qui étant dans un état voisin de la fermentation spiritueuse, & plus apprêtée qu'il ne faut pour être convertie en pain, communique à la pâte, c'est-à-dire, au mélange de l'eau & de la farine, un autre état qu'elle n'auroit pas en aussi peu de temps si on l'abandonnoit à elle-même, sans y introduire un agent actuellement fermentant; c'est ce qu'on nomme *levain de pâte, franc levain* & *levain naturel*, pour le distinguer d'une autre espèce de levain également en usage pour le même objet, connu sous le nom de *levure*; nous aurons bientôt occasion d'en parler.

Si toutes les parties de la Boulangerie sont importantes dans la fabrication du pain, le levain est sans contredit celle qui demande le plus de soin & d'habileté, puisque la blancheur, le volume, la légèreté & le bon goût de cet aliment en dépendent absolument, & que, quand bien même la matière première qu'on y emploîroit se trouveroit avoir la perfection desirée, si l'on a négligé de mettre en usage les bons procédés pour préparer, veiller & conduire le levain comme il convient, le pain sera toujours de médiocre qualité : on verra bientôt de quelle manière ce levain parvient insensiblement au véritable degré de fermentation qu'il lui faut pour produire le meilleur effet.

Les levains n'ont pas toujours été au degré de perfection où les ont portés nos Boulangers instruits. Employés continuellement trop vieux, trop aigres & en trop petite dose, ils communiquoient au pain tous leurs défauts ; l'expérience, l'industrie, peut-être même le hasard, firent naître l'idée de les renouveler souvent, c'est-à-dire, d'y ajouter une nouvelle quantité d'eau & de farine, opération qui, diminuant leur aigreur, augmente leur spiritueux, & qu'on désigne en Boulangerie, par *rafraîchir* ou *renouveler le levain*. Mais la portion de pâte destinée à commencer la préparation des levains, est demeurée dans le premier état d'imperfection par rapport à l'éloignement où l'on est encore du pétrissage, & à la faculté qu'on suppose toujours avoir, d'être à temps au dernier levain, pour corriger les vices du premier ou du second levain, en sorte que le pain n'a pas constamment toute la qualité qu'il peut & qu'il doit avoir.

Beaucoup de Boulangers, dans l'opinion que l'état de fermentation où se trouve le premier & le second levain, importe peu à la qualité du dernier, ne lui donnent pas le même degré d'attention; fortifiés par cet antique préjugé, si commun parmi eux, *veilles remouillures & jeunes levains, font de bon pain,* ils le citent sans discontinuer comme un axiome transmis par leurs parens, & qu'ils se croient obligés à leur tour de transmettre à leurs garçons; ils le répètent dans nos Provinces, particulièrement aux femmes, qui, ayant oublié de mettre en réserve un morceau de pâte de leur dernière fournée, accourent chez eux demander, par grâce, du levain fort aigre. Sourdes à la voix qui leur crie; *n'employez que du levain nouveau, & en très-grande quantité;* elles n'écoutent que celle du préjugé ou de l'habitude qui les maîtrisent dans ce moment, & persistent à ne vouloir se servir que d'un petit levain vieux & passé, objet de leurs vœux; toutes fières de leur opinion, elles gâtent la farine, & approvisionnent leur ménage d'un pain mauvais, coûteux & peu salubre.

Les garçons boulangers, plus dociles au conseil de leurs maîtres, parce qu'il favorise leur paresse, emploient, suivant la maxime favorite, de *vieilles remouillures*, un morceau de pâte très-aigre, ne soignent pas suffisamment le premier levain qui en résulte ; & leur négligence à ce sujet s'étend même jusque sur le second levain, dans la préoccupation où ils sont toujours, qu'en réunissant tous les soins sur le dernier levain, ils pourront corriger les défauts des premiers ; mais c'est une erreur qui ne prend que trop faveur ; puissions-nous l'anéantir pour l'intérêt du Public & la perfection de l'art du Boulanger !

La première portion de pâte mise de côté pour former successivement les différens levains employés dans la fabrication du pain, doit être regardée comme le fondement de tout le travail : si elle est trop levée, elle contracte une aigreur qui se conserve, passe jusque dans les derniers levains & dans le pain, à moins qu'on n'emploie ensuite les plus grands soins chaque fois qu'il s'agit de les renouveler : encore ne parvient-on pas à obtenir, pour la première fournée, un levain parfait. Il faut donc prendre cette première portion de pâte sur le levain, ou ne la composer que des ratissures du pétrin, ne pas attendre qu'elle ait passé son apprêt pour en former le premier levain, le rafraîchir trois à quatre fois quand il fait chaud, & que l'intervalle du travail est considérable ; car, la qualité du dernier levain dépend de tous ceux qui ont concouru à sa formation, comme la qualité du pain appartient à celle de la pâte qui a été enfournée.

J'ai souvent réfléchi sur l'esclavage pénible où sont les Boulangers, d'épier le jour & la nuit, ce qui se passe dans leurs levains, & sur la gêne continuelle de les rafraîchir trois ou quatre fois, ce qui laisse à peine à cette classe d'Artistes trois heures de suite au plus pour se livrer au repos. Je me suis dit à ce sujet, ne seroit-il pas possible de les soustraire à un pareil travail, & de produire le même effet ? En employant d'abord très-peu de levain, le délayant dans l'eau froide avec beaucoup de farine, en donnant à la pâte de la consistance, & l'exposant dans un endroit frais, afin de mettre des entraves au travail prompt de la fermentation, d'en ralentir, pour ainsi-dire, l'activité, & d'opérer par ce moyen, en douze ou quinze heures, ce qui arrive ordinairement dans l'espace de trois heures avec l'eau tiède ou chaude, moins de farine, une pâte molle & peu travaillée.

Ces réflexions me paroissoient d'autant mieux fondées, que je m'étois assuré en différentes circonstances, qu'avec un seul levain, comme je viens de le dire, on pourroit faire de très-beau pain, cependant avant de prononcer à ce sujet, je voulus consulter M. Brocq pour savoir si cette économie de temps & de peines n'entraîneroit pas dans d'autres inconvéniens que je n'apercevois pas. Il convint avec moi qu'à la vérité, le levain résultant d'une seule préparation bien dirigée pouvoit procurer l'effet des levains rafraîchis ; mais il m'objecta en même temps, que la distance de la première fournée jusqu'à la dernière, étant quelquefois très-considérable, il seroit de toute impossibilité aux Boulangers, non-seulement de déterminer le moment où ce levain se trouveroit au point juste d'apprêt pour être employé ; mais encore, de prévoir, dans un intervalle assez long, toutes les circonstances des temps qui accéléreroient, suspendroient ou gâteroient la fermentation, tandis que le renouvellement leur permettoit de calculer les évènemens qui survenoient dans l'espace de trois heures ; il m'ajouta encore, que la méthode de n'employer qu'un seul levain dans un état trop prêt, étoit l'unique cause de l'imperfection du pain qu'on fabriquoit en Anjou, où il avoit été exprès examiner la fabrication, à Chartres & Orléans, &c. Il faut donc, malgré l'assujétissement qui affecte notre sensibilité, que les Boulangers se soumettent à la nécessité gênante de rafraîchir les levains au moins trois fois.

Il est indifférent de remuer le levain quelques instans après qu'il a été préparé ; mais une fois placé dans l'endroit où il doit s'apprêter, il ne faut plus y toucher : autrement on troubleroit & on interromproit sa fermentation ; il n'acquerroit pas le volume & l'état qu'on desire. Si des circonstances particulières obligent de le changer d'un lieu dans un autre, soit pour retarder, soit pour accélérer son apprêt, il est nécessaire d'enlever la corbeille qui le contient avec beaucoup de ménagement, la faire porter, si elle est lourde, par deux personnes, dans la crainte qu'elle ne soit ballotée en chemin, & que s'ouvrant à la surface, il ne s'exhale une vapeur invisible qui produit le gonflement, constitue les propriétés spiritueuses, & toute la force des levains. La corbeille dans laquelle on met la pâte à fermenter, doit être beaucoup plus haute que large, & d'une capacité au moins double, afin que le levain ne dépaffe les bords, ne fe defsèche & ne coule : il faut encore que la corbeille foit bien sèche & parfaitement propre, la gratter, même, quand il s'y eft formé une croûte, qui, fe moififfant, pourroit altérer les levains.

En général, on peut établir, qu'un levain a été bien préparé, & qu'il eft au degré convenable pour être employé, lorfque pendant fon apprêt il a acquis environ le double de fon volume, qu'il eft bombé vers le centre, qu'en appuyant doucement fur la furface liffe, il repouffe légèrement la main qui le preffe, qu'en le verfant dans le pétrin, il conferve fa forme, & nage fur l'eau, qu'en l'ouvrant il exhale une odeur vineufe, agréable, & qu'en le délayant enfin, il ait encore de la ténacité & un état favonneux. Mais il eft temps de dire comment on procède à la préparation des différens levains.

De la Fontaine.

On appelle en Boulangerie la *fontaine*, une efpèce de retranchement qu'on pratique à une des extrémités du pétrin, avec de la farine amoncelée, foulée & élevée en forme de coffre, deftinée à retenir l'eau & la pâte qu'on y délaye, sa grandeur doit être proportionnée à la quantité de levain & de pain qu'on a intention de préparer.

La manière dont on construit la fontaine, paroît trop indifférente aux yeux des Boulangers : la plupart la font trop promptement pour être solide, & trop large pour favoriser la bonne combinaison du levain : lorsqu'elle est trop large, le volume d'eau ne suffit pas pour brider & dissoudre aussitôt la totalité de l'esprit du levain. Il se dissipe en partie : si elle manque de solidité, elle ne résiste pas aux efforts du travail de l'eau & du levain qui la compriment de toutes parts ; en sorte qu'elle se rompt & ouvre un passage à l'eau qui coule dans la farine, & laisse presqu'à sec le levain, qui perd d'autant de ses propriétés.

On parera à ces inconvéniens en proportionnant la quantité de farine avec celle du levain qu'on veut préparer, en faisant la fontaine plus haute que large, toujours bien foulée, avec une planche qui sert au pétrin, afin qu'en la rassemblant, elle ne puisse être rompue. Indépendamment de la fontaine, le restant de la farine destinée à faire le pain, doit être placé dans le pétrin à une certaine distance, & assez élevé, afin que dans le cas où la fontaine viendroit à fe rompre, tout le liquide ne puiffe s'échapper fous la farine, la gâter, & ne faffe manquer toute la fournée; c'eft ce qu'on nomme *la contre-fontaine*.

On emploie ordinairement plus d'attention & de temps à la fontaine deftinée à contenir le levain, que pour celle où l'on fe propofe feulement de le délayer; cette négligence a pour caufe l'habitude dans laquelle font les garçons boulangers de ne faire la fontaine qu'au moment où elle eft néceffaire : les Maîtres devroient bien y remédier en les obligeant d'avoir toujours, à l'un des bouts du pétrin, une fontaine bien conditionnée, & propre à fervir à l'inftant où le levain eft parvenu à fon apprêt.

Du Levain de chef.

Le levain *de chef*, eft ainfi appelé, parce qu'il fert d'élément aux autres levains; c'eft un morceau de pâte qu'on doit compofer avec les ratiffures du pétrin, ordinairement renforcées par un peu de farine & d'eau, d'où il réfulte une maffe affez ferme, qu'on met dans une febile, ou qu'on tient enveloppée dans un morceau de toile; la confiftance qu'on donne à ce *chef* eft un obftacle à fon prompt travail, & permet qu'on le garde environ douze heures fans rien perdre de fes propriétés fpiritueufes.

En hiver il faut prendre *le chef* fur le levain, l'envelopper d'une couverture, & le placer dans un paneton que l'on porte fur le four, afin qu'il ne foit pas expofé au contact de l'air froid, & que dans cette faifon il y a moins d'inconvénient qu'il foit un peu trop prêt; car, quelque vétufté qu'ait le levain *de chef*, pourvu qu'il ne foit pas gâté, on peut lui faire perdre fon aigreur, & le rappeler à un bon état, fi on a foin de bien foigner les levains qu'on doit en préparer.

Du premier Levain.

On prend le levain de *chef* qu'on met dans une petite fontaine avec la moitié de l'eau environ que l'on doit employer; on délaie bien exactement, en ajoutant peu à peu le double de fon poids de farine, qui formoit la fontaine & le reftant de l'eau : on la travaille vivement & fortement, afin qu'elle acquière de la confiftance & de la ténacité : on met cette pâte, ainfi préparée, dans une petite corbeille que l'on couvre avec une toile légère, humide, & qu'on expofe dans un lieu chaud ou froid, felon la faifon, pour en accélerer ou en retarder le travail. Ce levain est connu sous le nom de *levain de première*.

Le levain *de première* parvenu à son état de maturité, n'est pas encore employé au pétrissage de la pâte, à moins, comme je l'ai dit dans *mon Avis aux bonnes Ménagères*, qu'il ne s'agisse du pain préparé à la maison; car il seroit ridicule d'imposer à quelqu'un qui pétrit & cuit chez soi, la même gêne & le même travail qu'aux Boulangers. Il n'a pas comme eux un cercle d'opérations déterminées, pourvu que son pain soit bien fabriqué & bon, voilà l'essentiel : le levain de *première* souffre donc encore d'autres préparations avant de servir à la fabrication du pain, & ces préparations s'appellent *rafraîchir le levain*. Elles consistent à y faire entrer une nouvelle quantité d'eau & de farine pour augmenter la masse, au moins d'un tiers chaque fois, la rendre spiritueuse en lui faisant perdre à mesure, de son aigreur & de sa force.

Du second Levain.

Le levain de première, ainsi rafraîchi, étant versé de la corbeille dans une fontaine, le plus doucement qu'il est possible, est combiné de nouveau avec de la farine & de l'eau; on fait la pâte moins ferme que celle du levain précédent;

mais

mais on la travaille encore davantage ; on la met enfuite dans une corbeille affez grande, pour qu'en fermentant, elle ne dépaffe point les bords, c'est ce qu'on nomme *levain de feconde*. Il emploie ordinairement, moins de temps à acquérir fon apprêt.

C'eft une vérité que l'expérience confirme tous les jours, que plus les levains font travaillés, plus auffi la fermentation va lentement & plus leur apprêt eft meilleur. La pâte vivement & long-temps maniée acquière de la ténacité & de la vifcofité : la matière glutineufe devient plus ferme & plus élaftique, en forte que formant une efpèce de couvercle à l'échappement du principe volatil contenu dans les levains, ces derniers offrant plus de réfiftance, demeurent plus long-temps dans le véritable état de perfection où on doit chercher à les faire arriver.

Du troifième Levain, dit de tout point.

La préparation de tous les levains exige beaucoup de précautions ; mais le dernier en demande encore davantage, puifqu'il doit être employé immédiatement au pétriffage, & que fon degré d'apprêt influe puiffamment fur la bonté du pain qui va en réfulter. Le levain *de tout point* mérite donc la plus grande attention.

T

Quand le levain dit *de seconde*, est parvenu au degré d'apprêt convenable, on en forme un volume de pâte assez considérable, pour que dans l'été il puisse faire le quart de la fournée, & en hiver le tiers au moins; c'est ici principalement que l'on doit redoubler d'attention, & bien prendre garde que le levain *de tout point*, soit autant éloigné du levain *de chef*, qu'il doit ressembler à la pâte qu'on va enfourner.

Ainsi le levain *de chef* a passé par trois états avant de parvenir à celui du levain *de tout point*: son aigreur, quelque forte qu'elle soit, a dû absolument disparoître, si chaque fois qu'on l'a renouvelé, on a eu soin d'employer de l'eau tiède ou froide, suivant la saison, de le bien délayer, de le travailler long-temps, & de le prendre dans le degré d'apprêt où il est le plus spiritueux.

Nous avons déjà remarqué qu'il falloit envelopper le levain *de chef*, d'une toile ou d'une couverture, le mettre après cela dans une corbeille à l'air ou sur le four, suivant la saison, & que quand ce levain *de chef* a passé à l'état de levain *de première*, c'étoit alors dans une petite corbeille qu'il devoit être renfermé, & dans une plus grande lorsqu'il s'agissoit du levain *de seconde*; mais le levain *de tout point* est ordinairement, à moins qu'il ne faſſe très-froid, dans le pétrin, au milieu d'une fontaine, plus ou moins recouvert à ſa ſurface; ſi on le plaçoit dans une corbeille, il ſeroit difficile de juger auſſi aiſément de ſon véritable état, & les ſecouſſes qu'on pourroit lui donner en l'apportant & le vidant, ſeroient encore autant de moyens de lui faire perdre quelques-unes de ſes propriétés.

Article V.

De l'emploi du Levain.

Il eſt impoſſible d'établir des règles fixes & invariables, relativement à la préparation des différens levains qui viennent de nous occuper, ni de déterminer préciſément le temps que chacun d'eux exige pour devenir propre à être renouvelé ou employé au pétriſſage, puiſqu'il n'y a rien de plus aſſujetti aux viciſſitudes de l'atmoſphère, que la pâte qui fermente : ſi dans trois ſaiſons de l'année, l'action de l'air & du levain ſuffit pour établir une bonne fermentation, il faut avoir recours dans l'autre, qui eſt l'hiver, à une chaleur artificielle, pour opérer à peu-près, dans le même eſpace de temps, un ſemblable effet.

Il n'eſt aucun Boulanger qui ne dût deſirer que dans toutes les ſaiſons, la fermentation du levain & de la pâte pût s'achever comme il convient dans un temps donné ; car, trop lente ou trop hâtive, il n'en réſulte jamais un auſſi bon pain, quand bien même elle ne ſeroit pas ſortie de ſes limites ; auſſi en hiver ſe rapproche-t-on des effets de l'été par rapport aux levains, en employant plus *de chef*, en chauffant l'eau, en augmentant le volume & diminuant l'aigreur chaque fois qu'on les renouvelle, en les travaillant plus long-temps, en les expoſant près du four, en les mettant enfin ſous des couvertures ſèches & chaudes ; par ces différentes précautions, on excite le mouvement de fermentation, que l'on tempère en été par des moyens oppoſés.

Si on ne court aucuns riſques en hiver de laiſſer prendre au levain un peu plus d'apprêt, il n'y a pas plus d'inconvéniens en été qu'il en ait moins ; parce que dans le premier cas, la chaleur de l'eau & du levain eſt bientôt tiédie par la farine, le pétrin, les mains & par l'air froid qu'on fait entrer dans la pâte, à la faveur des différens mouvemens qu'on lui donne pour la travailler ; dans le ſecond cas au contraire, le levain continue ſon effet ; l'opération de la délayer & de l'affocier avec de la nouvelle farine, produit de la chaleur, & il auroit paffé fon premier degré d'apprêt, fi pour l'employer, on eût attendu qu'il y fût tout-à-fait parvenu. Il faut donc prendre dans les différentes faifons, l'eau froide, tiède ou chaude, & le levain jeune, moins jeune ou fort, dans des proportions que nous déterminerons bientôt.

Les farines ne fe reffemblent pas toujours entre elles ; elles exigent des manipulations différentes, foit par rapport au travail, foit relativement à l'efpèce ou à la quantité de levain avec lequel on doit les pétrir ; par exemple, les farines fèches, les farines revêches étant plus riches en matière glutineufe, demandent que le levain foit pris dans l'état jeune & en grande quantité, au lieu qu'il faut pour les farines humides ou nouvellement moulues & provenant de blés tendres, une plus grande quantité de levain fort, afin d'empêcher que la pâte ne molliffe & ne fe relâche à l'apprêt.

L'effet du levain dépend encore de la nature des farines dont il eft compofé, plus elles font blanches & plus la fermentation s'y établit lentement, & d'une manière complète. Nous fommes donc bien éloignés de confeiller, ainfi que quelques Auteurs l'ont fait, de former le levain deſtiné à la fabrication du pain blanc avec des farines biſes, ſous le prétexte qu'elles fermentent plus promptement & plus vivement; car, ces farines ne pouvant avoir autant de liaiſon & de ténacité entre leurs parties, la pâte qui en réſulte ne peut prendre beaucoup de volume, & l'odeur qu'elle contracte eſt plutôt aigre que vineuſe; d'ailleurs, en ſe ſervant d'un pareil levain, on feroit du pain bis avec des farines blanches. Il feroit à ſouhaiter que tous les Boulangers, à l'imitation de quelques-uns de nos plus habiles, n'employaſſent jamais que des levains de pâte blanche dans la compoſition du pain bis : cet aliment feroit infiniment meilleur, plus ſubſtantiel, & ne reviendroit pas plus cher, parce qu'on prendroit pour la pâte des farines plus biſes.

Le levain *de chef* eſt donc le morceau de pâte mis de côté de la dernière fournée, & qui étant rendu encore plus ferme à la faveur d'un peu de farine & d'eau, reſte environ douze heures avant d'être employé : la quantité de ce levain *de chef* varie; c'eſt aſſez communément depuis une livre juſqu'à quatre, pour le pétriſſage d'une fournée de quatre-vingts pains de quatre livres.

Le levain *de première*, c'eſt-à-dire, celui que

l'on fait immédiatement avec le levain *de chef*, de la farine & de l'eau, est un peu moins ferme, & ne demeure pas aussi long-temps en fermentation : c'est l'affaire de quatre à six heures, & entre la saison la plus chaude & celle qui est la plus froide, la masse ne doit varier que de douze à vingt-quatre livres.

Le levain *de seconde* demande encore un peu moins de consistance & de temps pour s'apprêter, que le levain *de chef* & *de première*; sa quantité peut être doublée & même triplée; en trois ou quatre heures il acquiert le degré d'apprêt nécessaire pour être renouvelé. Enfin, le levain *de tout point*, qui est la réunion des différens levains *de chef*, *de première* & *de seconde*, doit toujours doubler ou tripler la quantité de celui *de seconde*, il parcourt ordinairement deux heures pour arriver au point nécessaire au pétrissage.

Ces différens levains préparés successivement, & qui se trouvent réduits, à la fin, en un seul, lorsqu'il s'agit de les employer à la première fournée, sont sans doute suffisans ; mais quand il est question d'un travail plus considérable, pour assurer la réussite des fournées qui se succèdent, il faut s'arranger autrement. On songe, dès la préparation du levain *de première*, à former une plus grande masse, qu'on augmente encore pour le levain *de seconde*, mais toujours dans des préparations relatives entre elles.

On prend le levain *de seconde*, on en forme un volume de pâte assez considérable avec de l'eau & de la farine qu'on délaye & qu'on mêle ensemble aussi intimement qu'il est possible ; les trois quarts sont destinés pour le levain *de tout point*, & le restant pour le levain *de seconde*, ces deux levains étant prêts à la fois, l'un sert au pétrissage de la première fournée, tandis que l'autre est employé pour la deuxième, & ainsi de suite : telle est la conduite à tenir lorsqu'on a beaucoup de fournées à faire, ou que l'on cuit à deux fours ; alors il suffit de doubler la quantité de levain comme celle de la pâte.

Pendant l'hiver on divise le levain *de seconde* en deux, & afin que le travail ne souffre aucun retard, le premier dont on accélère l'apprêt, devient le levain *de tout point* de la première fournée, après en avoir séparé toutefois un morceau de pâte qui fournit encore un autre levain *de seconde*, en sorte que le premier de ces deux levains *de seconde*, qui a été fait trois heures avant, & qui a six heures d'apprêt, est employé comme levain *de tout point* à la seconde fournée, & l'autre à la troisième ; ce qui se répète dans le même ordre, tant qu'on continue le travail ; voilà du moins ce qu'on fait en hiver chez les Boulangers qui *pétriſſent ſur levain*, c'eſt-à-dire, qui n'emploient d'autre agent pour faire lever la pâte, que le levain ordinaire. Il n'y a pas encore très-long-temps que c'étoit la ſeule méthode qu'on pratiquât pour obtenir le plus beau pain; mais on en a imaginé une meilleure qui réunit tous les avantages qu'on peut eſpérer de l'emploi des levains jeunes, c'eſt le *nec plus ultra* de la Boulangerie, il s'agit de la bien ſuivre.

Du Levain de pâte.

La qualité de ce levain mérite ſans contredit la préférence ſur tous les autres levains, non-ſeulement à cauſe qu'il produit le meilleur effet, mais encore parce que ſa préparation eſt plus ſimple, & qu'il eſt ſujet à moins d'inconvéniens : ſa reſſemblance avec la pâte lui a fait donner le nom qu'il porte, & nos bons Boulangers l'emploient dans la compoſition de leur pain mollet & demi-mollet, c'eſt ce qu'on appelle *pétrir ſur pâte*.

Comme le levain de pâte n'a aucune aigreur, & qu'il eſt moins fort que le levain *de tout point* ordinaire, on en augmente la quantité, afin d'équivaloir l'effet d'un levain plus prêt & plus petit; dans cet état, il foutient la pâte, & conferve au pain, non-feulement fes propriétés nutritives, mais encore tout fon agrément.

La méthode de *pétrir fur pâte* mérite, je le répète, la préférence : les Boulangers éclairés ne fauroient en difconvenir ; mais plufieurs héfitent de l'adopter, parce qu'ils prétendent qu'elle caufe du retard dans le travail, & que c'eft par cette raifon qu'ils ne l'emploient point; on verra au pétriffage qu'il eft poffible d'aller auffi vîte en pétriffant fur pâte comme fur levain. Lorfqu'on veut préparer le levain de pâte, on fuit à peu-près les mêmes loix que pour le levain *de première* & *de feconde*, c'eft-à-dire, qu'on prend un petit chef que l'on délaye dans beaucoup d'eau & de farine pour en former d'abord un premier levain, plus abondant que n'eft le levain ordinaire, & dont l'état fe rapproche déjà de la pâte ; on fait toujours en forte que ce levain, dont on va faire celui *de feconde*, foit encore moins apprêté, plus volumineux & plus confidérable, afin que le levain *de tout point* foit jeune & très-bouffant.

En hiver, on doit s'écarter un peu de cette marche, d'autant mieux que la pâte n'ayant pas autant de force que le levain, éprouvant en outre de la part de l'air froid, des obstacles pour arriver dans le même temps au degré de fermentation convenable, elle ne pourroit lever à propos, & n'auroit plus la faculté de faire, dans le même espace de temps, la quantité de fournée dont on a besoin. En pareil cas, on s'arrange de manière à avoir un levain *de tout point* qui fasse la moitié de la fournée, & on met de côté, chaque fois que l'on pétrit, un morceau de pâte à apprêter dans une corbeille, que l'on ajoute ensuite au levain, comme un secours pour augmenter sa force, afin que l'apprêt du pain soit vif & prompt : lorsqu'on fait des fournées assez fortes pour avoir plus de pâte tournée qu'il n'en peut entrer dans le four, on les fait servir au pétrissage, & elles produisent dans la fermentation l'effet de la pâte mise en réserve.

Mais la meilleure préparation du levain *de tout point* & du levain *de pâte*, ne produiroit pas toujours un succès constant, si on ne la soumettoit à des proportions qui doivent varier, relativement aux circonstances que nous allons rapporter.

De la quantité de Levain.

On ne connoissoit autrefois aucune proportion entre la quantité de levain & celle de la pâte dont on compofe le pain; les faifons, la nature des farines, la température du lieu où l'on fabriquoit, n'étoient d'aucune confidération, ou du moins on ne les confultoit pas lorfqu'il étoit queftion d'employer le levain, en forte que, livré toujours à une routine aveugle, jamais on ne favoit l'inftant où le pain feroit prêt à être enfourné; mais cette manière d'opérer, tout-à-fait vicieufe, qui a été foigneufement corrigée par les Boulangers intelligens, n'eft plus fuivie que dans certains endroits, où il faut efpérer qu'un jour, à force de prôner les bons procédés, l'expérience & l'exemple parviendront à les répandre plus généralement.

Si les farines étoient fans ceffe les mêmes, il feroit toujours poffible d'indiquer les proportions du levain : il ne s'agiroit feulement que de régler la température de l'eau & l'apprêt du levain; mais cette manière de conduire les levains feroit fujette à trop d'inconvéniens; ce font donc les farines & la faifon qui doivent déterminer la quantité de levain; ainfi, pour la même farine & la même efpèce de pain, on peut, pendant les grands froids, en prendre la moitié; pour les temps doux, un tiers; & dans les grandes chaleurs, un quart au plus, afin d'équivaloir la force des levains très-apprêtés, & d'éviter les inconvéniens qu'éprouvent ceux qui les emploient vieux, & dans une proportion très-éloignée du quart.

En général, le levain *de tout point* doit toujours former le tiers du total de la pâte, & environ la moitié, lorsqu'il est dans l'état de levain de pâte, parce que ce dernier étant plus jeune, il en faut davantage pour produire l'effet dont on a besoin; quand la farine provient d'un blé tendre ou humide, il est bon que le levain soit plus fort pour donner du soutien & de la fermeté à la pâte qui n'en a pas suffisamment, c'est entièrement le contraire pour les farines sèches & revêches.

ARTICLE VI.

De la manière de raccommoder les Levains.

JUSQU'À présent nous n'avons indiqué que la nature du levain & ses effets dans les différens états où il se trouve; la préparation & la quantité qu'il faut en employer suivant les saisons, la qualité des farines & l'espèce de pain qu'on veut fabriquer; mais il est des circonstances où la vigilance, les soins, & même les talens sont en défaut, le temps peut changer tout-à-coup ; un dégel inopiné, un orage, ou d'autres caufes locales, font capables d'accélérer, de retarder ou de fufpendre la fermentation ; en forte qu'il ne réfulteroit que de mauvais pain, fi on ne cherchoit à y remédier en donnant au levain ce qu'il n'a pas fuffifamment, ou en le privant de ce qu'il a de trop, c'eft ce qu'on appelle *raccommoder les levains;* cette partie de la Boulangerie fi effentielle, eft trop ignorée parmi ceux qui la pratiquent, pour oublier les plus petits détails qui foient en état de la mieux faire connoître. On dit & on répète, fans avoir fait aucune expérience, fans même être entré dans une Boulangerie, que quand le levain eft vieux & aigre, il n'eft plus propre à faire lever la pâte, & dans cette perfuafion, on confeille aux Boulangers qui n'en ont pas d'autres, d'en emprunter chez leurs confrères plutôt que de l'employer ainfi ; mais l'avis, tout fage qu'il paroît, eft rarement fuivi, parce que la démarche qu'il prefcrit ne peut fe faire fans néceffiter l'aveu de fa négligence : on en a vu, pour éviter cette efpèce d'humiliation, faire courir un inconnu aux extrémités de la Ville pour avoir du levain, & d'autres aimant mieux facrifier leur intérêt à leur amour-propre, fe fervir du levain tel qu'ils l'avoient, & fabriquer un mauvais pain; il est donc plus prudent de donner ici des moyens de raccommoder les levains.

Loin que le levain vieux ne soit plus en état, comme on le prétend, de faire lever la pâte; il est prouvé, au contraire, qu'il précipite la fermentation & l'accélère au point que le pain qu'on en prépare, a le défaut d'être trop élevé, c'est-à-dire, qu'ayant passé son apprêt, il est gris & sans apparence, plat & aigre, enfin semblable au pain qu'on mange dans nos campagnes & dans plusieurs de nos Provinces où l'on garde le levain plusieurs jours, & même des semaines entières sans le rafraîchir : si l'on eût dit, que quand le levain est aigre, il n'en falloit pas autant, que l'eau ne devoit pas être aussi chaude, qu'il n'étoit pas même possible, en multipliant les soins, de faire un pain aussi léger & aussi agréable à la première fournée; on se seroit fait entendre, on auroit montré que l'on possédoit quelque idée de la Boulangerie : nous allons démontrer que le levain le plus vieux, & le plus aigre par conséquent, pourvu qu'il ne soit pas gâté, peut être rappelé au meilleur état, en suivant les procédés que nous allons indiquer pour le raccommoder.

Comme les levains produisent sur la pâte des effets différens, suivant les états dans lesquels ils se trouvent au moment de leur emploi ; on leur a donné des noms particuliers qui servent à déterminer les propriétés & les usages auxquels on peut les appliquer ; on les appelle *levains vieux*, *levains forts* & *jeunes levains*. Éclaircissons ces dénominations.

Le vieux levain est une pâte, qui, après avoir gonflé, s'est affaissée & aplatie au point de ne plus occuper le même volume qu'elle avoit avant la fermentation : ce levain se sèche à sa superficie, forme une croûte dure, tandis que l'intérieur est presque liquide, quoique la pâte ait été très-ferme : sa couleur est d'un gris blanchâtre : il n'exhale plus cette odeur vineuse volatile ; l'acide qui le constitue est pesant.

Le levain fort qu'on confond mal-à-propos avec le levain vieux, ce qui a jeté dans l'embarras tous ceux qui ont cherché à s'instruire sur les phénomènes que présente la pâte en fermentation ; le levain fort, dis-je, est celui qui ayant acquis un volume très-considérable, est parvenu au plus haut degré d'apprêt, se gerse, se crevasse & répand une odeur acide volatile, tel seroit le levain *de première* où *le chef* se trouveroit par moitié, ou bien encore le levain

levain *de seconde*, dans lequel tous les deux domineroient.

Le levain jeune, ne ressemble nullement aux deux autres levains dont il vient d'être question; il a un très-grand volume, sa surface est unie & blanchâtre, il est léger, tenace & visqueux, son odeur est agréable, pénétrante, sans encore être acide.

Ainsi le levain vieux est celui qui a passé son apprêt, & est très-acide, le levain fort est au plus grand degré d'apprêt; il accélère la fermentation de la pâte, & a le caractère vineux & spiritueux; enfin, le levain jeune est dans un commencement de fermentation; son état est seulement *gaseux*, c'est lui qui soulève doucement la pâte sans l'aigrir ni la faire créneler, & donne en même temps un bon goût au pain. Hâtons-nous de proposer les moyens de rapprocher de cet état les levains qui l'avoient perdu par des accidens.

Lorsque les levains *de premiere* & *de seconde* sont trop prêts, il faut commencer par faire la fontaine, si on a négligé de la préparer d'avance, prendre ensuite de l'eau fraîche ou tiède, que l'on emploîra d'abord en très-petite quantité, afin que le mélange puisse avoir de la consistance, & être travaillé vivement & long-

U

temps pour diſſiper le fluide élaſtique, l'acide volatil qui conſtitue la force du levain; on prend après cela le reſtant de l'eau qu'on incorpore exactement, que l'on bat de nouveau pour produire cet effet, qu'on exprime en Boulangerie, par *décharger, fatiguer le levain* : quand la pâte a acquis toute la ténacité que les différens mouvemens peuvent lui donner, on y ajoute un peu d'eau pour affoiblir de plus en plus l'aigreur du levain : cette opération doit avoir lieu pour tout levain trop prêt, & particulièrement pour le levain *de ſeconde & de tout point*, d'où dépendent entièrement le ſuccès du pétriſſage, le bon apprêt de la pâte, & la perfection du pain.

Quand le levain, trop apprêté, a été ainſi renouvelé & travaillé, il eſt néceſſaire que la fontaine qui doit le contenir ſoit un peu plus large que de coutume ; dans la vue toujours de ralentir ſon apprêt, on le diſtribue en pluſieurs parties, afin que la maſſe compoſée de couches, offre des ſolutions de continuité à la fermentation; on le couvre d'une toile légère, humide, qui porte du frais à la ſuperficie. Si le pétrin n'eſt pas voiſin d'une fenêtre ou d'un courant d'air, on jette de l'eau dans le lieu où il eſt expoſé pour le rafraîchir.

Si, malgré toutes les précautions que nous venons de recommander, on craignoit encore que le levain allât trop vîte pour le moment où on doit le renouveler ou pétrir, il faudroit y faire entrer un peu de sel, qui ayant la propriété de procurer du froid à tous les corps avec lesquels on l'associe, tempère aussitôt la fermentation, & en retarde l'effet, ce qui prolonge le temps de l'employer.

Mais si les levains sont trop foibles, & qu'ils ne s'apprêtent pas assez vîte pour le moment où il s'agit de les employer, alors il faut se conduire différemment : on pratique d'abord une fontaine très-solide & fort étroite, ou si le levain est déjà en fontaine, on verse à la superficie & tout autour, un tiers de l'eau extrêmement chaude ; on attend que cette eau, en réchauffant la pâte, la soulève & l'entr'ouvre : on ajoute à diverses reprises l'autre tiers de l'eau pour faciliter cet effet, & bientôt on délaye, en versant dans la fontaine le restant de l'eau encore chaude ; on incorpore le tout promptement pour former une pâte un peu moins ferme & moins travaillée qu'à l'ordinaire, & au lieu de la laisser en fontaine dans le pétrin, on la dépose dans des corbeilles placées près du four, & recouvertes d'une double couverture de laine.

Si les levains ne s'étoient pas du tout apprêtés parce qu'on y aura employé un petit chef trop foible, ou qu'on les aura exposés par imprudence à découvert dans un endroit froid, il est nécessaire, en les refaisant, d'y ajouter du vin, de l'eau-de-vie ou du vinaigre ; les liqueurs vineuses & spiritueuses, réchauffant & vivifiant, s'il est permis de s'exprimer ainsi, le levain. Celles qui sont en fermentation, produisent encore plus sensiblement cet effet, comme la bière, le cidre doux, le vin de Champagne ; ce sont des espèces de levains qui mettent en action le principe fermentescible, & donnent occasion au développement de tous ses effets : il est bon de borner la dose de ces liqueurs à un demi-setier ou une chopine au plus pour le levain d'une fournée, parce qu'une trop grande quantité de vinaigre sur-tout, communiqueroit au pain le même défaut qu'a celui qui résulte d'un levain vieux ou trop fort.

Il est d'autant plus essentiel d'employer ces agens étrangers, dans les temps extrêmement froids, que la fermentation va très-lentement, quoiqu'on emploie de l'eau bien chaude, des premiers levains forts, & en grande quantité, quoique la pâte ne soit pas trop maniée, qu'elle se trouve dans un endroit chaud & bien enveloppée de couvertures; on ne peut se dispenser, malgré cela, d'avoir encore recours à ces expédiens. J'ai vu dans le mois de Février 1776, où le thermomètre étoit à 14 & 15 degrés au-dessous du terme de la glace, le levain, dit *de second*, dans le pétrin près de la fenêtre qu'on avoit été forcé d'ouvrir à cause de la fumée qui régnoit dans la Boulangerie, j'ai vu, dis-je, ce levain être saisi tout d'un coup par le froid, au point que la fermentation fut entièrement suspendue ; on auroit perdu indubitablement une fournée entière, si M. Brocq ne fût arrivé au moment où on alloit employer ce levain. Les connoissances étendues qu'il possède dans cette partie, lui offrirent des ressources pour remédier à cet accident : après avoir fait délayer ce levain *de seconde*, dans de l'eau voisine de l'ébullition, il y ajouta une chopine de vinaigre, il mit la pâte qui en résulta dans des corbeilles près du four, en moins de deux heures il parvint à obtenir un très-bon levain *de tout point*, qui produisit son effet.

Les levains qui ont passé leur apprêt, & qu'on a été obligé de raccommoder par le moyen des manipulations exposées ci-dessus, doivent être employés un peu plus tôt que ceux auxquels il n'est rien arrivé à cause de leur grande propension à passer au-delà du terme du premier degré de la fermentation; c'est absolument le contraire pour les levains qu'on a accélérés, & qui tendent continuellement à rétrograder pour ainsi dire. On se trompe donc en croyant qu'il est plus difficile d'arrêter les progrès de la fermentation du levain, que de les exciter; car, on est assuré que moyennant les précautions indiquées, on pourra tirer parti du levain le plus passé, tandis que quand il s'est arrêté, il est difficile de lui restituer le mouvement & la chaleur dont il a besoin pour produire le même effet.

Nous n'hésitons pas de l'assurer : il est absolument au pouvoir de l'art de diriger les opérations du levain, de brusquer la fermentation, ou de la faire naître à volonté d'une manière douce & insensible, de l'animer lorsqu'elle languit, de l'arrêter quand elle va trop vîte, en un mot, de la fixer au terme où elle doit être, suivant les saisons & la qualité des farines; mais en vain s'attendroit-on à produire constamment dans la matière qui fermente, les modifications & les changemens qu'on jugeroit à propos, si on ne possède pas une connoissance suffisante de l'influence de la chaleur & de l'air ; connoissance qu'il est aisé d'acquérir avec un peu d'étude & de réflexions. De même que le Vigneron peut, quand il lui plaît, faire avec la même espèce de raisin, du vin doux, fermenté & demi-fermenté ; déterminer ou suspendre à l'aide d'une chaleur ou d'un froid artificiel, ou bien encore d'une matière particulière, tout le travail de la cuve, raccommoder, moyennant quelques précautions, les vins trop verds ou trop sucrés, corriger ceux qui menacent de tourner à l'aigre, de filer & de se corrompre : de même aussi, le Boulanger a la faculté de préparer des levains de différens degrés de force, d'échauffer ou de ralentir leur activité ; enfin, d'améliorer par les états variés qu'il leur donne, le pain qu'on obtient de farines médiocres, humides ou revêches.

Si l'on délaye dans du vinaigre, du sucre, du miel, de la mélasse & d'autres matières muqueuses de cette espèce en dissolution, le mélange passe bientôt à l'acide sans s'arrêter à l'état de vin, parce que le ferment acide l'emporte sur tous les autres : pareille chose arrive à la farine dans laquelle on introduit un levain vieux ou aigre ; la pâte qui en résulte tient de la nature du levain, & le pain ne manque jamais d'avoir une faveur aigrelette très-marquée.

Ainsi la perfection du levain & ses bons effets sur la pâte, dépendent autant du choix de la matière qui le constitue, que des règles que l'on suit dans sa préparation & dans son emploi. Que les Boulangers oublient donc leurs anciens proverbes, & renoncent à leur routine, pour se pénétrer de cette vérité. *Grands levains jeunes, dans presque tous les temps & pour les farines de presque tous les blés. Levains forts dans les grands froids & pour les farines tendres ou humides; jamais levains vieux en aucune saison & pour quelque espèce de farines que ce puisse être.* Vérité que les Maîtres ne doivent pas se lasser de répéter à leurs apprentifs, comme les maximes fondamentales de l'Art, & qui pourroient être inscrites dans toutes les Boulangeries, pour rappeler les vrais principes.

Nous avons parcouru suffisamment les différens détails relatifs aux levains; savoir, leur nature, leur préparation, leur proportion dans le pétrissage, leur renouvellement & la manière de les raccommoder; chacune de ces opérations auroit même mérité d'être traitée dans autant d'articles séparés; mais pour éviter les répétitions, je me suis borné aux points principaux à connoître. Il ne nous reste plus à présent, pour terminer cet objet important de la Boulangerie, qu'à parler des substances dont on compose des levains pour ajouter quelquefois à ceux-ci, dans la vue d'en favoriser l'effet, ou bien qu'on substitue à leur place pour obtenir encore plus promptement le résultat qu'on desire. Ces substances sont connues sous le nom générique de *levains artificiels*.

ARTICLE VII.

Des Levains artificiels.

CET article seroit fort étendu, si j'y inférois un abrégé des différentes recettes essayées ou proposées comme levains artificiels; j'observerai seulement ici que les corps des trois règnes ont été employés à leur composition : la pressure, le blanc d'œuf, l'eau minérale acidule, la semence de citrouille, le millet, le son, les sucs des fruits récemment exprimés, telles sont les différentes substances que l'on a recommandé de mêler avec la farine pour en former des levains artificiels, & les faire servir ensuite à la fabrication du pain.

Mais il me semble que la dénomination de *levains artificiels* ne devroit convenir qu'à une matière déjà fermentante, éloignée de la nature du corps avec lequel on l'affocie pour y établir le mouvement de fermentation plus promptement qu'on ne pourroit le faire fi on l'abandonnoit tout fimplement à lui-même; ainfi la levure, la lie, la bière nouvelle, le cidre doux & le vin de Champagne, font par rapport au pain, des levains artificiels, tandis que le vin parfait, le vinaigre & l'eau-de-vie, ne doivent être confidérés que comme des fecours que nous avons confeillé dans les cas où il s'agit de ranimer une fermentation arrêtée.

Nous avons dit, en commençant le Chapitre des levains, que les corps fufceptibles de la fermentation, n'avoient pas befoin de levains pour fermenter, que l'hydromel, le cidre, le poirée, le vin, &c. s'obtenoient ordinairement fans aucun fecours étranger : il feroit également inutile d'ajouter à la farine autre chofe que de l'eau, & de l'abandonner enfuite à l'air libre; mais le principe fermentefcible s'y trouve plus enveloppé qu'il ne l'eft dans le fuc fucré des végétaux, il faut néceffairement l'aider par une matière déjà en fermentation, ou par des fubftances végétales, plus difpofées qu'elle à prendre ce mouvement inteftin.

La néceffité d'exciter la fermentation dans

une matière farineuse, soit qu'il s'agisse d'en obtenir une boisson ou un aliment, me paroît suffisamment démontrée par tout ce que nous avons rapporté touchant l'action des levains. Il est certain que sans la levure, la bière ne seroit pas une liqueur vineuse, sans le malt on ne retireroit que très-peu d'eau-de-vie de grain, enfin, sans le levain, la farine abandonnée à elle-même, aigriroit sans gonfler, sans se tuméfier, & l'on n'auroit qu'un pain fade ou aigre : d'après ce principe, les Brasseurs, les Bouilleurs & les Boulangers, doivent réunir leurs lumières & leurs efforts pour préparer un bon levain, l'introduire à propos & en proportion suffisante, puisque de ces trois circonstances dépend entièrement la réussite de leur opération.

Ce n'est cependant pas qu'on ne puisse, avec de la farine seule & de l'eau, composer un levain; pour cet effet, on prend la quantité de farine que l'on veut, on la mêle avec de l'eau bien chaude, on travaille peu le mélange que l'on tient très-mou, on l'expose après cela dans un endroit fort chaud, afin qu'il s'y aigrisse promptement, c'est ordinairement l'affaire de douze heures.

Dès que cette pâte a contracté une odeur

assez aigre, on la délaye dans la même quantité d'eau chaude & de farine pour en faire une pâte plus ferme, qu'on place sur le four, & qui n'est plus autant de temps à fermenter, on répète encore une fois cette opération, & on obtient un levain propre à être employé. C'est vraisemblablement de cette manière, comme nous l'avons déjà remarqué, que le premier levain aura été formé, & qu'il se sera perfectionné tout naturellement à force d'être renouvelé ; cette conjecture du moins me paroît plus probable que celle qui prétend en trouver l'origine dans des mélanges trop composés, pour jamais former de bons levains.

Il faut pourtant convenir qu'un levain préparé suivant la méthode ci-dessus énoncée, ne donne pas d'abord au pain toute la légèreté & la saveur qu'il peut avoir, par la raison, qu'étant trop long-temps à acquérir le point d'apprêt convenable, il est dans le cas de celui qui languit dans la fermentation ; mais il se perfectionne à mesure que l'on cuit & parvient dans les fournées suivantes à prendre tous les caractères d'un levain parfait. Il ne seroit donc pas nécessaire comme l'on voit, si l'on manquoit de levain, qu'on ne voulût pas en emprunter, & qu'on eût d'ailleurs le temps de le préparer, d'avoir recours à des matières étrangères toujours préjudiciables à la bonté du pain, puisque la farine combinée avec l'eau, dans l'état de pâte, peut devenir insensiblement un très-bon levain. Dans le cas où l'on desireroit avoir un levain artificiel sur le champ, on peut suivre la pratique des Anglois, adoptée dans plusieurs de nos Provinces; elle consiste à mêler de la levure avec de la farine & de l'eau, pour en obtenir une pâte qui lève très-rapidement; on l'appelle en Angleterre l'*éponge*, lorsqu'on y a ajouté un peu de sel, c'est-là le levain dont on se sert communément dans les endroits où l'on brasse, à la place du levain ordinaire.

La levure est le levain artificiel le plus généralement connu & le plus en usage dans la fabrication du pain; tantôt elle y est employée seule pour faire les fonctions du levain ordinaire, & tantôt aussi comme un moyen d'accélérer ce dernier, afin d'obtenir un pain qui ait plus d'apparence & de légèreté; mais c'est toujours un inconvénient que la fermentation soit trop vive ou trop lente. Il faut qu'elle commence doucement & augmente par degrés, sans éprouver aucune interruption dans son cours, afin que les parties du corps qui l'éprouvent s'affinent, se subtilisent & s'arrangent entre elles, ce qui ne peut avoir lieu d'une manière auſſi complète par un mouvement rapide, qui bouleverſe tout, ou par celui qui languit & fait tout le contraire.

Quoique je ſois dans la certitude que la levure faſſe rarement de bon pain, & qu'il ſeroit à ſouhaiter qu'on en proſcrivît l'uſage en Boulangerie, je ne puis néanmoins me refuſer de donner à ce levain artificiel un article, pour y traiter de ſa nature, de ſon commerce & de ſon emploi; car, quoique mes raiſons ſoient fondées (de l'aveu de quelques Boulangers éclairés par l'expérience), je n'oſe me flatter de faire revenir les eſprits prévenus à ce ſujet: mais n'importe, les vérités utiles doivent toujours être préſentées; il vient un temps où les nuages qui les couvrent ſe diſſipent.

Article VIII.

De la Levure.

La levure eſt cette matière mouſſeuſe, légère, graſſe & viſqueuſe, qui pendant la fermentation, ſe préſente ſous la forme d'écume à la ſurface de la bière, dès que cette liqueur a été miſe en tonneaux, qui ſort par le bondon, à meſure qu'on les remplit, & coule ensuite dans des baquets placés dessous exprès pour la recevoir.

La levure est ou fluide, ou solide; c'est sous cette dernière forme qu'on s'en sert le plus communément, & pour l'obtenir ainsi, on met la levure molle dans un sac, on en exprime doucement l'humidité par le moyen d'une presse, jusqu'à ce que la matière renfermée dans le sac soit sèche & ferme, ce n'est même que dans cet état qu'on peut la conserver, la transporter, & qu'elle est commerçable. Nos Vinaigriers s'y prennent de la même manière pour obtenir la lie sèche.

On reconnoît que la levure est de bonne qualité lorsque sa couleur est d'un blanc jaunâtre tirant sur le chamois : cette couleur, il est vrai, varie en raison de l'état où se trouvoit l'orge, de la quantité de houblon employé, & de l'espèce de bière qu'on a brassée : la bonne levure se rompt nettement, & n'exhale aucune odeur aigre, la mauvaise est gluante, molle, désagréablement aigre & noirâtre à sa superficie.

Mais les Boulangers sont très-souvent la dupe des belles apparences de la levure, les Marchands en ce genre savent lui donner une couleur & un air de fraîcheur qui en imposent même aux connoisseurs, en y mêlant de la farine qu'ils pétriſſent enſemble : trompés eux-même quelquefois par ceux qui leur envoient cette marchandiſe ou qui la tranſportent; ils vendent, ſans le ſavoir, une levure raccommodée ou alongée, qui dans cet état ne produit plus que très-peu d'effet.

La levure fraîche peut être comparée au levain jeune; d'abord elle n'a nulle odeur aigre; délayée dans l'eau, elle ne rougit pas le papier bleu, n'occaſionne aucune efferveſcence avec les alkalis; & diſtillée à feu nu, elle ne fournit qu'une liqueur gaſeuſe volatile qui n'eſt pas inflammable.

La levure ancienne ou aigre peut être également comparée au levain vieux, elle change en rouge la teinture bleue ou violette des végétaux, fait efferveſcence avec les alkalis, exhale l'odeur aigre & donne de l'eſprit ardent par la diſtillation; mais que ſes effets ſur la pâte ſont différens de ceux du levain !

La levure nouvelle a une action vive, prompte & marquée ſur la pâte, le levain jeune, au contraire, agit doucement & d'une manière preſque inſenſible; chaque molécule qui conſtitue la levure, ſe trouve en pleine fermentation, au lieu que dans le levain il n'y en a pas la vingtième partie qui ſoit dans cet état, excepté

la

la substance muqueuse sucrée, qui a passé à la fermentation, l'amidon s'y trouve en entier; aussi estime-t-on qu'une livre équivaut ordinairement à la quantité de levain qu'on doit employer pour faire une fournée, c'est-à-dire, environ quatre-vingts livres.

Le levain fort ou aigre, produit sur la pâte un effet plus considérable que la levure aigre ou passée : dans le premier cas, la fermentation continue, & il se trouve une plus grande quantité de matière en action : dans le second cas, au contraire, cette fermentation s'affoiblit, & la moitié de la levure tournée est dans un état d'inertie ; d'où il résulte qu'il faut en employer davantage pour produire un effet moindre : c'est précisément tout le contraire pour le levain dans l'état aigre ou fort.

En supposant que la levure étoit nouvelle au moment où on l'a employée, que l'on n'en a mis que la dose nécessaire pour l'espèce de pâte & suivant la saison, que le pain dans lequel on la fait entrer, a été parfaitement fabriqué, qu'il ne lui est rien arrivé pendant la fermentation & la cuisson ; ce pain, dis-je, ne pourra jamais être mis en parallèle avec celui fait de levain jeune au lieu de levure; s'il est passable le premier jour, le lendemain il est sec, gris, s'émiette aisément, a une saveur amère, désagréable, qui se communique aux potages & autres mets.

La pâte faite avec la levure est moins tenace & moins longue que celle où il n'y a que du franc levain ; la fermentation s'y établit trop promptement, elle fond & mollit à l'apprêt ; souvent au four elle s'aplatit tout-à-fait ; l'autre a une ressource de plus, quand elle seroit même un peu trop prête elle bouffe encore au four ; ainsi les levains à levure sont très-infidèles, & manquent presque toujours leur but, quant à l'apprêt, à la blancheur & au goût de l'aliment qui en résulte, en sorte que la plupart du temps on ne fait que de très-mauvais pain avec la plus belle farine, comme nous le prouverons.

La levure très-fraîche a une action si vive & si prompte, qu'en été les Boulangers ont à peine fini de tourner leurs derniers pains, que les premiers sont déjà prêts : la levure un peu ancienne, sans être altérée, n'a plus la même propriété ; enfin celle qui est passée n'en a pas du tout, seulement son introduction dans la pâte leur donne de l'amertume & de l'aigreur sans légèreté.

Si les effets de la meilleure levure sont souvent équivoques, que peut-on espérer de celle qui sera inférieure ou altérée ? Nos Brasseurs de Paris font assez de bière en été pour fournir aux Boulangers la quantité de levure qu'ils consomment ; mais pendant l'hiver on la tire de Picardie & de Flandre ; il est rare dans les chaleurs que cette denrée arrive en bon état, dans les différens endroits où on la transporte ; un coup de tonnerre, un vent de sud, quelques exhalaisons fétides suffisent pour la gâter en chemin : étant susceptible de tourner aussi rapidement que le poisson de mer, il est bien étonnant qu'on n'use pas toujours pour elle des mêmes précautions, je veux dire qu'on ne la voiture pas également en poste, sans mettre de Lille ou de Valenciennes, par exemple, quatre ou cinq jours pour nous l'apporter.

On ne peut douter que la levure transportée ne dépérisse sur la route ; il est dit dans les statuts des Brasseurs, qu'il ne sera colporté aucune levure de bière, mais qu'on la vendra toute dans la Brasserie, aux Boulangers & aux Pâtissiers, & non à d'autres ; que les levures venant de Flandre, &c. seront visitées par les Jurés avant d'être exposées en vente : il seroit bien à desirer que le respectable Magistrat qui préside aujourd'hui à la police de Paris, voulût bien faire exécuter ces Règlemens que la sagesse a dictés, & les perfectionner pour le bien public, dont il s'occupe passionnément.

L'influence des temps & des émanations sur la levure, ne sont pas les seuls fléaux de cette matière; les Boulangers en ont encore d'aussi puissans pour le moins à redouter; la plupart d'entre eux s'abonnent pour la fourniture de la levure, dont ils ont besoin toute l'année, parce qu'il y a des temps où elle vaut un ou deux sous la livre, & d'autres où elle va jusqu'à trente & quarante sous; mais les conditions du marché, quelles qu'elles soient, ne leur sont pas toujours très-favorables; quand la levure est à vil prix on la leur livre excellente, mais dès qu'elle renchérit, ils sont exposés à ne recevoir que des levures de rebut qu'on a raccommodées ou qui sont même un peu passées : la levure fraîche est vendue à ceux avec lesquels on n'a fait aucun engagement, en sorte que ce sont toujours les marchands qui gagnent à ces arrangemens, parce que les Boulangers de leur côté ne pouvant rien faire de la levure altérée ou médiocre qu'on leur fournit, en vont acheter de meilleure chez les levuriers.

Rien n'est donc plus difficile de conserver long-temps en bon état que la levure, celle qui est liquide sur-tout passe à l'aigre, & même à la putréfaction avec une vîtesse incroyable ; comment en effet arrêter une matière qui fermente, sans la souftraire en même temps à l'accès de l'air extérieur ? Nous ne saurions trop inviter les Marchands qui font le commerce de la levure, de la tenir en petites masses bien renfermées afin de ne pas être obligés d'en détacher continuellement des morceaux & de la gâter, ensuite de l'exposer dans un endroit frais & sec ; en s'efforçant de la raccommoder, ils exposent les Boulangers à des pertes inévitables, & le Public à être mal servi ; il vaut mieux, sans doute, la payer quelque chose de plus, & être assuré qu'elle est nouvelle & pure.

On sait que la levure manque son effet les trois quarts de l'année, & que les Boulangers qui l'emploient en qualité de levain, ne sont jamais certains du succès de leur fournée ; quand on leur a vendu de la levure ancienne ou raccommodée, ils ne peuvent guère s'en apercevoir qu'à l'état du levain qui en résulte : une fois manqué, il faut, sans perdre de temps, songer à se procurer une meilleure levure ; leur position devient bien critique quand les levuriers auxquels ils s'adressent sont dans l'impuissance de satisfaire à leurs demandes ; obligés pour lors de courir de Marchands en Marchands, la nuit se passe en essais & dans les tourmens : le jour paroît, l'instant de la vente arrive, les pratiques viennent en foule crier contre le Boulanger qui a manqué l'heure; & ne pouvant fournir que du mauvais pain qui lui revient plus cher qu'on ne le lui paye, il essuie de toutes parts des reproches pour son retard & la mauvaise mine de sa marchandise: heureux encore si, pour comble de disgrâce, la Police ne le met pas à l'amende !

Ces évènemens trop communs ne devroient-ils pas déterminer les Boulangers, maudissant si souvent la levure qui en est la cause unique, à l'abandonner au moins comme levain : asservis déjà par des peines & des embarras attachés à la profession qu'ils exercent ; pourquoi les augmenter encore par un joug onéreux, qu'il seroit si aisé & si avantageux de secouer! Nous déplorons sincèrement l'aveuglement où sont plongés à cet égard les Boulangers, mais dans ce moment, c'est moins encore leur intérêt qui nous anime que la bonne qualité du pain que nous considérons.

Quel que soit donc le rapport sous lequel on puisse envisager la levure, il n'est pas permis d'avoir de ses effets, sur la pâte & dans le pain, une idée bien favorable ; si elle est nouvelle, elle détermine souvent trop vîte la fermentation;

quand elle est ancienne ou raccommodée, elle ne produit pas suffisamment d'effet, & rien du tout, lorsqu'elle est tournée; mais dans tous ces cas, elle communique de la couleur au pain, détruit sa saveur naturelle pour lui communiquer la sienne qui est quelquefois très-amère.

Si à force de soins & de réflexions on rencontre encore beaucoup de difficultés pour bien conduire les levains, relativement à la quantité & à l'état où ils doivent être suivant les saisons & l'espèce de farine, pourra-t-on jamais se flatter d'être maître de la levure, dont les effets varient à tout moment, & qui a encore pour défaut capital d'exiger, dans toutes les saisons indistinctement, de l'eau chaude, qui diminue l'effet de ce principe si essentiel à la perfection du pain (la matière glutineuse) pour lequel nous avons tant recommandé l'eau froide ou tiède? Si je ne suis pas le premier qui fasse des reproches à la levure, je crois pouvoir assurer que personne n'a plus été à portée que moi d'en apercevoir l'inutilité, l'abus & l'usage; on sait qu'il s'est élevé des contestations à ce sujet; c'est même ce qui a donné lieu à ce badinage ingénieux, que M. de la Condamine a publié dans les dernières années de sa vie, sous ce titre: *Le pain mollet*. Ce Philosophe estimable qui savoit employer toutes sortes d'armes pour le progrès de la raison & le bien de l'humanité, met dans la bouche de *Guy-Patin*, une harangue plaisante à ses confrères, contre *Perrault* qui étoit *pain molliste*, en ajoutant cette expression :

Il conclud que la mort voloit
Sur les ailes du pain mollet.

Le Parlement, pour terminer la querelle, avoit rendu, en 1670, un Arrêt par lequel il enjoignoit aux Boulangers de ne se servir de la levure qu'autant qu'ils l'associeroient avec le levain, & qu'ils n'emploîroient que celle préparée sur les lieux ; mais j'ose bien assurer que la Cour auroit proscrit la levure de la Boulangerie, sans réserve ni aucune modification, si dans ce temps, la nature des levains de pâte eût été appréciée & connue ; si l'on eût su les mieux diriger dans leur apprêt & dans leur emploi, les fixer au terme où ils doivent être, & les raccommoder quand ils ont quelques légers défauts, de manière à pouvoir en obtenir constamment un pain aussi léger, plus blanc, plus savoureux & plus agréable que n'est & ne sera jamais celui préparé avec de la levure.

Il m'est indifférent de pénétrer dans les motifs qui ont pu déterminer les Boulangers de Gonesse, *ennemis nés du pain mollet*, à dénoncer alors au Parlement le pain dans lequel il y avoit de la levure, comme un dangereux aliment; il m'importe peu également de connoître les raisons que les Médecins eurent pour prononcer en faveur de la levure; tout ce que je sais, c'est que si elle ne préjudicie pas directement à la santé, elle altère notre nourriture principale, elle n'est pas analogue à la pâte comme le levain, elle s'y trouve séparée sans être confondue ni combinée avec les autres parties constituantes du pain; enfin, c'est dans les pays où l'on brasse, & où par conséquent la levure est la plus commune, que le pain est constamment moins bon que dans les contrées où l'on ignore l'usage de la levure; dans celles-ci, cet aliment est plus agréable & plus savoureux : mais, quoique je me sois appuyé sur l'expérience & la raison pour donner mon avis concernant la levure, afin d'en circonscrire l'usage, je présume à regret que j'aurai long-temps pour devise, *vox clamantis in deserto.*

De la Levure employée comme Levain.

L'imperfection des levains, l'ignorance dans laquelle on étoit autrefois de les renouveler & d'en tirer le meilleur parti dans la fabrication du pain, firent recourir à quelques essais, pour obtenir en moins de temps une fermentation plus complète : rien, fans doute, n'étoit plus capable de feconder ces vues que la levure, puifqu'employée à la place du levain, elle permet de moins travailler la pâte, de la faire lever plus aifément, & n'affujettit pas dans fa prépation à ces foins multipliés qu'exige l'opération de rafraîchir les levains ; ainfi on s'en impofa fur les effets de la levure, parce que dans le vrai, ceux du levain de pâte lui-même n'étoient pas plus parfaits.

Dans les premiers temps, on ne fe fervoit de la levure que pour faciliter l'apprêt des petits pains à café ; jufque-là cet ufage n'avoit rien qui pût être préjudiciable, mais comme les meilleures chofes dégénèrent prefque toujours en abus, non-feulement on introduifit la levure en trop grande quantité dans ces mêmes petits pains, mais on la fit entrer encore, d'abord affociée avec le levain dans la compofition du pain demi-mollet, & après cela on réforma toutà-fait le levain pour n'employer que la levure ; telle eft actuellement la pratique de beaucoup de Boulangers de Paris & des autres pays où l'on braffe.

Pour faire le levain à la levure, on fait une petite fontaine dans laquelle on verfe une certaine quantité d'eau chaude pour délayer la moitié de la levure qu'on deftine au pétriffage ;

on en forme une pâte plus molle que ferme, principalement en hiver, & on la travaille peu : si on veut que ce levain aille vîte, ou qu'on craigne que la levure ne soit pas assez active, on le met dans une corbeille près du four : on ne doit jamais attendre que ce levain soit parvenu entièrement à son apprêt. Il est bon de l'employer très-jeune, car passé, il ne produit plus qu'un mauvais effet. Il y a des Boulangers qui ne font pas de levains à la levure, ils l'introduisent tout de suite dans le pétrissage ; ils pratiquent une fontaine dans laquelle ils délayent la quantité de levure suffisante, en ajoutant l'eau nécessaire au pétrissage ; mais c'est la plus mauvaise méthode qu'il soit possible de suivre, parce qu'il faut toujours connoître le degré de force de la levure, afin que dans toutes les saisons, l'apprêt de la pâte n'aille ni trop vîte, ni trop lentement. Pour acquérir cette connoissance, la préparation du levain de levure servira d'essai, & cet essai pourroit avoir lieu en petit, afin d'être assuré de la qualité de sa levure, & de ne pas être pris la nuit au dépourvu ; mais il arrive souvent que la levure qui n'a pas trompé au commencement du travail, dégénère dans l'intervalle des autres fournées, parce que les garçons l'ont laissé trop près du four ; & c'eſt encore une preuve nouvelle des mauvais effets de la levure.

En parlant des circonſtances particulières qui interrompoient la fermentation des levains & les mettoient hors d'état de pouvoir être employés immédiatement à la fabrication du pain, nous avons indiqué aux Boulangers les moyens dont ils pouvoient ſe ſervir pour les conſerver & les raccommoder. Nous n'avons pas les mêmes reſſources à leur offrir à l'égard des levains compoſés de levure ; une fois gâtés, on ne peut les rétablir : il eſt même démontré que le défaut ordinaire de ces levains, c'eſt de ne jamais être pris dans l'état jeune, parce que cet état eſt inſtantané, & que pour le ſaiſir, il n'y a abſolument qu'un moment. Comme la fermentation de la levure va toujours trop vîte, les nuances du mouvement inteſtin qui s'y paſſe ſont à peine perceptibles pour les ſens.

De la Levure employée avec le Levain.

Toutes les fois que la levure eſt employée concurremment avec le levain pour accélérer l'apprêt de la pâte & lui donner plus d'apparence & de légèreté, ce n'eſt jamais que dans le pétriſſage qu'on la fait entrer, parce que mêlée d'abord dans les levains, elle forceroit leur apprêt & les décomposeroit ; on doit suivre pour cet effet les deux méthodes différentes que nous avons déjà proposées.

Quand on pétrit sur levain, comme on a, indépendamment du levain *de tout point*, un levain *de seconde* pour les fournées suivantes ; on peut, sans inconvénient, mêler la levure dans la fontaine, & même dans la délayure du levain ; mais il n'en est pas ainsi lorsqu'on pétrit sur pâte, il faut quand le pétrissage est achevé, c'est-à-dire, que la pâte a été suffisamment rassemblée, commencer par mettre à part la portion de pâte destinée à servir de levain *de tout point* pour la fournée qui succède ; on délaye la levure dans un peu d'eau, on la répand sur la pâte, ces précautions doivent être d'autant plus recommandées, que si la levure manque son effet, au moins le levain y supplée-t-il ; l'apprêt devient seulement plus lent.

Les Auteurs qui ont avancé qu'on mettoit moins de levure dans les dernières fournées que dans les premières, auroient dit tout le contraire, s'ils eussent parlé d'après l'expérience : pour peu qu'on daigne se rappeler ce que nous avons dit à l'occasion de l'effet des levains qui s'affoiblissoient, à mesure qu'on faisoit des fournées, que c'étoit à cause de cela que nous avons insisté de doubler la quantité de levain ; ainsi, sans ajouter plus de levure aux dernières fournées, il suffit seulement d'augmenter la quantité de levain.

N'oublions pas de faire ici une remarque : le seul temps où la levure pourroit être de quelque utilité dans la composition du pain, c'est précisément celui où étant plus rare & plus chère, beaucoup de Boulangers l'emploient le moins ; on sait que dans les grands froids la fermentation a besoin d'être aidée, & qu'alors un peu de levure réussit très-bien ; mais dans l'été, où il s'agit de tempérer l'action des levains & de la pâte, n'est-ce pas le comble de l'aveuglement, de voir les Boulangers plus disposés alors d'employer de la levure en quantité, parce qu'elle est commune ! ils ont pourtant une intention, le bon marché les sollicite & le travail plus facile & plus prompt, mais si la cherté & la rareté forcent les Boulangers à se passer de levure en hiver, n'ont-ils pas une facilité plus grande de ne pas l'employer dans des temps plus doux.

M. Brocq, moins à même par sa position qu'aucun Boulanger, d'avoir d'autre levure à l'instant où la sienne manquoit, a cherché des ressources dans les levains eux-mêmes pour y suppléer, & ce n'a pas été sans fruit ; car, il est parvenu avec un levain de pâte travaillé & bien gouverné, à obtenir un pain qui le dispute pour la légèreté, à celui dans lequel il y a de la levure, mais qui l'emporte de beaucoup pour la blancheur & le goût; avantage d'autant plus précieux, que le pain préparé de cette manière est toujours égal & se conserve plus long-temps frais. Nous ne doutons pas qu'on n'adopte cette méthode, puisqu'en faisant du pain plus agréable & plus salubre, on évitera des frais inutiles, les accidens, les plaintes du Public & les reproches que font les Maîtres à leurs garçons, qui, indépendamment de leur négligence naturelle, commettent des fautes qui viennent particulièrement des variétés infinies auxquelles la levure est sujette.

Quand le tableau des inconvéniens que l'usage de la levure entraîne après soi dans la fabrication du pain, fera-t-il ouvrir les yeux aux Boulangers sur leurs véritables intérêts ! quand voudront-ils se persuader qu'il est possible de faire du pain au lait très-léger, sans le secours de la levure, en réglant bien l'apprêt & la quantité de leurs levains, & que par ce moyen, ils peuvent s'épargner une foule de sollicitudes, d'embarras, & de dépenses qui accompagneront éternellement l'emploi de la levure le mieux dirigé ? mais enfin, si l'habitude & les préjugés les dominent au point de croire qu'on ne peut venir à bout d'obtenir cette espèce de pain sans levure, cause de sa petitesse, & de la nécessité qu'il soit cuit dès l'aube du jour; au moins, qu'ils tentent quelques essais, pour se convaincre combien il est facile de s'en passer pour le pain qu'ils appellent *demi-mollet*, & dont le volume est assez considérable pour qu'il lève aisément; alors la petite quantité de levure dont ils auroient besoin pour leurs petits pains de fantaisie, n'excédera peut-être plus celle qu'on a la liberté de se procurer sur les lieux; ils ne feront plus autant exposés à être trompés sur la qualité de cette denrée, qui, dans certain temps, est assez rare, pour ne pas permettre au Marchand le moins cupide, de jeter celle qui est gâtée, parce qu'il est obligé de fournir toujours la même quantité, & la levure qu'on fait à Paris, suffira pour la consommation, sans qu'il soit nécessaire d'employer celle qui vient de loin, souvent altérée, que les Marchands, pour satisfaire à l'empressement de leurs pratiques, alongent encore ou raccommodent. Enfin, la levure est de toute inutilité; son usage dans toutes les circonstances est au moins abusif, & devient un surcroît de dépense; ainsi, le Fabriquant & le Consommateur doivent également s'intéresser à cette réforme.

CHAPITRE IV.

CHAPITRE IV.
De la Pâte.

ARTICLE PREMIER.

Des Ustensiles nécessaires à la préparation de la Pâte.

UNE Boulangerie placée avantageusement, & autant bien que les circonstances peuvent le permettre, doit être construite de manière qu'il ne se perde aucune chaleur pendant l'hiver, & qu'en été il soit possible d'y établir un très-grand froid : il faut aussi qu'elle soit suffisamment garnie des ustensiles nécessaires aux différentes opérations que la farine subit avant d'être changée en pain ; & sur-tout que ces ustensiles soient commodes & bien entretenus ; car, on ne sauroit croire combien la propreté des instrumens & leur forme influent sur les corps en fermentation : *Gmelin* remarque que l'eau-de-vie des Chinois doit sa saveur dégoûtante & nauséabonde, à la malpropreté des vases dans lesquels on la prépare.

La propreté, si essentielle dans toutes les circonstances de la vie, devroit toujours être la première loi de ceux qui font voués à la préparation de nos alimens : si l'on mettoit le meilleur vin dans des fûtailles où il y auroit eu du vinaigre putréfié, ce vin ne feroit même pas du vinaigre, il fe corromproit immédiatement. Il en eft de même de la corbeille, du pétrin ou des panetons, dans lefquels il feroit refté de la pâte en fermentation ; le levain & la pâte, qui y féjourneroient, acquerroient bientôt une aigreur qui rendroit le pain défagréable.

Du Baffin & de la Chaudière.

Il feroit à fouhaiter qu'on pût bannir à jamais de l'ufage économique les uftenfiles de cuivre : quand ce métal ne feroit pas dangereux par lui-même, il le devient fi aifément & fi fouvent par la moindre inattention, par le plus léger oubli, qu'on ne fauroit trop fe méfier de fes effets, ni affez applaudir aux vues bienfaifantes du Roi, qui vient, pour ces raifons, d'interdire les vafes de cuivre à quelques Marchands.

Le baffin eft un vaiffeau de cuivre, de forme ronde, garni d'une anfe de fer, deftiné à mefurer l'eau, & à la verfer dans les feaux. Ce vaiffeau eft rarement propre, les garçons s'en fervent ayant les mains remplies de pâte, ils y laissent des croûtes qui s'attachent à la surface externe & interne, deviennent aigres, attaquent & dissolvent le métal, tombent ensuite avec l'eau, se délayent & entrent dans la composition du pain : quelques Boulangers à qui j'ai donné la preuve de ce que j'observe, ont déjà pris le parti de substituer au cuivre, le fer-blanc ou le bois.

Il n'en est pas de même de la chaudière, destinée à chauffer l'eau pour pétrir ; elle ne peut guère être d'un autre métal que de cuivre, à cause de la nécessité dans laquelle on est de l'établir à demeure ; on pourroit seulement la faire en cuivre jaune, parce que l'alliage du zinc partage & affoiblit la vénénosité du cuivre ; mais comme il n'entre que de l'eau dans la chaudière, & qu'elle n'est pas exposée au contact de l'air humide, le verd-de-gris s'y forme difficilement, sur-tout lorsqu'on a l'attention de la récurer une fois au moins toutes les semaines, de la mettre à sec avec une éponge aussitôt que le pétrissage est fini, & de l'essuyer avec un linge très-propre. Il convient que la chaudière se trouve environnée de maçonnerie, en y ménageant une porte suffisamment grande pour y aborder librement ; il faut que le robinet du réservoir soit placé au-dessus de la chaudière,

& qu'il s'en trouve un autre au bas, comme une fontaine, afin de ne pas être obligé de la découvrir continuellement, & de puiser l'eau avec des vaisseaux mal-propres extérieurement.

La chaudière est toujours proportionnée à la quantité de pain qu'on fabrique; il est bon même qu'elle soit plus grande, afin qu'il reste toujours environ un seau d'eau au fond, sauf à la jeter après tous les pétrissages.

On doit faire en sorte de placer cette chaudière à un des côtés du four où l'on pratique un conduit par lequel on fait tomber toutes les braises qui résultent du menu bois servant à éclairer le four; c'est un moyen économique d'échauffer la chaudière; vase qui devroit être défendu en été, & même cadenacé par les Boulangers, afin que leurs garçons n'emploient pas malgré eux de l'eau chaude, soit par habitude ou pour aller plus vîte.

Du Pétrin.

La forme du pétrin varie comme ses dimensions & l'espèce de bois dont on le construit; c'est ordinairement une auge ou coffre long, plus étroit à sa partie inférieure qu'à son ouverture, d'une capacité plus ou moins considérable, en raison de la quantité de pain qu'on doit faire; mais rarement il est assez grand pour permettre de pétrir à un bout, & de préparer les levains à l'autre bout, en sorte que souvent ces deux opérations se nuisent & se confondent. Un pétrin de douze pieds est d'une grandeur honnête pour travailler dans ses deux extrémités.

Une forme plus commode de pétrin, & que l'on devroit préférer à celle du carré-long, c'est la forme demi-cylindrique, ou celle d'un tonneau qu'on auroit coupé par la moitié dans toute sa longueur, on y remue plus aisément la pâte, elle s'y trouve mieux rassemblée, & facilite davantage les bras du pétrisseur qui fatigue beaucoup moins ; d'ailleurs, on nétoye plus exactement ce meuble ; ce qui est un très-grand avantage ; car, on ne sauroit être trop attentif à entretenir le pétrin dans la plus grande propreté.

Le pétrin est encore connu sous le nom de *moie* ou de *huche*, on doit le faire du bois le plus dur & le moins poreux, tels que le noyer & le cormier : le pétrin dont on se sert à Paris, a précisément la forme d'un tombeau ; mais cette forme, je le répète, est la moins commode, outre qu'elle ne réunit pas les avantages du demi-cylindre dont nous venons de parler, elle a encore l'inconvénient de permettre à l'eau de séjourner dans les angles ; de dissoudre insensiblement le bois, & de pénétrer ensuite à travers ou par les interstices; combien de fois n'a-t-on pas vu le levain délayé & étendu s'échapper au moment du pétrissage ? au moins faut-il pour y remédier, bien garnir ces angles de farine entassée, afin d'y contenir l'eau destinée à faire la pâte.

Il est bon que le pétrin ne soit, ni trop près du four, ni trop éloigné, dans la crainte, en été, qu'une chaleur vive n'accélère l'apprêt, & ne fatigue le pétrisseur, ou que dans l'hiver, la pâte ne refroidisse; il faut donc que le pétrin soit placé dans un lieu fort clair & situé favorablement pour l'ouvrier, afin qu'il puisse y voir & travailler à l'aise : s'il est sous une fenêtre, on l'ouvrira en été, afin de tempérer la fermentation; on la fermera, au contraire, en hiver pour garantir le levain & la pâte, des impressions de l'air : il faut encore que le couvercle joigne exactement, & qu'il n'y ait pas dans le voisinage du pétrin, d'égoût ou de matière en putréfaction.

Il seroit essentiel que le magasin à farine fût prolongé jusque sur le fournil, & qu'on pratiquât une ouverture à laquelle on adapteroit une espèce de poche de peau, qui conduiroit la farine dans le pétrin; par ce moyen, on éviteroit le transport des sacs ou des corbeilles qui occasionne de l'embarras & du déchet : il en résulteroit d'ailleurs un autre avantage, la farine placée ainsi en hiver, acquerroit un degré de sécheresse & de chaleur, qui permettroit d'employer l'eau plus tiède, & procureroit un meilleur travail : il faudroit cependant éviter en été, si les planchers étoient fort bas, & que les farines fussent humides, de les y laisser séjourner long-temps, parce qu'avec la disposition qu'elles ont à fermenter, elles ne tarderoient pas à s'échauffer & à s'altérer : aussi, dans ce cas, on doit faire attention de n'y laisser que la quantité nécessaire de sacs pour la consommation de quelques jours.

Le pétrin a plusieurs outils, le coupe-pâte & le grattoir sont les plus essentiels ; tous deux en fer, l'un sert à ratisser l'intérieur du pétrin quand on fait la pâte, à détacher celle qui tient aux mains & au pétrin, à découper la pâte, à la diviser à mesure qu'on la tourne ; l'autre, qui est le grattoir, ne sert que quand le travail est fini, il ratisse les recoins du pétrin : dans l'intérieur du pétrin, on a des planches de la hauteur & de la largeur de cet instrument pour rassembler la farine, la contenir, ainsi que la pâte dans le pétrissage. Il doit y avoir encore aux environs du pétrin des broffes pour ramaffer la farine & les ratiffures éparfes, le bien nétoyer en dedans & en dehors : dans l'été on pourroit de temps en temps le laver. Enfin, les proportions que doit avoir le pétrin font ordinairement réglées fur la quantité de pâte qu'on a befoin d'y travailler ; mais il faut toujours qu'il foit plus long que large, & profond, parce que celui qui manie la pâte a plus de moyens de la retourner & de lui donner les différens mouvemens néceffaires pour qu'elle devienne tenace, égale, légère & fort longue.

Des Corbeilles & des Panetons.

Les corbeilles fervent affez ordinairement à renfermer les différens levains, pendant qu'ils s'apprêtent ; on les emploie auffi à porter la farine du magafin dans le pétrin, afin d'éviter l'embarras de ces facs, dont le poids, & quelquefois l'éloignement, gênent beaucoup. La matière dont ces corbeilles font tiffues eft d'ofier ou de jonc ; mais l'ofier eft préférable à caufe de fa grande folidité ; cependant il laiffe des intervalles à travers lefquelles la farine s'échappe en la tranfportant & la verfant ; d'un autre côté, ce qui s'attache au dedans forme à la longue des grumeaux qui s'aigriſſent, durciſſent, & ſe mêlent ainſi dans la farine & dans la pâte, à laquelle ils peuvent préjudicier : cet inconvénient ſeroit ſauvé, en garniſſant l'intérieur des corbeilles d'une toile, au moyen de laquelle on ne perdroit pas de farine, & on détacheroit facilement ce qui adhéreroit ; au reſte les corbeilles plus élevées que larges, feront toujours les plus commodes pour protéger l'apprêt du levain.

Les panetons ſont de grandeur & de forme différentes entre eux, tantôt ils ſont longs & étroits, tantôt entièrement ronds ; mais leur intérieur eſt toujours revêtu d'une toile, & ils ſervent à contenir la pâte juſqu'à ce qu'elle ſoit prête à être enfournée. Il y en a de pluſieurs dimenſions pour les pains ronds de douze, de huit, de ſix & de quatre livres ; pour les pains longs de huit, de ſix, de quatre, de trois & de deux livres : on ne ſauroit trop prendre garde que la grandeur des panetons ſoit analogue au poids & à l'eſpèce de pain qui doit s'y apprêter, parce que le volume que la pâte doit acquérir inſenſiblement pour être à ſon vrai point, peut ſe manifeſter par la hauteur du paneton qu'elle occupe.

Comme la pâte qui touche à la toile du

paneton laisse une humidité qui, mouillant le petit son dont on saupoudre l'intérieur, y forme en peu de jours un enduit que la chaleur du fournil, le défaut d'air & les panetons en pile font fermenter, ce qui communique un goût de relan au pain qu'on ne manque pas d'attribuer à la farine, & qui est dû entièrement à la négligence des garçons ; il faut alors les bien gratter, les brosser & les exposer à l'air sec.

Indépendamment des corbeilles & des panetons, il y a encore dans les Boulangeries d'autres vases d'un usage moins commun, mais qui servent cependant ; ce sont des sebilles, des plateaux & des baquets faits & tournés en bois de hêtre ; suppléant, dans quelques cantons, au défaut des corbeilles toujours préférables quand on aura de l'osier ; à l'égard des baquets dans lesquels on met le levain s'apprêter, leur forme évasée devroit les faire proscrire, parce qu'elle est contraire au travail de la fermentation de la pâte.

De la Couche & des Couches.

On a confondu la couche avec les couches, comme il arrive souvent qu'on prend la partie pour le tout : chez la plupart des Boulangers, la couche n'est autre chose qu'une table solide montée fur des tréteaux, garnie de toile, & où l'on range la pâte pefée, divifée & tournée, pour qu'elle s'apprête enfemble, au lieu de la diftribuer dans les panetons qui doivent toujours être employés, quand les pains pèfent plus d'une livre : on dit alors que *la pâte eft fur couche.*

Mais les bons Boulangers qui favent combien les uftenfiles commodes peuvent influer fur la perfection de l'ouvrage, ont une couche infiniment mieux difpofée, c'eft une armoire compofée de cinq à fix tiroirs arrangés les uns au-deffus des autres, dont la partie antérieure bordée d'une planche, s'ouvre & fe ferme à volonté, par le moyen de deux verroux placés aux extrémités ; de cette manière, la chaleur s'y conferve, & on ne perd pas de place. On commence par le premier tiroir d'en bas, on tire à foi la tablette fur laquelle on étend des toiles, lorfqu'une fois la portion de pâte figurée en pain eft mife, on fait un pli qui dépaffe toujours la hauteur du pain, afin que le fecond pain placé à côté, n'adhère pas au premier en prenant fon apprêt, & ainfi de fuite, jufqu'à ce que le tiroir foit rempli.

On appelle *les couches*, les toiles plus ou moins larges, plus ou moins longues, qu'on étend sur la couche, & qui servent à recouvrir le pain pendant tout le temps qu'il s'apprête. Il faut les laver, les tenir bien sèches, & les mettre à l'air, sur-tout en été, où tous les vaisseaux devroient arrêter la pâte qui fermente toujours trop vîte.

Article II.
Du Sel dans la pâte.

LE sel & le sucre sont les assaisonnemens les plus communs dont nous nous servions pour relever la fadeur des mets, les rendre plus agréables au palais, & augmenter leur vertu nutritive : la Nature associe quelquefois ces deux substances avec l'aliment lui-même, en sorte qu'il ne nous reste plus qu'à employer certains agens, comme la fermentation & la chaleur du feu, pour, en la développant, former un mixte savoureux & substantiel, propre à réparer les pertes continuelles de l'économie animale.

Le grain, après la germination, est plus sucré ; la viande, après être faisandée, a plus de goût ; le marron, après qu'il a été rôti, est plus sapide ; enfin, la farine, après avoir éprouvé le mouvement de la fermentation & la chaleur de la cuisson, a infiniment plus de saveur ; voilà donc des substances fades, devenues savoureuses, sans l'addition d'aucun assaisonnement étranger ; c'est un principe certain, que les alimens & les boissons ne produisent leurs véritables effets, qu'autant qu'ils sont doués de la sapidité ; une eau fade est pesante à l'estomac, le pain azyme se digère difficilement, &c.

En traitant de la levure, j'ai dit qu'il y avoit une infinité de grandes Villes en France, où l'on ignoroit absolument son usage ; qu'à Paris même où l'on s'en servoit, quelques Boulangers avoient la bonne habitude de ne jamais l'employer, excepté dans leurs petits pains & lorsqu'il falloit hâter la fermentation, qu'il étoit impossible de déterminer l'intensité de son effet sur la pâte, à cause de sa trop prompte action, ni de la comparer à celle d'une quantité donnée de levain, puisqu'elle dépendoit du degré de fermentation où elle se trouvoit, de la quantité & de l'espèce de farine, de la température de l'atmosphère & du lieu où l'on opéroit ; de l'apprêt & de la dose de levain avec lequel on l'associoit dans le pétrissage, & de l'espèce de pain qu'on se proposoit de faire ; que tout bien considéré, la levure étoit rarement utile, toujours coûteuse, jamais indispensable, principalement dans les saisons où on l'employoit le plus abondamment ; qu'enfin, elle n'étoit nullement essentielle au pain, qu'on pouvoit aisément se passer de cette dépense, qui étoit pour le moins superflue.

Je pourrois presque faire les mêmes réflexions à l'égard du sel qu'on introduit dans la fabrication du pain, c'est sur-tout dans les provinces méridionales du Royaume, que cet usage est adopté & suivi ; cependant les blés de ces contrées sont ceux qui ont le moins besoin de cet assaisonnement. Ils portent avec eux ce *goût de fruit* que le broiement, la fermentation & la cuisson, développent, ce qui donne au pain une saveur de noisette ; saveur infiniment préférable à celle du sel qui la masque & la détruit ; cette seule observation suffiroit pour m'empêcher de croire que le sel soit absolument nécessaire à la pâte, si je n'en avois beaucoup d'autres qui m'ont assez convaincu que sa présence n'augmente pas autant qu'on l'assure, la quantité & la perfection de l'aliment qu'on en prépare.

Ainsi, dans tous les pays où la levure & le sel sont communs & à bon marché, on se sert de ces deux ingrédiens en Boulangerie, quels que soient la saison, l'espèce de farine & de pain, sans trop chercher à approfondir leurs effets réels. Il est même fort rare que la dose n'excède pas toujours de beaucoup celle qu'on pourroit en mettre, sans aucun inconvénient ; en sorte que la saveur naturelle & délicate du pain n'est plus du tout sensible, parce que l'amertume de la levure ou l'âcreté du sel y dominent, & quelquefois toutes deux ensemble ; d'où il résulte toujours un goût assez désagréable.

Quand il est prouvé bien démonstrativement, qu'au moyen d'une bonne farine, un grand levain jeune, de l'eau froide ou tiède, un pétrissage vif & prompt, une fermentation graduée, une cuisson ménagée, on peut constamment obtenir un pain bien supérieur pour le goût & la blancheur à celui dans lequel il seroit entré de la levure & du sel : qu'est-il donc nécessaire de toujours proposer ces deux substances comme très-essentielles dans la fabrication du pain, lorsque l'un de ces deux ingrédiens paroît destiné à tempérer les effets de l'autre, & que ne pouvant même être employés ensemble, on ne devroit jamais s'en servir que séparément, à petite dose, & dans des circonstances absolument opposées ?

La levure accélère la fermentation, le sel la retarde, l'une mollit & fond la pâte, l'autre la resserre & l'affermit ; enfin, la levure porte le pain à se desséchér, le sel au contraire l'entretient humide; mais quelle fureur de vouloir toujours introduire dans le pain des matières inutiles, pour obtenir des effets que le levain seul est en état de produire! étant préparé avec soin & employé comme il faut, il soutient la pâte, assaisonne le pain & le conserve un certain temps frais.

Quoi, parce que les Anglois ne se servent que d'un levain à la levure, mal fait, & qu'ils mettent force sel dans leur pain; cette pratique, très-défectueuse, peut-elle jamais être citée comme un modéle à suivre! ne sait-on pas que le produit qui en résulte est détestable pour ceux qui n'y sont pas accoutumés! d'ailleurs, les habitans de la Grande-Bretagne mangent fort peu de pain, & les François en font leur aliment principal; ce goût pour le pain n'a pas encore passé, ni même diminué, malgré l'attrait que nous avons pour l'Anglomanie.

De l'usage du sel en Boulangerie.

On n'emploie pas en Boulangerie le sel uniquement comme assaisonnement, il sert encore à réprimer les effets d'une fermentation trop accélérée, à donner du corps à des farines qui n'en ont pas suffisamment ou qui l'ont perdu;

perdu ; à permettre que le pain retienne plus d'eau, soit plus léger, plus abondant : ces différens effets obfervés par M. Malouin qui les a décrits dans fon Art du Boulanger, m'ont paru mériter d'être rappelés ici ; & pour tâcher de les rendre plus intelligibles, je vais citer en abrégé ce que cet Auteur a dit de plus pofitif au fujet du fel : les hommes qui écrivent dans des vues auffi louables, méritent d'être avertis & non critiqués.

M. Malouin prétend que le fel perfectionne le pain, en développant & en augmentant les qualités de cet aliment; que le fel étant diffous dans l'eau, ce fluide pénètre plus intimément la farine, & s'y incorpore mieux, ce qui fait qu'avec la même quantité de farine, on obtient davantage de pain, lorfqu'on y met du fel que quand il n'y en a point ; que le fel ne change rien à la dofe de levain naturel qu'on doit employer ; qu'en outre, le pain eft de meilleur goût, plus léger, & fe conferve plus long-temps : telles font les propofitions générales que M. Malouin établit fur les effets du fel dans la compofition du pain ; mais on verra par la fuite fi les chofes ne paroiffent pas fe paffer toujours ainfi.

Lorfqu'on jette du fel en diffolution fur une

matière végétale ou animale qui exhale une odeur désagréable, cette odeur diminue beaucoup, disparoît même ; c'est ce que savent très-bien faire nos Cuisiniers pour leurs viandes qui commencent à sentir, ils y remédient avec un peu de sel : de même les blés qui, sans être gâtés, ont contracté un goût d'échauffé par un accident quelconque, peuvent servir à faire un pain passable, en y ajoutant un peu de sel dont la saveur est préférable à celle de moisi ou de relan.

Dans les pays où le sel est à bon compte, on pourroit, en le mêlant avec les farines des blés tendres & humides, procurer un double avantage, celui de prévenir & même d'arrêter leur altération, l'autre de les assaisonner, c'est ainsi que M. Brocq est parvenu à conserver en bon état, pendant un certain temps à l'École militaire, des farines bises qui menaçoient de se détériorer.

Le sel qu'on fait servir à cet usage, doit être séché sur le four & mis en poudre avant d'être répandu dans la farine à laquelle il n'est plus nécessaire d'en ajouter davantage, comme l'on croit bien, pour la convertir en pain ; dans ce cas, le sel procure au tas de farine du froid qui empêche que la fermentation ne s'y établisse ; il absorbe & retient ensuite l'humidité qui s'échappe continuellement de tout corps amoncelé, & qui est réellement l'instrument de la décomposition.

Les farines bises ont ordinairement moins besoin de sel, comme assaisonnement, que les farines blanches, sur-tout quand elles ont été écrasées par la mouture à la grosse, parce qu'elles ont plus de goût; mais ayant une beaucoup plus grande disposition à fermenter, si les blés auxquels elles appartenoient étoient humides ou médiocres, le sel y est beaucoup plus nécessaire, non-seulement pour arrêter cette disposition, mais encore dans la vue de donner du goût au pain qu'on en prépare; car, c'est une observation que l'expérience confirme tous les jours, que les diverses altérations qu'éprouvent les blés, se portent particulièrement sur leur principe savoureux.

Le sel, comme toutes les matières salines dont l'acide marin fait la base, partageant le mouvement de l'eau dans laquelle on le dissout, produit toujours un froid plus ou moins considérable; c'est ce froid qui, dans les vives chaleurs, ralentit l'apprêt des levains & de la pâte auxquels on ajoute du sel, pour les empêcher de lever aussi vîte : outre le froid que le sel procure à l'eau, il la rend encore tenace, pesante & dure, ce qui demande plus d'effort de la part de la fermentation pour atténuer & subtiliser toutes les parties de la pâte devenue elle-même plus visqueuse & plus solide, d'où il résulte un mouvement plus lent, & un apprêt plus parfait : c'est ainsi, je pense, qu'on peut expliquer les effets d'une petite quantité de sel dans la fermentation panaire ; car, quoiqu'il prévienne la putréfaction des corps avec lesquels on le mêle en abondance, il est prouvé qu'il la détermine au contraire à une dose beaucoup moindre ; un bouillon salé est plutôt gâté que celui qui ne l'est point.

C'est d'après la connoissance de ces effets particuliers du sel sur la pâte, que nous l'avons indiqué dans l'article où il s'agit de raccommoder les levains comme un correctif qui, non-seulement retarde la fermentation, mais leur restitue encore cette tenacité & ce corps qu'ils ont perdu dans un travail trop prompt, & dont ils ont besoin pour établir à leur tour le meilleur apprêt.

Nous ne saurions nous dispenser non plus de recommander l'usage du sel pour les farines des grains qui ont subi un commencement de germination, ou qui se trouvent affoiblis par l'humidité dont ils ont été nourris pendant leur croissance, sans quoi leur pâte toujours grasse & molle, n'auroit pas en été suffisamment de liant & de viscosité pour fournir un pain passable; dans ce cas, le sel donne du corps à la pâte, & au pain de la saveur; saveur qui est presque toujours changée ou détruite dès qu'il est arrivé aux blés quelques accidens pendant la végétation & la récolte.

Le sel en rendant l'eau plus grossière, plus crue & plus pesante, ne paroît pas favoriser la pénétration de ce fluide dans la farine; mais il la rend plus propre à adhérer à la pâte & au pain, ce qui fait que l'une peut être pétrie plus molle sans courir les risques de s'affaisser à l'apprêt, qu'elle évapore moins au four durant la cuisson, & que l'autre se conserve frais plus long-temps : le sel autrement rendroit le pain beaucoup plus lourd, si l'on ne faisoit pas entrer davantage d'eau dans le pétrissage : que l'on mette du sel dans une pâte ferme, le pain qui en résultera sera plus massif que celui préparé avec la même pâte sans sel, c'est donc l'eau que le sel retient en plus grande quantité dans la pâte, qui rend le pain plus léger.

Le pain des farines tendres & humides, dans lequel on met du sel, à cause de la disposition qu'elles ont de relâcher à l'apprêt, ressemble à celui des farines sèches & revêches, qui n'en contient point; il a de petits yeux, une mie un peu serrée, une croûte épaisse & dure : cette ressemblance vient de la propriété qu'a le sel d'augmenter la ténacité & l'élasticité de la matière glutineuse, qui, ainsi que nous l'avons dit, se trouve toujours plus abondamment dans ces dernières farines.

Après avoir exposé les seules circonstances où le sel peut être nécessaire en Boulangerie, & comment il agit sur la farine, le levain & la pâte, il faut dire encore de quelle manière on l'emploie : on a toujours l'attention qu'il soit parfaitement séché & pulvérisé pour le répandre dans les farines; on le fait fondre au contraire, dans l'eau qu'on passe à travers un linge pour l'introduire dans la pâte : la dose est d'une livre & demie environ sur un sac de farine du poids de trois cents vingt-cinq livres; on pourroit porter cette quantité jusqu'à deux livres dans les Provinces septentrionales, où les blés seroient humides : elle s'éloigneroit encore de celle adoptée dans quelques endroits où le sel est à vil prix.

Il ne faut pas ajouter le sel en même temps qu'on délaye le levain, parce que la pâte étant faite, la portion qu'on en retireroit ensuite pour former un autre levain, ne fermenteroit pas aisément; ce seroit, au contraire, un avantage dans les grandes chaleurs, & lorsque les farines proviendroient de blés tendres; ainsi, on ne doit pas mettre le sel dans le pétrissage lorsqu'on pétrit sur pâte, & ne pas ménager la quantité de levain où il y a du sel, qui constamment resserre la pâte & retarde son apprêt.

C'est lorsque la pâte est finie & avant de la battre, qu'il est nécessaire d'y faire entrer le sel; si alors la levure est employée pour ranimer la fermentation de la pâte refroidie, le sel produit un effet diamétralement opposé, il arrête la fermentation trop active, donne du ton à la matière glutineuse : la levure ne produit donc pas les mêmes effets, & si on les emploie ensemble, c'est pour les combattre réciproquement, suivant les saisons & les circonstances.

Les Auteurs qui approuvent l'usage modéré du sel dans la fabrication du pain, conviennent qu'il détruit l'agrément & les propriétés nutritives de cet aliment, quand il s'y trouve en excès : M. Malouin dit avoir remarqué qu'une trop grande quantité de sel est encore plus mauvaise avec les farineux qu'avec les végétaux, & que dans les pays maritimes, les peuples qui ont coutume d'ufer du fel dans leur pain, font plus fujets aux maladies de la peau ; mais il y fera toujours en excès pour les blés récoltés dans les pays chauds, dans des faifons sèches, & lorfque dans la préparation du levain & de la pâte on n'aura befoin, ni de fupplément, ni de correctif : le bon blé renferme en lui le principe fermentefcible, le principe favoureux & le principe alimentaire, pour donner tout feul, étant bien traité, une nourriture agréable & bienfaifante.

Mais il faut convenir auffi, que les blés provenans des pays froids & d'années humides, qui ont contracté un mauvais goût fur les champs & dans la grange, gagneront par l'addition du fel, parce que leurs farines ont moins de faveur & de vifcofité, qu'elles donnent une pâte qui n'a pas de foutien ; or, le fel remédie à ces inconvéniens, fur-tout fi l'on a foin d'en proportionner la dofe, afin que, fi le pain n'a pas cette délicateffe, que la préfence du fel ne fauroit remplacer, il n'acquière pas du moins une âcreté plus défagréable que la fadeur ou le goût d'échauffé qu'on cherche à faire difparoître. C'eft le bon marché qui détermine l'ufage immodéré de la levure & du fel ; c'eft le préjugé qui les emploie enfemble, fans confidérer le mal qui en résulte, sans consulter les saisons & les circonstances, où une petite quantité de l'un & de l'autre, chacun séparément, dans des cas particuliers deviendroit très-nécessaire.

Article III.

Du Pétrissage.

LE pétrissage est une opération par laquelle on parvient à mêler ensemble le levain, la farine, l'eau & l'air, pour former du total un corps particulier, mou, flexible & homogène; mais ce mélange, tout simple qu'il paroît, ne sauroit cependant subsister que par une pénétration réciproque des parties qui en sont l'objet, par une assimilation & une combinaison intime, en sorte que chaque portion intégrante se trouve contenir les diverses substances qui la composent, dans des proportions égales entr'elles.

De toutes les opérations de la Boulangerie, le pétrissage est presque la seule qu'il soit possible de réduire en principe; que ce soit le Boulanger ou le particulier qui pétrisse; qu'il s'agisse de pâte molle ou de pâte ferme, que les farines soient tendres, revêches ou parfaites, qu'il fasse chaud, froid ou tempéré, le pétrissage bien conduit procurera toujours un pain égal dans toutes les saisons, si l'on observe les petites modifications dont nous parlerons bientôt.

Il y a plusieurs méthodes de pétrir que l'on connoît sous différens noms, la première & la plus ancienne est appelée *pétrir sur levain naturel*; la seconde, *pétrir sur levure*; la troisième enfin la plus moderne, est la méthode de *pétrir sur pâte*, c'est-à-dire, de faire levain & fournée à la fois; mais comme chacune de ces méthodes est assujettie aux différentes opérations du pétrissage à quelques petites nuances près, je ne m'arrêterai pas à en donner la description; j'en ai déjà fait mention en parlant des levains. D'ailleurs, quand j'exposerois ici toutes les bizarreries des pétrissages exécutés encore maintenant dans nos Provinces, je n'apprendrois rien que nos Boulangers éclairés ne sachent très-bien; mon intention est de perfectionner les bons procédés, la routine aveugle ne suit aucun guide.

Toutes les opérations relatives au pétrissage, tendent d'abord à opérer un mélange pur & simple, encore grossier; ensuite à former un corps particulier qu'on perfectionne insensiblement par les différens mouvemens qu'on lui communique en y introduisant de l'air, qui se combine avec les autres parties. Aussi plus une pâte est pétrie & maniée, plus elle acquiert de fermeté & de viscosité, ce qui la rend difficile au travail ; la matière glutineuse éparse dans les farines se rassemble & accroche chacune des parties qui, sans elles, n'auroient pas de continuité & de liaison.

Lorsque la mouture à la grosse étoit plus pratiquée, & que les Boulangers faisoient entrer tous les gruaux dans les farines, il falloit, comme elles absorboient beaucoup plus d'eau, travailler long-temps la pâte pour lui donner la viscosité & la ténacité dont elle manquoit ; mais elle perdoit alors de sa force & de ses effets ; car, une pâte trop pétrie ou celle qui ne l'est pas suffisamment, ne donnent jamais un bon résultat. Aujourd'hui que la mouture économique a réduit ces gruaux en poudre aussi fine que la farine, le pétrissage est moins long, moins pénible & plus parfait.

Les farines, quoique bien moulues, acquièrent souvent de l'humidité pendant leur transport, ou bien elles ont éprouvé un commencement de fermentation ; alors elles forment dans le dedans des sacs à la surface, des grumeaux qui s'écrasent assez aisément lorsqu'ils sont nouveaux, mais que le pétrisseur ne peut venir à bout de faire fondre & disparoître, soit en délayant les levains, soit en travaillant la pâte : ces grumeaux subsistant dans la pâte, empêchent cette dernière d'acquérir cette égalité & cette viscosité si essentielles ; ils se retrouvent encore dans le pain, ce qui est fort désagréable à la vue & sous la dent. Pour éviter un semblable inconvénient, il faut sasser préalablement les farines & écraser les grumeaux avec les mains ou un outil quand cela est possible ; mais ne jamais les introduire ainsi dans le pétrissage.

Nous avons déjà indiqué les proportions de levain & d'eau par rapport à la farine, c'est ordinairement pour le levain, un quart en été & un tiers en hiver ; quant à l'eau elle forme environ le tiers de la pâte : si les saisons, l'espèce de blé & les moutures ne faisoient pas autant varier la nature & les propriétés des farines, il seroit possible de déterminer au juste la quantité des trois matières qui sont l'objet du pétrissage, rarement les Boulangers règlent la quantité d'eau sur celle de la farine ; c'est toujours l'espèce de pain, l'état de l'atmosphère, l'apprêt des levains, la qualité des farines qui déterminent le degré de mollesse de la pâte, & c'est la réunion de toutes ces circonstances qui doit fixer leur attention avant le pétrissage, & rer le succès de la fournée.

Si l'on prenoit toujours la même quantité

d'eau que la farine peut abforber, il s'enfuivroit qu'une farine très-sèche qui en boiroit beaucoup, ne rendroit pas affez de pâte pour compléter la fournée, tandis que la farine qui feroit tendre & humide en fourniroit trop, ce dernier inconvénient eft très-préjudiciable, parce que la pâte qui refte & qui n'a pu entrer dans le four, eft rejetée ordinairement dans le levain ou le pétriffage de la fournée fuivante, d'où il réfulte un pain fouvent trop prêt, au lieu qu'il vaut mieux que le four ne foit pas tout-à-fait rempli.

Cependant avec un peu de foin, & fans beaucoup de peine, les Boulangers pourroient, lorfqu'ils ont des mélanges de farines tout prêts qu'ils connoiffent, ils pourroient, dis-je, à quelques variétés près dans les faifons, en pefant la farine, déterminer toujours, d'après fon poids, la mefure d'eau néceffaire pour faire la pâte dans le degré de molleffe ou de fermeté néceffaire, fans qu'il en réfulte plus de pain que le four ne peut contenir.

Le Boulanger a plufieurs garçons qui ont chacun leur diftrict; affez ordinairement ils font au nombre de trois & quelquefois de quatre: le premier garçon eft appelé *brigadier* ou *geindre*, le fecond, *pétriffeur*, & le troifième, *aide :* mais c'est le premier qui dirige tous les autres, qui détermine le degré que doit avoir l'eau pour pétrir, le point où il faut prendre les levains, la manière de les employer & de conduire le travail de la pâte; c'est donc lui qu'il est nécessaire d'éveiller le premier quand il s'agit de commencer l'ouvrage.

Il ne faut pas attendre que le levain soit tout-à-fait prêt pour songer à éveiller ceux qui doivent pétrir : l'homme arraché tout-à-coup des bras du sommeil, ne peut passer aussitôt à un travail agissant & réfléchi ; ses membres encore engourdis ont besoin de s'étendre & de se développer, à plus forte raison le garçon boulanger fatigué par les exercices du jour, qui ne lui laissent pas quelquefois le temps de se livrer deux heures de suite au repos; mal couché, dans une atmosphère où l'air manque presque toujours de ressort; on sent bien que pour un pareil homme, le réveil est toujours une surprise, & que s'il commençoit aussitôt ses opérations, non-seulement il seroit incapable de juger du véritable état où doivent se trouver les différens ingrédiens qu'il va employer ; mais il courroit encore les risques de prendre l'eau chaude pour l'eau froide, la farine bise pour de la farine blanche, un levain pour un autre, &c.

On voit donc combien il eſt important de mettre toujours entre le réveil & le travail de la Boulangerie, un petit intervalle qui permette aux facultés du corps & de l'eſprit de reprendre leur première vigueur : lorſque le brigadier eſt levé & qu'il jouit complètement de ſon intelligence, la première choſe ſur laquelle il doit porter les regards, c'eſt le levain ; ſortir enſuite pour s'aſſurer de l'état du ciel ; voir après cela le baromètre ; viſiter la chaudière en hiver ; faire apporter la farine ; conſtruire dans le pétrin une fontaine ſi elle n'étoit pas déjà faite ; enfin ne rien négliger de tous ces détails préliminaires, qui en apparence ſemblent être fort peu de choſe, mais qui dans le fait influent ſenſiblement ſur le ſuccès du pétriſſage & de la fournée : enfin le garçon Boulanger a tout conſidéré, tout préparé, tout prévu, il commence l'ouvrage.

Article IV.
Des opérations du Pétriſſage.

LES opérations du pétriſſage demandent, pour être exécutées promptement & ſans interruption, des ſoins & de l'activité : elles ſont au nombre de cinq, diſtinguées par des noms particuliers que nous conſervons ; nous allons les décrire, non pas telles qu'elles se font souvent, mais suivant la méthode reconnue la meilleure à employer pour y procéder ; nous ajouterons seulement à chacune quelques observations pour les éclairer.

De la Délayure.

La première opération du pétrissage, consiste à délayer le levain *de tout point* le plus exactement possible. Pour cet effet, on met une quantité de farine indéterminée, néanmoins toujours relative à l'emploi de la fournée ; on verse doucement tout autour de ce levain, qui est en fontaine, le tiers environ de l'eau destinée à la fabrication de la pâte ; bientôt il quitte le fond du pétrin, se gonfle, vient nager sur l'eau, & crève en différens endroits de la superficie ; on ne perd pas de temps pour le délayer vivement avec les deux mains ouvertes, pressant entre les doigts à mesure que la masse perd de sa continuité, se divise & se dissout, tout ce qui oppose de la résistance, afin d'empêcher qu'il ne reste aucuns *grumeaux*, aucuns *marrons*, & que le liquide soit égal par-tout & bien fondu ; on ajoute ensuite le restant de l'eau destinée au pétrissage. Cette opération qu'on nomme *la Délayure*, demande à être faite promptement,

promptement, parce qu'en été le levain a bientôt perdu, étant ainsi étendu & diffout, sa force & une partie de ses propriétés.

Observations sur la Délayure.

Le levain doit toujours être mis en fontaine, à moins que les grands froids & la situation du pétrin ne contraignent à le placer dans une corbeille auprès du four pour protéger son apprêt; mais toutes les fois que ce levain ne sera pas trop ferme & qu'on l'aura pris à son vrai point, l'eau qu'on y versera pour le délayer, produira toujours l'effet qui arrive dans le pétrin avant de commencer le pétrissage, celui de le rendre nageant & d'occasionner par-tout des crevasses qui peuvent servir à manifester que le levain est bon, & que l'intérieur n'a aucune communication avec l'air libre.

Il est des circonstances où il faut délayer promptement le levain; en hiver, par exemple, lorsque le levain a peu d'apprêt, on doit se hâter de finir *la délayure,* sans trop s'arrêter à ce qu'elle soit aussi exacte & aussi uniforme; plus on remue, plus le liquide se refroidit & est exposé ensuite à souffrir du retard dans son apprêt; en été, c'est, comme on s'en doute bien, tout le contraire, la délayure ne sauroit être trop liquide & trop souvent agitée afin de volatiliser une portion de l'esprit du levain, & de diminuer d'autant sa force & son action; si dans cette saison le levain avoit outre-passé son apprêt, il faudroit encore le délayer avec le moins d'eau possible, pour en former une espèce de pâte qui se délaye d'autant plus promptement qu'il est plus avancé; on la bat un certain temps avec les mains pour affoiblir son aigreur, y introduire de l'air, en ajoutant à plusieurs reprises le restant de l'eau nécessaire pour la pâte qu'on va préparer.

De la Frase.

Le levain *de tout point* étant parfaitement délayé & étendu dans l'eau qui doit servir à la composition de la pâte, on écarte la farine avec une planche destinée à cet usage, pour former cette espèce de retranchement, que nous avons nommé *la contre-fontaine;* on y fait ensuite une brèche à travers laquelle s'écoule le levain en dissolution, que l'on mêle d'abord avec la farine dont étoit construite *la fontaine,* afin de commencer à épaissir *la délayure;* on tire peu-à-peu la farine de la contre-fontaine, que l'on incorpore promptement dans la masse jusqu'à ce qu'elle acquière la consistance nécessaire pour l'espèce de farine & de pâte qu'on a en vue, ce que l'expérience & l'habitude ne tardent pas d'apprendre au Pétrisseur intelligent : la pâte alors n'est pas encore ferme, ni unie, ni élastique, c'est une masse remplie d'inégalités & composée de membranes & de filets qui semblent n'avoir qu'une foible adhésion ; on ratisse promptement le pétrin, pour ne laisser aucun intervalle entre cette seconde opération du pétrissage & celle qui lui succède : on passe donc tout de suite de la frase à la *contre-frase*.

Observations sur la Frase.

L'opération du pétrissage, connue sous le nom de *Frase*, doit être exécutée dans tous les temps avec vivacité & célérité, c'est-à-dire, qu'à chaque fois que l'on introduit de la farine dans le liquide composé pour en préparer la pâte, le Pétrisseur puisse sans relâche opérer cette combinaison le plus intimement possible, en multipliant les surfaces de la farine, & faisant en sorte qu'une molécule de matière sèche puisse être accrochée par une molécule de matière humide, pour former un corps mou, flexible & élastique ; on travaille légèrement & continuellement ; on a soin de ne pas retirer les mains du mélange, sans quoi il s'ensuivroit de l'évaporation, & la *frase* seroit brûlée & manquée.

Quand on a différentes pâtes à faire, qu'on veut s'épargner la peine & l'embarras de préparer plusieurs espèces de levains, il ne faut pas briser la *fontaine*; on y pratique seulement une rigole, pour laisser couler dans la *contre-fontaine* une certaine quantité de la délayure pour l'usage dont on a besoin : cette méthode a lieu sur-tout pour les pâtes dans lesquelles on introduit de la levure & du sel, ou du lait, &c.

Rien n'est plus important pour la perfection du pétrissage, que cet emploi de la farine en plusieurs temps; le liquide par ce moyen se combine insensiblement & d'une manière plus égale qu'il n'arriveroit, si l'on s'avisoit de mêler l'eau & la farine tout-à-la-fois : c'est ce qu'on appelle *brûler la frase*; la pâte qu'on obtient alors se trouve être sans liaison, sans corps & remplie de grumeaux.

Cet accident, qu'il est si facile de prévenir, & auquel il est presque impossible de remédier dès qu'une fois il est arrivé, doit rendre singulièrement attentif & circonspect lorsqu'il s'agit de commencer la combinaison de l'eau avec la farine. La *frase* trop lentement faite ne donneroit qu'une pâte languissante à l'apprêt, & dont le pain auroit le défaut d'être *doux levé*; trop promptement finie au contraire, elle n'auroit aucun corps, aucune liaison.

Il faut avoir égard, pour faire une bonne *frase*, à l'état du levain, à l'espèce de farine, à la température de l'air & du fournil ; si le levain est trop fort & qu'il fasse chaud, la frase doit être plus *soutenante*, & moins dans le cas contraire : cette opération influe sur toutes les autres.

De la Contre-frase.

Les trois parties qui servent à composer la pâte, c'est-à-dire, l'eau, le levain & la farine étant confondues ensemble par le moyen de la *délayure* & de la *frase*, elles ne présentent encore qu'une masse désunie, inégale & grossière, mais douée cependant de propriétés capables de devenir une bonne pâte à la faveur du travail auquel on va la soumettre : on a d'abord l'attention de bien ratisser le pétrin, afin de tout rassembler, & de ne former qu'une seule masse, que l'on découpe seulement en dessous en plaçant les mains sous la pâte, la tirant, la rapprochant, la retournant par gros patons en dessus & très-promptement, qu'on jette dans le pétrin de droite à gauche & de gauche à droite, ce qu'on appelle *contre-fraser ; & tour*, chaque façon que l'on donne à la pâte en la changeant de côté. On ratisse encore les mains & la place du pétrin où a été *la frase*, on incorpore les ratissures avec une portion de la pâte que l'on travaille & que l'on réunit après cela à la totalité.

Observation sur la Contre-frase.

Beaucoup de Boulangers ont le défaut de s'en tenir-là pour la *contre-frase*, de ne donner qu'un seul *tour* à la pâte, & de passer aussitôt au *Bassinage*, ainsi qu'aux autres opérations qui suivent ; mais ils ne communiquent point à la pâte cette homogénéité, cette flexibilité & viscosité qui résultent ordinairement d'une *contre-frase* faite & dirigée comme il convient ; il faut donc bien *travailler* la pâte : telle est l'expression collective consacrée à désigner tout le pétrissage.

Après qu'on a donné le premier *tour* à la pâte, Il faut la découper en-dessus, & chaque fois qu'on répète l'opération, elle devient à vue d'œil plus longue & plus tenace ; pour cet effet, on la divise par parties en y enfonçant les mains, en rapprochant les doigts index & les pouces, de manière à représenter la figure d'un losange ; puis baissant & serrant les doigts pour diviser la pâte, ce qu'on nomme *découper en-dessus*. On fait subir à chaque portion de la masse un semblable travail.

Enfin, si l'on veut que la *contre-frase* soit faite avec la plus grande perfection, on donne jusqu'à quatre *tours* à la pâte en la découpant en-dessus & en-dessous à plusieurs reprises, parce que la pâte pour être pétrie, doit être maniée continuellement & rapidement, en sorte qu'en supposant qu'il résulte de deux *tours* bien faits, un travail aussi égal, celui qui auroit eu quatre *tours* donnés rapidement & moins bien soignés, vaudroit beaucoup mieux.

Avant de passer au *bassinage*, je ferai remarquer que la *contre-frase* étant bien finie, il est possible de suspendre sans inconvénient le travail pour ratisser exactement le pétrin, afin de n'avoir qu'une seule masse, & qu'il ne reste pas de ces patons, qui d'une fournée à l'autre, s'aigrissent, gâtent la pâte, & demeurent avec leur dureté dans le pain.

Du Bassinage.

Mais la pâte *frasée* & *contre-frasée*, contient encore des particules de farine imperceptibles, qui ayant échappé au mélange général du levain & de l'eau, ne jouissent pas encore de toutes leurs propriétés, & diminuent même celles de la masse qui les enveloppe; aussi la pâte ne parviendroit pas à acquérir la viscosité & la légèreté nécessaires au bon travail, si l'on n'y incorporoit pas après-coup un peu d'eau, à force de travail, ce qu'on nomme le *bassinage :* pour faire cette opération, on pratique au milieu de la pâte une cavité qu'on remplit d'eau, & qu'on distribue aussitôt dans la totalité en y enfonçant les mains : si la pâte étoit trop ferme, & qu'on voulût la rendre plus molle, on multiplieroit ces cavités pour y répandre davantage d'eau, & la combiner de la même manière en la découpant par portion en-dessus & en-dessous, en la battant & la changeant de côté, en donnant encore de cette façon deux *tours* à la pâte, & en observant au second *tour* de ne plus entasser & réunir en une seule masse; mais de les ranger à côté les uns des autres, afin que leurs surfaces se multipliant, la pâte se sèche & devienne plus propre à l'opération dont nous allons parler.

Observations sur le Bassinage.

En attendant que nous traitions des diverses sortes de pâte, & du *bassinage* que chacune d'elles peut exiger, nous observerons qu'il faut plus bassiner en été qu'en hiver; mais que dans l'une & l'autre saison cette opération doit être moindre quand les farines font humides, & toujours davantage à proportion de leur fécherefſe.

Si en hiver il faut que *la fraſe* ſoit plus molle & plus ferme, en été, elle doit toujours avoir un degré de plus de molleſſe après le *baſſinage*; mais quand les levains ont trop peu d'apprêt, il eſt inutile alors de baſſiner la pâte : cependant, comme il n'eſt pas au pouvoir du pétriſſeur d'attraper conſtamment le point juſte de conſiſtance qu'on deſireroit lui donner, & qu'il ſeroit très-poſſible que la pâte fût ſouvent trop ferme, il faudroit, dans ce cas, baſſiner avec un peu d'eau chaude, ſur-tout ſi c'étoit en hiver : ce ſeroit le contraire, ſi les levains étoient trop prêts, & qu'il fît de grandes chaleurs, il ſeroit alors néceſſaire de baſſiner avec de l'eau froide, & de donner plus de conſiſtance à la pâte, afin d'introduire beaucoup d'eau, & de corriger par ce moyen les défauts que ce grand *baſſinage* pourroit faire diſparoître.

On a pluſieurs choſes en vue dans l'opération du *baſſinage*, décharger le levain, rafraîchir la pâte, & achever de diſſoudre & de combiner quelques parties de farine naturellement dures & groſſières, qui ſe trouvant preſque dans leur intégrité, bridées dans la pâte, nuiſent à ſa continuité, ce qui fait que cette opération bien exécutée, donne de la tenacité & de la viscosité; il est vrai que le *bassinage* étant souvent employé pour arrêter la fermentation de la pâte, & ce défaut étant moins commun dans les grands froids, il est inutile dans l'hiver ou rarement nécessaire ; on ne doit le mettre en usage qu'en été.

Du Battement.

Pour ajouter à la perfection que le bassinage donne à la pâte, il y a encore une opération qui exige de la part du Pétrisseur, du courage, de la force, de l'adresse & de la souplesse dans les bras ; elle consiste à étendre les deux mains ouvertes à côté l'une de l'autre, à les fourrer dans la pâte, pour l'empoigner, la soulever, la plier sur elle-même, l'étendant, la tirant & la laissant tomber avec effort ; ce qui fait crier le Pétrisseur, d'où lui est venu le nom de *Geindre*. On continue ainsi de travailler la pâte en enfonçant les mains dans le milieu, & la rejetant sur celle déjà battue : on fait la même chose pour celle qui est au-devant du pétrin ; ce qu'on doit répéter plusieurs fois, afin que la pâte soit également battue par-tout.

Observations sur le Battement.

Les différens mouvemens qu'on imprime à

la pâte en la battant, permettent à l'air de s'y introduire : une partie se confond réellement dans la masse qui se sèche, & blanchit à mesure que cet élément se combine avec elle, la pénètre, augmente son poids, son volume & sa liaison : l'autre, qui ne fait pas partie de la pâte, se niche dans l'intérieur, adhère à la surface collante qu'on lui présente en remuant la pâte, s'échappe ensuite en gonflant & crevant les capsules visqueuses dans lesquelles elle est comme emprisonnée ; d'où il résulte une pâte longue, tenace & bien flexible.

Certains Boulangers ne découpent pas assez leur pâte avant de la battre ; & cette dernière opération, employée principalement pour donner occasion à l'entrée de l'air, & procurer ensuite plus de viscosité, ne sert qu'à dessécher l'eau du bassinage, en sorte qu'ils perdent le fruit de ce travail pénible ; la pâte s'entr'ouvre alors, & au lieu de prendre plus de consistance, elle s'ammollit & rend l'eau.

Lorsque les levains sont trop forts ou trop vieux, ils tendent à accélérer la fermentation de la pâte & à lui enlever de sa viscosité naturelle : on ne peut remédier à ces défauts & rétablir la pâte en son état qu'après l'avoir bien bassinée à l'eau froide & battue très-long-temps.

Les Boulangers ne furveillent pas affez leurs garçons lorfqu'ils en font à ce point du pétriffage; ils battent d'abord parfaitement pour gagner la confiance du Maître, & fe faire la réputation de bon Pétriffeur; mais dès qu'ils ne font plus infpectés, ils fe relâchent bientôt, battent foiblement, & finiffent par ne plus battre du tout : le Boulanger ignoreroit long-temps cette négligence, parce que les garçons fe tolèrent réciproquement, s'il ne s'en apercevoit à l'état de la pâte & du pain.

Il eft donc effentiel, fi le Boulanger demeure un peu éloigné du fournil, qu'il furprenne de temps en temps le pétriffeur; car, fon voifinage vaut fa préfence : le cri du pétriffeur qui geint, le bruit que la pâte répand lorfqu'on l'arrache du pétrin & qu'elle y retombe, ne laiffent pas de doute que la pâte a été vigoureufement & fuffifamment battue; auffi rien ne déplaît tant au pétriffeur, que le voifinage ou les yeux du Maître, qui doit rarement fe repofer fur la vigilance & les foins des garçons.

La pâte feroit plus égale & plus longue, fi, après l'avoir battue en plein dans le pétrin, on la divifoit par parties, & que chacune fût battue féparément & raffemblée enfuite en une feule maffe; mais fur-tout en été, ou lorfque le pétrin est au-dessus du four, que la pâte a besoin d'être plus battue.

De la Pâte dans le tour.

Si on a suivi de point en point les opérations que nous venons de décrire, & qu'on les ait soumises aux saisons, à l'espèce de farine, à l'état du levain & à l'endroit où l'on opère, on peut être assuré d'avoir fait une pâte parfaitement égale, légère & visqueuse, propre enfin à donner le meilleur pain : une sixième & dernière opération va terminer le pétrissage, il s'agit de sortir la pâte de l'endroit où elle a été préparée pour la mettre dans une sorte de pétrin qu'on nomme le *tour*, on la découpe à cet effet, & on l'y jette portion par portion l'une sur l'autre, en battant & rassemblant chaque fois : on ratisse après cela parfaitement le pétrin, & si on a eu l'attention avant le *bassinage*, comme nous l'avons recommandé, de bien détacher ce qui s'y trouvoit adhérent, les ratissures ne seront que de la pâte plus ferme à laquelle on ajoutera un peu d'eau pour la rapprocher du degré de consistance de celle qui est dans le *tour*, & la mêler en l'étendant & en la battant.

Observations sur la Pâte dans le tour.

Le *tour* chez la plupart des Boulangers est simplement une table sur laquelle on laisse la pâte *entrer en levain*, comme on dit ; mais rien n'est plus incommode, & même plus préjudiciable à la perfection de la pâte, parce que pour peu qu'elle commence à fermenter, elle n'est plus retenue dans ses limites, à cause du volume & de l'étendue qu'elle prend ; alors elle est exposée à crever & à s'échapper par les côtés : le *tour* doit donc avoir la forme d'une auge profonde de la moitié moins du pétrin, la pâte y est infiniment mieux.

Les garçons boulangers méritent ici autant de reproches sur la manière dont ils retirent la pâte du pétrin pour la mettre dans le *tour*, que relativement aux moyens qu'ils ont négligés pour sa préparation : si du moins quand ils se sont épargné la peine de la battre, ainsi qu'il est à propos, ils avoient intention de réparer leurs fautes, ils le pourroient, en divisant la pâte par parties, & les battant à mesure qu'ils les réunissent dans le *tour*.

La pâte mise dans le *tour* ne doit offrir, comme dans le pétrin lorsqu'elle est bien travaillée, qu'une masse lisse, sèche, flexible, élastique, qui ne s'attache pas aux mains; dont la superficie ne présente aucunes crevasses, que le levain trop prêt ou l'eau trop chaude pourroient occasionner : *délayure* exacte, *frase* légère, *contre-frase* vive, *bassinage* bien réglé, *battement* vigoureux, *découpement* parfait ; tel est le véritable but des différentes opérations du pétrissage, & qui, à de légers changemens près, doivent être constamment exécutés dans quelque circonstance que ce soit : si la première est défectueuse, la dernière ne pourra pas être parfaite ; une *frase* brûlée, une *frase* affoiblie, une *frase* manquée sont des défauts qu'il n'est guère possible ensuite de corriger : il faut donc ne rien négliger des détails qui concernent chaque opération du pétrissage, & bien surveiller les garçons, toujours disposés à les abréger. Nous reviendrons bientôt sur la pâte dans le *tour*.

ARTICLE V.

Réflexions sur le Pétrissage.

La pâte fut d'abord aussi grossière que la farine avec laquelle on la préparoit, composée long-temps sans levain, ce n'étoit qu'un simple mélange de farine & d'eau, qu'on incorporoit ensemble de la manière la plus naturelle; la mouture & la bluterie s'étant perfectionnées, on parvint, à l'aide de tamis plus ou moins grossiers, à séparer différentes farines, d'où il résulta plusieurs sortes de pâtes, que l'on multiplia encore par une foule d'ingrédiens, pour en faire plutôt des patisseries que du pain. Nous n'avons conservé de ces pâtes proprement dites, que les pâtes d'Italie, connues dans le commerce sous les noms de *vermicel*, *mâcaroni*, *lasagne*, *&c.* mais il n'est question ici que des pâtes qui sont destinées à être converties en pain, & dans lesquelles il y a déjà une matière en fermentation pour déterminer plus promptement leur apprêt.

Si la meûnerie en perfectionnant les farines, nous a donné les moyens de faire des pâtes mieux conditionnées & plus disposées à se changer en bon pain, il faut convenir que l'art de pétrir n'y a pas moins contribué, & que sans les différentes opérations que nous avons détaillées dans l'article précédent, jamais il ne seroit possible non-seulement d'allier autant d'eau à la farine, mais encore de la fixer & de la corporifier au point de ne plus apercevoir dans la pâte qui en résulte, aucune trace qui manifeste sa présence; tel est du moins

le

le but auquel on atteint en exécutant parfaitement le pétrissage.

J'ai déjà fait remarquer qu'il n'y avoit qu'une seule manière de bien pétrir, applicable à toutes les espèces de pâtes propres à fournir du pain; mais que quelquefois des circonstances particulières, comme la saison, la nature des farines, la quantité des fournées, l'espèce de pain qu'on fabriquoit, apportoient nécessairement de petits changemens, soit dans l'emploi des levains & de l'eau, dont la proportion ne pouvoit jamais être déterminée au juste, soit dans les opérations que comprend le pétrissage ; opérations, qui souvent se suppléent entre elles, ou qui demandent plus ou moins d'attention & de temps pour être exécutées.

Pour me dispenser ici de parler des diverses méthodes de pétrir, usitées dans le Royaume, & de montrer en même temps les vices qu'ont chacune d'elles, j'ai décrit le pétrissage comme il devoit être conduit & pratiqué, par celui qui fabrique & vend le pain : à l'égard des particuliers qui boulangent chez eux pour leur consommation, j'ai indiqué les moyens les plus simples & les plus certains pour y parvenir : tel est le motif qui m'a engagé à donner mon *Avis aux bonnes Ménagères.* Si je n'avois pas pris ce parti, il faudroit entrer ici dans beaucoup de détails, ce qui grossiroit cet Ouvrage sans le rendre plus lumineux. Rappelons donc en abrégé ce qui se passe dans le pétrissage.

La farine est composée de différentes parties qui s'approprient chacune une plus ou moins grande quantité d'eau, suivant leur degré de perfection, de sécheresse & de division; mais cette appropriation n'a pas lieu tout d'un coup; la matière glutineuse qui absorbe le plus de ce fluide, est d'abord la première à s'en emparer; le muqueux sucré devient ensuite visqueux; enfin, l'amidon quitte l'état pulvérulent pour contracter de l'humidité qui le rend plus propre à se combiner : tel est l'état où se trouvent les différens principes de la farine, au moment où l'on vient de la mêler avec l'eau, c'est-à-dire, après que la délayure est faite, & que la *frase* est finie.

Dans la *contre-frase*, les parties de la farine, encore isolées, mais disposées à s'unir, ne sont pas tout-à-fait combinées avec l'eau; le découpement achève cette combinaison, & commence celle des principes de la farine entre eux, de manière à former une masse plus égale, plus tenace & plus homogène : l'eau que le *bassinage* emploie augmente la juxta-position des parties,

& l'air que le battement introduit, en remplit les interstices ; d'où il résulte un corps léger, visqueux, flexible & élastique.

Le mélange de l'eau avec la farine, pour préparer les pâtes simples ou composées, est bien éloigné de produire le même effet & d'exiger un travail également suivi : leur consistance ne permet pas qu'on puisse jamais en faire un corps flexible & élastique ; la forme sous laquelle on s'en sert, est même absolument contradictoire avec la mollesse & la viscosité qu'on cherche à réunir dans la pâte ordinaire.

Mais la préparation du pain devenue plus aisée & plus parfaite, a fait abandonner celle des pâtes composées ; il n'y a plus guère que l'usage des pâtes simples qui soit resté encore en vigueur : indépendamment des noms différens qu'on a donnés à ces dernières, elles ont encore des formes particulières qu'elles reçoivent des moules à travers lesquels on les passe : leur composition n'est pas cependant autant variée ; c'est presque toujours de la farine & de l'eau ; la bonté du résultat dépend principalement du choix du grain & du genre de travail qu'on y emploie. Ceux qui préparent & vendent ces pâtes s'appellent *Vermicelliers* ; on ne les tiroit autrefois que de l'Italie, mais aujourd'hui cette branche de commerce est plus répandue; nous en avons même une fabrique établie à Paris, & dont le Public est redevable à M. Malouin, qui a inféré dans l'Art du Boulanger celui du Vermicelier.

Pour peu qu'on réfléchisse sur les procédés que le Vermicelier & le Boulanger emploient, pour préparer chacun leurs pâtes, on conviendra sans peine qu'il n'y a aucun parallèle à établir entre eux. Le premier ne se sert que du gruau brut & en grain, d'eau fort chaude & en petite quantité, afin que les pâtes qu'il en compose, se sèchent plus aisément, & soient moins disposées à prendre le mouvement de fermentation, qu'il a grand soin d'éviter. Le dernier, au contraire, fait également usage de gruau; mais le plus écrasé possible, sans exclusion aux autres farines qui proviennent du blé, d'eau presque toujours froide ou tiède, autant qu'il est possible d'en introduire; enfin, il ne prépare pas de pâte qu'il n'y renferme du levain, & qu'il ne songe ensuite aux moyens d'y établir la fermentation.

A l'égard du pétrissage, le Vermicelier s'écarte encore beaucoup du Boulanger, il foule & pile sa pâte, la replie sur elle-même à force de compression, au lieu que celui-ci la pétrit légèrement avec les mains, la retourne, la soulève & la divise; d'où il résulte, que l'un obtient une masse légère, visqueuse & élastique, tandis que l'autre n'a qu'une pâte serrée, compacte, lourde, dans laquelle la farine n'a subi aucun changement, & qu'il met hors d'état de passer à aucun mouvement de fermentation, en la dessèchant tout simplement; d'où l'on peut conclure que l'Art du Boulanger demande infiniment plus de soin & de talent que celui du Vermicelier, dont le travail est constamment le même, & sur lequel les élémens n'ont presque point d'influence.

Il est donc nécessaire d'employer suffisamment d'eau dans le pétrissage, afin que le levain, dont elle est le véhicule, puisse se distribuer uniformément, agir d'une manière insensible, & que toutes les parties de la farine ramollies & combinées intimément, deviennent assez flexibles & assez tenaces pour obéir, sans se rompre, au mouvement doux qui s'opère intérieurement & de toutes parts, en produisant le soulèvement & le volume que l'on cherche pour l'arrêter par la cuisson.

Le degré de consistance où se trouvent les différentes sortes de pâtes, qui vont bientôt nous occuper, est dû principalement à la quantité d'eau qu'on y fait entrer, & aux soins particuliers que l'on met à exécuter les opérations du pétrissage; ce n'est pas qu'il faille beaucoup de ce fluide pour faire varier cette consistance, avec très-peu d'eau une pâte ferme devient bientôt une pâte molle, parce que les parties de farine une fois suffisamment humectées pour se réunir & s'aglutiner en masse, il n'en faut presque plus pour lui faire acquérir de la mollesse & de la flexibilité.

Nous avons déjà dit que la bonne farine pouvoit absorber environ un tiers de son poids d'eau pour être convertie en pâte ordinaire; nous observerons ici en passant, que depuis la pâte la plus ferme jusqu'à la pâte la plus molle, c'est tout au plus s'il y a quatre livres d'eau de différence par cent livres de farine. Cette remarque est pour ceux qui croient manger infiniment davantage de farine en se nourrissant de pain de pâte ferme; mais je m'en tiens-là pour le moment, & je passe à l'examen des différentes sortes de pâtes.

Article VI.
Des différentes sortes de Pâtes.

Les pâtes connues & préparées en Boulangerie, sont toutes essentiellement semblables entre elles, composées de levain, d'eau & de farine, leurs différences viennent autant de l'état où se trouvoient ces matières avant leur emploi, que des manipulations qu'on a suivies pour les allier ensemble : ainsi, la pâte *molle* ou légère, la pâte demi-molle ou *bâtarde*, & la pâte ferme ou *biiée*, sont les seules pâtes dont nous nous proposons de parler ici : toutes les autres n'en font que les dérivés, & ne diffèrent que par des nuances de mollesse ou de fermeté à peine sensibles.

Comme la pâte ferme est la plus ancienne & la plus en usage encore à présent, nous commencerons par elle l'examen que nous nous proposons ; d'ailleurs le Boulanger est quelquefois obligé de préparer avec la même espèce de pâte diverses autres plus molles ou plus fermes, en ajoutant de l'eau ou de la farine : or souvent c'est la pâte ferme qui sert d'élément à la pâte bâtarde & molle, & celle-ci devient quelquefois à son tour la base des pâtes fermes. Nous dirons, à mesure que nous traiterons de la préparation de quelqu'unes d'elles, s'il y a plus d'inconvéniens de renforcer une pâte avec de la farine, que de l'adoucir avec de l'eau.

De la Pâte ferme.

Tous les peuples qui font usage du pain ont

commencé par fabriquer des pâtes fermes ; en cet état il étoit plus aisé d'en préparer cet aliment qui d'un autre côté paroissoit plus subs- tantiel & plus nourrissant : il y a encore dans nos provinces quelques cantons qui n'ayant pas encore participé à la perfection de certains arts, continuent de faire des pâtes extrêmement fermes, en y ajoutant même des procédés plus défectueux qu'ils n'étoient à l'origine de la Boulangerie.

L'usage des pâtes fermes a été autrefois fort en vogue ; mais il est maintenant relégué à Chaillot & à Gonesse : ces villages fameux par l'espèce de pain qu'on y faisoit, ne contiennent que quelques Boulangers qui ne figurent pas plus dans les marchés que les autres des en- virons de Paris qui approvisionnent cette ville ; ils sont même obligés d'assimiler leur pain à celui des autres marchands, autrement ils ne viendroient pas à bout de le débiter.

La pâte ferme exige beaucoup de levain, principalement lorsqu'on le prend dans l'état jeune, par rapport aux obstacles que la fer- mentation éprouve dans une masse presque solide, qu'on ne peut pas travailler beaucoup, & qui par conséquent n'a pas cette flexibilité favorable au jeu de ce fluide élastique, qui tuméfie la masse & lui fait prendre un volume & une légèreté où la chaleur du four la surprend, & présente une masse sinon légère, du moins assez fermentée pour donner un aliment bien digestible.

La préparation de la pâte ferme est soumise aux loix générales du pétrissage; chaque opération demande seulement un peu plus de temps pour être complètement exécutée : c'est surtout celle de la *frase* qui exige le plus de travail, parce que le mélange de l'eau, du levain & de la farine qui en est l'objet, étant plus grossier à cause de la moindre quantité de liquide, il faut pour ne pas manquer la *frase*, que la totalité de la farine soit entièrement pénétrée par l'eau, & que la masse dans l'intérieur soit liée & uniforme, quoiqu'encore un peu inégale.

La *contre-frase* est la même pour la pâte ferme que pour les autres pâtes; mais comme il n'est pas possible d'y enfoncer les mains à cause de son défaut de mollesse, il faut la découper par petits patons, d'abord en dessous au premier *tour*, ensuite en dessus pour le deuxième & le troisième *tour*; par ce moyen, on donne de la ténacité & du liant à la pâte ferme dont la nature est d'être courte & cassante.

Si le *baſſinage*, cette opération du pétriſſage dont nous avons déjà développé l'effet, & qu'on nomme ainſi à cauſe que c'eſt avec le baſſin qu'on verſe l'eau ſur la pâte pour la repétrir, ſi le *baſſinage*, dis-je, rafraîchit la pâte & augmente ſa viſcoſité, c'eſt ſur-tout pour la pâte ferme qu'il eſt indiſpenſable, parce que quelque bien contre-fraſée qu'on ſuppoſe la pâte, elle n'a pas encore aſſez de corps; comme l'eau avec laquelle on baſſine cette pâte va juſqu'à douze pintes ou vingt-quatre livres pour une fournée de trois cents livres, & qu'elle doit toujours être dans l'état froid, le pain alors qu'on en obtient eſt plus blanc & plus ſavoureux; le ſeul inconvénient qu'il y ait, c'eſt que l'apprêt de la pâte eſt extrêmement long. Cette manipulation a fait la fortune de quelques Boulangers qui l'employoient myſtérieuſement dans le temps où la pâte ferme étoit à la mode. Nous ferons même une remarque à ce ſujet, qui intéreſſe les progrès de l'art.

Les Boulangers qui préparoient autrefois des pâtes fermes & qui prétendoient les perfectionner, ajoutoient encore des défauts aux procédés qu'ils prétendoient rectifier par l'emploi des levains trop vieux & en trop grande quantité, de l'eau chaude & d'un petit baſſinage ; d'où il réfultoit que la plus excellente farine ne donnoit fouvent qu'une pâte courte qui s'entr'ouvroit, préfentoit à fa fuperficie des crevaffes, reffemblante à une pâte de farine tendre ou humide, & dont la *frafe* auroit été *brûlée*, & n'obtenoit qu'un pain maffif & aigre : il faut employer au contraire plus de levain dans l'état jeune, de l'eau pour le pétriffage & le baffinage plutôt tiède que chaude ; travailler la pâte avec excès, plutôt que de ne pas lui donner fuffifamment de *tour ;* de cette manière, la pâte fera plus parfaite fans être moins ferme, elle ne gerfera pas à l'apprêt & ne perdra pas de fon corps.

La confiftance que l'on donne à la pâte ferme, empêche que l'on puiffe la battre, mais on fupplée à cette opération par un découpement plus rapproché, plus répété en deffus & en deffous, en donnant à la pâte trois tours après la contre-frafe, & quatre après le baffinage, fans compter celui qui doit terminer le pétriffage pour mettre la pâte dans le *tour,* avec l'attention de la divifer par petits patons bien travaillés.

La pâte ferme, fans contenir autant d'air que celle qui a fubi l'opération du battement, ne laiffe pas néanmoins d'en avoir abforbé par le moyen des découpemens multipliés, & d'en renfermer suffisamment pour passer à un bon apprêt & fermenter convenablement, pourvu toutefois qu'elle ait été vivement & fortement travaillée : la perfection de ce pétrissage s'aperçoit entr'autres à la surface de la pâte, qui doit être lisse, unie & sèche.

On a poussé si loin l'abus des pâtes fermes, que le mouvement des bras les plus souples n'a pas suffi pour pétrir; il a fallu y employer encore les pieds, & même des instrumens : à peine la contre-frase est achevée, qu'il est impossible de continuer les autres opérations du pétrissage pour affiner la pâte, la rendre flexible & élastique; à ce défaut, on couvre la pâte d'une toile, & le pétrisseur monte dessus ; & suspendant les bras à une corde, il emploie tout le poids du corps pour étendre la pâte, qu'il replie successivement sur elle-même & à plusieurs reprises, jusqu'à ce qu'elle soit parfaitement travaillée, ou bien on y applique un *levier*, qu'on appelle *la brie*, qui sert comme d'un poids pour piler la pâte, la mieux fouler, & plus également.

Si cette méthode pénible de pétrir, pouvoit procurer quelqu'avantage, soit pour la bonté du pain, soit pour l'économie, nous nous empresserions de chercher à la rectifier; mais elle est vicieuse en elle-même, & l'aliment qui en résulte est plutôt de la farine combinée avec l'eau & desséchée, que du pain fermenté & cuit; l'eau ajoutée à la pâte en certaines proportions, s'identifie avec elle, & augmente les propriétés nutritives des parties qui constituent la farine, & le pain qui en résulte est infiniment plus agréable au palais, plus léger à l'estomac & réellement plus nourrissant. Que peut-on avancer de plus pour déterminer à abandonner les pâtes trop fermes aux Vermiceliers & aux faiseurs de biscuits de mer, puisque dans l'un & l'autre cas, l'eau n'est qu'un moyen d'union, & qu'on la fait dissiper ensuite comme une substance qui occasionneroit la perte de la matière alimentaire qu'on a intention de conserver!

De la Pâte bâtarde ou demi-molle.

La pâte bâtarde tient le milieu entre la pâte molle & la pâte ferme : on doit la considérer sur-tout comme la perfection de cette dernière que je viens de décrire; l'eau qu'on fait entrer dans sa préparation, suffit pour pénétrer entièrement toutes les parties de la farine, la matière glutineuse, cette substance si essentielle à la bonté du pain, jouit de toutes ses propriétés, elle acquiert la tenacité & l'élasticité qui lui sont propres; au lieu que dans la pâte ferme, toujours bridée & sans ressort, elle est, pour ainsi dire, de nul effet. Cet exemple n'est pas le seul que nous pourrions citer pour prouver que très-souvent l'homme ne sait pas jouir complètement des libéralités de la Nature : elle met dans le froment un principe particulier qui constitue la supériorité & l'excellence de ce grain sur les autres végétaux servant à la fabrication du pain; & nous, par une économie mal entendue, ou par un attachement trop opiniâtre à nos habitudes, nous ôtons à ce principe le pouvoir d'agir en l'annihilant.

Il seroit avantageux que les levains dont on se sert pour la préparation de la pâte bâtarde fussent toujours naturels, & qu'on les employât de la même manière que l'on suit à l'égard de la pâte ferme, c'est-à-dire, qu'ils fussent plus forts que vieux; les levains jeunes très-préférables d'ailleurs pour la pâte molle, n'ont souvent pas assez d'efficacité pour la pâte demi-molle & la pâte ferme, leur mouvement est ralenti au point que quelquefois il faut avoir recours à une chaleur artificielle pour l'animer. Les levains *de tout point* sont donc meileurs dans ce cas que ceux de pâte, sur-tout encore si c'est en hiver, & que les farines foient de nature à ne pouvoir acquérir beaucoup de corps.

Les Boulangers qui font abus de la levure, c'eſt-à-dire, qui l'introduiſent dans toutes leurs pâtes, ſans même en excepter, comme dans certains pays, celles des farines biſes, dans la vue d'accélérer l'ouvrage ou de donner de la légèreté au pain, n'emploient ce ferment incertain que quand le levain eſt délayé : on fait pour lors la fraſe plus ſoutenante que pour la pâte molle, & l'on ajoute dans le baſſinage la levure & le ſel, ſi on eſt dans l'uſage d'en mettre, étendu & diſſous dans un peu d'eau chaude ; on travaille ſeulement cette pâte compoſée un peu moins que celle où il n'y a que du levain.

Nous avons déjà rapporté les circonſtances dans leſquelles la levure étoit abſolument inutile ; y en a-t-il une où elle le ſoit plus évidemment que dans la préparation de la pâte bâtarde ! La conſiſtance que doit avoir cette pâte, le volume qu'on lui donne pour la diviſer en pains, ne ſuffiſent-ils pas pour y établir une bonne fermentation, & concilier au pain un degré de légèreté convenable ! L'eau qu'on emploie dans le baſſinage eſt un peu moins conſidérable que pour la pâte ferme ; elle peut aller cependant encore juſqu'à huit pintes ou seize livres pour une fournée de trois cents livres de pain.

La consistance ordinaire qu'a la pâte bâtarde, facilite & rend possible toutes les opérations du pétrissage; mais le geindre met trop peu de temps à la préparation de ce second ordre de pâte; employant des levains plutôt vieux que forts, il néglige le bassinage & le battement, sous le prétexte que cette dernière opération étant plus pénible que dans la pâte molle, on peut aisément s'en dispenser, d'où il résulte toujours une pâte inégale & imparfaite.

Si le battement ne peut se pratiquer en plein à cause de la fermeté de la pâte, il ne faut cependant pas y renoncer; cette opération du pétrissage est trop essentielle pour ne pas chercher à en favoriser l'exécution. On en viendra aisément à bout en divisant la masse par petits patons, que l'on bat à mesure qu'on les rassemble, en donnant plusieurs tours avant de retirer la pâte du pétrin & de la mettre dans le *tour*. Comme la pâte bâtarde est beaucoup moins exposée qu'aucune autre aux inconvéniens qu'une consistance trop ferme ou trop molle peut entraîner, relativement aux saisons, à l'état de l'eau & du levain : on a infiniment plus de ressources pour corriger ses défauts ou

prévenir

prévenir les accidens qui lui arrivent pendant & après fa préparation, parce qu'en fuppofant que cette confiftance s'éloigne de celle qui lui eft propre, elle ne fera pas au moins affujettie aux viciffitudes ordinaires de la pâte ferme ou de la pâte molle.

Souvent les Boulangers qui ne font qu'une feule fournée, ont befoin de faire les trois efpèces de pâte en ufage : alors s'ils ne veulent pas partager les levains pour les pétrir chacune à part & felon la méthode qui convient, ils doivent d'abord *frafer*, *contre-frafer* & *baffiner*, comme s'ils avoient intention de ne préparer qu'une feule pâte qui fût la pâte bâtarde; parce que fi la *frafe* étoit trop ferme, on feroit contraint de *baffiner*, & de travailler beaucoup, ce qui diminueroit la force des levains; & que fi au contraire elle étoit trop molle, on ne pourroit y remédier qu'en ajoutant de la farine & la repétriffant.

C'eft une obfervation conftante, qu'il y a plus d'avantage d'amollir la pâte avec de l'eau, que de l'affermir avec de la farine; dans le premier cas, on *baffine* & l'on fait combien cette opération contribue à la qualité de la pâte; dans le fecond, au contraire, l'addition de la farine qu'on incorpore à force de travail, n'opère pas un aussi bon effet ; il n'y a même guère qu'une circonstance où cette méthode puisse être utile, c'est lorsque dans les grandes chaleurs la pâte a peu de corps, & que les levains sont trop prêts.

Quand donc la *frase*, la *contre-frase* & le *bassinage* sont achevés, il faut ajouter un peu d'eau à la portion de la pâte qu'on veut rendre molle, & la sortir du pétrin après qu'elle y a été suffisamment battue & découpée ; on continue ensuite de travailler le restant qui est une pâte bâtarde : lorsqu'elle a subi toutes les opérations du pétrissage, on en mêle la moitié avec une certaine quantité de farine pour la renforcer & la découper assez long-temps, afin d'avoir une pâte bien égale. Voilà à peu-près ce qu'il convient de faire dans le cas particulier dont il s'agit, sans craindre que ces différens changemens puissent trop nuire à la bonté de la pâte qui en résulte, ni la faire beaucoup varier de celle qu'on auroit pétrie exprès pour une fournée entière : je dis que la pâte ne variera pas beaucoup, parce que dans le moment que l'on délaye les levains pour commencer le pétrissage, on doit déjà agir avec l'intention d'obtenir telle ou telle pâte.

Une précaution qu'on ne doit jamais négliger

d'employer, c'est de faire toujours en été la pâte plus ferme, on en est quitte après cela pour la *bassiner* davantage afin de la mettre au degré de mollesse où on la desire : il faut suivre absolument le contraire en hiver ; le froid, comme l'on sait, tend à resserrer les corps, & la pâte alors loin de se relâcher comme lorsqu'il fait chaud, se roidit & se raffermit. Lorsqu'on fait deux ou trois espèces de pâte dans une même fournée, en employant, soit du levain, soit de la levure, ou bien l'un & l'autre ensemble ; il faut toujours avoir l'attention de faire entrer moins de levain dans les premières pâtes, & de tenir le liquide plus tiède ou plus froid que dans les secondes pâtes, & plus encore dans les troisièmes; parce que quand on pétrit l'une, l'autre s'apprête déjà, & que la dernière pâte, pour être enfournée à peu-près en même temps, doit fermenter beaucoup plus tôt. Telles sont les précautions & les soins qu'il faut employer dans toutes les saisons & pour les différentes espèces de pâte, afin que l'une ne nuise pas à la perfection de l'autre, & que tous les pains de la fournée aient chacun la meilleure qualité.

De la Pâte molle ou *légère.*

Rien de plus aisé en apparence que le traitement de la pâte molle ; rien cependant n'exige plus de combinaison, d'intelligence & de soins. Si elle est facile dans le travail du pétrissage, & qu'elle soit plus disposée à prendre le mouvement de fermentation convenable, elle est aussi beaucoup plus assujettie aux différens changemens que peuvent y occasionner les circonstances dont nous avons souvent caractérisé l'influence ; la pâte molle demande même, dans sa préparation, quelques petites recherches qui obligent de s'écarter de la route ordinaire.

La pâte molle est l'extrême de la pâte ferme, & doit, comme nous l'avons dit, sa consistance à l'eau qu'on y fait entrer en plus grande abondance ; mais cette abondance n'est pas aussi considérable qu'on le prétend : dès que la pâte molle a été frasée & contre-frasée légèrement, elle acquiert une consistance qui permet aux mains d'y pénétrer aisément, & de lui donner plus de viscosité & d'élasticité en la battant avec facilité.

Il n'en est pas de la pâte molle comme de la pâte ferme, & de la pâte bâtarde dont nous venons d'exposer la préparation ; elle n'est pas, comme elles, seulement composée d'eau, de levain & de farine ; on y fait entrer encore tantôt de la levure au lieu de levain, quelquefois l'un & l'autre ensemble; très-souvent enfin le sel & le lait sont des ingrédiens qu'on y ajoute, c'est avec ces différentes pâtes qu'on prépare toutes ces espèces de pains, que le luxe & le caprice ont multipliés au point qu'il seroit maintenant difficile, pour ne pas dire impossible, d'en décrire ici la forme & les noms.

Pour faire la pâte molle simple, on prend le levain le plus jeune, on l'introduit dans la proportion de deux tiers en été, & de moitié en hiver, avec de l'eau froide ou tiède, pour obtenir une pâte aussi molle qu'il est possible, sans y ajouter ni levure, ni sel, ni lait; on travaille vivement & légèrement la pâte, on la découpe & on la bat avec célérité; si les farines qu'on a employées sont sèches & de la meilleure qualité, la pâte acquerra la plus grande viscosité & l'apprêt le plus parfait.

Avant de parler de la composition des pâtes molles pétries sur levure, il n'est pas hors de propos de faire une observation que nous avons réservée pour l'objet dont il s'agit : c'est que la levure a une continuité de fermentation que les opérations du pétrissage loin de ralentir & d'interrompre, augmentent & accélèrent, en sorte que souvent, dans un très-court espace de temps, il faut avoir frasé, contre-frasé, découpé, bassiné, battu & mis dans le *tour*, sans quoi la pâte courroit les risques avant d'être parvenue à son apprêt, de se relâcher, & de mal fermenter ensuite; tandis au contraire, que la pâte sans levure au même degré de consistance, va plutôt en se raffermissant ; ce qui prouve dans tous les cas la supériorité du levain sur la levure, & la préférence qu'on doit lui accorder quand il est question de préparer le pain autre que celui de fantaisie, dont la petitesse & l'usage rendent la levure tolérable.

C'est cette supériorité du levain sur la levure, & les défauts continuels de cette dernière, qui ont déterminé M. Brocq à mettre en pratique la méthode que nous venons de rapporter pour préparer la pâte molle ; les grands levains jeunes qu'il emploie donnent du soutien à la pâte sans communiquer d'aigreur au pain ; le bassinage toujours à l'eau froide ou tiède la rend extrêmement sèche & unie ; le battement enfin très-vif augmente la légèreté & la viscosité qui concourent au meilleur apprêt, & à fournir un bon & beau pain qui a toujours le goût de noisette. Les habitans de l'École Militaire en font l'éloge, avec raison ; & ils peuvent se flatter de manger le meilleur pain qui se fabrique à Paris, & sans doute dans le Royaume.

La pâte molle dans laquelle on introduit de la levure en même temps que du levain, demande de ce dernier environ le tiers en hiver & le quart en été, avec une demi-livre de levure au plus dans l'une & l'autre saison ; mais alors on peut se dispenser de battre la pâte, parce que la levure tient à peu-près lieu de cette opération, & que d'ailleurs les différens mouvemens qu'on donne à la pâte, sur-tout en été, peuvent l'échauffer au point de n'avoir pas le temps d'attendre que le four soit prêt.

Le levain n'a presque jamais besoin d'être aidé par la levure, il suffit de lui donner un peu plus de force, d'en augmenter la dose & d'exposer la pâte dans un lieu chaud pour produire dans tous les temps de l'année le même effet : la levure colore la pâte, & tout en donnant de la légèreté au pain, elle ôte à cet aliment son bon goût & sa grande blancheur.

La levure employée comme levain est encore bien plus abusive, puisqu'il faut en mettre une plus grande quantité pour la fournée, & que son effet prompt & destructeur n'est pas tempéré par celui du levain, dont la marche est plus lente & plus certaine. On évite, dit-on, par ce moyen, les embarras de la longue préparation des levains, de leur renouvellement

& de leur apprêt ; on a infiniment moins de peine à travailler la pâte, elle ne reste pas aussi long-temps à fermenter, &c. Mais les inconvéniens qui résultent après cela de ces prétendus avantages sont bien plus grands que les légers embarras qu'on veut s'épargner, c'est assurément-là le cas de dire, *le remède est pire que le mal.* Je prie qu'on me pardonne, si je reviens souvent sur le même objet ; je desirerois pouvoir faire renoncer à un usage qui nuit directement à la perfection de la Boulangerie.

Quand on pétrit sur levure, on prépare son levain peu de temps avant de faire la pâte, c'est une demi-heure environ en été ; mais on observe qu'il ne faut jamais employer l'eau dans l'état froid, ni beaucoup de farine pour cela ; on prend une livre de levure qui est la quantité nécessaire pour une fournée ; on en mêle la moitié avec quelques livres de farine & on en forme une pâte molle qu'on laisse dans le pétrin, à moins que le chaud ou le froid, la force ou la foiblesse de la levure ne déterminent à porter ce levain sur le four ou à l'air : on pétrit ensuite, en ajoutant le restant de la levure qui se partage quelquefois dans la délayure & dans le bassinage : on travaille moins la pâte, & malgré cela, elle est beaucoup moins de temps à acquérir fon apprêt, que par le moyen du levain naturel.

La pâte molle préparée avec ce levain, ainfi apprêté & diftribué, où l'on fait entrer encore du fel, demande un peu plus de levure & d'eau, parce que l'effet hâtif de la levure eft modéré par celui du fel, qui naturellement retient la pâte & l'empêche de fe fondre : on fait qu'un poids de fel quelconque a toujours le même effet fur les différentes farines & dans toutes les faifons; mais la levure varie & n'eft pas la même un feul jour, en forte que fouvent une livre fait plus que deux ou trois livres médiocres. Si elle étoit altérée, elle feroit molle, la pâte ne leveroit pas davantage que celle du pain azyme; elle auroit de plus l'aigreur & la couleur que lui donneroit ce ferment corrompu.

Quoiqu'on ajoute quelquefois à la pâte molle, dont nous parlons, du lait, & que fouvent cette émulfion animale y foit employée feule, on délaye cependant toujours la levure dans l'eau, foit pour en préparer le levain, foit pour la faire fervir au pétriffage; fans cette précaution, le lait pourroit tourner, parce que la levure agiffant immédiatement deffus, le décompoferoit à la manière des acides. Il eft même certain que tous nos petits pains pouffés de levure, contiennent le lait dans l'état caillé, ce qu'il est facile d'apercevoir quand on les mange le lendemain de leur cuisson.

On a toujours cru jusqu'à préfent qu'il étoit impossible de faire du pain au lait sans levure, c'étoit presque un problème en Boulangerie, que de donner à cette espèce de pain la même légèreté avec du levain, parce que son action ne s'exerçant pas aisément sur de petites masses, elle devoit encore être arrêtée par le lait, dont la propriété est d'*allourdir* la pâte ; M. Brocq vient de résoudre ce problème, en préparant des petits pains au lait aussi légers avec le levain, mais infiniment plus blancs, plus savoureux que ceux où il entre de la levure.

Le procédé de M. Brocq consiste à employer un mélange de farines de gruaux très-sèches, résultant des blés de la Beauce & de la Brie, avec partie égale de farine de Picardie; ensuite moitié levain de pâte, à bassiner avec le lait tiède seulement en hiver, à bien travailler la pâte, à la faire entrer en levain, & à la laisser sur couche un certain temps ; par ce moyen il obtient un pain dans lequel le lait existe tel qu'on l'a introduit, parce que le levain jeune ne produit jamais l'effet d'un acide comme la levure.

Les Boulangers qui cuisent du pain mollet, font rarement des fournées entières composées de lait, de levure & de farine seulement. Ils sont obligés de diviser leurs levains suivant les différentes pâtes qu'ils veulent pétrir. On commence d'abord par les pâtes dans lesquelles il y a du levain; on continue après cela la préparation de celles où entrent la levure, le sel & le lait, & l'on achève le pétrissage par les pâtes composées de lait & de levure simplement: une attention qu'on ne doit pas oublier, c'est que toutes ces pâtes ne languissent, ni dans le travail, ni dans le pétrin, parce que l'une pourroit être prête quand l'autre seroit à peine formée : une autre attention non moins importante, c'est de recommander au garçon, préposé pour pétrir ces différentes pâtes, d'avoir sous la main tous les objets qu'il doit employer.

Les pâtes molles n'ont pas une réussite constante avec toutes les farines, plus ces dernières sont sèches, revêches & *gruauleuses*, meilleures elles sont à leur emploi, parce qu'étant extrêmement abondantes en matière glutineuse, elles se soutiennent beaucoup mieux à l'apprêt que les farines d'un blé tendre, humide, ou provenant d'un sol nouvellement marné : ainsi, destinons les farines revêches à la pâte molle, les farines les plus tendres pour les pâtes bâtardes; ne nous permettons l'usage des pâtes très-fermes que quand nous y sommes contraints par la nécessité, c'est-à-dire, lorsque les blés ont subi dans les champs un commencement de germination, & qu'on a négligé de mettre en pratique les moyens indiqués dans l'article de la *conservation des farines*.

On ne pourroit pas composer avec ces farines, des pâtes fermes, ni même bâtardes, à moins qu'on n'y fît entrer beaucoup de sel, parce qu'elles se relâcheroient tellement à l'apprêt, qu'il seroit impossible de les mettre au four; au lieu d'y bouffer, elles s'aplatiroient & ne donneroient que des galettes plates, visqueuses, sans yeux, & dont la croûte se détacheroit de la mie.

Que les pâtes molles dont il vient d'être question, soient simples ou composées, que leur grandeur varie comme leurs formes, les différens pains qui en résultent sont toujours désignés sous la dénomination de *pain mollet*, à cause de la légèreté & de la viscosité de la pâte qu'elle doit principalement à la quantité de liquide en eau ou en lait qu'on y fait entrer; propriétés qu'on augmente encore en lui associant beaucoup d'air par le travail : mais il nous reste à continuer le travail de la pâte en général; nous l'avons fortie du pétrin pour la mettre dans le tour, la fermentation va achever fa perfection.

Article VII.
De l'apprêt de la Pâte.

Il fembleroit que quand on a mêlé très-intimement enfemble le levain, l'eau, la farine & l'air pour former du mélange, un corps homogène, léger, tenace & vifqueux, les opérations qui fuivent doivent être peu importantes, & qu'il eft poffible, à l'aide de la plus légère attention, d'obtenir un excellent réfultat; mais le travail de la Boulangerie oblige à d'autres foins qui vont toujours en augmentant, à mefure qu'on approche de la fin.

D'abord, il ne faut que de la vigueur & du courage pour exécuter comme il faut tous les procédés du pétriffage, enfuite du raifonnement & des combinaifons pour arrêter la fermentation à propos, & faifir le point jufte de cuiffon; ces dernières opérations du Boulanger font les plus délicates. Le pétriffage en effet eft affujetti à une méthode qui aura conftamment de la réuffite toutes les fois que l'ouvrier qui en eft chargé, aura employé pour l'exécuter convenablement, la force & le temps néceffaires;

mais l'apprêt de la pâte dans le tour, la célérité & l'adresse avec lesquelles il faut la diviser, la peser, la tourner & la mettre sur couche, exigent de l'attention, des follicitudes & de l'intelligence, dont les meilleurs pétrisseurs ne font pas toujours capables.

Après le pétrissage, la pâte passe dans d'autres mains, c'est le brigadier qui va la conduire jusqu'à ce qu'elle soit convertie en pain ; ce nouveau travail, comme je viens de l'observer, demande des talens qui ne font pas accordés à tous les geindres, l'un fait parfaitement tourner la pâte, & n'a pas le coup-d'œil pour juger du véritable apprêt, l'autre a le tact du four, & manque souvent le point de fermentation où il est nécessaire d'arrêter la pâte ; enfin, rien n'est moins commun qu'un brigadier qui réunisse toutes les qualités qu'il faut pour enfourner à temps & cuire parfaitement.

L'apprêt de la pâte est l'état où elle se trouve lorsqu'on se dispose à la mettre au four ; cet état, à la vérité, n'est pas toujours aussi facile à saisir qu'on le pense ; cependant, si la fermentation panaire étoit réellement une fermentation spiritueuse, la chose ne devroit pas présenter dans son exécution autant d'obstacles, il suffiroit seulement de la laisser établir doucement en l'aidant ou la tempérant par le moyen de la chaleur ou du froid, afin de lui faire toujours parcourir le même espace de temps, & d'obtenir dans tous les cas un résultat à peu-près semblable; mais il s'en faut bien que la pâte qui s'apprête, soit pour devenir un levain, soit pour être convertie en pain, puisse être soumise à des règles aussi strictes.

Dès que le moût est parvenu à l'état de vin, il y reste un certain temps avant de passer à une autre fermentation : le mouvement intestin qui continue d'agir dans l'intérieur de la cuve, ne s'exerce plus sur la texture des parties de la liqueur qu'il a rompues & changées, il tend au contraire à les réunir & les combiner plus intimement entre elles, d'où il résulte un autre composé plus homogène & plus parfait; enfin, le vigneron est averti par des signes non équivoques, que sa fermentation est achevée, que le produit s'améliore, & qu'il est temps de le transvaser du vaisseau dans lequel il a fermenté. Mais le Boulanger n'a, ni les mêmes vues, ni les mêmes ressources, ce n'est pas sur un fluide qu'il opère : les parties constituantes de la farine ne sont pas toutes susceptibles de la fermentation spiritueuse; le muqueux sucré, la seule qui paroisse jusqu'à présent douée de cette propriété, n'est pas assez développé; l'eau qui se trouve dans la pâte ne lui donne pas une mollesse capable de se prêter au mouvement qui doit en changer la nature & les propriétés : une partie de ce muqueux est encore dans toute son intégrité, lorsque l'autre ne fait qu'éprouver un commencement de décomposition; d'où il suit, que la viscosité de la pâte diminue à mesure que son volume augmente, & que pour l'empêcher d'aller au-delà du terme prescrit, il faut être sur ses gardes, ne pas la perdre un moment de vue, observer sa marche avec la plus grande attention, la suivre dans les différens états, épier tout ce qui s'y passe, & l'arrêter à propos par un moyen violent, qui dissout & unit toutes les parties de la pâte, & les réduit en un moment à l'impuissance de reprendre jamais la suite de leur fermentation.

En faisant remarquer la différence qu'il y avoit entre le muqueux sucré renfermé dans les farineux & celui que contiennent les fruits par rapport à la fermentation, nous avons dit que le moyen de retirer des premiers l'esprit ardent qu'ils pouvoient fournir par la distillation, n'étoit nullement celui qu'on suivoit pour en préparer du pain, parce qu'il ne suffisoit pas d'abandonner à l'air ou dans un lieu chaud, la farine délayée

dans

dans l'eau seulement, ou combinée avec un levain; que tout cela n'étoit pas capable de produire une fermentation spiritueuse, complète, mais partielle; & que la pâte en cet état n'étoit plus propre, non-seulement à donner un pain passable, mais encore un levain de bonne qualité.

En effet, si toutes les parties de la farine réunies & aglutinées sous la forme de pâte par le moyen de l'eau & du levain, passoient également & ensemble à la fermentation spiritueuse dans la panification; il s'ensuivroit que leur faculté nutritive, loin d'augmenter, diminueroit considérablement, puisque l'on fait résider le principe alimentaire dans le corps muqueux, lequel change totalement de nature par la fermentation. Or, c'est un aliment que le Boulanger prépare, & non une boisson: la fermentation spiritueuse préjudicieroit donc directement au but qu'il doit se proposer, celui de faire le pain le plus agréable & le plus substantiel.

Comme il est très-certain, ainsi qu'on ne sauroit en douter, qu'une matière pour agir en qualité de ferment, doit être actuellement fermentante, & que le vin le plus généreux, a moins d'influence sur un corps fermentescible.

D d

que la bière ou le cidre doux ; il fuit de toute néceffité, que fi la fermentation panaire étoit fpiritueufe comme on le prétend, le levain qui eft la pâte la plus fermentée, ne produiroit plus fon effet ordinaire ; auffi avons-nous déjà obfervé que quand le levain étoit parvenu à la fermentation fpiritueufe, c'eft-à-dire, lorfqu'il fourniffoit des atomes d'efprit ardent, il ne falloit plus l'employer immédiatement à la fabrication de la pâte, & que celui qui étoit le plus éloigné de cet état, c'eft-à-dire, le levain jeune, méritoit à tous égards la préférence.

Une circonftance frappante qui diftingue la fermentation fpiritueufe des farineux d'avec celle qui s'établit dans le fuc fucré des végétaux, c'eft l'état manifeftement acide que les premiers doivent acquérir, pour donner à la diftillation à feu nu, la totalité de l'efprit ardent qu'ils font en état de fournir ; c'eft pourquoi les levains vieux ou aigres, dont une portion fe trouve véritablement dans la fermentation fpiritueufe, ne peuvent plus faire qu'un mauvais pain.

La pâte, comme le levain, préfente dans fon apprêt différentes nuances, que l'on défigne par leurs noms & leurs effets : lorfque la pâte commence feulement à fermenter, on dit qu'elle est *verd d'apprêt;* qu'elle a un *bon apprêt,* au contraire, quand elle a acquis le volume nécessaire ; enfin , la pâte est *pourrie d'apprêt ,* dès qu'elle occupe tout le volume dont elle est susceptible , & que ne pouvant plus se gonfler au four , elle s'y aplatit. Toutes ces nuances différentes d'apprêt pourroient-elles avoir lieu dans le levain ou dans la pâte, si la fermentation panaire étoit véritablement spiritueuse, puisqu'une fois décidée & établie, elle ne pourroit pas passer successivement & avec autant de rapidité à un autre degré de fermentation !

Que l'on ajoute après cela aux réflexions que nous venons d'exposer, que la pâte entreouverte au moment où on va l'enfourner, n'exhale pas une odeur qui caractérise l'état spiritueux ; que quoiqu'elle renferme le tiers de son poids en levain, qui est une pâte infiniment plus avancée, elle ne donne pas encore étant distillée à feu nu, d'esprit inflammable ; on aura de nouvelles preuves qui confirment la vérité de mon observation.

Nous avons fait connoître les moyens de raccommoder les levains, quand ils avoient passé leur apprêt; on pourroit, de la même manière, raccommoder la pâte si elle étoit trop levée; mais comment seroit-il possible de les rappeler à leur premier état, s'ils avoient éprouvé une fermentation décidée ? a-t-on quelques exemples d'une substance fermentée qu'on ait fait ainsi rétrograder à volonté, en lui restituant ses premières propriétés ?

A cette occasion, nous ferons une remarque sur la pâte qui a passé son apprêt; sans doute, on pourroit venir à bout de la raccommoder comme les levains, en ajoutant du sel pour modérer la fermentation, ou bien en affoiblissant son effet par le bassinage ; mais en augmentant la masse par une nouvelle quantité d'eau & de farine, il en résulteroit plus de pâte que le four ne pourroit contenir, & pendant le temps qu'elle emploîroit à acquérir son apprêt, l'autre pâte de la fournée suivante, & dans laquelle on seroit obligé de faire entrer le surplus, passeroit trop vivement & trop promptement à la fermentation, ce qui préjudicieroit encore très-sensiblement à la réussite des fournées suivantes.

Ces raisons que j'abrège, doivent servir à prouver, que quand on a proposé les moyens de raccommoder la pâte, en reprochant aux Boulangers, qui dédaignoient de les employer, leur lésine ou leur indifférence, on n'avoit vraisemblablement en vue que le particulier qui cuit son pain chez lui, ou les Boulangers peu occupés, qui n'ont qu'une ou deux fournées au plus à faire ; mais que la chose étoit absolument impraticable pour ceux qui auroient un plus grand travail à conduire.

L'imputation qu'on fait aux Boulangers n'est nullement fondée ; il n'y en a pas un parmi eux qui ne sacrifiât la moitié de la fournée, s'il étoit possible de raccommoder l'autre. Le brigadier chargé de diriger l'apprêt de la pâte, devroit donc exercer continuellement sa vigilance & son attention à ce sujet, parce que s'il n'a pas su tout prévoir, il est forcé par les circonstances que nous venons de rapporter, de mettre sa pâte au four telle qu'elle se trouve, malgré les défauts qu'aura le pain qui doit en résulter.

La fermentation panaire ne peut & ne doit donc être spiritueuse ; arrêtée presque au moment où elle commence, il n'y a qu'une portion de la matière glutineuse & muqueuse qui perde un peu de leur viscosité. L'air de l'atmosphère qu'on a introduit dans la pâte par les différentes opérations du pétrissage, le *gas* ou le fluide élastique qui résulte de la première décomposition, cherchant à s'échapper au dehors, soulèvent la masse & divisent toutes les parties qui l'enveloppent ; sans néanmoins produire, ni dissolution, ni atténuation, ce qui fait que la pâte tuméfiée & augmentée d'un tiers de son volume dans l'apprêt, acquiert encore du gonflement au four, & finit ensuite par être surprise en cet état, & par présenter après la cuisson ces cellules, qu'on appelle les *yeux du pain*.

Les détails dans lesquels je viens d'entrer sont du ressort de la Chimie, j'en conviens; & si j'ai quelquefois parlé aux Boulangers le langage de cette science, c'est dans la persuasion où je suis que cette classe d'Artistes ne sera pas un jour étrangère pour la Physique utile & expérimentale : nos premiers Horlogers furent des ouvriers grossiers; d'ailleurs il falloit bien établir de quelle nature étoit la fermentation panaire, & discuter en même temps l'opinion des Auteurs, qui, l'ayant regardée comme spiritueuse, n'ont pas balancé à ajouter que la liqueur qui s'échappoit du pain dans le four, & jusqu'à ce qu'il fût refroidi, étoit vineuse. Si cette assertion eût pris faveur, elle n'auroit pas manqué de donner de cet aliment, une idée défavorable; car enfin, qui ne croiroit pas que le pain seroit échauffant, s'il contenoit de l'eau-de-vie; je ne doute pas même que certains Boulangers qui ont déjà pour l'eau, dans la pâte, un trop grand degré d'estime se fussent efforcé d'en laisser encore davantage, s'ils eussent cru qu'elle pouvoit être spiritueuse.

Article VII.
Du repos de la Pâte dans le tour.

A peine la pâte est-elle achevée de pétrir & rassemblée dans le tour, que souvent elle commence à prendre le mouvement de fermentation avec d'autant plus de promptitude & d'activité, que la masse est plus molle, plus considérable, qu'elle contient davantage de levain, & qu'elle renferme en outre de la levure ; mais il faut bien prendre garde que cette fermentation ne fasse perdre à la pâte sa viscosité & son élasticité, au point qu'il ne soit plus possible ensuite de la manier pour la peser, la façonner & la mettre sur couche.

C'est pour prévenir cet accident que le Boulanger devroit toujours en été diviser la pâte aussitôt qu'elle est faite, la battre & la replier sur elle-même à mesure qu'on la tire du tour pour la peser & la façonner en pains; par ce moyen, il refroidiroit la pâte, interromproit continuellement la fermentation, qui ôte à celle qui est la mieux fabriquée, toutes les qualités qu'on cherche à conferver jufqu'au moment de la cuiffon.

Quand la pâte féjourne dans le pétrin ou dans le tour, on dit communément qu'elle *entre en levain*; cette opération n'eft pas à proprement parler une fermentation, c'eft un mouvement général produit par le levain fur toutes les parties dont la pâte eft compofée, & qui n'ont encore éprouvé aucune altération; ce mouvement échauffe la pâte & la prépare à une bonne fermentation.

C'eft principalement lorfqu'il fait froid qu'on doit laiffer la pâte entrer en levain dans le tour, parce que divifée par petites maffes, elle ne fermente pas aifément, & que d'ailleurs, il feroit difficile de la faire lever, fi au préalable elle n'avoit déjà éprouvé en maffe cette efpèce de mouvement préparatoire; auffi, dans ce cas, a-t-on foin de mettre des couvertures fur la pâte, & de ne la retirer qu'à mefure qu'on la tourne.

Quoique les pâtes fermes en général ne foient pas difpofées à fermenter auffi promptement que les pâtes molles, il n'eft pas néceffaire qu'elles demeurent autant de temps dans le tour, parce que leur divifion en pain eft toujours plus volumineufe, & qu'étant contenues & refferrées dans des panetons, elles repréfentent en petite maffe la pâte dans le tour.

Il y a encore des circonftances, ou au lieu de laiffer lever la pâte dans le tour, on la porte ordinairement à l'air, dès qu'elle eft fortie du pétrin, afin de la raffermir : les pâtes molles renforcées, celles où l'on introduit de la levure & du lait, & avec lefquelles on fait tous ces pains de fantaifie, ne pourroient pas fe prêter aux formes variées qu'on leur donne, à la couleur & au goût qu'elles acquièrent fi elles avoient fubi dans le tour le plus léger degré de fermentation.

La qualité des farines ne mérite pas moins ici de confidération, que dans les autres opérations de la Boulangerie; les pâtes de farines revêches en quelque circonftance que ce foit, ne doivent pas repofer dans le tour, les pâtes compofées de levain jeune & à l'eau froide, font dans le même cas; mais les farines tendres des blés humides ou nouvellement moulus, ou bien encore réfultans des moutures baffes, fourniffent des pâtes qu'il faut tourner auffitôt qu'elles font pétries.

A l'égard des farines bifes, quels que foient les blés d'où elles proviennent, les pâtes qu'on en prépare doivent, dans toutes les faifons, être tournées en pains en fortant du pétrin, parce que, non-feulement elles font plus fufceptibles de prendre le mouvement de fermentation, mais comme on les divife encore en plus groffes maffes, l'apprêt eft moins lent.

Le repos de la pâte dans le tour doit donc être fubordonné aux faifons, à la température du fournil, à la qualité des farines, à l'efpèce de pâte, & fpécialement au volume des pains qu'on veut faire; car, c'eft une règle générale, que plus la pâte eft divifée en petites parties, moins vîte elle s'apprête, *& vice verfâ*.

Article VIII.

De la Pefée de la Pâte.

La pefée de la pâte eft une opération effentielle & très-importante, puifque chaque efpèce de pain repréfente ordinairement un poids déterminé, & que ce poids pour fe rapporter jufte, exige qu'on ajoute à la pâte un excédant capable de remplacer ce qui s'évapore pendant la fermentation, durant & après la cuiffon; mais quoiqu'on fache que cet excédant doit être relatif au volume & à l'efpèce de pâte, il faut convenir qu'à cet égard, la volonté, l'attention, l'intelligence & la probité, ne mettent pas toujours le Boulanger le plus honnête, à l'abri des variétés innombrables auxquelles chaque espèce de pâte est assujettie par rapport au déchet qu'elle éprouve avant d'être convertie en pain.

Les anciens règlemens fondés sur différens essais du produit de la pâte en pain, se trouvent maintenant contredits : on ne faisoit autrefois que des pains ronds composés de pâte ferme & d'une grandeur très-considérable; trois circonstances qui ont fait diminuer nécessairement le produit d'une même farine en pain. Mais depuis qu'on a partagé la pâte par petites masses dont on a encore multiplié les surfaces, en faisant des pâtes plus molles & plus légères, en changeant leur forme ordinaire, ce qui a favorisé considérablement leur évaporation, il en résulte des pains très-cuits avec beaucoup de croûte; or, il n'y a que la mie qui pèse, & elle est d'autant plus desséchée, que la croûte est plus abondante.

Avant de procéder à la division de la pâte pour la façonner en pain, il faut bien réfléchir aux différentes espèces de pain qu'on a dessein de fabriquer, afin de donner à chacun d'eux, indépendamment du poids qu'ils doivent avoir, un équivalent à l'évaporation qu'ils éprouvent dans l'apprêt, au four & après leur cuiſſon; mais nous avons remarqué, d'après une ſuite d'expériences & d'obſervations, qu'il eſt phyſiquement impoſſible d'obtenir la préciſion qu'on deſireroit au ſujet de la peſée du pain.

Les ſaiſons, la température du fournil & la diſpoſition du four, rendent encore très-incertain le rapport du poids de la pâte avec celui du pain: la qualité des farines fait encore bien varier la pâte; eſt-elle compoſée de farine tendre ou humide; elle prend moins d'eau dans le pétriſſage, & la rend à l'apprêt, la pâte alors s'amollit lorſqu'il fait chaud, tandis qu'elle ſe reſſerre dans le froid; de-là plus ou moins de déchet inappréciable. La pâte, au contraire, a-t-elle été pétrie trop molle relativement à l'eſpèce de pain qu'on vouloit préparer; le déchet ſera encore plus grand: voilà des nuances qu'on ne peut, ni prévoir, ni évaluer à poids égal.

Je veux bien pour un moment qu'il ſoit poſſible aux Phyſiciens verſés dans la Boulangerie, d'augmenter l'excédant à meſure que l'évaporation deviendroit plus conſidérable; qu'ils pourroient ſouvent calculer cette évaporation ſur les viciſſitudes des ſaiſons, l'inégalité des matières, la nature & la quantité des levains employés, les opérations du pétriſſage, celles de la pâte qui s'apprête & qu'on met ensuite au four; mais sera-t-il jamais possible d'empêcher une infinité d'autres circonstances qui dépendent entièrement de l'ouvrier sans lumières à qui on confie la pesée, qu'on ne peut conduire, & veiller sans cesse ! Nous allons en citer quelques-unes.

Comme l'opération de la pesée ne demande pas un grand mouvement, il arrive souvent que le garçon qui s'est dérangé, ou qui n'a pas pris suffisamment de repos, s'assoupit tout en pesant, de manière qu'il oublie de donner à chaque pâte la tare nécessaire pour l'évaporation, ou bien il ne conduit pas la balance avec exactitude, en sorte que toute la pesée est manquée.

Quelquefois l'ouvrier chargé de la pesée n'a pas encore acquis par l'habitude & le travail tout ce qu'il convient de savoir pour exécuter parfaitement cette opération; le maniement de la pâte ne lui est pas assez familier, n'ayant pas le coup-d'œil juste du fléau & l'agilité dans les mains, la pesée languit; elle ne se fait ni assez légèrement, ni assez promptement, ni assez exactement, en sorte que la fermentation s'établit déjà dans le restant de la pâte à peser, & qu'elle va trop vîte sur couches.

Quiconque entrera dans une Boulangerie & jettera les yeux fur la pefée de la pâte, verra que la maffe qu'on divife étant plus ou moins grande, on eft obligé quelquefois d'en ajouter ou d'en retirer des morceaux qui adhèrent fouvent aux mains, à la balance ou au coupe-pâte, & que, comme il arrive que l'ouvrier ayant toujours de la pâte pefée d'avance, elle s'étend, chaque partie fe touche & fe dérobe mutuellement de leur poids ; il verra que fi le pefeur ne tient pas la pâte un peu éloignée de la balance, il court les rifques continuels de fe tromper relativement aux morceaux qu'il ajoute ou qu'il ôte, & que n'étant pas routiné auprès de la balance qu'il ne fait pas fixer, elle eft rarement en équilibre, & fon poids rarement égal, en forte qu'il fe trouve toujours du plus ou du moins.

Les Boulangers peuvent fans doute prévenir une partie de ces inconvéniens en examinant par eux-mêmes de temps en temps la pefée & le pefeur, puifque cette opération, négligée ou exécutée fans réflexion & fans principe, peut avoir des fuites fâcheufes pour lui, & donner lieu à des imputations défavorables qu'il eft quelquefois difficile après cela de détruire. Il eft vrai, que comme la pefée fe fait la plus grande partie pendant la nuit, & qu'il ne peut furveiller perpétuellement le peseur, il doit avoir l'attention de bien recommander au brigadier qui le repréfente, qu'on ne néglige rien de tout ce qui concerne la pefée, & le rendre même refponfable des fautes capitales qu'on commettroit à cet égard.

La pefée de la pâte étant une chofe fort délicate, il paroît étonnant qu'on la confie à l'apprentif ou au troifième garçon : le brigadier ne devroit donc jamais choifir pour cet effet le moins inftruit, & permettre que l'on pèfe les premières fois fans y être préfent lui ou le pétriffeur ; il faut fur-tout être affuré que la balance & les poids foient juftes & propres; que les plateaux n'aient deffus & deffous de la farine ou de la pâte; que les mains du peseur foient fouvent féchées avec de la farine, que la maffe de pâte à divifer en pains ne foit pas trop voifine de la balance, & qu'enfin les petits poids deftinés à fervir de tare pour l'évaporation ne foient jamais oubliés.

Le brigadier doit encore veiller à ce que le peseur ne détache pas la pâte qui fe sèche autour de la maffe pour la confondre & l'incorporer, parce qu'alors il faudroit remanier la pâte, ce qui fuffiroit pour diminuer la légèreté de la pâte molle & donner des grumeaux dans le pain. Ce que nous difons ici feroit tout au plus praticable pour les pâtes fermes; mais pour les pâtes façonnées en pain, il ne faut introduire rien qui partage leur confiftance molle, non plus que dans leur maffe entière, parce qu'il en réfulteroit les mêmes défauts.

Plus les pains font petits, alongés & compofés de pâte molle, plus ils préfentent de fuperficie, contiennent d'eau & éprouvent par conféquent de déchet: on met, par exemple, pour un pain de douze livres de pâte ferme une livre & demie de plus de pâte, ce qui fait treize livres & demie; mais fi cette quantité fe trouvoit divifée en pains de demi-livre, il faudroit encore y ajouter une livre & demie de pâte; voilà donc trois livres de déchet dans vingt-quatre pains de demi-livre, fans compter le trait de la balance qui emporte encore une certaine quantité de pâte qu'on pourroit évaluer fans exagération à un demi-quarteron; mais fi ces pains de demi-livre avoient une forme aplatie ou alongée en flûte, l'évaporation doubleroit encore, de manière que treize livres & demie de pâte, qui font un pain rond de douze livres, ne fourniroient tout au plus que fix livres de ces pains.

Nous

Nous citons ce seul exemple exprès, pour prouver que plus la pâte s'éloigne du poids de douze livres, moins elle rapportera de pain. Indépendamment des dépenses qu'occasionne nécessairement la préparation de ces pâtes dans lesquelles on fait entrer du sel, de la levure & du lait ; la cuisson donnant encore beaucoup d'évaporation ; tout cela doit apporter une augmentation dans le prix du pain, puisque voilà au moins trois livres de plus réparties dans vingt-quatre pains de même pâte, de forme & de cuisson ordinaires.

On met donc pour les pains de douze livres, figurés toujours en rond, une livre & demie pour le déchet, une livre pour ceux de huit livres, trois quarterons pour les pains de six livres, & onze onces pour ceux de quatre livres ; on voit que plus la grandeur des pains diminue, plus il faut augmenter la tare en proportion, parce que l'évaporation est toujours en raison des surfaces.

Les pâtes demi-molles & molles, évaporant un peu plus que les pâtes fermes, d'ailleurs se trouvant ordinairement en moins grosses masses, & de forme longue, sur-tout à Paris, on augmente un peu la tare, on ajoute donc douze onces pour un pain de quatre livres, neuf onces pour un de trois livres, sept onces pour celui de deux livres, un quarteron pour le pain d'une livre, & deux onces & demie pour celui de demi-livre.

A l'égard des pains de fantaisie que l'on fait du poids d'un quarteron, & quelquefois moins, on ajoute une once pour le déchet, & souvent même rien du tout, parce que ces sortes de pains ne varient jamais, qu'ils se vendent toujours un sou, soit qu'on augmente ou qu'on diminue la pâte d'une once; les Boulangers de Paris reçoivent à ce sujet de la Police un tarif qui fixe le poids que ces pains doivent peser dans le mois, relativement au prix des grains.

C'est particulièrement pour ces sortes de pains si variés par la forme, le goût & les noms, que l'attention du peseur devient bien plus sensible, puisque dans une aussi petite masse, il est possible d'apercevoir même le trait plus ou moins fort.

ARTICLE IX.

De la Façon de la Pâte.

L'OPÉRATION de façonner la pâte, c'est-à-dire, de la partager & de la manier pour lui donner la forme & la grandeur qu'elle doit avoir en pain, est devenue beaucoup plus difficile, à mesure qu'on a renoncé à l'usage des pâtes fermes & des gros pains, pour adopter celui des pâtes molles & des petits pains ; mais si la préparation de ces sortes de pâtes exige de la vigueur & de la souplesse dans les bras, il ne faut pas moins, à l'ouvrier qui les tourne, beaucoup d'adresse, & sur-tout une très-grande agilité dans les mains.

Comme la pâte molle a succédé à la pâte bâtarde, & celle-ci à la pâte ferme, les pains ont également changé de forme & de grosseur, originairement ils étoient ronds & d'un volume très-considérable ; on en fait encore dans quelques endroits du Royaume qui pèsent jusqu'à quarante & cinquante livres ; mais il est impossible de manier parfaitement des pains d'un pareil poids ; c'est plutôt une pâte que l'on met par morceaux informes dans une corbeille ou dans un paneton, comme si on vouloit faire du levain, qu'une pâte figurée en pain.

Ces défauts de ne pouvoir assembler avec les mains autant de pâte à la fois, joints à ceux de la cuisson qu'on ne peut jamais faire parfaitement, ont déterminé à diminuer le volume de ces pains, de manière que les plus gros qu'on fabrique maintenant, pèsent environ douze livres ;

il eſt vrai que l'on a donné en même temps dans un autre excès, en renonçant aux pains trop gros, on les a fait tellement petits, qu'aujourd'hui chacun a ſon pain dans le repas le plus indifférent : ce goût qui gagne juſqu'aux gens du peuple, augmente tous les jours la conſommation en diminuant les produits de la pâte en pain.

La forme ronde eſt également abandonnée, on ne l'emploie plus à préſent à Paris que pour les pains de pâte ferme & le pain bis-blanc; on a adopté la forme longue, parce qu'elle eſt plus commode au four, que le pain cuit mieux & prend davantage de croûte ; mais on a abuſé de cette forme en l'alongeant en flûte, de manière que ce n'eſt plus que de la croûte au lieu de pain ; ces changemens de forme & de volume ſemblent être déterminés par la conſiſtance de la pâte molle qui réuſſit infiniment mieux ſous un poids moins conſidérable & dans la forme longue.

Façonner la pâte ne conſiſte pas ſeulement à diviſer la maſſe par parties & à donner aux morceaux qu'on en détache, une forme quelconque ; il faut prendre garde encore que dans ce travail, indifférent en apparence, la pâte conſerve ſes propriétés, qu'elle acquiert même celles qui lui manquent pour devenir propre à s'apprêter convenablement, c'est par cette raison, qu'après le pétrissage, on se hâte de mettre la pâte à fermenter, en employant plusieurs ouvriers à la fois pour découper, peser & tourner le plus promptement possible.

Dès que le peseur quitte la pâte, l'ouvrier qui doit la façonner, la reprend aussitôt, il la soulève d'une main & la foule de l'autre lorsque le volume n'est pas considérable, il l'étend, la replie sur elle-même en rapprochant les bords du milieu, ce qu'on appelle *assembler la pâte*, alors il la tourne en rond, parce que c'est en cet état qu'on lui donne toutes les autres formes; on saupoudre légèrement la pâte avec de la farine, afin qu'elle n'adhère, ni au pétrin, ni aux mains.

Quelle que soit la forme que l'on donne à la pâte, il est très-essentiel que dans toute son étendue, elle se trouve également lisse, tenace & continue, que ses bords, comme le centre & les extrémités, aient la même consistance; car, ce n'est qu'après être parvenue à cet état, qu'on cesse de la manier, & qu'on lui donne la vraie forme qu'on desire. Il faut, en tournant le pain rond, assembler la pâte & la mettre sur couche par le côté le moins uni nommé *la queue du pain*;

on aplatit seulement le milieu, parce que la fermentation y produisant ordinairement un gonflement plus considérable, le pain qui en résulteroit seroit beaucoup trop haut vers le centre; enfin, il faut que le pain façonné en long ait de l'épaisseur au centre, & qu'il s'amincisse aux extrémités.

La pâte ferme est plus aisée à façonner; mais elle demande d'être maniée davantage que la pâte bâtarde : à chaque fois qu'on la roule elle devient plus égale, plus liante & plus propre à se bien mouler; c'est même à cause de cela que les Boulangers emploient autant de garçons qu'ils le peuvent à tourner cette pâte; elle acquiert d'autant plus de viscosité & d'uniformité, qu'elle passe dans plus de mains différentes; c'est sur-tout pour les farines revêches qu'on ne sauroit trop manier la pâte; on fait des pains de pâte ferme de toute grandeur, assez communément ils sont ronds, & le plus fort est du poids de douze livres.

Les mouvemens que l'on donne à la pâte ferme pour la façonner, sont tous différens de ceux qu'exigent les autres pâtes; comme on n'a pas dessein de faire un pain léger, que plus il est serré & compacte, plus il remplit les vues, on ne court alors aucuns risques de la fouler un peu en la maniant plus long-temps, ce n'est même que par ce moyen qu'on parvient à rendre cette pâte plus liante & d'une continuité plus générale; sans cette précaution, la pâte pendant l'apprêt, s'ouvriroit par crevasses, ne boufferoit plus au four & ne produiroit qu'un pain mat & de mauvais goût; mais ensuite quand il s'agit de la rouler, on appuie le bras sur toute la longueur, afin de pratiquer une rigole qui pénètre dans toute sa profondeur, que l'on saupoudre de farine suffisamment, & que l'on place par le côté dans le paneton; on donne encore à la pâte bâtarde d'autres formes.

Il est une règle générale pour tourner parfaitement; on doit voir d'abord le degré de sa pâte, songer ensuite à la saison & à la qualité des farines dont on s'est servi; moins manier sur-tout la pâte quand il fait chaud que lorsqu'il fait froid, parce que souvent c'est un moyen de retarder ou d'accélérer l'apprêt, mais il est bon de la manier davantage quand la farine est tendre, & que l'eau a été employée trop chaude, sans quoi la pâte seroit exposée à se créneler à la surface, ce qu'on nomme *grincer*. Il faut donc moins manier la pâte bâtarde en la façonnant que la pâte ferme, puisqu'elle a déjà plus d'égalité & de ténacité, que d'ailleurs on doit songer à ne pas trop la fouler, dans la crainte de lui faire perdre la légèreté qu'il convient qu'elle ait. Il suffit de la bien assembler en la saupoudrant de farine, jusqu'à ce qu'elle ait acquis la vraie forme qu'on veut lui donner.

C'est avec cette pâte qu'on fait ces grands pains longs de quatre livres, dont l'usage est si commun aujourd'hui à Paris, & qu'on connoît sous le nom de pain *à grigne* & de pain *fendu*, l'un se met sur couche & se prépare en étendant la pâte & en rapprochant ses deux bords, au milieu desquels on jette de la farine légèrement, pour empêcher leur réunion, on pose cette pâte de côté & à la partie supérieure du pli, c'est ce qui forme ces ouvertures dentelées qui se prolongent jusque dans la mie; on agit à peu-près de la même manière pour façonner le pain fendu.

Comme il s'agit de produire avec la pâte molle un gonflement & une légèreté considérables, par le moyen d'un apprêt plus prompt ; on ne rempliroit pas ce double effet, si d'une part on alloit augmenter sa consistance, en ajoutant de la farine pour la tourner, & que de l'autre on la maniât long-temps, en la foulant : il faut donc de la part du tourneur beaucoup de justesse, assembler légèrement, & faire en sorte que la pâte ait suffisamment de sécheresse pour ne pas adhérer aux mains, au pétrin & à la couche ; si cependant la pâte eût été pétrie trop molle, qu'elle contînt trop ou trop peu de levain, qu'il fût à craindre qu'elle se relâchât ou n'allât trop vîte, alors il seroit nécessaire en la tournant, de l'assembler davantage, en ajoutant de la farine pour lui rendre la consistance dont elle a besoin.

Quand un Art est encore au berceau, les erreurs qui mettent obstacle à sa perfection l'environnent de toutes parts. On a trop long-temps cru qu'il falloit moins travailler la pâte du pain bis que celle du pain blanc ; mais c'est précisément tout le contraire ; les farines qu'on y emploie ordinairement n'ayant pas beaucoup de corps par elles-mêmes, il faut à ce défaut, leur procurer par un travail plus considérable, une ténacité qu'elles n'auroient pas sans cela ; mais le pain bis ne varie pas dans sa forme & dans son volume comme le pain blanc ; il est presque toujours sous forme ronde & du poids de douze livres.

Lorsqu'il est question de plusieurs espèces de pâte pour une seule & même fournée, il faut toujours que les gros pains soient les derniers tournés, toutes choses égales d'ailleurs, parce que l'apprêt en masse est plus hâtif que l'apprêt en pains ; c'est donc par les petits pains qu'il faut commencer à tourner la pâte, puisqu'ils fermentent moins aifément & moins promptement, fur-tout quand il n'y a pas de levure.

En mettant la plus grande célérité à tourner une fournée entière de petits pains, la pâte avec laquelle on les fabrique, étant très-molle, elle auroit bientôt paffé tout fon apprêt, fi on n'expofoit pas à l'air extérieur celle que l'on doit façonner la dernière, c'eft ce qui fe pratique prefque toujours pour certains pains de fantaifie, connus par les noms de ceux qui leur ont donné la vogue, on les appelle pain *à la Reine*, pain *à la Monthoron* & pain *à la Duchesse*. Il eft poffible fans doute de tourner plufieurs petits pains à la fois ; c'eft ce que favent très-pertinemment les Boulangers, qui, faifant des pains à café, façonnent de chaque main pour accélérer l'ouvrage ; mais cette pratique, toute expéditive qu'elle foit, préjudicie à la légèreté, à l'égalité & à la forme oblongue de la pâte qu'on ne peut jamais amincir par les extrémités, & qui n'offre alors qu'un ovale peu régulier.

Que l'on ne s'abufe pas fur l'objet que nous avons traité dans cet article ; la forme donnée à la pâte pour l'expofer enfuite à prendre fon apprêt, n'eft rien moins qu'indifférente, elle concourt à une parfaite fermentation, elle prévient déjà en faveur de la bonté de l'aliment, & le plus excellent pain mal façonné, feroit bientôt décidé mauvais à la feule infpection; d'ailleurs, une forme ronde ou longue extrêmement régulière, facilite l'arrangement de la pâte au four, & fa cuiffon en pain; enfin, ne fait-on pas les effets que produit la belle apparence en fait d'objets qui doivent flatter les fens?

ARTICLE X.

De la Pâte fur couche & en panetons.

LA pâte repofée dans le tour, maniée de nouveau par le travail du pefeur & de celui qui la façonne, n'eft pas encore fuppofée avoir pris d'apprêt, c'eft dans un état doux & paifible que la fermentation peut & doit s'établir convenablement; fi on s'avifoit de l'interrompre brufquement & tout-à-coup, foit pour l'aider ou l'arrêter, il feroit très-difficile après cela d'obtenir un bon pain.

C'eft une règle générale que nous avons cherché à établir au Chapitre des levains, favoir, que la pâte, pour fermenter aifément, & d'une manière commode, devoit être circonfcrite & retenue par un obftacle quelconque, afin que gagnant plutôt de la hauteur que de l'étendue, elle prît un gonflement capable de donner au pain beaucoup de volume : il est bien certain que malgré l'habileté & l'adresse du tourneur, si l'on n'assujettissoit pas la pâte dans le moule où elle doit s'apprêter, la fermentation qui occasionne un gonflement plus ou moins considérable, formeroit bientôt une inégalité & une difformité, tantôt d'un côté, tantôt d'un autre.

La pâte, pour prendre son apprêt, demande des soins & beaucoup de précautions : on l'abandonnoit autrefois sur des plateaux, d'abord à nu, ensuite couverts d'une toile ; mais comme elle s'étendoit beaucoup, il arrivoit, que pressée par ses bords, la pâte étoit exposée à crever & à couler ; pour prévenir cet accident, on a fait ces plateaux un peu creux, on en a encore augmenté la profondeur par la suite, d'où il est résulté des sébilles dans lesquelles la pâte a été long-temps contenue ; mais ces sortes de vases ne sont plus guère d'usage à présent que pour les pains de fantaisie ; comme leur concavité n'est pas encore assez grande, ils ont le défaut de laisser déborder la pâte au point de se répandre : ce nouveau défaut a été corrigé depuis que la pâte ayant reçu des formes différentes, on a imaginé pour la mieux contenir, des paniers longs & ronds d'ofier, qu'on a recouvert enfuite intérieurement d'une toile : ces paniers préférables à tous égards aux plateaux & aux febilles, font défignés fous le nom de *panetons*.

Il y a fans doute un avantage réel de mettre la pâte en panetons, lorfqu'elle a un gros volume, parce qu'elle y prend un bon apprêt, qu'elle garde fa forme & ne crève pas fur la pelle avec laquelle on l'enfourne ; mais le goût des pains d'une livre & au-deffous, multipliant trop les panetons : on a trouvé plus commode de les ranger tout fimplement fur une table longue les uns à côté des autres, ce qu'on appelle *mettre fur couche*, ou bien comme certains Boulangers de Province, fur des planches portatives.

Cette table fur laquelle on mettoit anciennement la pâte s'eft perfectionnée : chez nos meilleurs Boulangers elle eft difpofée, ainfi que nous l'avons déjà décrite, en tiroirs couverts d'une toile que l'on pliffe, en forte que les pains fe trouvent ferrés & contenus dans leur longueur comme ils le feroient dans un paneton long & ouvert par les deux extrémités ; on a foin feulement que les plis de cette toile dépaffent environ le tiers de la hauteur de la pâte, fans quoi les pains en s'apprêtant, fe toucheroient, s'attacheroient & fe confondroient.

L'apprêt de la pâte fur couche ou en panetons, ne diffère pas quant au fond, c'eſt toujours une ſubſtance à demi-ſolide, expoſée dans un endroit tranquille pour paſſer à la fermentation plus ou moins promptement ; mais la même pâte d'un volume & d'une forme égale, s'apprête infiniment plus vîte ſur couche qu'en panetons, parce qu'étant renfermée dans une armoire, l'air n'y pénètre pas facilement, & que par le voiſinage les pains ſéparés par une ſimple cloiſon en toile, ſe communiquent de leur mouvement, de leur chaleur ; ce qui fait que la pâte perd un peu de ſa conſiſtance.

Si la pâte en panetons, fermente moins vîte que celle qui eſt ſur couche, elle ſe relâche auſſi beaucoup moins, chaque pain s'y trouve iſolé & circonſcrit, l'air circule plus librement, reſſuie la ſurface, occaſionne une évaporation inſenſible, ce qui ſuffiroit pour prouver que la pâte des farines naturellement diſpoſées à ſe relâcher à l'apprêt, devroit toujours être miſe en panetons, parce qu'elle s'y raffermit, ne fermente pas trop vîte, & que celle des farines revêches qui ont une diſpoſition contraire, exigeroit d'être pétrie plus doux avec de l'eau moins froide.

Les Boulangers inſtruits des avantages que les panetons ont ſur la couche, les emploient de préférence, parce que la pâte molle y prend la consistance de la pâte bâtarde, & celle-ci de la pâte ferme; on a d'ailleurs la faculté de pouvoir transporter où l'on veut les panetons pour accélérer ou retarder l'apprêt, lorsque la pâte est conforme à l'état de consistance qu'on desire.

C'est toujours de la farine qu'on emploie pour empêcher que la pâte ne s'attache dans le tour, à la balance, aux mains du peseur & du tourneur, parce que dans ce cas, les différens mouvemens qu'on donne à la pâte, peuvent incorporer cette farine dans l'intérieur; mais lorsqu'il s'agit de mettre la pâte à fermenter, on ne doit plus rien y introduire, on se sert alors, pour empêcher l'adhérence de la pâte à la couche & aux panetons, du fleurage, espèce de petit son, qu'on retrouve à une des surfaces externes du pain après sa cuisson.

Les Boulangers qui préfèrent de mettre la pâte prendre son apprêt sur du bois plutôt que sur une toile, sous le prétexte que les panetons & les couches revêtus en double de linge, sont plus sujets à l'humidité & à la malpropreté, n'ont pas fait attention, sans doute, que la pâte s'attache moins à la toile, & que le fleurage dont on saupoudre les plateaux & les sébilles tombe au fond, fans adhérer aux parois, ce qui fait que la pâte qui jette fon humidité fur le bois, s'y attache pendant qu'elle fermente, l'air pénètre en outre à travers la toile, au lieu que dans le bois, il n'y a que la furface extérieure qui en foit frappée ; n'eft-il pas d'ailleurs beaucoup plus aifé de deffécher la toile qu'on a lavée, que le bois qui fe fend à mefure qu'on l'approche du feu dans l'état humide, qu'il conferve pendant long-temps ?

L'apprêt de la pâte demande beaucoup de précautions ; on fe fert de couvertures plus ou moins épaiffes, plus ou moins sèches pour étendre fur la pâte : tantôt le but eft de conferver la chaleur intérieure, d'autres fois on a l'intention d'en réprimer l'effet ; enfin, fouvent on veut empêcher qu'il fe faffe trop de diffipation, & que la fuperficie ne fe defsèche : quand on doit employer ces couvertures dans un état humide, on les étale fur un carreau très-propre, & on y répand de l'eau froide, tiède ou chaude, par le moyen d'un goupillon.

Plus la faifon eft chaude, moins il eft néceffaire de couvrir la pâte, une fimple toile sèche fuffit pour la pâte ferme, qu'il faut feulement garantir des impreffions de l'air; mais il eft bon qu'elles foient toujours mouillées pour la pâte molle,

molle, afin d'y entretenir une fraîcheur qui nuise à l'évaporation, & conserve au pain une surface lisse & cette couleur dorée, que les Boulangers appellent *bon quartier;* mais en hiver on doit choisir ces couvertures en laine, de préférence à la toile, parce que leur tissu se trouvant plus serré, la chaleur s'y conserve beaucoup mieux.

Il y a des espèces de pain qu'on ne court aucuns risques de ne pas couvrir, soit qu'ils s'apprêtent en panetons ou sur couche, parce qu'en les mettant au four, la partie du dessous forme ordinairement le dessus du pain : les pains fendus sont dans ce cas. Pendant les vives chaleurs, on expose la pâte toute découverte à l'air pour arrêter la fermentation qui va souvent trop vîte.

Il faut avoir grande attention que la toile ou la laine dont on recouvre la pâte qui s'apprête, soient élevées à quelques lignes au-dessus, dans l'appréhension que communiquant de l'humidité à la surface, elle ne s'y attache & n'empêche le gonflement : cet inconvénient a lieu, sur-tout par rapport à la couche, qui n'a pas de soutien; mais il n'arrive pas pour les panetons.

dans lesquels il y a toujours assez de vide pour défendre la partie supérieure de la pâte du contact des couvertures.

Le temps que la pâte emploie pour s'apprêter ne sauroit être déterminé ; c'est ordinairement la saison, le volume & l'espèce de pâte, la température du fournil & les entraves qu'on lui oppose, qui le règlent; plus les pains sont gros, d'une consistance molle & qu'il fait chaud, plus vîte ils s'apprêtent : or, c'est le contraire en hiver & pour les petits pains ; une fournée de pains en été reste une demi-heure ou trois quarts d'heure au plus sur couche, tandis que dans les grands froids il faut une heure & demie : ce seroit un très-grand inconvénient qu'elle y demeurât plus long-temps, & qu'une fois commencée à fermenter, elle se refroidît & perdît de son apprêt.

La pâte ferme & la pâte batarde acquièrent une plus belle apparence sur couche qu'en panetons, parce qu'elles perdent un peu de leur consistance; mais comme les pains en sont toujours d'un volume assez considérable, on les met plus rarement sur couche. La pâte de farine bise suit à peu-près les mêmes loix, presque toujours sous forme ronde, & d'un gros poids, on la met plus ordinairement en panetons, elle fermente plus aifément, a befoin d'être moins couverte & d'avoir peu d'apprêt.

C'eſt particulièrement la pâte molle qu'on met en panetons, quand ſon poids n'excède pas une livre ; mais il ne faut jamais y laiſſer deux pains, même d'un poids inférieur, à la fois, parce qu'ils ne lèveroient pas aſſez promptement, & que d'ailleurs le gonflement qu'ils prendroient en fermentant, pourroit joindre leurs extrémités & les confondre enſemble au point de ne plus former qu'une ſeule maſſe.

La couche dans ce cas eſt donc préférable, les petits pains d'une livre, d'une demi-livre & d'un quarteron, ne doivent donc pas être mis en panetons; mais ces eſpèces de pains demandent beaucoup de précautions : quand on les comprime trop entre le pli de la toile, ils s'alongent, & ne conſervent plus la forme qu'on veut leur donner ; lorſque les farines ſont tendres, qu'il fait chaud, & qu'on a préparé la pâte trop molle, il convient de tourner les pains plus courts, d'employer des couches sèches, & de tenir les cloiſons en toile plus hautes & plus longues.

Les marques auxquelles on peut reconnoître que la pâte eſt à ſon vrai point d'apprêt, ne

font pas tout-à-fait auffi aifées à caractérifer qu
celles qui indiquent l'apprêt des levains. L'h
bitude facilite cependant cette connoiffance
le volume que la pâte occupe, l'état affiné
fa furface, fon reffort lorfqu'on appuie douce
ment le dos de la main, font autant de moye
qui peuvent éclairer cet objet fur lequel no
reviendrons encore à l'article de l'Enfournemen

Parvenus au moment d'achever la fabricatio
du pain, tâchons de fuivre avec la même exact
tude les opérations de la cuiffon, la dernièr
chofe à faire dans le travail du Boulanger.

CHAPITRE V.
De la Cuisson du Pain.

ARTICLE PREMIER.

Du Four & des Instrumens qui y sont accessoires.

Les hommes s'étant partagé entr'eux les différens genres de travaux, ils en ont perfectionné l'objet principal à mesure qu'ils se sont réunis en société : le four qui est le lieu où s'achève la fermentation de la pâte, & où se fait la cuisson du pain, n'étoit dans l'origine que l'âtre de la cheminée, un trou en terre, un gril ; mais la pâte qu'on y exposoit ne cuisant que par un côté, on l'environna de cendres, dont la chaleur immédiate brûloit le dessus du pain & le salissoit. On remédia bientôt à cet inconvénient, en mettant un obstacle entre la pâte & le feu par une feuille de tôle ou d'autre métal : il est même naturel d'imaginer que les tourtières, appelées encore aujourd'hui *fours de campagne*, & que nos cuisiniers emploient pour faire des pâtisseries, ont été les premiers fours : l'industrie se perfectionnant, on inventa des fours portatifs & après cela des fours à demeure.

Le four, tel qu'il est construit maintenant n'ayant plus permis aux hommes d'y manœuvre avec les mains, il fallut nécessairement avoi recours à des instrumens pour le chauffer, retirer le bois converti en braise, placer la pâte & en tirer le pain; de-là sont venus successivemen ces outils, dont nous allons donner l'idée très-abrégée sans nous appesantir sur leur forme & leur exacte dimension, parce qu'elles sont relatives à l'étendue du four, & au volume de pâte que l'on traite; ceux, autres que les Boulangers, qui seroient curieux de les mieux connoître, les verront toujours dans un fourni bien monté.

Du Four.

Le local, l'espèce, & la quantité de pain qu'on prépare, font varier la forme du four; elle est ordinairement ovale, & l'expérience a prouvé que cette forme étoit jusqu'à présent la plus avantageuse pour chauffer économiquement, rassembler, conserver & communiquer de toutes parts à l'objet qui s'y trouve renfermé, la chaleur du bois qu'on y brûle. C'est donc un hémisphère creux, aplati, dans lequel on distingue plusieurs parties : la voûte de dessous, l'âtre, le dôme ou chapelle, la bouche ou l'entrée ; enfin, le dessus du four.

Les plus grands fours de Boulangers que l'on connoisse, sont ceux où se cuit le pain de munition, ils ont jusqu'à quatorze pieds de longueur ; mais ces fours ne sauroient convenir à ceux des Boulangers qui ne font que de gros pains, parce que la manœuvre en est entièrement différente ; le pain de munition par son espèce & sa nature demande & permet à être enfourné très-vîte ; d'ailleurs, ce n'est pas dans l'extérieur agréable de ce pain que réside sa bonne qualité, pourvu qu'il n'ait pas de baisures, qu'il soit parfaitement cuit, peu importe sa forme régulière.

On connoît à Paris deux sortes de Boulangers, les uns qui ne fabriquent que du gros pain & les autres du petit pain : les fours dont se servent les premiers peuvent avoir jusqu'à dix ou onze pieds, & cette grandeur n'est nullement capable d'empêcher que la cuisson ne s'opère parfaitement, parce que la fournée consistant seulement en pain volumineux, sa distance est atteinte aisément par la chaleur du dôme.

Les fours des Boulangers à petits pains, ne doivent guère avoir plus de huit à neuf pieds au plus, cette proportion est suffisante quand il ne s'agit de cuire qu'un pain moins gros, parce que la hauteur de la chapelle étant toujours proportionnée à la grandeur de l'âtre; les pains en outre exigeant beaucoup plus d'attention, tant par la variété des formes, qu'à cause de leurs espèces, il faut nécessairement que le dôme soit assez bas, pour produire une chaleur susceptible d'arrêter la fermentation de la pâte, & de produire la cuisson du pain.

Les fours dans lesquels on fait les différentes espèces de pain sont toujours préjudiciables à l'un ou à l'autre pain, parce que le Boulanger étant obligé de les préparer à la même heure, & ne pouvant pas multiplier les fournées sans manquer au service journalier; il arrive alors que la hauteur de la chapelle, proportionnée de manière à saisir la pâte des gros pains, est trop élevée pour le petit pain, d'où il suit que le premier est bien levé & bien cuit, tandis que le dernier est mat & brûlé sans cuire.

Les Boulangers qui ont l'avantage d'avoir deux fours, ont soin de les construire de différentes grandeurs : le plus grand sert pour le gros pain, & celui qui est moindre pour le petit pain. Que d'inconvéniens n'éprouve pas tout Boulanger qui n'a qu'un seul four ! jamais l'enfournement & la cuisson ne peuvent être constamment parfaits ; s'il se hâte de mettre au four le petit pain, il est brûlé, a mauvaise façon, & se trouve plein de baisures ; s'il emploie, au contraire, la lenteur nécessaire, le pain de la bouche est à peine au four, que celui placé au fond est déjà cuit. Nous verrons dans la suite cet objet plus en détail.

Des Pelles, du Fourgon & du Rouable.

La perfection de l'art du Boulanger a multiplié les pelles : ces instrumens de première nécessité dans un fournil, ne servent pas seulement à mettre le pain au four & à l'en tirer, on les emploie encore pour y ranger le bois, l'attiser quand il brûle & l'ôter lorsqu'il est converti en braise : l'épaisseur, la largeur & la longueur des pelles varient donc suivant leur usage, suivant le volume & la forme des pâtes ; enfin, relativement aux endroits du four où il s'agit de placer le pain.

Il y a des ouvriers à Paris qui ne font absolument autre chose que des pelles à four, ce genre de travail qui paroît de peu de conséquence, a cependant ses difficultés : il faut qu'une pelle soit solide, mais légère & flexible, parce que de la manière de décharger la pâte dans le four & de la célérité qu'on y emploie, dépend souvent la beauté du pain : il est nécessaire que le pelleron se trouve dans une proportion égale avec le manche, & relative sur-tout à la grandeur du pain qu'on enfourne ; enfin, que le bois dont il est fait, n'ait pas de nœuds, & soit suffisamment sec pour empêcher que le feu ne le fende & ne l'éclate.

Une des plus grandes pelles dont les Boulangers se servent, est sans poignée, & d'une forme ronde, on l'appelle *le rondeau* ; elle est destinée à transporter les pains ronds qui sont sur couche jusqu'au four pour les y placer ; il y a aussi des pelles de fer au moyen desquelles on retire la braise du four, & on la vide dans un vaisseau propre pour l'éteindre : elles sont connues sous le nom *de pelles à braise*.

Le fourgon est un fer long & étroit, emmanché à une perche ; cet outil sert principalement à remuer le bois qui brûle pour animer le feu & chauffer également le four ; quelques Boulangers emploient de mauvaises pelles à la place du fourgon.

Le rouable est un grand crochet de fer attaché à un grand bâton, & dont la hauteur doit avoir environ trois pouces, afin que ramassant la braise, il ne la casse pas trop ; comme on chauffe le four au fond & à l'entrée, on a deux rouables, dont l'un a un manche moitié plus court que l'autre.

De l'Étouffoir.

Le vaisseau cylindrique dans lequel on verse la braise du four pour l'éteindre, se nomme *étouffoir* ; il a environ deux pieds de largeur sur trois de hauteur, & est garni à son milieu de deux anses pour pouvoir le manier & le transporter dès qu'il est plein ; sa capacité devroit toujours être relative à la quantité des fournées qu'on fait dans l'espace de vingt-quatre heures.

Comme la braise doit dédommager le Boulanger des frais de fabrication, il est à propos d'empêcher qu'elle ne se consume dès qu'elle est reçue dans l'étouffoir, il faut pour cela que ce vaisseau ait un couvercle qui ferme exactement ; qu'il soit plutôt en cuivre, parce que la tôle est sujette à un inconvénient, celui de s'user par écailles, & de permettre par les trous qui se forment, l'intromission de l'air, qui empêcheroit la braise de s'éteindre assez vîte & assez parfaitement.

Il arrive souvent que les Boulangers, par une négligence qu'on ne sauroit trop s'empresser de blâmer, n'ayant qu'un étouffoir, & étant forcés de le vider au moment de s'en servir, la braise toute brûlante, encore frappée par l'air extérieur, est bientôt en feu, d'où il est résulté des incendies : nous avons une infinité d'exemples qui prouvent qu'un corps sec & extrêmement chauffé, passant rapidement de l'espace vide dans lequel il se trouve, est si fortement frappé dans tous ses points par le nouvel air auquel il est exposé, qu'il s'enflamme; les Chimistes sont souvent témoins de ces phénomènes, en cassant une cornue lorsqu'elle est encore brûlante, ils voient le résidu charbonneux prendre feu aussitôt sans le contact d'une matière dans l'état d'ignition.

La Police en ordonnant qu'il y ait au moins deux étouffoirs dans chaque fournil, & que celui du jour ne serve que le lendemain, devroit sévèrement interdire l'usage dangereux où sont plusieurs Boulangers de rassembler la braise dès qu'elle vient d'être éteinte, dans des caisses, des tonneaux & autres endroits susceptibles de prendre feu.

De l'Écouvillon & du Lauriot.

L'âtre du four après qu'il est chauffé, & qu'on en a ôté la braise, n'a pas toujours été nétoyé; on y laissoit même autrefois de la braise dans les angles, afin de faire gonfler davantage la pâte, & d'accélérer la cuiſſon du pain ; mais cette pratique étoit trop vicieuſe pour ne pas mériter d'entrer en conſidération dans la réforme des procédés auſſi défectueux que celui-ci, qui brûloit le pain ſans le cuire ; non-ſeulement on ôte aujourd'hui du four la totalité de la braiſe, mais encore la cendre légère qui ſe trouve diſperſée dans le contour, & qu'il eſt impoſſible au rouable de pouvoir entraîner au-dehors.

Le nétoiement de l'âtre du four s'exécuta d'abord avec un long balai ordinaire, qu'on fit enſuite de paille en forme de broſſe, & qu'on trempa après cela dans l'eau, afin de mieux ramaſſer la cendre ; mais le balai ne pouvant agir que couché, à cauſe de la diſpoſition du four, & ne pénétrant pas ſuffiſamment dans les angles, on a imaginé d'attacher à une longue perche une eſpèce de drapeau compoſé de pluſieurs morceaux de vieux linges mouillés : ce drapeau auquel on a donné le nom d'*écouvillon*, eſt promené rapidement par-tout le four pour attirer la cendre vers la bouche, & enlever le noir que la fumée du bois y a laiſſé. La manière d'écouvillonner n'eſt pas indifférente chez les Boulangers où l'on s'en ſert, la plupart des geindres ſe bornent à attirer à la bouche du four la cendre qui eſt au milieu, & laiſſent celle qui est dans le contour où la fumée va déposer sa suie, & où l'air porte les flammèches; en sorte que le pain qu'on y place ensuite, est toujours noir, sale, & ne sauroit être nétoyé par la brosse; il faut nécessairement le gratter avec le couteau, le chapeler enfin.

La malpropreté des linges & de l'eau dans laquelle on les trempe, a partagé les Auteurs sur la nécessité d'écouvillonner : plusieurs, persuadés encore que la cendre étant un corps intermédiaire qui garantissoit la pâte de l'âtre brûlant, & étant plus pure que le fleurage qu'on met sous le pain en l'enfournant, ont pensé qu'on feroit bien d'abandonner l'écouvillon pour se servir du balai à la place; mais cet instrument, je le répète, n'en remplit pas à beaucoup près l'effet, parce qu'étant couché, il étend la cendre plutôt que de la rassembler, & que d'ailleurs, il ne sauroit enlever la suie un peu adhérente au four, & qu'il communique au pain.

Quoique l'écouvillon partage un peu la chaleur du four par l'humidité qu'il y apporte, & que son application exige des soins continuels, loin de conseiller d'en abandonner l'usage, nous ne saurions trop le recommander dans ce temps sur-tout où les pâtes molles sont devenues si communes, puisque le Boulanger, avant de les enfourner, les mouille pour rendre leur surface lisse & dorée : l'eau ajoutée ainsi au pain apprêté, en coulant dans le four, ne manqueroit pas de devenir le moyen d'union de la cendre avec le dessous du pain.

Pour perfectionner l'écouvillon, il seroit essentiel que l'extrémité du manche fût ferrée pour y ajouter un anneau dans lequel on feroit entrer de vieux linges propres, le promener autour du four pour enlever le noir, & rapprocher à la bouche tout ce qu'il rencontre, répéter cette opération jusqu'à deux ou trois fois, afin de ne rien laisser sur l'âtre qui soit capable de salir le pain, achever de nétoyer la bouche du four en se servant d'un gros balai de jonc.

Le baquet dans lequel on met tremper l'écouvillon doit être extrêmement propre, ainsi que l'eau qu'il contient; il faut même la renouveler souvent, dans la crainte, qu'étant corrompue, elle ne donne aux linges qu'elle mouilleroit, une odeur désagréable qui pouroit nuire au pain.

De l'Allume & du Porte-allume.

Le bois étant converti en braise, & celle-ci mise dans l'étouffoir, il règneroit dans le four une obscurité qui ne permettroit pas de le nétoyer parfaitement, & d'y ranger le pain, ainsi qu'il convient, si, en retirant la braise, on ne songeoit à ménager une lumière pour éclairer les différentes opérations qui s'y font, sans produire en même temps une chaleur préjudiciable.

Lorsqu'on ne fabriquoit que des gros pains & de forme ronde, l'enfournement étoit facile, & ne duroit que quelques minutes, on se contentoit seulement de laisser dans une des rives du four une bûche entière enflammée; mais cet endroit ayant déjà acquis un degré de chaleur trop considérable, le pain qu'on y plaçoit brûloit de toutes parts : on a donc cherché à éclairer le four, sans y produire de la chaleur. D'où est venu l'allume; c'est une bûche sciée que l'on fend & que l'on divise en petits morceaux longs : on les expose à la bouche du four sur de la braise.

Cette méthode de laisser la braise à la bouche du four & d'y placer des allumes, n'est plus pratiquée que dans quelques Provinces où les Boulangers font encore le pain comme il y a un siècle; mais ils ne peuvent manœuvrer commodément dans le four, la lumière des allumes frappe trop vivement leurs yeux, & les mains au-dessus de la braise, ne peuvent conduire la pelle

pelle à leur gré en éprouvant une chaleur assez forte : voilà cependant la méthode que les Auteurs allemands vantent, parce qu'elle est pratiquée chez eux, & que l'on est toujours disposé en faveur des usages de son pays, quels qu'en soient les inconvéniens.

La mode des pains de toute espèce, sous un petit volume, & de formes différentes, ayant rendu l'enfournement moins aisé, plus long, & la nécessité de voir dans le four absolument indispensable, on a cherché un moyen d'y transporter l'allume par-tout où on vouloit, sans craindre que la braise & la cendre qui en résultent, demeurassent sur l'âtre, ce qui a donné lieu *au porte-allume.*

Le *porte-allume* est un morceau de tôle, ayant un pied au plus de long sur six pouces de large & trois de hauteur : à la superficie de cette espèce de boîte ouverte sont plusieurs traverses sur lesquelles pose l'allume, qui, à mesure qu'elle se consomme, dépose sa braise & sa cendre dans la cavité qui les reçoit ; le brigadier pousse de côté & d'autre le porte-allume qu'il fait changer de place dans les endroits du four où il a besoin d'être éclairé pendant qu'il range les pains & qu'il les tire.

ARTICLE II.

De la construction du Four.

Suivant l'opinion commune, il n'y a rien de plus aifé à conftruire qu'un four; tout le monde fe perfuade même en connoître la meilleure forme & les juftes dimenfions : cependant nous voyons journellement les Boulangers eux-mêmes avoir une peine infinie pour fe procurer cet inftrument tel qu'ils le defirent, foit par rapport à fa fituation, foit relativement à la conftruction, ou enfin par la rareté des ouvriers intelligens qui fe livrent à ce genre de travail.

La conftruction du four appartenoit autrefois au premier maçon venu; mais à préfent il y en a parmi ces Artiftes qui s'en occupent particulièrement, on les appelle à caufe de cela *fourniers*; c'eft ainfi que les Arts fe perfectionnent, lorfque leurs différentes branches font cultivées par différens Artiftes. La Menuiferie, par exemple, préfente aujourd'hui une multitude étonnante d'arts. Le maçon, le couvreur, & généralement tous les ouvriers de première néceffité étoient un feul & même homme pour la conftruction du bâtiment le plus fimple.

On s'eft fervi d'une infinité de matériaux

pour construire le four; la partie la plus essentielle qui est l'âtre, a été faite alternativement de briques, de carreau, de grosses pierres, de grès, de plaques de tôle ou de fonte; mais ils ont chacun leurs inconvéniens. On ne peut pas joindre exactement les briques, elles laissent des interstices, se dégradent aisément par le choc des instrumens du four; les carreaux, font à peu-près dans le même cas : les dalles de pierre une fois échauffées, se calcinent & se convertissent en chaux, les pavés fendent & éclatent, les plaques de métal prennent & conservent trop de chaleur, & le pain est exposé à brûler dessous; si les Pâtissiers en ont conservé l'usage, c'est que la fermentation leur est étrangère, que les pâtes qu'ils mettent au four ne posent pas immédiatement sur l'âtre, & qu'elles se trouvent toujours sur une tourtière ou un autre vase.

Après l'âtre, la partie du four qui mérite le plus d'attention, est la chapelle ou dôme; indépendamment de la forme & de la hauteur qui étoient très-vicieuses, on la construisoit anciennement avec des vieux tuileaux, dont la convexité naturelle produisoit beaucoup d'interstices, leur peu d'épaisseur ne conservoit, ni ne réfléchissoit suffisamment de chaleur, la terre qui fert de mortier pour les unir venoit à fe détacher. La brique étant fupérieure, tant par la chaleur qu'elle garde, que par celle qu'elle communique au pain, on la préfère au tuileau.

Le meilleur âtre pour le four du Boulanger doit être en terre argileufe, battue & tamifée, afin qu'il ne s'y trouve aucunes petites pierres qui occafionnant des inégalités, empêcheroient les pelles & le rouable de gliffer fur l'âtre, & pourroient faire renverfer le pain lorfqu'on le place dans le four; on la nomme par rapport à fon ufage, *terre à four;* il faut donner à l'âtre une furface tant foit peu convexe, depuis la bouche jufqu'au milieu, en diminuant infenfiblement vers les extrémités, parce que c'eft dans cette partie de l'âtre que le four eft plus fatigué, par le jeu continuel des pelles & du rouable.

Il faut que les Boulangers ne perdent pas de vue fur-tout la hauteur de la chapelle du four qui doit toujours avoir feize à dix-fept pouces depuis l'aire jufqu'à la clef: trop fouvent les fourniers, foit par ignorance ou pour fe ménager le moyen de fe retourner plus aifément dans le four lorfqu'il s'agit de le raccommoder, donnent au dôme une trop grande hauteur, d'où il réfulte que le chauffage coûte plus de bois, que la pâte ne bouffe pas autant, & que la croûte supérieure du pain seroit desséchée, sans couleur, tandis que le dessous seroit trop cuit.

On ne commence plus à présent la construction du four par l'âtre, parce que cet âtre étant aujourd'hui fait avec de la terre, il seroit exposé à se dégrader pendant qu'on le construiroit ; la chapelle est donc la première partie essentielle du four dont on s'occupe : les différentes courbures qu'on lui donnoit faisoient varier sa forme, ses effets & ses dénominations, mais la hauteur de la voûte & sa figure sont déterminés, ce doit être un ovale alongé, dont la partie la plus aiguë est tronquée ; le contour est appelé par les Boulangers *les rives du four*, & par le fournier *le pied-droit*. Les *ouras*, c'est-à-dire, les petites ouvertures qu'on pratiquoit à la chapelle, pour porter de l'air dans le four & animer la combustion du bois, en laissoient plutôt échapper la chaleur, à cause de la largeur de leur orifice ; on les a réformés pour les petits fours à voûte plate, & en les corrigeant, on en a restreint le nombre à un ou deux au plus pour les grands fours ; l'entrée ou la bouche du four qui avoit jusqu'à deux pieds six pouces de largeur sur dix-huit pouces de hauteur, n'a plus à présent que deux pieds trois pouces d'une part, sur quatorze pouces de l'autre, & au lieu d'être fermée par une plaque de tôle mal jointe, qu'on nommoit *le fermoir*, *le bouchoir* du four, cette fermeture eſt une porte de fer battu, repréſentant un carré long, renfermée dans un châſſis roulant ſur des gonds, & arrêté par un loquet.

Mais la bonne conſtruction du four intéreſſe trop le Boulanger pour ne pas la lui décrire ici; & ſans m'arrêter à calculer ſa grandeur ſur la quantité de pain qu'on veut y cuire, je ſuppoſe qu'il a neuf pieds de largeur, ſur autant de longueur.

Sur une voûte conſtruite en moellons, en briques ou en pierre de taille, s'il eſt poſſible, on établit un maſſif dont l'étendue eſt proportionnée à celle du four qu'on va conſtruire & ſur lequel on trace les dimenſions qu'il doit avoir, on élève le pied-droit juſqu'à la hauteur de quatorze pouces pour former en briques les limites ou les rives du four; on ſonge après cela à la chapelle à laquelle on donne une courbure de trois à quatre pouces, depuis l'origine de la voûte ſur le pied-droit juſqu'au couronnement qu'on appelle *la clef* : la voûte aura de la clef à la baſe de l'âtre dix-ſept à dix-huit pouces de hauteur, cette proportion eſt la meilleure que puiſſe avoir la grandeur du four dont je parle. Si elle excédoit de quelques pieds, il faudroit donner au pied-droit un pouce d'élévation de plus, & autant à la chapelle, ce qui feroit, pour la plus grande hauteur de la voûte, environ vingt pouces : on ménage dans l'épaisseur de la chapelle deux conduits perpendiculaires, jusqu'au dessus de la terre rapportée sur le four, plus étroits en bas qu'en haut vers la cheminée.

Le dôme fini, on s'occupe de l'entrée ou de la bouche du four. On commence d'abord par poser le chassis pour lequel on fait des scellemens très-considérables, qui puissent s'étendre dans l'épaisseur des rives, afin que la brique touche immédiatement à l'extérieur, le pourtour du chassis; on élève au-dessus une muraille en brique qui forme le derrière de la cheminée, & dont le devant répond à l'extrémité, qu'on nomme *la tablette, l'autel du four*. C'est sur cette tablette qu'on attire la braise pour la faire tomber dans l'étouffoir, & que l'on pose la pelle avec laquelle on enfourne le pain. On doit la garnir d'une plaque de fonte.

Quand la chapelle est finie, on remplit de moellons & de terre les vides qui se trouvent entre le pied-droit de la muraille interne qu'on appelle les *reins*, afin d'empêcher que la chaleur ne se dissipe : on fait une seconde voûte à la naissance du pied-droit, jusqu'au couronnement, & quand elle est achevée, le surplus se remplit également de moellons & de terre pour obtenir un massif très-épais & très-uni que l'on carrèle, & qui forme une espèce de chambre nommée le *dessus du four*.

La troisième & dernière partie du four qui reste à construire, c'est l'âtre, on répand sur l'aire environ huit pouces d'une terre jaune argileuse, à laquelle on donne, en l'arrangeant, une convexité presque insensible : cette terre est foulée, autant qu'il est possible, avec des battes; on aura l'idée de ce travail en se représentant ce qui se passe dans les allées de jardins ou dans nos caves, sur le sol desquelles on répand du ciment : l'âtre sera suffisamment battu, lorsqu'il sera parfaitement égal & uni.

L'usage des ouras aboli pour les voûtes plates, me paroît cependant toujours nécessaire; indépendamment qu'ils sont essentiels pour les grands fours que l'on chauffe ordinairement avec le bois le plus vert, qui ne brûleroit pas bien sans cela, ils permettront dans certaines circonstances, en procurant un courant d'air, de déterminer la fumée à sortir au-dehors, lorsqu'elle se fixe quelquefois en forme de brouillard épais au-dessus de l'âtre, à peu de distance de la voûte; ces ouras permettroient encore d'accélérer le chauffage du four, quand l'apprêt de la pâte presseroit, & de réformer un abus qui ruine le four, celui de le remplir de bois après la cuisson du pain; il suffiroit de fermer ces ouras par le moyen d'une plaque de tôle, semblable en tout à la porte du four, quand il ne seroit pas nécessaire de produire les différens effets pour lesquels je crois qu'ils peuvent être recommandés.

Le peu que nous avons exposé concernant le four, suffit pour prouver qu'il a souffert beaucoup de changemens; il appartenoit à la Géométrie d'en tracer la meilleure forme, & il n'y avoit que la Maçonnerie & la Serrurerie qui pussent concourir à sa perfection & à sa solidité : le massif plus épais & moins rempli d'interstices, ne permet plus aux grillons, ces insectes qui se complaisent tant au chaud, de s'y introduire & de la détériorer. La voûte moins élevée réfléchit mieux la chaleur, & achève à temps le gonflement de la pâte; l'âtre plus uni & d'une matière moins dense, cuit le pain sans le brûler; le nombre des ouras diminué, & leur forme rectifiée, porte un courant d'air qui anime le bois & donne du mouvement à la fumée; la bouche plus abritée, plus étroite & mieux fermée, ne perd plus de chaleur, d'où il résulte que le four est moins sujet à réparation, qu'on le chauffe mieux & sans consommer autant de bois, que le pain est plus parfait, & qu'enfin le geindre peut manœuvrer dans l'intérieur plus à l'aise, sans avoir les yeux blessés par l'éclat de la flamme & les mains brûlées par la chaleur.

Le massif du four le mieux construit en pierre de taille, la voûte la plus solide en brique, peuvent durer jusqu'à vingt-quatre ans; mais l'âtre le mieux soigné & le plus battu, va tout au plus à une année : cependant une considération bien importante pour le Boulanger, dans la construction du four, c'est la solidité de l'âtre. Il n'en est aucun qui ne fît un très-grand sacrifice pour qu'il durât plus long-temps; on n'a pas l'idée des embarras & du chagrin que lui cause souvent l'obligation dans laquelle il se trouve de le faire regarnir; n'ayant à sa disposition qu'un four, & l'objet de son commerce, se renouvelant sans discontinuer, il doit se précautionner, puisque, malgré toutes les diligences des fourniers, & l'effet de l'eau qu'ils jettent pour refroidir le four, ils ont encore besoin de huit heures pour regarnir l'âtre, &

autant pour le cuire, encore le Boulanger manqueroit-il le degré de cuisson du pain, s'il négligeoit les soins que nous allons lui indiquer; c'est exaucer ses vœux, que de s'arrêter un instant sur un sujet qui lui cause quelquefois tant d'impatience & d'inquiétude.

Dès que le Boulanger s'aperçoit que le four ou l'âtre menace ruine, il faut qu'il tâche de s'assurer bien positivement du jour & de l'heure où il sera possible de le raccommoder. Après cela, il est nécessaire qu'il se ménage des ressources pour satisfaire ses pratiques; en conséquence, qu'il continue les fournées sans interruption pendant plusieurs jours de suite, & fournisse l'ouvrage de très-bonne heure. Mais il ne doit pas oublier sur-tout de faire provision de bois sec, tant pour hâter l'ouvrage qui précède la reconstruction de l'âtre, que pour le cuire ensuite quand il est fini, & ne pas fatiguer de quelque temps le four en y mettant à sécher du bois, qui occasionne encore du froid par l'eau qui s'en évapore.

La résistance que le Boulanger opposeroit au fournier pour l'empêcher de trop refroidir le four, en y jetant de l'eau, lui deviendroit préjudiciable. Moins le four aura de chaleur, plus l'ouvrier sera en état d'y travailler à l'aise;

pendant long-temps l'âtre s'en trouvera mieux battu, la terre ne perdra pas sa propriété tenace, elle se desséchera & se gersera moins, dût-il même attendre un peu, & consumer davantage de bois, c'est du temps & de l'argent bien employés, parce qu'il ne faut jamais revenir à deux fois sur la cuisson de l'âtre.

C'est particulièrement de l'exactitude du fournier dont il faut être assuré : le Boulanger ne sauroit trop se défier de ses promesses, rarement il vient à jeun & à l'heure convenue : ce n'est pas que le sommeil absorbe tout son temps, personne n'est plus matinal qu'un fournier, personne aussi n'est plus altéré : persuadé de père en fils qu'il doit restituer au sang le fluide que son corps perd dans l'atmosphère brûlante où il travaille ; la soif, devient pour lui, un besoin impérieux, aussi difficile à éteindre que la chaleur du four dont il regarnit l'âtre : habitant les extrémités des faubourgs, il parcourt & visite sur la route les ateliers qu'il a en train, excite ses manœuvres à l'ouvrage, arrose sa gorge toujours enflammée, s'attarde & oublie le rendez-vous.

Quelle situation plus affligeante que celle du Boulanger, qui ayant veillé, lui & ses garçons, pendant deux nuits sans interrompre le travail,

voit son four démoli, le temps s'écouler en
soupirs & en dispute avec les ouvriers oisifs,
qui attendent après leur maître pour commencer.
Enfin, celui-ci arrive tard, souvent ivre &
incapable de diriger le travail : cependant la
besogne se fait tant bien que mal, & il en
résulte que toutes les précautions du Boulanger
ont été infructueuses, que le four est achevé
trop tard & sans solidité, qu'on manque de temps
pour le ressuier & le bien cuire, que les fournées
sont gâtées, & qu'il n'est pas encore possible
d'avoir le pain à l'heure de la vente : heureux
s'il ne faut pas recommencer l'ouvrage le lendemain !

Pour prévenir un inconvénient si fâcheux
dans une circonstance aussi critique, il seroit
à desirer que la conduite & l'exactitude du
fournier fussent bien connues : pourquoi ne le
retiendroit-on pas à coucher à la Boulangerie,
en satisfaisant une partie de son penchant pour
le fixer auprès du four, qu'on ne devroit pas
démolir sans qu'il n'y fût présent ! Quel que
soit d'ailleurs le fournier, le Boulanger ne doit
pas le perdre de vue, parce qu'étant toujours
également payé, le travail le moins solide est
pour lui le plus avantageux : il arrive souvent
que le fournier ne faisant pas venir assez de

terre pour donner à l'âtre l'épaisseur convenable, il fait resservir la vieille terre; d'où il résulte un âtre mince & qui se fend; le Boulanger doit exiger que l'âtre soit bien garni & suffisamment battu.

Quoique nous regardions la terre dont est composé l'âtre, supérieure à tous les matériaux qu'on a essayé d'employer pour rendre les âtres plus durables, il existe cependant une pierre particulière destinée à cet usage en Allemagne, qui remplit très-bien les vues, en se conservant un très-grand nombre d'années sans s'user. Le sieur Antelin, un de nos meilleurs fourniers, en a construit l'âtre d'un Boulanger de Fontainebleau qui s'en trouve très-bien.

L'attention que doit encore avoir le Boulanger, quand le four est fait ou l'âtre raccommodé, c'est d'y tenir des morceaux de bois menu, bien sec & allumé, en augmentant sensiblement leur grosseur & leur quantité; quand l'humidité est en partie dissipée, on peut y brûler impunément des bûches entières pour chauffer davantage; la cuisson d'un four neuf peut durer environ vingt-quatre heures, & celle de l'âtre rebattu environ huit heures : quand on soupçonne que cette cuisson est achevée, il faut tenir le four fermé une heure & demie au moins avant de songer à enfourner pour que la chaleur vive de la chapelle s'affaisse sur l'âtre, & dissipe l'humidité qui se porte du fond de la terre à la superficie, en sorte que la chapelle & le dôme se trouvent, en même temps, au degré de chaleur qui convient pour cuire le pain, sans le dessécher ou le brûler; il suffira seulement, avant de mettre la pâte au four, d'y donner un dernier coup de feu, en brûlant un peu de bois au fond & à la bouche.

On sent bien que le travail de la Boulangerie, suspendu pendant quelques heures, à cause de l'âtre qu'on regarnit, doit nécessairement retarder aussi, dans les mêmes proportions, l'apprêt & le renouvellement des levains ; il faut donc calculer tout le temps que demande chaque opération de la pâte, & faire en sorte qu'elle ne soit à son vrai point, que quand le four aura été fermé une heure environ après la cuisson de l'âtre : c'est ainsi que M. Brocq agit en pareille circonstance ; jamais, moyennant cette précaution, il ne manque la cuisson de l'âtre & du pain de la première fournée : quelques Boulangers avec lesquels il a eu occasion de discuter cet objet, se sont rendus à ses raisons, & depuis, l'ont imité : nous souhaiterions que tous ceux qui auroient à proposer des doutes sur la fabrication du pain, vinssent consulter un homme aussi zélé & aussi instruit.

Article III.
Du Chauffage du Four.

L'INSTANT de mettre le feu au four est déterminé par la saison, par l'espèce & la qualité de pain qu'on fait : en été, comme la pâte lève vîte, sur-tout quand elle est façonnée en gros pains, & composée de farines bises, on chauffe le four au moment où l'on commence à tourner; en hiver, au contraire, que la fermentation va très-lentement, ce n'est que long-temps après qu'il s'agit de mettre le feu au four.

Toutes les matières combustibles peuvent également servir au chauffage du four, pourvu qu'elles donnent une flamme claire, mais vive, pour échauffer la chapelle, & qu'elles laissent ensuite de la braise pour échauffer l'âtre; la paille, les feuilles mortes des arbres & les tiges herbacées des plantes, ne sauroient remplir ce double effet; il n'y a donc que le bois qu'on puisse destiner à cet usage, mais il faut préférer celui qui est le moins vert, sans être trop vieux & trop sec. On est par-tout dans l'habitude, en hiver, de mettre le bois au four pour sécher ; mais en été,

été, cette précaution est inutile; il suffit de l'exposer un moment dans les rives pendant l'intervalle des fournées; il seroit même à desirer qu'on renonçât à cette pratique, parce qu'en desséchant ainsi le bois, on diminue sa qualité, on lui ôte un fluide qui sert de véhicule & d'aliment à la flamme; sans elle le four ne pourroit acquérir par-tout également le degré de chaleur qui lui est nécessaire.

Les Boulangers qui se plaignent que leur âtre ne dure pas long-temps, devroient bien s'en prendre à leur pratique journalière, de jeter à la volée de grosses bûches dans le four pour sécher, ce qui dégrade l'âtre, & peut écorner le dôme. Le bois trop desséché ressemble au vieux bois ou au charbon; sa chaleur ne se répand pas au loin, elle se concentre sur la partie qu'elle touche; d'où il suit que l'âtre est trop chaud quand la voûte ne l'est pas suffisamment: il est vrai que l'inconvénient seroit à peu-près le même par rapport au bois trop vert, qui ne brûleroit, ni assez vivement, ni assez promptement: dans ce cas, il faut le diviser pour favoriser sa combustion & le mettre dans les rives dès qu'une partie du pain est cuit & ôté du four. Le seul moyen donc de conserver long-temps la chapelle & l'âtre du four, d'avoir une chaleur plus forte & plus économique, c'est de ne pas le garnir après la dernière fournée.

Si toutes fortes de bois peuvent fervir au chauffage du four, il faut, autant qu'on le peut, choifir de préférence celui qui flambe aifément & long-temps, qui n'est pas fujet à noircir & qui ne donne pas excessivement de braife. Les Boulangers qui emploient par économie du bois flotté ou du bois blanc, n'entendent pas leurs intérêts, l'un a perdu une partie de fes fels, pour m'exprimer vulgairement, c'est-à-dire, que l'eau lui a enlevé une portion de la fubftance essentielle à la combustion ; l'autre, qui est le bois blanc, fournit à la vérité une abondance de braife, mais peu de chaleur, au lieu que le bois de hêtre chauffe infiniment mieux, & qu'il en faut la moitié moins : au four, le danger des bois peints est connu, trop d'observations attestent qu'ils peuvent communiquer de leurs propriétés vénéneufes, à la pâte qui fermente, évapore & cuit, pour que le Boulanger ne foit pas de la plus grande réferve à ce fujet.

Pour préparer le four à recevoir la pâte figurée en pains, il ne fuffit pas d'y jeter la matière combustible au hafard, & de la laisser fe confumer tranquillement, jufqu'à ce qu'elle foit réduite à l'état de braife. La manière dont le bois brûle, l'intensité de chaleur qu'il communique, dépendent en partie de son arrangement au four, & des soins que l'on prend pendant son ignition, soit pour conserver, diriger & animer la flamme, soit pour étendre la braise, afin de faire en sorte que l'âtre, la voûte & la bouche se trouvent également chauffés par-tout.

Nous avons déjà établi les raisons qui nous faisoient blâmer la pratique de mettre le bois au four pour le sécher, parce qu'elle expose à des incendies, que l'humidité qui s'en exhale diminue sa propriété inflammable, refroidit le four ; enfin, l'opération d'y mettre le bois & de l'en retirer, dégrade l'âtre & la voûte, c'est pourquoi il est nécessaire de recommander au garçon, chargé du chauffage, de porter le bois dans le four avec la pelle, & de le glisser doucement & légèrement dans les différens endroits où il doit être placé, en observant toujours une distance des rives d'un pied environ, afin qu'après la combustion, le rouable puisse en attirer la braise ; d'ailleurs, c'est-là où le four est le plus vif, & le pain, en prenant trop de cuisson, se trouveroit encore sali en-dessous.

C'est avec du gros bois qu'on fait le premier

chauffage du four, & sa quantité dans toutes les saisons est déterminée par l'intervalle qu'il y a entre l'instant où l'on a cessé de cuire, & celui qui a recommencé le travail, parce qu'il est très-facile d'entretenir le four une fois en train; d'où il suit nécessairement que le Boulanger, dont le commerce seroit réduit à deux ou trois fournées au plus, dépenseroit autant de bois que celui qui en feroit au moins le double. Aussi est-il démontré, au grand préjudice des Boulangers peu occupés, qu'ils ne retireroient pas leurs frais s'ils étoient bornés à une seule fournée. Souvent même encore pour précipiter l'ouvrage, ou par un goût particulier pour le pain très-cuit, les garçons Boulangers font chauffer trop le four : ils sont même cités parmi leurs camarades pour avoir ce défaut; les Maîtres ne doivent donc rien négliger pour corriger ce vice, quel qu'en puisse être le motif.

Sans doute le chauffage du four seroit dans la fabrication du pain l'ouvrage le plus aisé, s'il étoit possible de le régler à la mesure, au poids ou au nombre; mais il varie à chaque saison, à chaque fournée & à chaque espèce de pâte, ce qui exige de l'intelligence & des combinaisons ; & l'on peut assurer que le garçon boulanger qui entend supérieurement cette partie, économise du temps & du bois, indépendamment qu'en s'épargnant beaucoup de peines & de sollicitudes qui accompagnent le chauffage, son pain est constamment bien cuit sans jamais être brûlé.

Une précaution qu'on ne sauroit trop recommander, & à laquelle ne manquent point les Boulangers, que les évènemens ont rendu attentifs & circonspects, c'est de ne jamais se laisser surprendre par la pâte ; il vaut infiniment mieux que ce soit le four qui attende après la pâte, que celle-ci après le four, parce que si on est encore à temps pour conserver & entretenir la chaleur de ce dernier, on n'a pas une ressource semblable au sujet de la pâte, dont l'apprêt commencé se suspend & s'arrête difficilement : ce cas particulier arrivera rarement, il est vrai, lorsqu'on aura suivi les procédés que nous avons indiqués pour la conduite des levains & le travail de la pâte, c'est-à-dire, en employant toujours de l'eau plutôt froide que tiède, & les autres moyens conseillés à chaque opération du pétrissage.

On distingue plusieurs parties dans le four, lorsqu'on le construit ; le chauffage admet également cette distinction, la chapelle, le fond, la bouche & les deux côtés, qu'on nomme *les quartiers*. La première partie du four chauffée est la voûte, parce que la flamme s'y porte naturellement; la dernière est la bouche, dont la chaleur est continuellement tempérée par l'air extérieur qui entre; mais la saison influant d'une manière directe sur la fermentation de la pâte, elle règle ordinairement le moment où il faut mettre le feu au four; en hiver, par exemple, quelques heures après que la dernière fournée est finie, on met du bois dans le four afin qu'il flambe plus aisément; on attend alors que la pâte soit pétrie pour allumer dans les grands froids, ce n'est même qu'après qu'elle est pesée, tournée & mise sur couche, qu'on chauffe le four; mais en été, on y met le feu au moment où l'on commence à délayer le levain, parce que souvent le premier pain façonné est déjà bon à cuire, que les derniers sont encore dans le four.

L'arrangement du bois au four, quoique simple, exige cependant une attention qu'on ne tarde pas à acquérir par l'expérience. On place d'abord au fond une bûche que l'on choisit la plus tortueuse, parce que servant d'appui à toutes les autres, il est nécessaire que le côté qui pose sur l'âtre, n'y touche pas par tous ses points, & qu'une fois allumé, la flamme puisse circuler librement tout autour : on place deux bûches que l'on croise par les bouts sur la première, & deux autres sur le milieu de celles-ci, de manière que leurs extrémités aboutissent dans les deux côtés du four, éloignées environ de deux pieds de la bouche ; la réunion de plusieurs morceaux de bois au four se nomme la *charge*.

On met le feu à la charge par le moyen d'un tison embrasé qu'on place à l'endroit qui occupe le fond du four vis-à-vis de la bouche. Les extrémités les plus élevées des bûches disposées en plan incliné, brûlent vîte ; le jet de fumée qui sort des bouts inférieurs, & qui suit le long des bûches, nourrit & entretient la flamme, ce qui produit un feu vif, clair, sans suie, sans fuliginosités ; enfin, tel qu'on doit le desirer. Une partie des bûches qui se servent de soutien, se désunit, tombe en braise sur l'âtre, & le chaufferoit beaucoup trop, si on n'avoit la précaution, avec une mauvaise pelle ou le fourgon, de l'étendre & de replacer le restant des bûches les unes sur les autres, ainsi qu'elles étoient avant le chauffage.

Il seroit abusif d'attendre que le bois cessât de répandre de la flamme, & qu'il fût entièrement brûlé pour songer à celui qui est nécessaire au chauffage de la bouche, parce que la braise, en se consumant, donneroit trop de chaleur à l'âtre, tandis que la voûte n'en auroit pas suffisamment. On ôte donc entièrement la braise, que l'on approche, par le moyen du grand rouable, du fond du four à la bouche, & avec le petit rouable on l'attire sur la pelle à braise pour la faire tomber ensuite dans l'étouffoir; si on la rangeoit dans les rives, comme font encore certains Boulangers, la braise seroit perdue pour eux, & ils courroient encore les risques *de ferrer*, de brûler le pain : on laisse seulement dans le four un tison qui sert d'allume pour y voir.

Le four n'est pas encore en état de cuire le pain également par-tout : la flamme & la braise n'en ont pas touché toutes les parties, la bouche, & particulièrement ce qui l'environne, n'a pas assez de chaleur, c'est donc dans cet endroit qu'il faut établir un second foyer : on use à cet égard des mêmes précautions que l'on a employées pour le fond du four, avec cette différence seulement, qu'au lieu de se servir de bûches entières, on les divise en long, & l'on place, vers le tiers du four vis-à-vis la bouche, un tison sur lequel posent deux bûches, dont les extrémités répondent à la rive gauche & à la rive droite. On en met ainsi jusqu'à six & sept, que l'on arrange toujours en plan incliné. Il est nécessaire que le brigadier fasse la charge assez éloignée de la bouche, parce que la flamme, très-vive, au lieu de lécher la voûte vers laquelle elle se rend, & de s'éparpiller ensuite dans l'intérieur du four, s'engloutiroit dans la cheminée, & seroit totalement perdue pour le chauffage ; l'inflammation de la suie pourroit s'ensuivre ; de-là des malheurs, des incendies. A mesure que le bois de cette charge brûle & se consume on soulève les bûches que l'on replace les unes sur les autres, on les rapproche un peu de la bouche ; si la pâte presse, & qu'il ne soit pas possible d'y brûler du menu bois pour chauffer également l'entrée, il vaut mieux négliger de se procurer ce petit avantage, que de manquer la fournée quand tout le bois est brûlé, & qu'il est permis de commencer l'enfournement ; on enlève souvent très-vîte la braise, afin de mettre promptement au four.

C'est ainsi que l'on arrange le bois & que l'on chauffe le four pour commencer le travail ; mais on agit un peu différemment pour les fournées qui suivent, ce ne sont plus des bûches entières que l'on emploie, on les divise en trois ou quatre morceaux, & au lieu de les mettre au fond du four, comme à la première fournée, on les place dans un des côtés : on dispose donc un allume dans le dernier quartier à un pied environ de la rive, fur lequel porte l'extrémité du premier morceau de bois; on en ajoute un fecond que l'on croife, en portant un des bouts vers le milieu du premier, & en dirigeant l'autre du côté de l'entrée du four; on met un troifième morceau & un quatrième difpofés en plan incliné comme le premier & le fecond, vers l'entrée du four; on en met jufqu'à fept morceaux, & fi le four eft grand, on emploie du bois plus gros, ou davantage de morceaux. La manière de difpofer le bois pour le chauffage de la bouche, eft femblable à celle de la première fournée, à la réferve que l'on fe fert de bois plus menu & en plus grande quantité.

Voilà à peu-près le chauffage de toutes les fournées, qui fuivent la première, on ajoute quelquefois un ou plufieurs morceaux de bois dans le premier quartier; mais on remarque que ce fupplément fe defsèche d'abord, & qu'il ne s'enflamme que quand la charge oppofée eft prefque convertie en braife; à mefure que les fournées fe fuccèdent, on diminue le nombre des bûches, c'eft ce qui fait que la charge du premier chauffage ne doit pas être femblable aux autres, que le four une fois en train demande des charges moins fortes.

Quand le chauffage presse, il faut encore diviser les morceaux de bois, en augmenter le nombre, afin de produire la même chaleur, mais plus prompte, on place l'allume dans l'état d'ignition, & le bois brûle à mesure qu'on l'arrange; on ferme le four si l'on peut pendant un certain temps, afin de ne perdre aucune chaleur; le bois s'y étant desséché, il suffit de faire naître la plus légère flamme pour produire un embrasement subit qui gagne & s'étend dans la totalité du four, & qui suffit dans les voûtes plates pour obtenir le chauffage désiré.

Lorsque l'apprêt de la pâte a été lentement, & que l'on craint que la cuisson ne se fasse pas assez vivement, il faut prévenir l'inconvénient qui pourroit nécessairement arriver, en faisant chauffer le four très-promptement & plus vivement, parce que tandis que la pâte d'une fournée cuit, il faut diviser le bois en petites bûches, & sitôt que le premier quartier est vide, on remplit les rives droites lorsqu'il n'y a plus de pain de bouche à cuire.

Quand on a deux fours à conduire, & qu'on pétrit deux fournées à la fois pour les cuire ensemble, il faut chauffer à bouche le premier, lorsqu'on met le feu au dernier, & calculer sa pâte, de manière qu'elle se trouve à son vrai point lorsqu'on procède à l'enfournement : pour ne pas suspendre le second enfournement & l'apprêt de la pâte qui en est l'objet, & qu'il est impossible de retarder ; il est nécessaire que le dernier garçon ou l'aide continue de veiller le second four.

Mais quelques Boulangers, entre autres ceux qui font beaucoup de gros & de petits pains, ont deux brigadiers, c'est-à-dire, deux geindres & deux aides, afin que chacun fasse & dirige son travail au four qui lui est destiné, parce que très-souvent, l'un ne cuit que du petit pain mollet, & l'autre du gros pain de pâte ferme ; d'ailleurs, toutes les fois qu'on cuit à deux fours, & que l'on pétrit séparément, le pain en est infiniment meilleur, & l'on évite que dans la saison la plus chaude, quelque bien soigné que soit le pétrissage, la pâte des derniers pains soit encore dans le tour, lorsque les premiers sont déjà pourris d'apprêt, ce qui donne un pain aigre & désagréable.

On croiroit peut-être que le chauffage du four économiquement administré, doit coûter d'autant plus de bois que les pains ont plus de volume ; mais l'expérience prouve le contraire, d'abord les gros pains, quoiqu'enfournés les premiers, & avec beaucoup de promptitude, demandent encore un temps plus long à cuire que les petits pains; & fi le four étoit vif, la furface de ces pains fe trouveroit trop promptement faifie, leur intérieur n'évaporeroit pas fuffifamment, & la mie ne pourroit, ni fe reffuyer, ni cuire parfaitement; ce devroit donc être toujours une loi, que les gros pains fuffent deftinés pour les premières fournées, parce que naturellement la chaleur du four eft toujours moins confidérable lorfqu'on commence le travail que quand on le finit, & qu'elle diminue également à mefure que l'on enfourne.

L'incertitude du point de chauffage du four a fait recourir à divers moyens pour acquérir un indice capable de le manifefter, comme de jeter à l'entrée du four une poignée de farine, de frotter l'âtre & la chapelle avec un bâton: ces moyens, quelqu'équivoques qu'ils foient, peuvent fervir de bouffole à ceux qui préparent le pain chez eux; mais ils égareroient les Boulangers dont le four, toujours plus grand, plus chaud & plus garni, fe gouverne différemment. Plufieurs d'entre eux élèvent les regards vers la chapelle, & fi elle eft blanchâtre, ils prétendent que le chauffage eft à fon point; mais ce figne dans certains fours eft encore trompeur, & il n'a pas lieu dans d'autres à cause de la disposition de la voûte & de l'élévation des rives.

C'est le local & la position du four, c'est la quantité & l'espèce de pâte, sa forme & son volume, qui règlent ordinairement le bois qu'il faut employer sur le champ, & on juge son four suffisamment chaud quand le bois est brûlé, on entretient seulement le four avec la flamme des éclats de bûches, & on en ferme l'entrée quand il est à son vrai point ou qu'il a trop de chaleur.

Du reste, il n'est presque pas possible de déterminer au juste la quantité de bois qu'on doit mettre au four, la manière de le chauffer, l'instant de commencer le chauffage & sa durée, & il s'en faut bien que cette précision soit aisée; cela tient à la situation, à la grandeur & à la forme du four, à la nature des matériaux dont il est construit, à l'épaisseur de la maçonnerie, la distance du pied-droit au mur & la température du fournil, au nombre des fournées & à l'espèce de bois qu'on y emploie. Les grandes rives, les voûtes élevées, la muraille qui ferme en dehors, rendent le chauffage plus rude, la chapelle ne renvoie pas assez de chaleur, & l'âtre consume beaucoup plus de bois; la bouche trop grande, & dont la porte n'eſt pas bien jointe, laiſſe perdre beaucoup de chaleur : ce ſont toutes ces circonſtances qui deviennent la pierre d'achoppement pour les garçons boulangers les premières fois qu'ils gouvernent un four; ils doivent même le tâtonner juſqu'à ce que l'uſage leur ait donné cette habitude raiſonnée & réfléchie, qui fait mieux connoître le degré du four, que tous les moyens qu'on préconiſe & qu'on étale.

Article IV.
De l'Enfournement.

A cette époque de ſon travail, l'attention du Boulanger a beſoin de ſe partager entre l'apprêt de la pâte & le chauffage du four; ſi la fournée ne conſiſtoit qu'en une ſeule & même eſpèce de pâte, façonnée également & d'un volume ſemblable, rien ne ſeroit plus facile que les opérations qui précèdent & qui ſuivent l'enfournement : la durée de l'apprêt, une fois réglée ſur la ſaiſon, on pourroit toujours ſans ſe tromper, concilier le moment où la pâte ſeroit prête avec celui où le four auroit acquis le degré de chaleur convenable; mais ſi quand la fournée eſt compoſée de trois ſortes de pâte, de forme

& de poids différens; que les unes contiennent du levain, les autres de la levure, enfin qu'il y en a avec de l'eau, du lait & du fel, alors le travail de mettre au four devient délicat & très-difficultueux.

Si je peignois ici les différens mouvemens dont le Boulanger eſt agité à l'inſtant où il eſt queſtion d'enfourner, on le verroit occupé à découvrir la pâte en panetons ou fur couche pour examiner à quel point eſt fon gonflement, toucher la furface pour voir fi elle réſiſte à la main qui la preſſe; puis courir tout d'un coup au four, avec le deſſein d'accélérer ou de tempérer le feu & d'y faire généralement les changemens que la pâte exige; on le verroit, tantôt ôter la couverture étendue fur la pâte & l'ajouter fur l'autre, tantôt la porter à l'air ou fur le four; on le verroit hâter par ſes vœux la combuſtion du bois, le chauffage modéré du four, le retard de l'apprêt; enfin on le verroit, malgré la certitude qu'il a que le degré du four n'eſt pas à ſon vrai point, retirer avec fureur le bois tout embrafé, & en y répandant de l'eau pour l'éteindre, maudir au milieu de la fumée qui l'environne, le fournil, le four, le bois, les élémens, jeter les outils, accuſer ſes camarades, parce que ſa vigilance a été furpriſe, & que la pâte, par un changement de temps inopiné, est parvenue au point de ne pouvoir plus attendre : ainsi, toujours flottant entre l'inquiétude & la crainte de manquer à la fois la fermentation de la pâte & le degré du four, le Boulanger ne reprend sa sécurité ordinaire que quand l'enfournement est fini, & qu'il a pu déjà en apercevoir l'effet.

Dès que le Boulanger a décidé que la pâte est prête à être enfournée, il doit commencer par retirer la braise, comme nous l'avons indiqué, se servir ensuite de l'écouvillon trempé dans le loriot pour enlever toute la cendre, la petite braise & la suie attachée aux rives, promener cet instrument de tous côtés, afin de rendre le four le plus propre possible. On achève de nétoyer parfaitement la bouche & la tablette avec un gros balai de jonc, qu'on mouille en faisant tomber les petites braises & cette cendre par une ouverture pratiquée exprès pour les conduire sous la chaudière & l'échauffer.

Si on imitoit ces Boulangers sans prévoyance, qui oublient de conserver dans le four une lumière pour y manœuvrer à l'aise, on exposeroit l'enfournement à être différé, ce qui feroit un très-grand inconvénient ; pour l'éviter, on doit faire provision d'allume, en jeter une à l'instant où l'on va retirer la braise, elle prend feu très-promptement; on la place sur le porte-allume dans le premier quartier, lorsqu'on se trouve forcé d'interrompre le chauffage.

A l'égard de l'enfournement, on doit suivre une route opposée à celle que nous avons tracée pour tourner la pâte; c'est-à-dire, qu'il faut commencer par enfourner les gros pains ronds ou longs qui ont été mis les derniers sur couche ou en panetons, parce que du moment qu'on enfourne, le four va toujours se refroidissant, ce qui peut donner lieu à une conséquence générale; savoir, que la pâte qui a le plus d'apprêt doit être la première enfournée & la plus proche des rives, qu'il faut au contraire, mettre celle qui est verd-d'apprêt du côté de la bouche, parce que n'étant pas saisie aussi promptement par la chaleur qui est moindre, elle ne s'étale pas autant, & a le temps de bouffer & d'achever sa fermentation.

Pour procéder à l'enfournement, on prend la pâte, si elle est sur couche on lève chaque pli de la toile en renversant ensuite le pain de la main sur une planche ou sur le rondeau pour le porter sur la pelle saupoudrée de fleurage & posée sur l'autel du four; si la pâte est en panetons on la renverse également sur la pelle; on décharge doucement & promptement la pâte dans le four, afin qu'elle ne perde, ni sa forme, ni son apprêt; on fait des rangées droites du fond à la bouche, en ayant soin que les vides qui se trouvent entre les pains soient presque insensibles. Ces vides ne sont pas même nécessaires quand le four est fort chaud, qu'il n'est encore garni que jusqu'au milieu, & que la pâte n'est pas trop levée : on continue l'enfournement en équerre, & on arrive peu-à-peu à la place qu'occupe le porte-allume qu'on met de côté & qu'on ôte même tout-à-fait quand il est question de remplir la bouche, & de mettre à l'entrée quelques pains du premier quartier, déjà commencés à cuire pour faire place à ceux qui ne cuiroient pas suffisamment à cause qu'ils sont les derniers rangés. Lorsque tout est enfourné on retire l'allume, on ferme le four, & si la porte joint bien, on n'y ajoute aucun linge mouillé.

Nous avons déjà fait remarquer qu'une seule fournée étoit souvent composée de pâtes de consistance, de forme, de pesanteur & de nature différentes, qui en rendoient l'enfournement difficile, chacune demande en effet des précautions suivant leur espèce. La pâte ferme est la plus aisée à enfourner, parce qu'elle s'échappe & s'élargit moins sur la pelle; qu'en outre, on n'a pas autant de peine à l'arranger dans le four à cause qu'elle est divisée en grosses masses ; comme elle est la plus longue à cuire, on l'enfourne la première & on la retire la dernière du four, c'est pour cela qu'on la place autant que l'on peut dans tout le tour du four le plus près des rives.

Après la pâte ferme, on enfourne la pâte bâtarde, on la place à côté vers le fond, & lorsqu'elle est formée en pain long fendu, on la renverse des panetons sur la pelle, afin que la partie qui faisoit le dessus à l'apprêt, devienne le dessous au four ; on fait quelquefois aux pains ronds des enfoncemens avec le doigt pour que la croûte ne s'en détache pas en cuisant; mais que ce ne soit jamais au moment d'enfourner qu'on donne une forme quelconque à la pâte, comme quelques Boulangers de Province qui déchirent leur pâte au milieu lorsqu'elle est sur la pelle pour faire les pains troués, car on en détruiroit l'apprêt.

La pâte molle est la plus difficile & la plus embarrassante à enfourner, sur-tout quand elle est en gros pains ; avec quelle adresse & quelle promptitude ne doit-on pas la manier & la traiter pour empêcher qu'elle ne se rompe & ne crève ! à peine l'a-t-on renversée de la couche sur la planche, & de la planche sur la pelle, qu'elle s'étend d'abord & coule souvent avant d'être mise au four. Il faut bien avoir l'attention que la planche soit un peu creuse & prenne la forme du pain ; que la pelle soit plus large de quelques pouces ; sans quoi, si la pâte est trop douce ou trop prête, elle se déchire de tous les côtés, se déforme & est gâtée ; on enfourne la pâte molle la dernière, on la place au milieu du four & vers la bouche.

Nombre de Boulangers, avant d'achever l'enfournement, retirent des pains de la rive gauche pour y substituer ceux qui devroient être placés à la bouche ; mais ils manquent la cuisson des uns & des autres, l'endroit de l'âtre où l'on décharge une nouvelle pâte est refroidi par le séjour de celle qui a déjà commencé à y cuire, & les pains que l'on a dérangés pour les rapporter du fond à l'entrée, frappés par l'humidité & par l'air, se dessèchent, se rident, & n'ont pas de couleur ; il faut faire en sorte que la chaleur de la bouche soit même plus considérable que celle des autres parties du four, & ne pas déplacer les pains qu'ils n'aient pris leur gonflement, de la solidité & de la couleur.

Ordinairement l'ouvrier qui porte la pâte molle au brigadier, a à côté de lui un seau rempli d'eau dans lequel il trempe la planche qui sert à transporter le pain de la couche sur la pelle, afin de lui donner une surface unie & dorée; mais il faut laisser égoûter la planche, & prendre garde qu'il ne tombe de l'eau sur la pelle, qui y feroit attacher la pâte.

Une autre attention non moins importante; c'est de gratter souvent la pelle & de la bien nétoyer, parce qu'on auroit beau la saupoudrer de fleurage, la pâte dont le dessous est souvent très-humide, s'attacheroit à la pelle; ces portions de pâte attachées à la pelle sont autant de corps solides aigus qui empêchent la pâte de glisser, la déchirent & la rompent; l'habitude de ratisser la pâte rend ce soin si facile, que l'enfournement n'en souffre aucun retard.

Plus la pâte est ferme & le four chaud, moins il faut laisser d'intervalle entre les pains distribués par rangées; c'est précisément le contraire, lorsque la pâte est molle & le four doux, parce que dans le premier cas, la chaleur *havit* les bords du pain dès qu'il a vu le four, au lieu que dans l'autre, elle jouit encore pendant un instant de la faculté de gonfler, & si on ne ménageoit pas un petit espace, les pains se toucheroient, se confondroient, seroient pleins de baisures, & ne cuiroient pas également par les extrémités.

Comme cet intervalle pourroit faire perdre de

la place dans le four, & que les pains qui n'auroient pas pu y entrer, seroient un surcroît de levain, on doit d'abord à chaque rang employer un allume & le placer dans le voisinage des pains, donner un coup de bouchoir, puis les aligner avec le côté de la pelle en frappant légèrement pour les rapprocher : la flamme claire que répand l'allume fait dissiper l'humidité de la surface des bords du pain, & lui donne assez de sécheresse pour ne plus être flexible, ni susceptible de s'attacher étant pressés les uns à côté des autres : lorsqu'on a une très-grande fournée, on gagne par ce moyen un intervalle capable de contenir une rangée, pour ne pas laisser de pâte; mais cette ressource est toujours nuisible à la qualité du pain; car ce devroit être un axiome en boulangerie, que la pâte une fois placée dans le four ne doit plus être touchée que quand la cuisson est prête à finir.

Dans un four dont le diamètre aura huit à neuf pieds, on peut placer environ soixante-cinq pains de quatre livres en pâte ferme; soixante en pâte bâtarde & quarante-huit à cinquante en pâte molle; mais le temps de mettre au four est en raison de la petitesse des pains, de leur espèce & de leur nombre; chaque fournée dure depuis un quart d'heure jusqu'à une demi-heure.

Article V.

Du Séjour du pain dans le four.

La qualité de la farine, celle de la pâte qui en résulte, la grosseur, la forme & l'espèce de pain qu'on en prépare ayant déterminé le point d'apprêt, le degré de chauffage du four & le moment où il faut enfourner, on pense bien que la durée du séjour qu'y doit faire le pain, dépend absolument de ces circonstances & d'une infinité d'autres que nous avons déjà rapportées.

A peine l'enfournement est-il commencé, que l'on voit déjà la pâte se gonfler, & la seconde rangée n'est pas encore finie d'être placée, que la première a acquis presque tout le volume dont elle est susceptible : cet effet sera d'autant plus prompt & plus sensible que les pains sont petits, composés de pâte molle, & que la partie du four qu'ils occupent s'approchera le plus du fond & des rives ; ainsi lorsque les derniers pains enfournés, qui se boursouflent ordinairement moins vîte, parce que le four perd de sa chaleur à mesure qu'on le remplit, viennent d'être placés, les premiers sont à moitié cuits : il n'est pas douteux que si le four étoit doux, l'effet dont il s'agit ne seroit pas aussi hâtif.

Le premier effet de la pâte au four, c'est donc d'y gonfler, de perdre un peu de sa largeur pour acquérir, à mesure qu'elle cuit, de la couleur & de l'élévation; en sorte que si les pains ont été enfournés très-près les uns des autres, l'action de la chaleur du four établit entre eux une séparation, un vide très-marqué : chaque pain alors isolé laisse évaporer une portion du fluide qui le constitue; ce fluide se répand d'abord dans le four & vient se rassembler vers l'entrée qui est fermée; là une partie se dissipe en brouillard par l'orifice de la cheminée, l'autre se réunit sur les pains de la bouche, qui sont, à cause de cette humidité étrangère, plus hauts en couleur & plus crevassés; la troisième partie enfin, coule à travers les interstices du châssis. Ce n'est absolument que de l'eau fade semblable à de l'eau distillée, ayant seulement l'odeur de pain, & elle sera d'autant plus abondante, qu'il s'en trouvera une très-grande quantité dans les pains & qu'ils auront été plus cuits.

Les choses les plus aisées, vues dans la théorie, ne présentent pas à la pratique la même facilité : tous les ouvrages qui traitent de la fabrication du pain, disent bien que l'apprêt de la pâte est comme la cuisson du pain, qu'il faut enfourner à propos, laisser le temps suffisant au four, & le tirer quand il est assez cuit : ces conseils vaguement énoncés ne prescrivent aucunes règles, aucuns préceptes pour exécuter convenablement ces différentes opérations. Si l'on ne mettoit au four que quelques pains de la même espèce, comme les particuliers qui boulangent à la maison pour leur consommation, il seroit toujours aisé de mettre au four à temps, & d'obtenir une cuisson constamment égale : mais quand on travaille dans un grand four, où l'on place jusqu'à trois cents petits pains, qu'il faut concilier tout ce qui se passe pendant leur enfournement, empêcher que les pains placés au fond ne soient brûlés, tandis que ceux qui doivent être mis à l'entrée ne sont pas encore enfournés, faire en sorte que ces derniers aient acquis une partie de leur cuisson avant que les autres soient parfaitement cuits; voilà ce qu'il est nécessaire de calculer, & la précision que le Boulanger doit chercher sans cesse à obtenir.

Entre toutes les cuissons que les mets ont besoin de subir pour devenir alimens, celle du pain est la plus difficile; s'il étoit possible de toucher la pâte une fois enfournée, ainsi que font les Pâtissiers qui mettent & sortent du four à volonté les pièces qu'ils y cuisent, afin de les examiner de près; il ne faudroit que des soins pareils pour obtenir une cuisson complette : mais les pains se succédant les uns aux autres, on ne peut déranger les premiers sans déplacer les seconds, & ainsi de suite.

L'enfournement achevé, il ne faut pas oublier, avant de placer le bouchoir, de jeter un regard rapide sur tous les pains, & principalement sur ceux qui sont dans le fond, les premiers mis au four ; parce que la couleur qu'ils ont déjà acquise suffit pour annoncer quelle sera la durée de la cuisson & du temps que le four restera fermé ; c'est environ une heure & demie pour les plus gros pains ; une heure pour ceux de quatre livres, & une demi-heure pour les pains d'une livre & moins. La pâte de farine blanche ou de blé sec, revêche & glutineux, est beaucoup moins longue à cuire que celle des farines bises & des blés tendres, humides ou récemment moulus.

Nous avons déjà blâmé cette pratique que suivent beaucoup de Boulangers qui laissent à la bouche du four de la braise, quelquefois des tisons en feu & souvent des allumes, dans l'intention d'éclairer le four, d'y maintenir la chaleur & de relever la couleur des pains ; on ajoute même dans quelques endroits, pour produire plus efficacement ce dernier effet, du son sur la braise, afin d'occasionner de la flamme ; mais cette flamme s'éteint bientôt après que le four est fermé, la fumée se répand par-tout, s'attache au pain & lui donne un goût désagréable. En chauffant le four à la bouche aussi vivement que dans le fond, on n'a besoin d'aucuns secours étrangers pour colorer le pain.

On croit assez communément que c'est la durée du temps au four, ainsi que la couleur que le pain y prend, qui doivent régler la cuisson du pain ; mais rien n'est plus sujet à égarer que de pareils guides ; la même pâte composée de la même farine pourroit cuire davantage & plus promptement dans un autre four où l'on auroit employé moins de bois pour le chauffer : le pain qui résulte des farines revêches peut avoir beaucoup de couleur sans être suffisamment cuit ; les farines des blés tendres & humides, produisent l'effet contraire à la cuisson ; un four doux & vif pour l'un & pour l'autre peut donc également tromper.

Quand on ouvre le four pour observer la cuisson, on est frappé d'une vapeur humide, qui devient ensuite moins sensible ; on aperçoit après cela à la superficie des pains une nuance de couleur qui va toujours en augmentant, depuis la bouche du four jusqu'au fond, & la cuisson la mieux dirigée sera cette nuance qui se remarquera moins : si cependant on n'avoit pas chauffé l'entrée du four suffisamment, & qu'il y eût entre les pains une différence plus considérable que ne doit occasionner l'enfournement ; il seroit nécessaire de déranger les pains placés à la bouche, & de les reporter le plus loin possible, en fermant le four encore un moment, jusqu'à ce que l'on juge que la cuisson soit parfaite.

Il y a des espèces de pains dont on achève la cuisson à four débouché, ce sont sur-tout ceux qui sont d'un gros volume ; mais cet usage est défectueux, il suppose un four qui a été trop chauffé : il est beaucoup plus avantageux & plus économique de prendre la pâte un peu moins prête, le four plus doux, & de cuire à four fermé. Les ouras sont une ressource dont on se sert pour diminuer la chaleur dans l'un & l'autre quartier, sans être obligé de déboucher le four ; d'où il suit que le pain cuit mieux à l'entrée, & que celui placé dans les rives a le temps de prendre tout son gonflement, sans courir les risques d'être trop foncé.

Il ne faut rien déranger à l'entrée du four qu'on n'ait la plus grande certitude sur la perfection de la cuisson, on serre seulement les pains de droite & de gauche ; on en retire un dans le fond avec la pelle pour l'examiner, alors on le presse par le côté où il y a une baisure; on le frappe du bout du doigt ployé, & on le porte à la balance; si la mie a du ressort & qu'elle soit élastique, si la croûte est sonore; enfin, si le pain a perdu presque tout l'excédant du poids qu'on y ajoute en pâte, on peut être assuré que la cuisson est parfaite.

La cuisson du pain est comme la fermentation de la pâte, elle demande un certain temps pour s'opérer convenablement; un four qui ne seroit pas assez chaud dessécheroit le pain sans le cuire; trop chaud, au contraire, il brûleroit la surface, & l'intérieur seroit gras; mais en général il vaut mieux que le pain soit trop cuit que trop peu, & le Boulanger qui pour retenir l'eau dans la pâte, la feroit saisir trop promptement au four, seroit aussi répréhensible que celui qui vendroit à un poids éloigné du déchet que les circonstances peuvent occasionner.

ARTICLE VI.

Du Défournement.

TIRER les pains du four, seroit une opération extrêmement facile dans son exécution, s'ils étoient tous de la même grandeur, composés avec la même pâte & réduits sous la même forme, il suffiroit seulement de s'assurer bien positivement du degré de leur cuisson, & de les ôter successivement, en commençant par les premiers enfournés & terminant par les derniers ; mais une fournée contient quelquefois tant d'espèces de pains, qu'il est impossible de suivre dans le défournement, le même ordre qu'on a observé pour enfourner, sans courir les risques qu'il y ait des pains beaucoup trop cuits, tandis que les autres ne le seroient pas suffisamment. Supposons maintenant que les pains sont de volume, de figure & de pâte uniforme ; il s'agit de voir ce qu'il y a de plus essentiel à faire par rapport à l'objet que nous traitons dans cet article.

Quand on s'est convaincu que la cuisson est finie, on déplace quelques pains à la bouche que l'on met au fond & à la rive droite, afin de frayer un passage pour arriver aux pains qui occupent le premier quartier, c'est-à-dire, l'endroit le plus chaud du four & où l'on a commencé l'enfournement ; sitôt qu'il y a suffisamment de pains de tirés, on doit y placer ceux de la bouche & le porte-allume, à une certaine distance, afin que la flamme qui éclaire, ne colore & ne cuise trop les pains en les brûlant ;

défaut qui arrive fréquemment par l'inattention du garçon chargé de tirer le pain du four; on continue le défournement qu'on accélère ou qu'on retarde, en raison du degré de chaleur de la bouche.

Lorsqu'on retire le pain du four, il faut prendre garde que sortant d'un lieu brûlant, & passant dans une température moins chaude, il n'éprouve trop subitement le contact de l'air froid, & que sa surface ne se gerce & ne se fendille, comme seroit du verre dilaté par le feu, & resserré aussitôt par le froid : si la pâte est verd-d'apprêt, & que pour la préparer on ait employé de l'eau froide & des levains jeunes, l'effet dont nous faisons mention sera beaucoup plus marqué. L'ouvrier qui prend le pain sur la pelle préviendra toujours cet inconvénient, s'il le met au sortir du four dans une manne ou grand panier, & le range doucement les uns auprès des autres debout, si ce sont des pains longs, & jamais par le côté de la baisure : il faut étendre sur cette manne une couverture propre, jusqu'à ce que le pain soit tout-à-fait refroidi.

Si néanmoins le four avoit été vif, & que l'on eût agi en conséquence dans le défournement, en retirant le pain plus tôt qu'à l'ordinaire; il faudroit alors l'exposer à l'air tout en sortant du du four pour lui enlever un peu de sa couleur, sans appréhender que le froid ne gerse sa superficie : un grand inconvénient doit être sauvé par un moindre ; lorsque la couleur trop foncée du pain dépend, au contraire, de son long séjour dans le four, & que sa cuisson est excessive, on doit l'étendre sur des toiles propres, légèrement mouillées & le recouvrir également : dès que le pain est entièrement refroidi, on ôte les couvertures, & on remarque que le pain a perdu de sa couleur.

Quand la fournée est composée de plusieurs espèces de pain, on commence à tirer du four ceux qui y ont été mis les derniers, à l'exception cependant de ceux de la bouche seulement, parce que ce sont ordinairement les moins gros, formés de pâte légère, par conséquent les plus faciles à cuire, & que, suivant la règle de l'enfournement, on place toujours d'abord les plus gros pains dans le voisinage des rives, & qu'on remplit la bouche par les plus petits.

Après le défournement, le geindre ne doit pas oublier de promener l'allume dans tous les endroits du four, pour voir s'il n'a pas oublié du pain du côté des rives : très-souvent le bois qu'on y met cache des pains qui se sèchent &

se brûlent. Si c'est à la dernière fournée qu'il s'en aperçoit en mettant du bois, il aime mieux, plutôt de le montrer tel qu'il est & d'en tirer parti, l'achever de brûler, dans la crainte d'avoir des réprimandes & d'en supporter la perte.

Il y a des espèces de pains qu'il faut laisser beaucoup de temps au four, comme les pains à soupe, les grands pains longs, & en général tous ceux auxquels on veut donner de la croûte : c'est pour cette raison que quand on a des fournées composées, & que les gros pains placés dans les rives n'ont pas trop pris de couleur, on bouche & on débouche le four, à mesure qu'on défourne, pour donner à ces pains placés dans les rives & à la bouche, assez de couleur & de cuisson.

Le point de cuisson du pain est encore plus délicat que celui de l'apprêt de la pâte; une fois manqué, il est difficile d'y revenir : cependant il y a des Boulangers qui, lorsqu'ils ont tiré du four des pains peu cuits, croient qu'on peut, sans inconvénient, les remettre au four; mais la cuisson ne peut souffrir aucune interruption; la chaleur intérieure du pain diminuée, ne peut être rétablie dans son même degré; le pain remis au four perd cette couleur vive, la croûte se ride, la mie se dessèche &

n'est plus aussi légère. Il est donc important de ne défourner qu'à propos.

Le temps qu'exige le défournement est déterminé par la qualité & le nombre des pains qui en font l'objet : si l'enfournement a été promptement fait, la cuisson se trouve égale par-tout, & on tire les pains du four tout de suite ; il ne faut guère plus d'un demi-quart d'heure pour ôter trente-cinq pains de huit livres qui composent une fournée, & un quart d'heure au plus pour soixante de quatre livres ; ce temps augmente à mesure que les pains deviennent plus petits & qu'ils sont d'espèces différentes.

Le pain, depuis l'instant qu'il est sorti du four, jusqu'à celui où il est parfaitement refroidi, éprouve quelques légers changemens ; il perd insensiblement l'odeur agréable qu'il répand, étant chaud ; sa couleur vive & luisante se ternit un peu, & il diminue en même temps de poids : cette déperdition est toujours en raison des surfaces & de la légèreté du pain.

Article VII.

Du Pain.

Nous voici donc parvenu au but du travail du Boulanger : la dernière opération de son

Art est la cuisson; elle vient d'être exposée avec les détails qui ont paru essentiels pour la bien faire connoître, & si l'on a pu saisir l'ensemble & prendre une idée générale des soins & des attentions que le blé exige depuis l'instant que la Nature le livre au Cultivateur, jusqu'à celui où l'Art s'en est emparé pour le nétoyer & le conserver, pour l'écraser sous des meules & le bluter, enfin pour le soumettre à la fermentation & le convertir en pain; on conviendra sans peine, que l'industrie s'est signalée à cet égard, & qu'il a fallu de sa part bien des efforts & du temps pour nous procurer l'aliment précieux dont il s'agit, dans le degré de perfection où il est maintenant: l'objet du commerce du Boulanger est donc marqué par trois états distincts & permanens; d'abord le grain, ensuite la farine & puis le pain; nous ne devons pas terminer notre Ouvrage que nous n'ayons rappelé en abrégé les principaux phénomènes qu'il offre, considéré sous ces différens points de vue.

A peine le Laboureur a-t-il confié le blé à la terre, en le cachant comme le dépôt le plus précieux de la société, qu'une multitude d'ennemis avides semblent se réunir pour fondre dessus & le lui dérober; l'humidité trop froide en pourrit le germe; les vers le rongent, & mille autres animaux s'en nourriffent: échappé à la rapine, de nouveaux accidens dérangent fon organifation; des maladies formidables le frappent dès en naiffant; s'il parvient à fe développer fans être vicié dans fa conformation, fans avoir perdu les caractères primitifs qui lui appartiennent effentiellement, il éprouve encore toutes les viciffitudes de l'air, au milieu duquel il germe, croît & mûrit; une pouffière contagieufe fouvent le défigure & le réduit à l'impuiffance de fe reproduire & de nourrir; un coup de vent le fait ployer & l'étrangle, un orage l'empêche d'être fécondé; l'humidité le fait germer, rouiller & nieller. On peut néanmoins prévenir la plupart de ces malheurs qu'on effuie dans les moiffons, en choififfant la femence & le moment propice pour la répandre, en la purifiant par des lotions alkalines, & en la plongeant dans des fluides imprégnés de matières végétales ou animales en putréfaction aiguifées par la chaux; d'où naiffent l'abondance des tiges, la vigueur de la plante & la bonne qualité du grain.

Mais le blé parvenu fans accident au point de maturité defiré, n'eft pas au pouvoir de l'homme: attaché au fol qui l'a nourri, il eft encore le jouet des élémens, & quand bien même les différentes époques de la végétation auroient été constamment heureuses, les pluies abondantes & continuelles qui précèdent & accompagnent la moisson, peuvent diminuer les avantages sous lesquels il s'annonce, & tromper les espérances les plus flatteuses. Si avant d'y porter la faucille, le moissonneur n'attend pas un intervalle de beau temps pour le couper, & si au lieu de laisser les javelles sur terre, aux risques de contracter une disposition à germer, il ne se hâte pas de les mettre en grandes ou en petites meules méthodiquement construites, & proposées, non-seulement pour garantir le blé de l'humidité qui lui est si préjudiciable, mais encore pour suppléer au défaut d'emplacement.

Les circonstances de la récolte ont-elles répondu à celles de la germination, de la floraison & de la maturité, le blé n'en demeure pas moins un certain temps dans l'épi, soit que la gerbe se trouve arrangée en meules ou serrée dans la grange ; en cet état, il se bonifie, acquiert une supériorité sensible, de la couleur, de la sécheresse, du volume : chaque grain isolé & autour duquel l'air circule aisément, est encore dans une sorte de mouvement végétatif qui achève & perfectionne sa maturité ; ce *gas*, quelquefois nuisible dans les blés nouveaux provenus d'années froides, se combine avec les principes, perd sa volatilité & sa qualité *délétère;* d'où il résulte que le grain a resué & perdu son feu : mais ce n'est pas ainsi qu'on peut vendre & employer le blé. A mesure qu'il se sèche il devient plus propre à céder aux coups redoublés du fléau, qui doit l'arracher de la prison où la Nature l'a renfermé : libre alors de son enveloppe, mais confondu avec elle & beaucoup de semences étrangères qui ont crû dans le même champ, le van & les différens cribles sont les instrumens employés pour l'en séparer.

Dès qu'une fois le blé est récolté, battu, vanné & criblé, il passe assez ordinairement en d'autres mains : semblable à ces nourrissons qu'on arrache des bras de celles qui les ont allaités au moment où ils vont être sevrés, ce n'est plus celui qui l'a semé & recueilli qui le conserve, ce sont les propriétaires ou des marchands qui l'enmagasinent, le transportent & le vendent. Avec quelle rapidité ce présent que la Providence accorde si souvent dans le meilleur état, ne perd-il pas de ses bons effets par leur cupidité ou par l'inattention & l'ignorance des hommes à qui on en confie la garde ! que de soins avant de mettre le blé en réserve, pour empêcher qu'il ne contracte par succession de temps quelque mauvaise qualité ! le lieu où on le dépose, les précautions qu'on emploie, les instrumens dont on se sert pour le nétoyer & le rafraîchir, peuvent restituer à des blés médiocres de la valeur, tandis que la négligence & l'oubli détruisent la qualité des meilleurs.

Le grain le plus sec & le plus parfait, amoncelé dans le grenier le plus propre à sa conservation, demande un travail presque continuel pour être remué & éventé, sans quoi il s'établit dans la masse, lorsqu'il règne une chaleur humide & orageuse, un mouvement qui l'altère & le décompose bientôt : le crible & la pelle faisant passer successivement le blé d'un lieu dans un autre, & obligeant une colonne d'air frais & sec à en traverser les couches, à changer & à renouveler celui qui se trouve interposé entre chaque grain, & dont il lèche la surface ; on vient à bout à leur aide d'empêcher le dépérissement du blé.

L'humidité, il est vrai, n'est pas le seul ennemi que nous ayons à combattre pour conserver le blé ; ces essaims d'insectes si redoutables à cause de leur petitesse, de leur voracité & de leur prodigieuse fécondité, occasionnent des ravages affreux : comment empêcher que le blé ne s'échauffe, ne s'altère & ne devienne leur pâture, si l'endroit destiné à le serrer est situé désavantageusement, mal construit & tenu sans soins! cependant nous pouvons aisément nous opposer à leur invasion, leur interdire l'entrée des magasins & les anéantir s'ils y existoient déjà, en criblant dans un lieu séparé de celui où l'on se propose de le conserver, en pratiquant des fenêtres aux extrémités, garnies d'un double châssis que l'on ouvrira & fermera alternativement, en entretenant, par le moyen des ventouses, un courant d'air frais qui engourdit particulièrement les charançons & nuit à leur multiplication.

Toutes les variétés de blé s'évanouissent aux yeux du vulgaire; il n'y a absolument que le volume qui le frappe : le Marchand, en fixant son choix, calcule seulement ce qu'il gagnera par le transport & la vente en tel lieu & en tel temps; le Boulanger, au contraire, ne voit dans le grain que la farine dont la blancheur, la qualité & le produit sont l'objet de ses vœux; la finesse, la pesanteur, la couleur, l'odeur, le goût & la sécheresse, sont autant de signes qui servent à lui faire distinguer la nature du terroir d'où le blé provient, les soins qu'on a pris pour le conserver ou lui restituer les propriétés que l'intempérie des saisons ou les négligences avoient affoiblies.

C'est dans les achats, le transport & la mouture du blé que les connoissances du Boulanger seroient nulles & sans effet, si, sans cesse sur ses gardes, sa vigilance n'étoit aussi active que son intelligence. La pesanteur spécifique du blé, regardée jusqu'ici comme l'unique moyen de s'assurer de sa qualité, ne doit plus le tranquilliser; elle vient de donner lieu à une nouvelle fraude: il convient d'en instruire le Boulanger, & en déplorant la nécessité où nous sommes de lui inspirer toujours de la défiance, nous ne courons malheureusement aucuns risques de lui faire connoître les piéges qu'on tend à sa bonne foi.

Lorsqu'un setier de blé de tête doit peser deux cents cinquante, le Marchand ou le Commissionnaire l'envoie au moulin où le Boulanger fait moudre: ce dernier croit avoir précisément le blé qu'il a acheté & payé, parce que le Meunier lui mande qu'il pèse le poids annoncé; mais le Marchand ou le Commissionnaire infidèle, pour donner le change sur cette pesanteur spécifique, au lieu d'envoyer le blé convenu & de la meilleure qualité, en achète un autre très-inférieur, dans des endroits éloignés de sa demeure, & le substitue à la place, en y ajoutant l'excédant du poids de celui qu'il a vendu: en supposant que cet excédant aille à dix livres, c'est à-peu-près un demi-boisseau qui vaut vingt sous, il gagnera donc encore quarante sous au moins; est-il friponnerie plus préjudiciable pour le Boulanger qui, indépendamment de la perte, n'a pas la qualité de blé sur laquelle il compte, & qui attribue les défauts de la farine à la maladresse du Meunier, s'il ne lui fait pas d'autres reproches? mais s'il ne veut plus courir les risques d'être trompé dans ses achats, c'est de comparer chaque fois la mesure au poids, d'opposer l'un à l'autre, d'examiner si le fond des sacs est semblable à la superficie, ayant continuellement devant soi l'échantillon ou la montre quand on vide dans la mesure & dans la jalle.

A l'aide des précautions simples & peu dispendieuses que nous avons indiquées, le blé arrivera toujours à sa destination, sans avoir été changé en chemin, sans s'être détérioré; il se trouvera au moulin avec toutes les qualités qu'il possédoit à son départ du magasin: c'est alors qu'une première décomposition doit lui faire perdre son nom, sa forme & ses propriétés; ses parties constituantes n'auront plus bientôt de continuité; distinctes & séparées dans le grain, elles seront désunies, puis confondues & mélangées; l'écorce ou enveloppe qui les avoit garanties des influences de l'atmosphère, va en être rejetée &

les laisser à nu; enfin ce ne sera plus du blé. Le Boulanger attentif à la manière dont cette décomposition s'opère & au talent de celui qui la dirige, conservera au blé sa qualité, & obtiendra un produit capable d'assurer constamment le succès & la perfection de son travail.

Les nuances qui caractérisent les blés entre eux, n'en exigent aucune dans la méthode de les broyer & de les bluter; celle dont les avantages ne sont plus contestés, est la mouture économique : en elle réside la perfection de l'art de moudre; le grain le plus net, en le transportant & le vidant, se salit encore par la poussière qui s'y introduit, & que le frottement des corps solides roulans les uns sur les autres, occasionne & détache de la superficie; les cribles placés au-dessus de la trémie, purgent le blé de cette dernière hétérogénéité en le rafraîchissant : le voilà donc en état d'être écrasé; il tombe de l'auget & arrive sous les meules; là, bientôt déchiré, brisé & comprimé, il présente déjà plusieurs substances particulières, la partie la plus extérieure qui est l'écorce ou le son, celle qui occupe le centre déjà divisée au degré où il faut, appelée *la farine de blé*, & une troisième enfin, qui paroît sous la forme de petits grains qu'on nomme *gruaux*.

Ce mélange brut & grossier, en quittant les meules, vient se rendre dans un bluteau qui sépare l'écorce des gruaux, & ceux-ci d'avec la farine : la quantité de chacun de ces produits examinée à part, fait juger de la perfection du moulage & du talent de celui qui l'a conduit, ces gruaux jadis si méprisés, traités maintenant comme le grain lui-même & reportés plusieurs fois sous les meules, fournissent près de trois quarts de leur poids en farine blanche, désignée par les noms des moutures qu'on en fait, & les sons presque épuisés donnent encore, par une suite de la perfection de la meunerie, une farine bise qui, dans les temps malheureux, peut servir à la nourriture des hommes.

La farine, quoique composée des mêmes principes que le grain d'où elle provient, mais dans des proportions différentes, a des caractères de bonté, de médiocrité & d'altération, qu'il est impossible à l'œil, au palais & à la main un peu exercés, de ne pas saisir : douce au toucher, elle est d'un blanc jaunâtre, & laisse dans la bouche une saveur comparable à celle de la colle fraîche ; elle se bonifie, devient sèche & moëlleuse après la mouture : plus délicate à conserver que le grain qui l'a produit, on ne peut la répandre sur le plancher des magasins

& la remuer comme le blé, fans qu'elle ne perde de fes qualités, & que les infectes ne s'y introduifent; il faut donc la tenir renfermée dans des facs.

L'approvifionnement des farines procure une foule d'avantages : c'eft une reffource contre les malheurs des temps & les circonftances qui fufpendent fi fouvent ou font varier l'action & le jeu des moulins; elles augmentent encore en les mélangeant; elles fe prêtent alors des fecours mutuels; quelquefois une farine eft trop riche dans un de fes principes, elle le partage avec une autre qui n'en a pas fuffifamment, & de cette affociation il réfulte une fubftance plus homogène & plus fufceptible de paffer à la feconde métamorphofe que le blé va fubir.

Le blé, dans l'état de divifion où les meules l'ont réduit, ne fauroit produire encore l'effet d'un aliment & fe prêter au mouvement néceffaire pour fon changement en pain, fans le concours d'un fluide, qui, en développant fes parties, leur donne de l'adhéfion, de la molleffe & de la flexibilité : ce fluide eft l'eau, l'agent principal de la fermentation; il pénètre la farine de toutes parts, & par mille voies différentes, fe mêle & fe corporifie avec elle, au point de ne pouvoir plus apercevoir dans la pâte qui en résulte, aucune trace qui manifeste sa présence, & de former ensuite une masse continue, ténace & visqueuse. Mais si on l'exposoit en cet état au feu pour cuire, il ne seroit pas possible d'obtenir autre chose qu'une galette plate, gluante & lourde, semblable au pain azyme, dont on s'est nourri, jusqu'à ce que le hasard ou l'industrie en aient changé l'aspect, le goût & les propriétés, par l'addition d'une matière qui, mettant en action le principe fermentescible, trop bridé dans les farineux pour se mouvoir de lui-même & agir, occasionne le développement de tous ses effets, qui communique de la mobilité & de la vie à toute la masse où elle est confondue, en atténuant les substances les plus grossières, en rompant leur agrégation, qui tend après cela à les réunir, & à produire des composés plus homogènes, une combinaison de principes plus intime, en un mot, du levain.

Le fondement de tout le travail de la Boulangerie, consiste donc principalement dans la conduite & la préparation du levain; il a besoin, pour être employé immédiatement en cette qualité, de passer par différens états qui le perfectionnent : ce n'est d'abord qu'une portion de pâte, mise de côté, qui lui sert d'élément ;

on y ajoute enfuite de la farine & de l'eau jufqu'à trois fois, afin de diminuer fon aigreur à mefure qu'on augmente fa force & fon gonflement : enfin parvenu fucceffivement au degré où il faut qu'il foit pour exercer fes fonctions, il a un caractère reconnoiffable ; fon volume eft ordinairement doublé ; fa furface eft liffe, élaftique & bombée vers le centre ; il exhale une odeur vineufe fort agréable ; le balloter alors & le toucher interromproit la fermentation, & empêcheroit qu'il ne prît fon véritable apprêt; car une fois crevaffé, il s'échappe de l'intérieur un principe volatil, feulement perceptible pour l'odorat, mais qui conftitue la force du levain, & dont l'abfence feroit bientôt affaiffer & aplatir la maffe en lui donnant une qualité préjudiciable au réfultat qu'on a intention d'obtenir. L'homme qui eft venu à bout de tout maîtrifer, a foumis également à fa puiffance les opérations des levains, en modifiant & changeant leurs effets par les différens degrés de force qu'il leur donne, en échauffant ou tempérant leur activité, en améliorant, au moyen des états variés qu'il leur fait prendre, les produits qui doivent en réfulter : de même auffi, il eft parvenu à diriger la fermentation en la brufquant tout-à-coup, ou en la faifant naître

à volonté

à volonté d'une manière douce & infensible, à l'animer lorfqu'elle fe ralentit, à l'arrêter quand elle va trop vîte ; enfin à la fixer au terme où elle doit être, fuivant les faifons, la qualité des farines & l'efpèce de pain qu'on veut fabriquer.

La durée de la fermentation demanderoit, dans toutes les circonftances, le même efpace de temps, afin que les parties du corps qui l'éprouvent fe fubtilifent en s'arrangeant entre elles, ce qui ne pourroit arriver par un mouvement rapide qui bouleverfera tout, ou par celui qui languira, & fera tout le contraire : un levain trop peu prêt n'auroit pas fuffifamment de force pour agir ; plus avancé, on n'obtiendroit qu'un mauvais pain, quand bien même on fuppléeroit par la quantité, en augmentant ou diminuant fes proportions.

Mais le levain le mieux conditionné eft ordinairement plus apprêté qu'il ne faut pour être converti en pain ; foumis ainfi au four, il ne donneroit qu'une maffe d'un extérieur défagréable, fans légèreté, & dont la faveur feroit aigre : il eft donc néceffaire de le délayer & de l'affoiblir, en l'étendant dans une fubftance qui lui foit analogue, & avec laquelle il puiffe s'identifier, de manière à ne pouvoir plus être

L l

aperçu par les sens comme levain, destiné seulement à communiquer à la pâte, c'est-à-dire, au mélange de l'eau & de la farine, un autre état qu'elle ne pourroit acquérir, si l'on n'y introduisoit une matière actuellement fermentante. On ne parviendroit pas à opérer cette combinaison sans employer différentes opérations qui sont autant de moyens imaginés pour la fortifier, & rendre la masse qui en est l'objet, plus égale, plus homogène, plus longue & plus parfaite.

L'eau, le grand dissolvant de la Nature, celui qui a servi de véhicule à la farine pour passer à l'état de levain, est encore employée dans la vue de lui donner une fluidité qui permette de le distribuer uniformément dans toutes les parties de la farine pour agir d'une manière générale & insensible, en sorte qu'elles le contiennent toutes dans une même proportion. Le levain nageant sur l'eau qui doit le délayer, s'entr'ouvre bientôt, se crevasse avec bruit, perd sa continuité & sa ténacité : entièrement dissous & fondu, sa fluidité accroît encore par l'affusion de l'eau restante de celle destinée au pétrissage ; ce qui offre un liquide savonneux, de consistance de miel clair, & qui promptement remué, prend le caractère laiteux ; la farine ajoutée en différens temps disparoît bientôt dans ce liquide qu'elle épaissit, une molécule de substance sèche est accrochée & absorbée par une molécule de substance humide; d'où il résulte un corpuscule mou, tenace, dont la réunion *per minima* présente une masse sans égalité & sans liaison; c'est encore un composé grossier rempli d'inégalités, mais qui devient bientôt uni & lisse par le travail de la pâte, au moyen des découpemens répétés & de l'eau ajoutée après-coup, afin d'achever la dissolution des particules de farine échappées à la mixtion générale du levain, qui, bridées & comme interposées dans la pâte, ne pourroient que former autant de solutions de continuité : la pâte alors devenue plus sèche, plus tenace & plus propre à profiter des opérations successives que comprend le pétrissage, acquiert toutes les qualités qu'on peut desirer.

En examinant avec attention ce qui se passe dans l'opération par laquelle on parvient à mêler ensemble le levain, l'eau, la farine & l'air pour former ce corps particulier, homogène, visqueux & élastique, connu sous le nom de *pâte;* on voit que les différentes parties de la farine s'approprient chacune une plus ou moins grande quantité de liquide composé d'eau & de levain qu'on lui préfente fuivant leur degré de féchereffe & de divifion ; mais que cette appropriation n'a pas lieu tout d'un coup. La matière glutineufe qui abforbe le plus de ce liquide, eft la première à s'en emparer, enfuite le muqueux fucré devient un peu vifqueux ; enfin l'amidon quitte la forme pulvérulente pour contracter de l'humidité qui le rend plus fufceptible de fe divifer dans la maffe.

Tel eft l'état où fe trouvent les différens principes de la farine au moment où l'on vient de commencer le pétriffage ; mais ces principes encore ifolés fe rapprochent & fe réuniffent à mefure que l'on travaille la pâte qui les renferme & que l'on augmente leur juxta-pofition ; l'air que l'on introduit par les différens mouvemens qu'on lui imprime, fe confond réellement dans la pâte dont il augmente la blancheur, la liaifon, le volume, le poids & la ténacité, à mefure que cet élément s'y combine & la pénètre : celui qui ne fait pas partie de la pâte fe mêle dans les interftices, adhère à la furface collante & liffe qu'on lui préfente, s'échappe enfuite par les efforts qu'on donne à la pâte en fe gonflant & crevant les enveloppes vifqueufes qui le renferment ; d'où il réfulte une pâte longue, vifqueufe & légère, dont toutes les parties suffisamment ramollies & combinées entre elles, deviennent assez tenaces & assez flexibles pour obéir sans se rompre au mouvement doux qui doit s'opérer intérieurement en produisant le soulèvement & le volume que l'on cherche à obtenir par la fermentation, & qu'on arrête par la cuisson.

Mais continuons de suivre le travail de la pâte, elle est sortie du lieu où elle a été pétrie, la fermentation & la cuisson vont achever sa perfection. Si les parties constituantes du blé divisées par la mouture, réunies & aglutinées ensuite, à l'aide de l'eau & du levain, sous la forme de pâte, passoient également & ensemble à la fermentation spiritueuse, il s'ensuivroit que leur vertu alimentaire, loin d'augmenter dans la panification, diminueroit considérablement, puisque tout corps nourrissant cesse de l'être après qu'il a subi cette opération de la Nature ; mais heureusement qu'elles ne sont pas toutes susceptibles de prendre un pareil mouvement ; que l'amidon, la partie la plus abondante & en même temps la plus nutritive de la farine, demeure dans son intégrité ; & que le muqueux sucré, la seule matière qui paroisse jusqu'à présent douée de cette propriété, n'a pas assez de mollesse dans la pâte où elle se trouve pour céder à la fois au mouvement qui doit en changer la texture & les effets : une partie de ce muqueux est encore intact lorsque l'autre ne fait qu'éprouver un commencement de décomposition ; d'où il suit que la fermentation panaire étant arrêtée par un mouvement violent, qui est la cuisson, elle ne peut & ne doit être spiritueuse.

La pâte, au sortir du pétrin, n'est pas toujours partagée en pain, la saison oblige quelquefois de la laisser en masse & sous des couvertures, afin que rassemblée, elle s'échauffe & prenne plus tôt ce mouvement général & préparatoire qui dispose à une bonne fermentation : mais on n'attend pas qu'elle ait perdu de sa viscosité pour la séparer par morceaux & la porter à la balance ; des mains agiles & exercées lui donnent une forme relative à sa consistance & à sa composition : ferme, on la manie davantage, & elle sert aux gros pains : molle, au contraire, on la divise en petits pains sans la fouler autant ; ainsi, après avoir passé par les mains du pétrisseur, du peseur & du tourneur, qui ajoutent chacun à sa perfection, la pâte arrive enfin à cet état de repos qu'il ne faut pas troubler ; tantôt circonscrite de tous les côtés, elle gagne de la hauteur ; tantôt libre seulement par ses extrémités, elle s'étend & acquiert de la largeur; mais exposée au contact de l'air, sa surface se sécheroit si on ne cherchoit à l'en garantir avec des couvertures mouillées & des toiles humides.

Lors donc qu'on a observé toutes les précautions que la pâte demande avant d'être placée dans le lieu où elle doit fermenter, le mouvement intestin qui doit opérer la décomposition, ne tarde pas à s'annoncer; déjà le levain dispersé dans la pâte à la faveur de l'eau, est prêt d'agir & de reprendre sa première mobilité; la substance muqueuse sucrée, celle qui reçoit la première impulsion, perd un peu de sa ténacité, & ensuite la matière glutineuse, laisse dégager ce fluide volatil & élastique qui se manifeste à l'instant qu'un corps quelconque éprouve un commencement de fermentation, & cherche à s'échapper au dehors avec l'air qu'on a introduit dans la pâte par les différentes opérations du pétrissage; cet air soulève la masse demi-solide où il est contenu, en écartant toutes les parties qui le gênent, & qui mettent obstacle à sa sortie : mais la ténacité & la glutinosité de la pâte, opposant toujours à l'échappement de ce fluide, une résistance proportionnée, son activité se trouve augmentée; une partie est forcée de s'unir avec les autres principes pour former les premiers matériaux de l'esprit ardent, l'autre qui résulte de la fermentation & des nouvelles combinaisons que celle-ci opère, cherche également une issue. L'intérieur de la pâte étant mou, gras & collant, céderoit bientôt au choc & au frottement continuel du principe qui l'agite; s'il n'y avoit pas encore assez de matière glutineuse pour le retenir par sa ténacité. La pâte portée au four ne tarde pas encore d'augmenter de volume, ce fluide élastique raréfié par le feu & par la fermentation qui continue, sollicite toujours sa sortie, en rompant les capsules visqueuses dans lesquelles il se trouve comme emprisonné; mais la chaleur devenue plus forte, arrête la masse tuméfiée & divisée, dessèche la surface qui devient une espèce de couvercle qui s'oppose à l'échappement de l'air : l'humidité qui environne l'amidon, étant comme bouillante, elle le convertit en une gelée qui se confond & disparoît dans la masse générale, toutes les parties se combinent; d'où il résulte cet aliment homogène, léger, blanc, œillete, savoureux & agréable, que nous appelons *pain*.

Tels sont les principaux phénomènes que le blé présente avant & après avoir été transformé en pain : si pour les décrire, nous avons employé dans cet article un langage qui convient plutôt au Physicien qu'au Boulanger ; nous espérons que ce dernier, pour qui ce langage deviendra un jour très-familier, le comprendra aisément par tout ce qui précède : d'ailleurs nous nous sommes exprimés comme lui quand il a été question des maximes fondamentales de son Art.

Un reproche qu'on a fait au pain, & que notre exposé ne manqueroit pas de justifier, c'est que cet aliment perd de son prix, parce que sa préparation est coûteuse & pénible ; mais quand on réfléchit que dans un même fournil, cinq hommes peuvent en quinze heures de temps apprêter la nourriture principale de trois mille hommes, qu'il est possible de porter par-tout & de confondre avec tout, sans courir les risques qu'elle perde aucune de ses qualités ; on se demandera quel est l'aliment aussi commode qu'on puisse préparer avec autant de facilité, & qui soit en état de remplacer le pain, quelque multipliés que soient les soins qu'exige sa préparation !

Qu'on ne nous objecte pas non plus qu'il y a des blés pour lesquels les soins que nous avons recommandés, seroient entièrement inutiles, & que malgré les meilleurs procédés, il est impossible d'en faire du bon pain : supposons-les très-médiocres, pourvu qu'ils ne soient pas altérés, qu'on les ait moulus convenablement,

& qu'on fe ferve de la meilleure méthode pour les fabriquer, on obtiendra toujours, finon un beau pain, du moins un bon pain, d'une digeftion très-avantageufe pour la fanté : il n'eft même perfonne qui, perfuadé de cette vérité, n'ait été frappé, en parcourant le Royaume, des différences énormes qui exiftent dans le pain qu'on y fabrique, quoique provenant d'une même qualité de grain.

Article VIII.

Du choix du Pain.

L'ASPECT du pain deviendroit fuffifant pour juger de la perfection de fa fabrication; & l'examen du dedans détermineroit bientôt la bonté du blé & du moulage, & l'efpèce de farine qu'on y a employée; mais le goût à cet égard eft tellement partagé, que le Boulanger, dans la vue de fe conformer à la volonté de tout le monde, a befoin pour la fatisfaire, de préparer autant d'efpèces de pâte; encore, comment en viendroit-il à bout, fi chacun defiroit précifément le pain cuit & coloré au même point; puifque quand bien même la fournée feroit d'une feule efpèce de pâte, parfaitement pétrie, fermentée & cuite à propos; elle offriroit toujours plusieurs nuances de saveur & de couleur, qu'elle prend nécessairement dans les différens endroits du four le plus également chauffé ! ainsi, c'est donc un avantage que les uns aiment le pain doux levé, dont la croûte soit molle & la mie très-serrée ; que les autres donnent la préférence à celui qui est plus large que haut ; qu'il y en ait enfin qui soient partisans du pain crevassé, haut ou pâle en couleur.

La connoissance qui peut servir à mettre au fait des bonnes ou des mauvaises qualités du pain, soit par rapport à la nature des blés qu'on y emploie, ou relativement à la manière de le fabriquer, est trop utile pour paroître indifférente aux yeux de qui que ce soit : les hommes de tous les états y sont également intéressés : l'usage des organes suffit, & les sens sont les seuls Juges dont on puisse invoquer le témoignage à ce sujet : le pain bien fait doit être un peu plus large que haut, d'un beau jaune doré, lisse à sa superficie, sans gersures ni crevasses ; excepté celles qu'on y a pratiquées avant l'apprêt, ou que la cuisson occasionne à un des côtés sur toute la longueur.

Mais il en est du pain comme de beaucoup d'autres objets ; on ne doit pas toujours s'arrêter à l'extérieur & le juger par sa croûte, il faut encore le couper par le milieu pour en examiner le dedans, & voir si la mie est sèche, longue, spongieuse, élastique, d'un blanc jaunâtre, parsemée de trous plus ou moins grands & d'une forme inégale; ayant une légère odeur de levain jeune, c'est-à-dire, un peu vineuse: autant que l'on peut on doit manger la croûte avec la mie; l'une est l'assaisonnement de l'autre, elles produisent ensemble une faveur comparable à celle de la noisette : la mie doit être sèche sous la dent, se broyer aisément sans rester en masse dans la bouche, se mêler & se dissoudre avec les sucs salivaires.

Un pareil pain sera le résultat d'un bon blé, bien nétoyé, parfaitement moulu, pétri, fermenté & cuit convenablement; mais il n'y a presque pas de comparaison à faire entre un pain mal fabriqué & celui qui a été préparé d'après les règles prescrites, soit pour l'aspect, le goût ou pour les effets : s'il pèche par un vice de fabrication; il est lourd, plat, dentelé, rempli de baisures, d'une croûte rouge, obscur & coriasse, ayant la mie courte, aigre, collante, composée de petits trous égaux entre eux, d'un blanc livide: si les grains étoient salis ou altérés, non-seulement le pain qu'on en prépareroit avec beaucoup de soins, n'auroit pas d'apparence ; mais son odeur seroit désagréable : il auroit le goût de poussière, de graisse, & presque toujours de l'amertume.

L'expérience prononce tous les jours en faveur du bon pain : l'énumération de ses effets salutaires seroit trop étendue pour oser la décrire ici ; les louanges qu'on lui prodigue de toutes parts le font regarder comme un bienfait accordé à la société : il est le premier de nos alimens, & regardé avec raison comme analogue à nos humeurs. Le goût pour le pain est celui que nous perdons le dernier, & son retour est le signe le plus assuré de la convalescence ; il convient à tout âge, en tout temps & à toutes sortes de tempéramens : il corrige & fait digérer les autres nourritures ; il influe sur nos bonnes ou nos mauvaises digestions ; on peut le manger avec de la viande & les autres comestibles, sans qu'il en change la saveur & l'agrément ; il est même possible d'avoir fait très-mauvaise chère avec un pain mat, serré & aigre, quand les mets seroient exquis, puisqu'il les accompagne depuis le commencement jusqu'à la fin du repas frugal du pauvre, ou du repas somptueux du riche.

Les pains des différentes pâtes dont nous avons décrit la préparation, présentent des nuances qui dépendent du degré de consistance qu'on leur a donnée ; plus le pain sera ferme moins la mie aura d'yeux, plus il sera léger & bien levé, plus aussi il offrira intérieurement de grandes cellules : il seroit cependant possible que le plus excellent blé, moulu suivant la meilleure méthode & préparé d'après les bons procédés de la Boulangerie, eût encore de grands défauts, si la farine étoit employée au sortir des meules : ce phénomène que nous avons déjà rapporté, mais qu'il est inutile d'expliquer ici, suffit de reste pour prouver les avantages qu'il y auroit de s'approvisionner plutôt en farine qu'en blé, puisqu'en s'améliorant à la longue, elle absorbe plus d'eau, donne un pain plus blanc, plus abondant & plus savoureux.

On distingue les pains, ainsi que nous l'avons déjà observé, non-seulement par leur forme, leur volume, leur légèreté & l'espèce de farine qu'on y a employée ; mais encore par l'usage auquel on les destine, par les noms des pays & des auteurs qui leur ont donné la vogue. Il y a des pains longs, ronds, troués, fendus, cornus, à bourelets, à couronne ; des pains à café, à mie, à soupe & à potage ; des pains de Nevers, à la navette, à la Reine & à la

Duchesse; des pains mollets, demi-mollets, de pâte ferme de toutes farines ou de ménage. Enfin, le Boulanger doit faire du pain blanc, bis-blanc & du pain bis; mais tous ces pains que le luxe, la délicatesse & la fantaisie ont encore beaucoup multipliés dans les différens pays, auront une bonne qualité quand, parfaitement cuits, ils absorberont aisément & sans s'émietter, le fluide dans lequel on les trempera, & qu'au lieu de décomposer le bouillon ou de cailler le lait, ils y mitonneront sans les altérer.

Le pain à soupe doit être composé toujours de pâte molle, assaisonnée d'un peu de sel, sans lait ni levure : aplati en le tournant, & enfoncé de toutes parts avec les doigts au moment de le mettre au four pour obtenir un pain qui ait plus de croûte que de mie, extrêmement cuit, & qui donne à la soupe un roux agréable à l'œil & au palais; c'est même ce qui a fait naître l'idée des croûtes à potage, qui ordinairement ne sont autre chose que du pain mollet rassis & chapelé, dont on a séparé la mie, & que l'on a remis un quart-d'heure à la chaleur d'un four doux pour rôtir la surface interne, & qu'il se colore également par-tout. Le pain à potage diffère du pain à soupe en ce qu'il est plus volumineux & qu'il est moins haut en couleur : le pain à mie destiné à panner les viandes, est ordinairement composé des ratissures de la pâte renforcées avec de la farine, exposé à l'air dans un moule étroit, afin qu'il prenne beaucoup d'élévation & peu d'apprêt ; il faut le laisser bien cuire & ressuyer à four doux.

Quoiqu'il existe plusieurs questions sur l'usage & les effets du pain dans l'économie animale ; je ne m'arrêterai que sur une des plus importantes : on est dans l'opinion, que plus le pain est massif, serré, ferme & bis, moins il passe vîte, & mieux il nourrit, parce que l'on prétend qu'il demeure plus long-temps dans l'estomac, & que par conséquent il convient davantage aux hommes adonnés à des travaux & à des exercices journaliers qui ont besoin d'aliment grossier entassé & mat pour exercer fortement & long-temps ce viscère ; mais il paroît qu'on n'a pas fait assez d'attention à la véritable manière d'agir de la nourriture, & qu'on a négligé de faire quelques observations avant d'adopter ce sentiment.

Plus le pain a de volume, mieux il doit sustenter, parce qu'ayant davantage de surface, les sucs de l'estomac peuvent en extraire plus aisément & plus abondamment de quoi former la matière du chyle, il ne suffit pas en outre d'être

nourri,

nourri, il faut encore être lesté ; il faut que les alimens rassasient & remplissent. Or, le pain qui a le plus d'étendue, est celui qui produit le mieux cet effet ; & fabriqué suivant la meilleure méthode, il sera réellement beaucoup plus nourrissant, vu qu'il aura plus de volume : mais il aura encore plus de masse, car l'air & l'eau y entreront en plus grande quantité, & l'on sait que ces deux élémens, combinés avec la nourriture, en augmentent l'intensité. Quatre livres de farine, par exemple, réduites en pâte ferme & traitées d'après des procédés défectueux, peuvent fournir cinq livres & demie de pain, dont l'étendue aura un pied carré : eh bien, la même quantité donnera au moins six livres de pain, qui occuperont le double de volume suivant la bonne méthode. Cette circonstance a singulièrement frappé plusieurs excellens Observateurs, qui m'ont écrit pour me confirmer dans cette idée, je la soumets encore aux lumières de ceux qui, par état, sont plus capables que moi d'en apprécier la solidité.

Pour peu que l'on veuille faire des essais, on verra bientôt au poids, au volume & à l'usage, si ce que nous avançons n'est que vraisemblable. Que l'on interroge d'ailleurs les manœuvres & les jardiniers des environs de Paris, dont le travail pénible & forcé ne sauroit être comparé à celui des habitans des campagnes, on apprendra encore que, quoiqu'ils paroissent avoir beaucoup de pain pour consommer dans leur journée, cette quantité est toujours au-dessous de celle que mangent nos cultivateurs, parce que sous le même poids, il y a moins de farine & plus de volume; ils ont cependant plus que les manœuvres, des légumes & des fruits qui remplissent encore. D'où vient donc cette différence ! de ce que le pain blanc, léger & volumineux du manœuvre rassasie & nourrit plus complètement, tandis que celui des cultivateurs, massif, bis & trop serré, ne se développe pas en totalité dans l'estomac, dont il ne remplit pas suffisamment la capacité. Que l'on ne croie pas qu'en insistant sur le volume du pain que consomme le manœuvre ou le jardinier, je prétende insinuer qu'il faudroit leur donner du pain mollet, dont l'excessive légèreté est autant éloignée du pain de pâte ferme, que ce dernier diffère du pain mal fabriqué du cultivateur. Toutes les parties du grain que la mouture confond & que la bluterie présente à part, sont faites pour aller ensemble, les farines blanches & les farines bises ont des propriétés différentes entre elles ; & de leur mélange, il en résulte un composé qui fournira sans contredit l'aliment le plus salubre & le plus substantiel, dont les citoyens de toutes les classes puissent faire usage avec économie.

Le pain est un objet trop précieux à la santé & trop avantageux parmi les agrémens de la vie, pour dédaigner les moyens simples & peu dispendieux, de le mieux fabriquer ; mais enfin, pour que cet aliment puisse réunir toutes les bonnes qualités qu'on lui connoît, il ne faut pas s'écarter de la méthode que nous avons indiquée concernant sa préparation. Il ne faut pas négliger sur-tout d'employer de l'eau toujours plutôt froide que chaude, des levains jeunes & en grande quantité, un pétrissage vif & léger, une fermentation douce & non interrompue, une cuisson ménagée & parfaite. Il ne faut pas que l'on fasse entrer dans la composition de cet aliment, aucuns supplémens qui, en grossissant la masse, diminuent à la fois son volume, son agrément & sa propriété nutritive. Enfin, pour le manger, il faut attendre qu'il soit entièrement refroidi ; car si on s'en servoit tout chaud au sortir du four, il pourroit occasionner des accidens, & préjudicier à la santé, c'est même dans ce seul état qu'il peut avoir donné des maux d'eſtomac & des indigeſtions. Il y a peu d'exemples avérés, quelle que ſoit la quantité qu'on en ait mangé, qui prouvent clairement qu'il a incommodé ; mais tous les alimens exigent quelques précautions avant d'en faire uſage ; il eſt ſi aiſé de rendre celui-ci toujours bienfaiſant, toujours égal, agréable, ſans qu'il en coûte plus de ſoins, de dépenſes & de temps.

Article IX.
Des différentes eſpèces de Pain uſitées dans le Royaume.

Je terminerois ici mon Ouvrage, ſi le blé étoit le ſeul grain dont on préparât du pain : mais comme l'épeautre, le ſeigle, l'orge, le blé de Turquie, le ſarazin, ſont également réduits ſous cette forme, & qu'ils conſtituent la nourriture principale d'un tiers des habitans du Royaume : je ne ſaurois me diſpenſer de traiter en particulier de chacun des pains qu'on retire de ces grains moulus, pétris, fermentés & cuits. Je pourrois encore m'expoſer à quelques reproches, ſi je n'accordois pas auſſi aux pommes de terre une place dans un Écrit où il s'agit des différens pains que l'on prépare dans le Royaume : celui qu'on a fait de différentes manières avec ces racines, a eu trop de réputation pour ne pas mériter également d'être indiqué ici.

Quels que soient nos soins dans la culture des grains dont nous allons parler, quelque recherches que nous faſſions dans les différens moyens qu'on pourroit employer pour en préparer le meilleur pain; jamais cet aliment ne ſera ni auſſi léger ni auſſi blanc que celui qu'on obtient du froment: le principe auquel ce dernier doit ſa ſupériorité n'exiſte pas dans les autres avec les caractères qui lui appartiennent eſſentiellement, & ſon abſence deviendra toujours un obſtacle à ce qu'on puiſſe en venir à bout: tous les Auteurs qui, depuis *Beccari*, ont cherché ſans préoccupation, la matière glutineuſe ailleurs que dans le froment & l'épeautre, ſont convenus qu'ils n'avoient rencontré abſolument rien qui y reſſemblât.

Toutes les fois que les farineux manquent de ce liant & de cette viſcoſité ſi bien caractériſés dans le froment, ſi eſſentiels à la fermentation de la pâte & à la bonne qualité du pain, qu'ils abſorbent & retiennent peu d'eau dans le pétriſſage, qu'ils s'apprêtent lentement & ſont diſpoſés à perdre un peu de leur conſiſtance; on peut remédier à une partie de ces défauts, en maniant ces farineux & les travaillant long-temps & à force de bras ; en employant de l'eau chaude, beaucoup de levain, un bon apprêt & un four vif : on équivaut par ce moyen à l'effet de ce liant & de cette viscosité, qui fait pour ainsi dire le corps de la pâte qui lève, & la charpente du pain qui cuit.

Le bon blé ayant une surabondance de viscosité, il peut la communiquer aux autres grains qui en ont une dose infiniment moindre, & les aider par-là de ses propriétés : cet auxiliaire qui tourne au profit des farineux inférieurs avec lesquels on l'associe, est toujours aux dépens de l'agent principal qui est le froment, lequel perd d'autant de sa légèreté & de sa blancheur; mais dans un pain déjà mat par lui-même, il paroît ridicule d'y introduire des semences légumineuses & autres végétaux farineux ; tels que l'ers ou l'orobe, la vesce, les haricots, les petites fèves, la châtaigne, le millet, &c. dont les parties entr'elles n'ont aucune adhésion, & qui offrent le contraste du pain : le ridicule est encore bien plus grand, lorsqu'on prétend faire du pain avec ces substances, sans autre addition qu'un levain.

Les grains ont des caractères particuliers qui les distinguent entre eux, & quelques propriétés communes qui les rapprochent; en sorte que mélangés, leurs effets doivent se confondre & ne former qu'un bon tout; c'est ce qui arrive dans l'assortiment des farines de la même espèce; mais les procédés que nous avons exposés concernant la fabrication du pain de froment, doivent être les mêmes que ceux qu'il faut employer pour le pain des farineux qu'on peut réduire sous cette forme : ainsi, quiconque sera bien au fait de la panification du blé, parviendra à faire tous les pains possibles des différens grains ou de leur mélange; il y a seulement des différences à observer dans les manipulations, que l'habitude éclairée & dirigée, ne tarde pas à apprendre.

Le pain qui fait la nourriture principale des Européens, est peu connu des autres Nations : les différentes substances végétales qui tiennent lieu de cet aliment, sont consommées sous la vraie forme qui convient à leurs parties; les uns en bouillie, les autres en galette : il y en a enfin qu'on fait cuire sans les diviser, & dont on se nourrit de cette manière; ce seroit en effet, contre le vœu de la Nature qu'on s'obstineroit à vouloir soumettre les farineux indifféremment à la même préparation; je ne doute pas en même temps, que si elle y eût placé ce principe visqueux du froment, ou au moins l'équivalent, tous les hommes n'euffent été conduits néceffairement à les transformer en pain.

L'avoine, ce grain qui fert peu aux hommes, comme aliment, contient trop d'écorce & de matière extractive pour fournir un bon pain; il eft lourd, gris & fort amer. Il vaut donc mieux imiter les Anglois & quelques autres Nations qui s'en fervent de préférence fous la forme de bouillie, c'eft-à-dire, le dépouiller de fon écorce & le réduire en poudre groffière; c'eft ce qu'on appelle *gruau d'avoine :* le *panis,* le *forgo* & le *millet* qu'on cultivoit davantage autrefois, font dans le même cas que l'avoine; ils ont plus d'écorce que de farine, & le pain qu'on en prépare étant toujours fade, lourd & fec; il eft encore plus avantageux de les accommoder avec de l'eau, du lait, du bouillon, ou bien même d'en faire des gâteaux : le riz, dont une partie du genre humain fe nourrit, ne poffède pas affez de liant & de propriété fermentative pour former de bon pain, il eft mat, infipide; auffi cette graine, dans tous les pays où elle fupplée à cet aliment, eft cuite fimplement dans l'eau à moitié crevée, & relevée quelquefois par l'affaifonnement favori du canton.

Si les farineux font la nourriture principale

de l'homme; ce n'eſt pas toujours dans les grains qu'il a été la chercher, ni ſous la forme de pain & de bouillie qu'il en fait uſage : la châtaigne, par exemple, n'eſt pas convertie en pain dans les contrées même où ce fruit eſt fort commun : les Limoſins, lorſque les grains étoient rares, n'ont jamais penſé à changer leur manière ordinaire de la manger : on a bien introduit ſa farine pour un quart ou pour un tiers dans celle du froment; mais ſi c'eſt-là du pain de châtaigne; quelle eſt la matière végétale alors qui ne mériteroit pas d'être qualifiée ainſi, étant mêlée dans une pareille proportion avec le blé? mais autant ce grain eſt deſtiné pour l'état panaire, autant beaucoup d'autres farineux qu'on veut y ſoumettre, comme la châtaigne, en paroiſſent éloignés.

Le préſent le plus précieux que les Iſles aient reçu de l'Afrique, c'eſt le *magnoc*, qui prend le nom de *caſſave*, dès qu'on a ſéparé de ſa racine la farine qu'elle renferme, & qu'on l'a convertie en galette. Le *ſagou*, cette moëlle farineuſe qu'on retire de l'intérieur du tronc de certains palmiers, eſt employé dans l'Inde comme la caſſave, en petites galettes, & quelquefois auſſi ſous la forme de bouillie. Le *rima* ou le fruit de *l'arbre à pain*, qui fait la nourriture des habitans des Philippines, se mange souvent entier & cuit ; souvent aussi on en prépare des galettes : la substance alimentaire qu'on retire de l'arbre appelé *coton fromager*, qui croît dans toutes les parties de l'Amérique méridionale, n'est pas plus farineuse que le *salep* qu'on obtient des racines d'*orchis* ; c'est un mucilage particulier dans lequel on ne rencontre pas d'amidon : or, sans ce dernier principe, on ne peut faire ni bouillie ni pain.

Quoiqu'il n'y ait pas à balancer entre les avantages de manger les farineux sous la forme de bouillie, & ceux qui résultent de leur préparation en pain, je n'attribuerai pas, comme on l'a fait, à ce dernier aliment d'autres propriétés que celles de nourrir plus ou moins complètement, plus commodément & plus économiquement : on prétend que le pain de froment convient aux mélancoliques, celui d'épeautre aux estomacs foibles, le pain de seigle aux tempéramens sanguins, le pain d'orge aux goutteux, le pain de blé de Turquie aux personnes attaquées de la pierre, le pain de sarazin contre les dévoiemens, enfin le pain de pommes de terre pour adoucir l'acrimonie des humeurs : Il est possible que le premier jour où l'on aura fait usage de ces pains, on se sera aperçu de quelque altération dans l'économie animale, parce que toutes les fois que l'on change de nourriture de quelqu'espèce qu'elle soit, cette économie s'en ressent; mais l'habitude en est bientôt contractée; ainsi le pain dont on continue l'usage, ne conserve que la vertu alimentaire, comme toute espèce de vin conserve la vertu corroborative ou cordiale; on peut seulement établir que le pain sera d'autant plus digestible & substanciel, que les grains qu'on y aura employés feront d'une pesanteur spécifique plus considérable, & qu'il ne sera ni gras, ni pâteux, ni collant.

Mais ne cessons d'attaquer un préjugé qui semble prendre faveur tous les jours : on vante, on propose & on désigne continuellement une foule d'autres végétaux, dont la plupart ne sont pas même mucilagineux & farineux : on les indique comme propres à être convertis en pain, ou à augmenter la masse de cet aliment, sans faire attention qu'on altère & qu'on diminue la bonne qualité de celui qui ne peut & ne doit être réduit que sous cette forme, sans considérer que les substances destinées à notre nourriture perdent une bonne partie de leur vertu alimentaire, dès qu'on les soumet à une préparation pour laquelle elles ne paroissent pas destinées.

Mangeons donc nos noix, nos amandes & presque tous nos fruits sans aucun apprêt; faisons cuire nos racines pour enlever ce qu'elles ont d'acrimonieux & de désagréable, ne convertissons en pain que les substances farineuses, reconnues susceptibles de cette préparation, & si nous nous déterminons à mélanger les pommes de terre avec la farine de quelques grains pour les réduire sous la forme de pain, que ce ne soit que dans les cas particuliers, exposés ci-après : car, non-seulement ces racines, mais encore les châtaignes sont une sorte de pain que la Providence nous présente tout formé; elles n'ont besoin que d'être cuites l'une & l'autre dans l'eau ou sous la cendre, & relevées par quelques grains de sel pour fournir un aliment simple, substanciel & bienfaisant.

Du Pain d'Épeautre.

L'épeautre est une espèce de froment plus cultivée autrefois qu'elle ne l'est aujourd'hui; on en recueille encore en Italie, dans la Suisse, l'Alsace & quelques cantons de la Picardie : ce grain est sec & de couleur rougeâtre; il diffère du blé par sa petitesse & par son adhérence à la balle que l'on ne vient à bout de séparer que par le moyen d'une machine qui donne au grain un mouvement circulaire, fans le déformer, fans l'écrafer.

Si l'épeautre reffemble un peu à l'orge par la manière dont fes épis font difpofés, les parties qui le conftituent font les mêmes que celles du blé, comme lui il a une écorce, une matière muqueufe fucrée, de l'amidon & de la fubftance glutineufe; ce dernier principe y eft même en affez grande abondance, une livre m'en a fourni près de cinq onces dans l'état mou & élaftique.

L'épeautre bien nétoyé, moulu & bluté convenablement, donne une farine auffi belle que celle de gruau du meilleur blé, elle eft d'un blanc jaunâtre, & douce au toucher; aglutinée par le moyen de l'eau, la pâte qui en réfulte eft longue, tenace & exhale à peu-près l'odeur de colle, fi fenfible dans la pâte de froment, & qui décèle toujours la préfence de la matière glutineufe. Cette farine eft un peu revêche, & ne produiroit qu'un pain lourd, fi on n'employoit à fa fabrication de l'eau moins froide & plus de levain que pour celle du blé; il faut beaucoup travailler la pâte, & ajouter au baffinage un peu de fel, ne lui donner que le premier degré d'apprêt & un four moins vif. Le pain d'épeautre, loin d'être fort noir, ainfi que l'assurent quelques Auteurs, est extraordinairement blanc, léger & d'une facile digestion; il seroit à la vérité fade, si on n'y introduisoit un peu de sel; alors il est savoureux & se conserve frais pendant quelques jours sans perdre de son agrément.

Du Pain de Seigle.

Au défaut du blé, s'il falloit choisir parmi les grains de la même famille pour faire du pain, ce seroit sans contredit le seigle qui mériteroit la préférence, non-seulement par rapport à la nature de ses produits en farine, mais relativement à la qualité de l'aliment qu'on en obtient, aussi est-ce celui-ci qui, en Europe, sert le plus communément à la fabrication du pain, & que l'on cultive avec succès dans tous les terreins où la végétation du blé a moins de réussite.

Le seigle est la nourriture principale des habitans des pays froids où il est ordinairement meilleur que dans les climats chauds; mais il s'en faut que le pain qu'on en prépare soit également bien fabriqué; ce qui tient aux mêmes causes que nous avons rapportées à l'égard du pain de froment; moulage peu soigné, levain aigre & en trop petite quantité, eau beaucoup trop chaude, mauvais pétrissage, fermentation négligée, enfin cuisson imparfaite : tels sont les vices de pratique qui rendent la fabrication du pain de seigle défectueuse, qu'il est facile de rectifier en se servant des moyens que nous avons indiqués pour faire, même avec le blé médiocre, un bon pain : il est vrai que le seigle ayant quelques propriétés qui lui sont particulières, les procédés qu'on doit suivre pour sa préparation varieront un peu ; mais les principes sont absolument les mêmes.

On distingue dans le seigle, comme dans le blé, différentes nuances de qualité. Il y a des seigles de première, de seconde & de troisième qualité. On cultive également des seigles d'hiver & de mars : le Meunier en retire plusieurs espèces de farines, & le Boulanger en fait différens pains ; du pain blanc avec la plus belle farine, du pain bis avec les dernières passées, & qu'on peut comparer au pain de froment fabriqué avec les farines dépouillées de la fleur & des gruaux ; enfin un troisième pain moins commun que ce dernier & résultant de toutes les farines, qu'on peut appeler *pain de ménage.*

Le seigle le plus estimé à Paris est celui qui croît dans la Champagne ; on doit le choisir clair, peu alongé, gros, sec & pesant ; les mêmes causes qui altèrent le blé, influent aussi sur le seigle, les mêmes moyens le garantissent ; mais il est extrêmement essentiel, avant de porter le seigle au moulin, qu'il soit encore plus sec que le froment, parce que naturellement plus humide, il engrapperoit les meules, & graisseroit les bluteaux ; mais quand sa récolte s'est faite pendant un beau temps, & qu'on l'a laissé suffisamment se ressuer à la grange, on peut le moudre sans autre précaution : trop nouveau, trop sec ou trop humide, il demande les mêmes soins, parce qu'il produiroit encore davantage d'inconvéniens que le blé dans un pareil état.

La forme du seigle est déjà une raison qui fait que ce grain est plus sonneux que le froment : il a encore l'écorce plus épaisse ; ce qui ajoute à la quantité de son qu'il fournit, & diminue celle de la farine : il faut tenir les meules plus rapprochées pour moudre ce grain, parce qu'il ne s'échauffe pas autant, & que d'ailleurs on ne fait ordinairement qu'un moulage.

La farine de seigle parfaitement moulue & blutée n'a pas l'œil jaune de celle du froment, la matière qui colore cette dernière n'y existe point : elle est douce au toucher, sa couleur est d'un blanc bleuâtre, & exhale une odeur de violette qui caractérise sa bonté : si on en fait
une

une boulette avec de l'eau, la pâte qui en résulte n'est pas longue & tenace comme celle du blé; elle est au contraire courte & grasse, s'attache aux doigts mouillés, & ne se durcit pas aussi promptement à l'air.

Si l'on est obligé d'employer l'eau toujours plus chaude que froide dans la fabrication du pain de seigle, ainsi que dans celle des autres pains, dont nous ferons bientôt mention, & qu'il faille éviter cette pratique pour le pain de froment, c'est que dans ce dernier, indépendamment que la fermentation s'y établit beaucoup plus aisément, il existe encore un principe élastique & glutineux que l'eau chaude détériore; au lieu que dans les autres farineux qui en sont dépourvus, cette eau chaude produit par son action sur la matière extractive & muqueuse, une espèce de viscosité qui supplée en partie à ce défaut.

Pour préparer le levain de seigle, il faut employer la pâte mise en réserve de la dernière fournée, & le délayer dans une fontaine construite avec la cinquième partie de la farine destinée au pétrissage : on rafraîchit ce levain en y ajoutant le double environ de nouvelle farine que l'on renferme pareillement dans une fontaine : ce levain doit être plus av an c équ le levain de tout point compofé de farine de froment.

Le levain parvenu à fon point, il faut fonger au pétriffage, & cette opération dans toutes fes parties doit être conduite fuivant les règles que nous avons prefcrites, excepté pour l'eau qu'il faut employer moins froide, & tenir la pâte plus ferme, afin que la fermentation s'établiffe plus promptement, & qu'il en réfulte un bon apprêt : le fel dont on peut fe paffer pour le pain de froment devient néceffaire dans celui de feigle pour lui donner de la ténacité & de la vifcofité, dont il manque par l'abfence de la matière glutineufe.

Quand la pâte eft faite, on la pèfe, on la tourne & on la met dans des panetons; c'eft fur-tout ici que ces moules font indifpenfables pour contenir cette pâte qui s'étend, & pour favorifer le mouvement de fermentation qui, fans produire autant de gonflement, s'opère cependant prefque auffi vîte, il convient donc de donner à la pâte de feigle moins d'apprêt qu'à celle de froment, de l'expofer à l'air en été, & dans un lieu chaud pendant l'hiver.

Lorfqu'il s'agit de mettre au four, il faut que la chaleur faififfe fur le champ la pâte de feigle, parce que n'ayant pas de glutinofité, elle tend plutôt à s'étaler qu'à gonfler; dès que le pain a pris suffisamment de couleur, il est bon de laisser le four débouché, afin que la cuisson s'achève par degrés, & que le pain se ressuie sans qu'il brûle, il doit demeurer plus long-temps dans le four que le pain de froment, puisque ce dernier durcit en le gardant, tandis que l'autre se ramollit.

Le pain de seigle tient le premier rang après le pain de froment; il a même un avantage que n'a pas ce dernier; c'est qu'il reste frais long-temps sans presque rien perdre de l'agrément qu'il a dans sa nouveauté : avantage précieux pour les habitans de la campagne qui n'ont pas le temps de cuire souvent. Ce pain savoureux porte avec lui un parfum qui plaît à tout le monde, & si jusqu'à présent les préjugés l'ont fait regarder comme lourd, indigeste & propre seulement aux estomacs vigoureux, c'est quand il est dans un état mat, gras & peu cuit; mais bien fabriqué, il se digère très-aisément : on loue avec raison le pain de seigle de la Champagne, où la mouture & la Boulangerie bien dirigées, savent assimiler ses qualités au pain de froment.

Du Pain de Blé méteil.

Sous le nom de *méteil*, on comprend ordinairement un mélange de blé & de seigle, semés & récoltés ensemble : sans examiner ici la question qui partage les Auteurs sur les avantages & les désavantages de cette culture ; je vais seulement, en attendant que le procès soit jugé, m'occuper des moyens d'en préparer un bon pain.

C'est la proportion où se trouvent le blé & le seigle qui change les propriétés du méteil ; ainsi, plus le blé y dominera, plus la farine sera sèche & la pâte longue : il arrivera le contraire lorsque le méteil contiendra davantage de seigle, la farine alors sera d'un blanc mat, & aura une odeur de violette. Les personnes qui font le pain à la maison, mêlent quelquefois par goût, par habitude ou par économie, un peu de seigle dans leur blé, sans avoir recueilli de méteil ; mais ce seroit un défaut d'exposer à la mouture ces deux grains ensemble, il faut les séparer : confondre ensuite leur farine sortant des meules, & ne l'employer qu'au bout d'un certain temps.

On sent bien que la préparation du pain de seigle exigeant un levain plus fort, de l'eau moins froide, un pétrissage moins long, un apprêt moins avancé, une cuisson plus tardive, les procédés de la fabrication du pain de méteil doivent s'en rapprocher ou s'en éloigner, en raison de la quantité de seigle mêlé avec le blé. La pâte formée avec la farine de méteil, n'a jamais la longueur & la viscosité de celle du froment pur, parce que le seigle qui y entre dans des proportions variées, affoiblit & partage cette qualité que le blé possède à un si haut degré; mais plus il y aura de ce dernier dans le méteil, plus il faudra employer de levain, tiédir l'eau, pétrir long-temps la pâte, lui donner plus de consistance, lui laisser moins prendre d'apprêt, chauffer plus le four, enfourner plus tôt & le cuire plus long-temps.

Il est raisonnable de croire que le méteil est d'autant meilleur, que le blé y domine; mais contenant tantôt plus de seigle que de froment, & tantôt plus de ce dernier que du premier, ce mélange doit produire des effets différens dans la mouture, dans les produits des farines & dans les résultats en pain : on peut observer cependant que le méteil des habitans des Villes sera toujours celui qui contiendra un tiers de seigle, sur deux de froment, & dont la mouture retirera seulement deux espèces de farine en parties égales; la farine blanche & la farine bise;

& que le méteil des habitans des campagnes sera composé de parties égales de seigle & de froment, & dont on aura extrait le gros & le petit son.

Le pain de blé méteil tient le milieu entre le pain de froment & celui de seigle; il est bon, savoureux & très-nourrissant ; il participe des deux grains les plus propres à se convertir en pain : mais je me suis assez étendu sur les résultats des grains qui composent le méteil; passons à l'orge.

Du Pain d'Orge.

L'orge est, après le froment & le seigle, le grain dont on fait le plus d'usage sous la forme de pain; mondé de sa première enveloppe, il ressemble pour la couleur & la forme, à peu-près au blé de mars, le meilleur doit être dur, pesant, se cassant difficilement sous la dent, & présentant dans son intérieur une matière farineuse, blanche, compacte & serrée ; ses produits étant absolument différens, ils exigent d'autres procédés dans la mouture & dans la fabrication.

La farine de l'orge est presque toujours défectueuse à cause du son dont le tissu rude & coupant, la rend dure au toucher : la pâte qui en résulte est cassante & plus courte que celle du seigle; d'où il est aisé de conclure qu'elle ne peut fournir un pain bien levé.

Pour tirer le meilleur parti de l'orge, il faut éloigner d'abord la meule courante, afin de concasser seulement le grain & séparer tout le son; l'orge ainsi mondé demande d'être converti en farine comme les gruaux; on en obtient plusieurs farines, qui, mélangées ou employées à part, sont toutes de nature à durcir, étant combinées avec l'eau & mises en boulette. On remarque que cette boulette est encore plus courte que celle de seigle.

Il faut, pour préparer le pain d'orge, employer un levain de chef plus fort, le renouveler au moins deux fois, en observant de tenir la pâte moins ferme, & qu'elle se trouve dans la proportion de la moitié de la farine qu'on a dessein de transformer en pain : parvenue au pétrissage, la pâte doit être bien travaillée, ensuite la bassiner, c'est-à-dire, y répandre de l'eau après qu'elle est faite; cette opération à laquelle nous attribuons un très-grand effet, unit davantage les parties les plus grossières de la farine, donne à la pâte autant de liaison & de viscosité qu'elle est susceptible d'en prendre, facilite l'action du levain, & met la pâte dans le cas de fermenter plus aisément. La pâte d'orge exige un apprêt plus avancé que celle du seigle & du méteil; quant à la cuisson, il faut que le four soit un peu moins chauffé, & que le pain y séjourne plus long-temps.

Le pain d'orge le mieux fabriqué est toujours rougeâtre, à cause de la matière extractive qui y abonde; mais elle est dans un état de combinaison, ce qui fait que ce pain est sec, dur & cassant; sa mie n'est ni flexible, ni spongieuse; à peine conserve-t-il, peu de temps après la cuisson, cette qualité qui appartient à toute espèce de pain frais, celle d'être tendre & humide au sortir du four; quelque parfait qu'il soit, en observant les précautions que nous avons recommandées dans la fabrication, il faut convenir qu'il sera encore bien éloigné pour la bonté, du pain de froment & de seigle, mélangé ou séparément : quand on le peut, il est avantageux d'associer l'orge avec l'un ou l'autre de ces grains, qui lui communiqueront les propriétés dont il est privé, pour produire un pain mieux conditionné ; c'est ce que l'expérience justifie journellement.

Du Pain de Blé de Turquie.

On cultive le blé de Turquie dans quelques-unes de nos Provinces, où on en prépare de la bouillie, des gâteaux & du pain; les peuples de l'Amérique qui en font leur nourriture principale, ignorent l'art de moudre, & par conséquent celui de faire du pain; ils le concaffent feulement dans des mortiers de pierre, & réduifent la farine groffière qui en réfulte fous une forme de galette.

Le maïs, fi improprement appelé *blé de Turquie*, que l'Europe ignoroit avant la découverte du nouveau Monde; peut être regardé avec les pommes de terre apportées prefque en même temps des mêmes contrées, comme une très-grande reffource : ce végétal récompenfe au centuple les foins qu'on donne à fa culture: on porte donc ce grain au moulin où on l'écrafe, & on le blute pour en féparer l'écorce ou le fon, la farine qui en provient eft rude au toucher, jaunâtre & très-favoureufe.

Pour en faire du pain, on commence par faire bouillir une quantité d'eau proportionnée à la farine qu'on a deffein d'employer, dès qu'elle a acquis le degré d'ébullition, on met dans le pétrin toute la farine que l'on deftine à la fournée; on la divife en deux portions, c'eftà-dire, qu'on pratique dans le milieu une rigole dans laquelle on verfe une fuffifante quantité d'eau bouillante, & comme fa chaleur ne permet pas d'y manœuvrer avec la main, on fe fert d'une fpatule de bois, efpèce de pelle avec laquelle on délaye la farine, la remuant fort & long-temps pour en former une pâte dure.

Dès que le degré de chaleur permet de pétrir cette pâte avec les mains, on pratique un trou dans la maffe & on y dépofe le levain, ayant foin de le bien mêler avec la pâte qu'on pétrit de nouveau; après quoi on laiffe la maffe en repos, on la couvre & on la laiffe fermenter: pendant ce temps on a foin de chauffer le four.

Lorfqu'on aperçoit que la pâte eft fuffifamment levée, on la délaye de nouveau avec de l'eau froide en quantité fuffifante pour lui donner la confiftance d'une pâte molle, enfuite on en remplit des terrines garnies de grandes feuilles de châtaigner ou de choux qu'on a fait faner en les approchant du feu.

Les terrines étant remplies à un pouce près, on les met au four; la pâte fe gonfle en cuifant, & déborde quelquefois d'un pouce, ce qui augmente la croûte qu'on laiffe cuire autant qu'il eft néceffaire; en retirant les terrines du feu on les renverfe fur une table, le pain s'en détache ainfi que les feuilles.

Le procédé qui vient d'être décrit, & que

nous avons répété plusieurs fois, est celui dont on se sert dans le Béarn pour préparer le pain de blé de Turquie : il nous a été communiqué par M. Bayen, qui le tenoit de M. Disse ; nous nous sommes empressés de le publier dans nos *Expériences & Réflexions relatives à l'Analyse du Blé & des Farines* ; depuis, il a été consigné de nouveau dans un Mémoire que M. le Payen a présenté à la Société royale de Metz, concernant *les Usages du Maïs ou Blé de Turquie, & principalement sur le moyen d'en faire du Pain fermenté* : l'Auteur observe avec raison qu'il faudroit que la pâte ne fût pas mise à une aussi grande épaisseur dans la terrine.

En réfléchissant sur cette méthode de préparer, en Béarn, le pain de maïs, il est aisé d'apercevoir que l'eau bouillante qu'on y emploie, enlève à l'aide de la chaleur, une matière extractive de ce grain, & la combine de manière à permettre à l'eau d'entrer en grande abondance dans la pâte & de lui procurer avec l'espèce de travail qu'on lui fait subir, le liant si nécessaire à la bonne fermentation, & sans laquelle on ne peut obtenir que de mauvais pain : les terrines font l'office des panetons dans lesquels il faut toujours mettre la pâte, de quelque nature qu'elle soit, afin d'être entretenue dans une douce chaleur

& circonscrite de toutes parts pour s'apprêter plus aisément & plus parfaitement.

Tout levain peut servir à faire le pain de blé de Turquie, pourvu qu'il soit abondant, nouveau & de bonne qualité : on se sert indifféremment du levain de froment ou du blé de Turquie lui-même : ce pain constitue la nourriture la plus commune des habitans de la campagne ; les personnes à leur aise en mangent aussi avec plaisir dans la soupe, où il mitonne fort bien ; il se conserve très-long-temps ; il est d'ailleurs sujet à moisir comme un autre pain trop long-temps gardé.

Du Pain de Sarazin.

Le grain dont il s'agit, n'appartient pas au genre des blés : c'est la semence d'une plante originaire d'Afrique, qui croît volontiers partout ; on avoit voulu autrefois proscrire la culture de cette plante ; mais comme elle vient dans les terreins les plus maigres qui ne rapporteroient pas en blé la semence qu'on y auroit jetée, & que dans quelques cantons on peut la semer après la récolte du seigle & du méteil, c'est un moyen d'avoir deux moissons dans une année, & on ne sauroit trop multiplier les ressources alimentaires pour les temps malheureux.

Le farazin est triangulaire, on doit le choisir sec & pesant : il est composé d'une enveloppe épaisse & noire, tandis que l'intérieur est fort blanc ; ce grain donne en conséquence beaucoup de son & peu de farine, qui est même toujours piquée & d'un blanc gris à cause de l'écorce que les meules y répandent, il seroit même à désirer que le Meunier, accoutumé à moudre le farazin, l'écrasât sans trop découper l'enveloppe, qu'il fît ce qu'on appelle une *mouture ronde*, dans laquelle le son est toujours large, sec & plat.

La pâte de farine de farazin demande presque autant de travail pour être convertie en pain, que celle d'orge : un levain jeune & très-abondant, de l'eau chaude, un pétrissage vif & presque point de bassinage, afin qu'elle acquière cette ténacité & ce liant qui forment le soutien de la pâte en fermentation & la voûte du pain qui cuit ; de poser cette pâte dans des panetons ; exposer ces panetons à la chaleur pour favoriser l'apprêt ; mettre la pâte au four avant d'être à son vrai point ; l'y laisser un peu plus de temps que la pâte d'orge, parce qu'elle est moins sèche & plus difficile à cuire par conséquent ; voilà les seuls moyens d'après lesquels il est permis de se flatter qu'on pourra préparer avec la farine de farazin un pain meilleur qu'il n'est ordinairement, fans néanmoins être encore très-bon; on a beau faire, il ne refte pas frais-longtemps; dès le lendemain de fa cuiffon il fe sèche, fe fend, s'émiette & finit par devenir infupportable : que ce grain foit avantageux aux Cultivateurs, parce qu'il vient aifément partout & mûrit affez vîte pour obtenir dans une année favorable deux récoltes; qu'il foit fain, nourriffant & fort fufceptible de fe digérer : il n'eft pas moins vrai de dire, n'en déplaife à ceux qui le préfèrent au froment, & qui prétendent qu'il eft plus fubftanciel que le pain de feigle, d'orge & de blé de Turquie, qu'il eft le plus miférable de tous les pains après celui dont les Weftphaliens fe nourriffent, fous le nom de *bonpernickel;* peut-être les Bretons & les habitans du Tirol qui font les élogiftes du pain de farazin, ont-ils un procédé pour moudre ce grain fans écrafer en même-temps fon enveloppe; peut-être que celui qui croît dans leurs contrées a plus de qualité que celui fur lequel nous avons fait quelques expériences ; toujours eft-il certain qu'un pareil pain n'eft paffable que dans une circonftance qui ne laifferoit pas la faculté de s'en procurer d'autres, & l'on eft trop heureux alors que les fubftances deftinées à remplacer celles qui nous manquent ne renferment rien de mal fain.

Du Pain de Pommes de terre.

Les pommes de terre confidérées du côté de la nourriture, offrent les plus grandes reffources, elles réuffiffent aux plus robuftes comme aux plus foibles, les perfonnes de tout âge & de tout fexe en font ufage fans éprouver aucune fuite fâcheufe; elles font fufceptibles d'une infinité de préparations, fe déguifent de mille manières différentes, & acquièrent dans les affaifonnemens de quoi fe prêter à toutes nos fantaifies & à tous nos goûts : en un mot, le Cuifinier dont l'art eft aujourd'hui fi recherché & fi important, trouvera dans les pommes de terre, une ample occafion d'exercer fon efprit inventif & alléchant.

Mais ce qui a le droit de nous intéreffer le plus particulièrement, c'eft que le bon Cultivateur qui a l'avantage d'ignorer le luxe & la délicateffe des tables, peut compofer fon repas frugal de pommes de terre cuites dans l'eau ou fous la cendre, puis affaifonnées avec quelques grains de fel, elles deviennent un mets digeftible & fort fain. S'il reftoit encore quelque doute fur la falubrité d'une plante auffi étonnante qu'elle eft productive, il fuffiroit d'examiner & d'interroger ceux qui s'en nourriffent depuis leur naiffance, pour être affuré que les pommes de terre qui fe plaifent dans tous les climats, font un des végétaux les plus précieux à l'humanité.

Il feroit fuperflu de rapporter ici tous les moyens qu'on a tentés jufqu'à préfent pour faire du pain économique de pommes de terre, en employant ces racines fous différentes formes dans des proportions variées & avec plufieurs efpèces de farine. Je me bornerai feulement à donner une feule recette de ce pain; elle pourra fervir de modèle pour tous les pains qu'on fe propoferoit de compofer de cette manière avec d'autres farines que celle du froment.

Prenez la quantité que vous voudrez employer de pommes de terre, faites-les cuire dans l'eau, ôtez-en la peau, & écrafez-les enfuite avec un rouleau de bois, de manière qu'il ne refte aucuns grumeaux, & qu'il en réfulte une pâte unie, tenace & vifqueufe; ajoutez à cette pâte le levain préparé dès la veille, fuivant la méthode déjà expofée, & la totalité de la farine deftinée à entrer dans la pâte, en forte qu'il y ait moitié pulpe de pommes de terre & moitié farine; pétriffez bien le tout avec l'eau néceffaire; quand la pâte fera fuffifamment apprêtée, mettez-là au four, en obfervant qu'il ne foit pas autant chauffé que de coutume, de ne pas fermer auffitôt la porte & de la laiffer cuire plus

long-temps;

long-temps ; sans cette précaution essentielle, la croûte du pain seroit dure & cassante, tandis que l'intérieur auroit trop d'humidité & pas assez de cuisson.

Comme les tentatives que j'ai faites pour convertir les pommes de terre en pain, sans y ajouter de la farine, n'ont eu absolument aucun succès ; il est bon d'en prévenir, afin de ménager le temps & les dépenses de ceux qui voudroient se livrer aux mêmes essais. On ne réussit pas davantage à employer les pommes de terre séchées au four, pulvérisées & mêlées avec leur pulpe ; le pain qu'on en obtient ne vaut absolument rien. Il n'en est pas de même de l'amidon qu'on retire de ces racines & de beaucoup d'autres végétaux, dont on pourroit préparer un bon pain dans le cas où pour subsister, il ne resteroit d'autres ressources que des pommes de terre en abondance. Les intempéries des saisons n'ont-elles pas forcé quelquefois d'avoir recours à des matières dont les effets étoient directement opposés à nos espérances ? Nous éviterons ces accidens dont l'histoire nous offre des exemples effrayans, en ne perdant pas de vue la méthode de préparer du pain de pommes de terre avec de l'amidon retiré de quelque plante que ce soit, suivant la méthode indiquée dans mon Mémoire sur *les Végétaux nourriffans.*

Mais fuppofons que d'une part on eût beaucoup d'orge, de blé de Turquie & de farazin; que de l'autre on fe trouvât privé de la reffource du froment & du feigle; alors ne vaudroit-il pas mieux plutôt d'employer ces grains qui, feuls ou réunis, ne donneront jamais qu'un pain de médiocre qualité, chercher la matière collante & vifqueufe dont ils font privés, dans quelques végétaux communs, tels que les pommes de terre, par exemple, avec lefquels on les mêleroit; c'eft même la circonftance unique & celle que nous venons de rapporter, où il eft futile de réduire ces racines fous la forme de pain, parce qu'ayant le défaut contraire aux grains dont il eft queftion, c'eft-à-dire, que poffédant plus d'amidon que de collant & d'humide, on ne peut abfolument, fans addition de farine, les convertir en un aliment qui reffemble tout-à-fait au pain. On a encore remarqué que ces différentes farines mêlées avec la pomme de terre, acquerroient la faculté de nourrir plus agréablement & plus économiquement; que l'orge perdoit fon âcreté, le blé de Turquie fa sècherefse, & le farazin fon amertume. Cette obfervation que nous devons à M. le Chevalier

Muſtel, le premier Apôtre des pommes de terre en France, & connu par d'excellens Ouvrages, lequel vient de m'envoyer quelques réflexions très-judicieuſes ſur cet objet, je m'empreſſe de les communiquer ſans y rien ajouter.

« L'utilité des pommes de terre eſt généralement reconnue à préſent ; mais il n'en eſt pas de même de la mixtion que j'ai propoſée avec différentes farines pour en faire du pain ; de tous ceux qui ont goûté de ce pain, perſonne n'a pu diſconvenir qu'il ne fût très-bon ; mais on a fait pluſieurs objections à ce ſujet, qu'il s'agit ici d'examiner & de détruire.

1.° L'opération, dit-on, de peler les pommes de terre eſt très-longue, & prend un temps dont la perte fait évanouir l'économie qu'on y peut trouver.

2.° Il eſt vrai que l'on peut gagner par la mixtion des pommes de terre près de moitié du poids en pain ; mais ce pain eſt plus appétiſſant, moins nourriſſant, & l'on en mange bien plus que du pain de pure farine.

3.° On mange bien les pommes de terre telles qu'elles ſont, pourquoi s'embarraſſer d'en faire du pain ?

Voilà les objections que l'on a faites contre le pain de pommes de terre ; ſont-elles fondées ? »

» font-elles juftes ? C'eft ce que nous allons
» examiner.

» 1.° Je conviens que l'opération de peler les
» pommes de terre eft fort longue, & qu'elle ne
» peut fe faire qu'avec perte de beaucoup de
» temps, & même de matière ; mais l'expérience
» m'a appris qu'heureufement elle n'eft point né-
» ceffaire, lorfque les pommes de terre font bien
» lavées avant de les mettre dans la chaudière où
» on les fait cuire & où elles achèvent de fe pu-
» rifier; il n'eft queftion que de les écrafer avec
» un pilon dans un baquet ou dans l'auge à pétrir;
» elles s'y réduifent en peu de temps & facile-
» ment, fur-tout quand elles font encore chaudes,
» & en pétriffant bien cette pâte avec une mixtion
» de farine & la quantité néceffaire d'eau & de
» levain, cette pâte fermente, & donne un très-
» bon pain, où il ne paroît aucun veftige de la
» peau des pommes de terre, qui n'eft qu'une
» épiderme très-fine qui fe diffipe en pétriffant :
» c'eft un fait dont l'expérience ne laiffe point dou-
» ter; ainfi, voilà la principale & la plus grande
» objection diffipée ; on broye en peu de temps
» une affez grande quantité de pommes de terre
» par le procédé fimple que je viens d'expliquer;
» mais fi on vouloit en préparer une très-grande
» quantité, je vais parler d'une machine au

moyen de laquelle un homme seul en réduiroit «
en pâte cent boisseaux avec peu de peine & en «
peu de temps. «

2.° On mange de ce pain beaucoup plus que «
du pain ordinaire ; j'ai reconnu effectivement «
que si on en mange après un ou deux jours «
de cuisson, il s'en consomme davantage, parce «
qu'outre un goût de noisette & de fraîcheur «
qu'on y trouve, il paroît être d'une digestion «
plus facile; mais si on attend pour en manger «
qu'il ait trois semaines ou un mois de cuisson, il «
est alors beaucoup plus nourrissant, & on en «
mange moins. On sera sans doute surpris, à en «
juger par le pain ordinaire, que je parle de man- «
ger le pain de pommes de terre après un mois de «
cuisson; mais c'est qu'il faut savoir qu'après un «
mois il est aussi frais & aussi tendre que l'est «
le pain ordinaire après trois ou quatre jours de «
cuisson; il est très-long-temps à durcir, & il est «
pour ainsi-dire incorruptible; j'en ai conservé «
un pain pendant deux ans qui n'avoit pas donné «
la moindre marque de corruption ni de moisis- «
sure, il étoit moins dur & plus mangeable que «
le pain desséché, connu sous le nom de *biscuit* ; «
je présentai de ce pain de deux ans à la Société «
d'Agriculture de Rouen; on sentit d'abord l'a- «
vantage qu'il y auroit à en faire usage pour les «

» Troupes de terre, & fur-tout pour celles de
» mer. Mais on m'objecta que ce pain qui s'étoit
» si bien conservé sur terre, ne se conserveroit
» peut-être pas de même sur mer.

» Pour en faire l'expérience, je donnai deux
» pains de pommes de terre nouvellement cuits
» à M. d'Ambournai, Secrétaire de la Société &
» Négociant, qui s'offrit de les remettre à un
» Capitaine de navire qui alloit faire voile pour
» l'Espagne; il les lui remit cachetés, en lui re-
» commandant d'en laisser un en plein air, & de
» mettre l'autre à l'abri dans sa chambre, en le
» priant d'observer le jour que l'un & l'autre
» commenceroient à se corrompre. Le Capitaine
» revint d'Espagne, & même d'une autre traver-
» sée dix mois après, & rapporta les deux pains,
» l'un & l'autre fort sains, & chacun fut curieux
» de manger ce jour-là à la Bourse du pain de
» dix mois, qui avoit voyagé en Espagne : ce fait
» bien assuré est consigné dans les regiftres de la
» Société d'Agriculture de Rouen. On ne peut
» plus douter de l'utilité & des avantages de ce
» pain, sur-tout pour la Marine, d'autant plus que
» la pomme de terre est reconnue pour un excel-
» lent anti-scorbutique, & qu'elle est bien capa-
» ble de détruire l'effet des viandes salées.

» 3.° La troisième objection tombe d'elle-

même, si l'utilité du pain des pommes de terre «
est démontrée, non-seulement par l'économie «
que l'on y trouve, mais par les avantages de sa «
longue conservation. J'avoue qu'il seroit moins «
utile dans les pays, comme en Irlande, où les «
hommes accoutumés à ne manger que des «
pommes de terre, se passent entièrement de «
pain ; mais en seroit-il de même en France ? «

Si on ajoute à deux tiers de farine de froment «
un tiers de pâte de pommes de terre, non- «
seulement la quantité du pain sera augmentée ; «
mais la qualité en sera meilleure, il sera plus «
blanc & plus délicat, & l'on ne s'apercevra «
de cette mixtion que par un goût de noisette «
qui lui donne plus de saveur. «

Si on ajoute à moitié de farine d'orge ou autre «
grain grossier, moitié de pâte de pommes de «
terre, le pain en sera moins noir, moins rude & «
plus sain, & l'âcreté de ces sortes de farines, se «
trouve presque entièrement dissipée par cette «
mixtion ; avantage bien sensible pour le plus «
grand nombre des pauvres, & même des can- «
tons entiers qui ne consomment que ces sortes «
de grains qui sont au plus bas prix. Je ne parle «
point d'une quatrième objection qui n'a pas été «
la moins forte dans l'esprit de plusieurs, & «
qui a arrêté un Ministre auquel j'avois rendu «

» compte de mes expériences ; c'eſt dit-on, que
» cette mixtion économique pourroit faire dimi-
» nuer le prix du blé : je laiſſe aux ſpéculateurs
» juſtement éclairés ſur les vrais intérêts de l'État,
» à décider ſi l'on doit appréhender cela, & aux
» ames ſenſibles à prononcer ſi ce feroit un mal.
» Pour moi, perſuadé que la meſure de la ſubſiſ-
» tance eſt toujours celle de la population, vrai
» bien, vraie richeſſe de l'État, je ne peux penſer
» qu'on doive appréhender d'en voir étendre les
» moyens.

» La machine que j'ai annoncée pour broyer
» en peu de temps & très-facilement une grande
» quantité de pommes de terre, eſt très-ſimple :
» deux cylindres de bois d'environ un pied de
» diamètre & de deux à trois pieds de long, poſés
» horizontalement & parallèlement, compoſent
» toute la machine : on adapte une manivelle à
» l'extrémité de l'axe d'un des deux cylindres,
» un homme en tournant cette manivelle fait tour-
» ner le cylindre à laquelle elle eſt adaptée, & le
» frottement qui réſulte de ſa rotation fait tourner
» l'autre cylindre, mais dans un ſens oppoſé ;
» c'eſt le même jeu des cylindres pour les ca-
» lendres & pour les laminoirs de plomb.

» Une eſpèce de coffre en forme de trémie de
» moulin, mais plus alongé eſt ſuſpendue au-

dessus & entre les deux cylindres ; c'est dans «
cette espèce de trémie qu'on met les pommes «
de terre cuites, & qui tombent entre les deux «
cylindres à mesure que le broiement se fait, «
un récipient posé dessous & que l'on a soin de «
vider de temps en temps, reçoit la pâte qui «
tombe continuellement en lames très-fines ; car «
il faut que ces cylindres soient posés de manière «
qu'il ne reste au plus qu'une demi-ligne d'es- «
pace entre les points de contacts : un dessin «
de cette machine la rendroit encore mieux «
qu'une explication toujours vague ; mais pour «
peu que l'on connoisse le jeu des cylindres, «
on sera en état de l'entendre & de l'exécuter. »

CHAPITRE VI.

De quelques considérations relatives au Commerce du Pain.

ARTICLE PREMIER.

De l'Économie que le particulier trouveroit d'acheter son Pain, au lieu de le fabriquer.

LE pain le mieux fabriqué & le plus économique n'est assurément pas celui que font les particuliers chez eux; outre les embarras & les soins attachés à sa préparation, ils trouveront toujours chez les Boulangers intelligens l'avantage d'obtenir cet aliment plus parfait & avec moins de frais que la ménagère la plus zélée, qui ne retire pour l'ordinaire du plus excellent blé qu'un pain médiocre & coûteux.

L'homme qui fait sa principale occupation d'un objet qu'il a étudié & examiné sous ses différens points de vue, qu'il traite en grand & avec l'intérêt de la perfection, non-seulement le connoît mieux, mais il épargne encore sur les frais : c'est une vérité reconnue & démontrée dans nos ateliers, où l'on apprend à chaque instant que le succès d'une expérience dépend moins du procédé que d'une manipulation, acquise par l'habitude exercée, & des grosses masses sur lesquelles on opère.

Supposons que dans une petite Ville composée de trois mille habitans, il s'en trouvera cent qui donnent à moudre, il ne faut pas croire que le Meunier levera chaque fois les meules pour rendre juste tout ce que le blé aura fourni en farine & en son, parce que cette manœuvre occasionneroit de la peine & du retard. Il donnera ces deux produits au hasard en faisant contribuer l'un pour augmenter l'autre, en sorte qu'indépendamment des fraudes auxquelles pourra donner lieu l'ignorance aveugle des particuliers par rapport aux moutures ; ceux-ci seront encore exposés à n'avoir du meilleur grain que des résultats médiocres & défectueux.

On ne peut douter d'après cette observation, qu'il y auroit toujours du bénéfice à vendre son blé pour acheter de la farine à la place, parce que quand on fait moudre, on ne s'attache pas à connoître d'une manière positive la nature & la quantité des produits qu'on reçoit, on n'en a pas même le pouvoir : sans cesse à la discrétion du Meunier qui travaille mal lorſqu'il n'eſt pas ſurveillé & même dirigé par un connoiſſeur, on ne ſait jamais le prix auquel revient le pain. Sans compter qu'on ne perdroit plus de temps à attendre ſon tour au moulin, qu'on ſeroit à l'abri des inquiétudes & des peines, de ſoigner les moutures, d'éviter l'attirail des bluteaux, les gênes continuelles de vider & de remplir les ſacs, tous embarras qui occupent & partagent le temps en pure perte, & qui font l'occupation principale du Boulanger, ne conviendroit-il donc pas mieux encore pour l'économie, acheter du pain plutôt que de la farine ?

La converſion de la farine en pain, abandonnée à des mains ignorantes & mal adroites, ne procurera pas au particulier un profit plus conſidérable que le changement des blés en farine : on emploie chez ſoi préciſément tous les moyens contraires aux vrais principes de la Boulangerie ; il faut du bois énormément pour chauffer le four qui s'eſt refroidi pendant huit jours d'intervalle qu'il y a ſouvent d'une fournée à l'autre : ce four n'eſt jamais conforme aux loix de la conſtruction ; il ferme preſque toujours mal, ce qui augmente encore la conſommation de l'aliment du feu dont on ne ſait pas diriger l'effet.

Le point de chauffage du four étant souvent l'écueil du Boulanger instruit qui y travaille journellement, comment le particulier peut-il se flatter de ne pas le manquer souvent, lui qui ne s'en sert qu'une fois ou deux au plus la semaine, & qui n'a qu'une routine aveugle pour guide ? aussi n'obtient-il, la plupart du temps, qu'une cuisson imparfaite, tantôt le pain est brûlé, tantôt il n'est pas suffisamment cuit, & tout en mangeant du mauvais pain, il se console encore, persuadé qu'il lui revient à beaucoup meilleur marché que celui du Boulanger.

Si le particulier est fatigué des embarras & des détails que demande la cuisson, ou bien que l'expérience lui ait appris que le chauffage d'un four refroidi, mal construit, dans lequel on ne sait arranger ni le bois ni le pain, consomme beaucoup trop de bois; que cependant il n'ait pas encore renoncé à l'habitude de préparer la pâte chez lui, du moins reste-t-il dans l'opinion qu'en l'envoyant cuire chez le Boulanger, il économise; mais un pareil usage entraîne encore dans de plus grands inconvéniens que ceux qu'il prétend éviter.

La conduite des levains, les opérations du pétrissage & le gouvernement de la fermentation, étant déjà difficiles pour le Boulanger qui suit les mouvemens progressifs que sa pâte éprouve dans une même atmosphère ; comment chaque particulier, opérant sur des farines, tantôt sèches, tantôt humides, provenant de blés nouveaux ou vieux ; faisant sa pâte ferme ou molle, à l'eau bouillante ou tiède, avec un levain jeune ou fort, en grande ou en petite quantité ; de quelle manière, dis-je, chaque particulier pourra-t-il espérer que de tant d'espèces de pâtes différemment composées & pétries, ballotées en chemin, arrivées trop tôt ou trop tard chez le Boulanger, & enfournées à la fois, sans considération pour leur degré d'apprêt, il puisse obtenir autre chose qu'un pain plat, gris & aigre, ou bien lourd, massif & pâteux ! En outre, comment pourra-t-il juger qu'il a le pain de sa pâte, puisque le Meunier a pu changer la farine de son blé ? Qui lui assurera encore, que le Boulanger ne lui en a pas dérobé un morceau, puisqu'il lui est impossible d'estimer le déchet des moutures & de cuisson !

Il seroit donc infiniment plus avantageux aux particuliers d'acheter leur pain que de le fabriquer eux-mêmes ; le Meunier, moins obligé d'interrompre les moutures, perdroit moins de temps, il feroit pour un seul homme qui fabrique pour trois ou quatre cents, ce qu'il feroit pour eux en détail, il moudroit mieux, plus fidèlement, & à moins de frais; le bois, ce combustible devenu si rare dans certains endroits, se trouveroit singulièrement ménagé, en ne chauffant qu'un four, au lieu de cent; on courroit moins de risques pour les incendies, & le Boulanger plus occupé, seroit à portée de travailler encore mieux, & en éprouvant une diminution dans les frais de mouture & de cuisson, celle du prix du pain en deviendroit une conséquence nécessaire.

Au reste, je soumets très-volontiers mes réflexions à l'examen & aux lumières de ceux qui sont dans l'habitude de boulanger chez eux; je les prie seulement de calculer exactement, sans préjugés, si en balançant d'une part le prix du blé avec celui des moutures, & de l'autre les frais de fabrication avec les produits en pain, il ne sera pas préférable d'avoir cet aliment constamment égal & bon, plutôt que de le faire préparer sous ses yeux, & de ne pouvoir malgré les soins, les peines, les sollicitudes & l'emploi du temps, obtenir un pain entièrement parfait, souvent aigre & pâteux, rarement volumineux & léger, presque toujours mat & gris.

Dans la plupart des grandes villes, les particuliers ne font plus leur pain chez eux; on voit même dans les bourgs les habitans qui recueillent les grains, préférer de les vendre, quand ils le peuvent, plutôt que de les convertir eux-mêmes en aliment: l'économie qui leur a fait abandonner cet ufage, n'a jamais ramené fur leurs pas ceux que l'expérience a éclairés, en leur démontrant que le bénéfice que l'on fait fur la vente du pain néceffaire à la confommation d'une famille pendant quelques jours, ne dédommage jamais des frais de fabrication que l'on entreprend dans la vue d'économifer, indépendamment qu'on eft mieux nourri & plus agréablement.

On n'objectera pas fans doute, que s'il n'y avoit que des Boulangers, ils feroient payer à leur gré l'aliment qu'ils préparent: ce commerce fera toujours fous la fauvegarde des loix, & le Magiftrat, inftruit par les effais, des produits que le blé donne en farine & en pain, veillera toujours à ce que cette dernière denrée foit de bonne qualité, & toujours en proportion avec le prix du grain.

ARTICLE II.

Des Effais.

POURQUOI dans les temps même d'abondance a-t-on vu quelquefois s'élever des murmures de la part du peuple & du Boulanger,

par

par rapport au prix du pain ! C'est que les essais qui servoient de base à la taxe, étant mal faits, ou trop anciens ; tantôt inférieurs aux produits du blé, & tantôt exagérés, il en résultoit souvent que le peuple en certains endroits, se plaignoit avec raison de payer son pain trop cher ; & qu'ailleurs le Boulanger refusoit de le fabriquer, pour se soustraire à sa ruine : cependant, convenons, à l'honneur des Magistrats chargés de veiller à la subsistance première, qu'ils ont employé toutes les précautions possibles pour donner à ces essais la plus sérieuse attention & la plus grande authenticité ; il est malheureux seulement, que leurs vues de patriotisme & d'humanité n'aient pas toujours été secondées.

Lorsqu'on a procédé aux essais, il semble que la plupart des personnes chargées de les faire, ont voulu ignorer que le blé étoit composé d'écorce & de farine, qui chacun avoit un poids & un volume déterminés par la qualité du grain ; il semble qu'elles avoient l'espoir d'assimiler tellement ces deux principes l'un à l'autre, que la totalité du grain alloit être changée en farine, & que pour y parvenir il suffisoit de donner au son une très-grande finesse : mais n'oublions donc point le véritable but de la mouture, suivons sa marche progressive depuis l'instant

P p

où elle a été imaginée jufqu'à l'état de perfection qu'elle a atteint aujourd'hui, nous verrons que le Meunier intelligent qui fait fon état & fon commerce de farine, qui a par conféquent le plus grand intérêt à n'en pas perdre un atome, confent cependant à ne retirer du meilleur blé moulu par la mouture la plus parfaite, que les trois quarts en farine & le reftant en fon, à quelques livres plus ou moins ; ainfi lorfqu'on n'a pas obtenu foixante & quinze livres de farine par quintal de blé, ou que cette quantité a dépaffé de beaucoup, c'eft que la mouture étoit défectueufe, que les meules fe trouvoient trop hautes ou trop rapprochées, & qu'il y avoit de la farine dans le fon ou du fon dans la farine.

En préfentant le tableau du produit qu'on retire d'un fetier de blé, mefure de Paris, pefant deux cents quarante livres, & moulu par la mouture économique, nous avons fait mention de cinq efpèces de farine & de trois fortes de fon, qu'on diftinguoit par des noms différens. Nous allons reprendre ici les produits en farine pour parler de ceux qu'ils fourniffent étant convertis en pain; mais pour fimplifier ces détails fans s'écarter de la vérité, nous les réduirons à deux claffes ; favoir, la farine blanche & la farine bife, l'une compofée des trois premières farines, qui donnent ensemble cent soixante livres, & l'autre des deux dernières pesant vingt livres; d'où il résulte en tout cent quatre-vingts livres quand le blé est de bonne qualité, & qu'on a affaire à un Meunier adroit & honnête homme.

TABLEAU des produits en pain des cent quatre-vingts livres de farine résultantes d'un setier de blé du poids de deux cents quarante livres, moulu par la mouture économique;

SAVOIR,

Des 160 livres de farine blanche en pain de pâte ferme, du poids de 4 livres............ 204^l } 229^l $\frac{1}{2}$.
Des 20 livres de farine bise.... 25 $\frac{1}{2}$.

Des 160 livres de farine blanche en pain de pâte molle, du poids de 4 livres............ 208^l } 234^l.
Des 20 livres de farine bise.... 26.

Des 160 livres de farine blanche de la même pâte, en pain d'une livre............. 190^l } 213^l $\frac{3}{4}$.
Des 20 livres de farine bise.... 23 $\frac{3}{4}$.

Des 160 livres de farine blanche, en pain de demi-livre....... 180^l } 202^l.
Des 20 livres de farine bise.... 22.

Les produits de la farine en pain, varient donc comme on voit à raison de leur volume & de leur espèce ; plus le pain sera divisé & offrira de surfaces, moins il rendra à cause du déchet considérable qu'il éprouve pendant la cuisson ; ainsi le gros pain rond augmentera en proportion que le pain long & peu volumineux diminuera en produits.

Ce tableau des produits du blé en pain, suffira pour guider ceux qui, dans les essais, se serviroient pour objet de comparaison de la mesure & du poids du setier de Paris ; mais quelquefois c'est sur un quintal qu'on opère, & souvent sur la farine elle-même, en choisissant le sac réglé dans le commerce de la Capitale à trois cents vingt livres net : dans le premier cas, on prendra les cinq onzièmes de la farine qui résulte du setier de blé & de leurs produits en pain : dans le second cas, au contraire, les cent soixante livres de farine blanche qu'on obtient d'un setier de blé, faisant précisément la moitié du sac de trois cents vingt livres, il ne s'agira plus que de doubler le produit en pain que nous venons de rapporter.

Je suppose que le blé qui a fourni les produits que je viens d'exposer, étoit fort sec ; que la farine a été parfaitement moulue & convertie en pain par les meilleurs procédés ; mais s'il est démontré que le même Meunier, quelque soin qu'il se donne, ne peut obtenir constamment la même quantité de farine d'une même espèce de grain, les variétés seront encore bien plus considérables lorsqu'il y aura défectuosité, maladresse & infidélité : que de soins ne doit-on pas apporter dans les essais ! combien ne faut-il pas être circonspect, lorsqu'il est question de prononcer sur la tranquillité & la fortune d'une classe de Citoyens, dédaignée parce qu'elle est une des plus utiles !

Il y a une grande différence entre ce qui se passe quand on fait des essais & le travail habituel du Boulanger : dans les essais, je vois d'abord le moulin surveillé de toutes parts par des hommes intègres, qui suivent des yeux le grain depuis l'instant que transporté chez le Meunier, cacheté & numéroté, il est mis dans la trémie : je vois la farine tombant dans la huche, environnée encore de témoins qui ne la perdent pas de vue que la dernière pincée ne soit ramassée : je vois qu'on ne rompt le cachet du sac qui la renferme que quand il s'agit de la vider dans le pétrin pour la convertir en pâte, qu'on ne la quitte plus qu'elle n'ait été pesée, tournée, comptée, mise sur couche & au four : enfin, je vois les pains pesés & comptés de nouveau quand ils sont refroidis ; c'est d'après toutes ces précautions que font dreffés les procès-verbaux qui conftatent les effais.

Mais le Boulanger envoie fon blé au moulin, fans le cacheter; le voilà livré au talent & à la difcrétion du Meunier qui moud à fa guife fans être infpecté; la même économie préfide-t-elle aux opérations de fa fabrique? & quand elle y préfideroit, jamais le Boulanger ne pourra obtenir des réfultats abfolument femblables, parce que dans les effais bien faits on ne perd pas un grain, pas une pincée de farine, pas une parcelle de pâte; la crainte & l'honneur follicitent à la fois le Meunier pour remplir le véritable but de fon Art; les mêmes motifs peuvent-ils l'animer en faveur des Boulangers?

Les vices de conftruction de moulins, les diverfes méthodes de moudre, la qualité des grains fur lefquels on opéroit, ont donné lieu à des méprifes groffières dans les effais; d'où il eft réfulté un prix exceffif qui préjudicioit au peuple fans enrichir le Boulanger. On a vu dans quelques villes des environs de Paris le pain à quatre fous la livre, & le fetier de blé à vingt-quatre liv. ce qui, fuivant le prix ordinaire, auroit pu établir le pain à trois fous, ne devoit-on pas en conclure que le Boulanger faifoit un gain confidérable? mais le contraire étoit prouvé dans quelques autres villes également voisines de Paris, où le pain qui étoit plus beau ne valoit que trois sous, sans que le blé fût plus cher, & que le Boulanger perdît sur son travail.

Ainsi toutes les fois que le prix du pain ne sera plus en relation avec celui du blé, & qu'on aura la preuve que le Boulanger n'a que le bénéfice ordinaire, on pourra attribuer cette circonstance au mauvais moulage; puisque tel Meunier peut laisser beaucoup de farine dans le son, tandis que tel autre divisera cette écorce sous les meules au point de la mettre en état de passer à travers les bluteaux, & de se confondre avec elle; d'où s'ensuivra nécessairement que dans la même mesure du même grain, il se trouvera un quart de différence en plus ou en moins, sans que le produit soit de meilleure qualité.

Les Auteurs qui ont cherché à établir que le prix du pain pouvoit toujours être égal à la livre de blé, ont entrevu dans cette circonstance la facilité de la taxe & la satisfaction de pouvoir augmenter la somme des produits dans un temps de cherté, en desirant qu'on pût retirer une livre de pain d'une livre de blé : ce n'est pas que la chose soit physiquement impossible; mais pour y parvenir il faut s'écarter de la méthode du Commerçant en farine & du Boulanger, l'un & l'autre pour faire de belles marchandises se bornent au produit dont nous avons parlé; mais pour obtenir du blé livre par livre de pain, il faut rapprocher les meules pour en retirer une plus grande quantité de farine, comme cent quatre-vingt-quinze livres à deux cents, d'un setier pesant deux cents quarante livres au lieu de cent quatre-vingts. Il est nécessaire ensuite de faire des pains au moins de douze livres, ce n'est donc qu'à l'aide de ces deux moyens imaginés par le desir bien louable de soulager le peuple, qu'on pourra espérer d'obtenir la livre de pain pour la livre de blé.

Qui auroit cru que ce produit si considérable en farine, que l'art du Meunier bien dirigé, est parvenu à retirer du grain, n'eût pas satisfait! que la possibilité même d'avoir livre pour livre laisseroit encore des doutes, & feroit employer d'autres ressources pour aller au-delà, sans considérer la perfection qu'on devroit toujours avoir en vue, puisqu'elle influe sur l'effet nourrissant de l'aliment! On a fait dans les années dernières des essais à Dijon sur plusieurs quintaux de blé convertis en farine par la mouture économique; mais dans l'idée sans doute, que du son épuisé & réduit à l'état d'écorce, pourroit se rapprocher de la nature de la farine, on l'a reporté sous les meules pour le convertir en poudre fine qui, bluté, n'a laissé que deux livres de résidu; d'où il est résulté une farine semblable, à la finesse près, à la farine en rame; le pain qu'on en a préparé ensuite excédoit le poids du blé de trente-une livres quatorze onces par quintal; mais la qualité de ce pain a forcé l'auteur de ces essais, d'avouer qu'il ne valoit rien: en procédant ainsi, rien sans doute n'est plus aisé d'obtenir ces grands résultats qui étonnent: un apprentif Meunier & le dernier garçon Boulanger en feront toujours autant.

On est bien embarrassé lorsqu'il s'agit d'établir quelque chose de positif à l'égard du produit du blé en farine & de la farine en pain; la grande difficulté vient toujours de la qualité variée des grains, de l'inégalité des mesures & des poids, de la construction des moulins; enfin, des personnes auxquelles on confie les essais: la première incertitude est dûe au mauvais moulage, & la seconde aux Boulangers qui, faisant des pâtes trop molles ou trop fermes, des pains trop gros ou trop petits, les cuisant peu ou les desséchant, occasionnent des variétés infinies dans les déchets, & par conséquent dans les produits.

On observera peut-être que nous aurions dû ajoûter au tableau des produits de la farine en pains, les frais de mouture & de fabrication pour fixer le prix du pain, relativement à celui du blé ; mais ces frais varient sans cesse, puisque dans un endroit la mouture est payée en argent, & dans l'autre en grain ; qu'ils varient encore par l'éloignement où l'on se trouve des moulins ; que les frais de fabrication ne peuvent pas être plus déterminés, parce que les loyers & le prix du chauffage ne sont pas par-tout les mêmes ; ce sont ces raisons, & beaucoup d'autres qui m'ont démontré l'inutilité des calculs qu'on a présentés à ce sujet, & qui ont donné lieu à des taxes désavantageuses au Public ou aux Boulangers, ce qui m'a fait préférer de proposer plutôt des doutes que ces conjectures vagues d'estimation que l'on a donné pour des certitudes.

Qu'on se persuade donc bien que les essais destinés à servir de base à la taxe du pain, ne peuvent pas être proposés dans tous les pays & dans toutes les années, comme des témoignages assurés qui constatent les résultats qu'on peut toujours obtenir, puisque les produits en pain varient suivant la qualité du grain, la manière de moudre & de le fabriquer ; qu'il faut répéter ces essais chaque année & dans chaque endroit, en y appelant les Meuniers & les Boulangers du lieu les plus experts, afin de bien examiner les produits à part, & de ne point attribuer à la perfection de l'Art, ce qui eft l'effet des moutures trop rondes ou trop baffes; que loin d'exiger au-delà des produits que les meilleurs moulins retirent du blé, il fembleroit de la juftice la plus rigoureufe, qu'on diminuât quelque chofe du produit de la farine & du pain ; les Boulangers ayant toujours démontré qu'il leur étoit impoffible d'atteindre tout-à-fait aux quantités déterminées par les effais, & qu'on ne doit pas croire qu'ils puiffent, dans quelques endroits, fe dédommager des déchets & des pertes auxquels il eft fujet au moulin, par le *bon de mefure* qu'ils obtiennent fur une certaine quantité de blé, parce que, malgré leur attention, prefque toujours le Meunier en profite; heureux encore quand cet excédant affouvit fa cupidité, & qu'il ne fait pas fon pain aux dépens de la farine du Boulanger !

ARTICLE III.

De la Taxe du Pain.

NOUS venons de faire voir combien il étoit important que le commerce de la Boulangerie fût éclairé & furveillé, puifque la matière qui en eft l'objet, intéreffe directement la vie des Citoyens & la tranquillité publique. Il eft donc bien effentiel qu'on ne foit pas encore trompé dans le prix du pain. Cette denrée de première néceffité, étant fouvent l'unique nourriture que le peuple puiffe fe procurer; la plus légère variété à cet égard, fuffiroit pour troubler fon bonheur, faire naître des inquiétudes, occafionner des alarmes & des défordres qu'il convient d'arrêter à leur fource.

Les Magiftrats à qui les détails de la police du pain font confiés, favent très-bien, que pour chercher à foulager la fituation des malheureux, il ne faut pas écrafer le Fabriquant, & que leur miniftère, dans une pareille circonftance, doit fe borner fimplement à concilier les intérêts des uns & des autres. Tous les hommes ont un droit égal à la juftice qui les guide : fans doute, rien n'eft plus naturel ni plus louable, que de procurer tous les avantages poffibles au peuple & de diminuer fa mifère; mais chacun dans fon commerce doit retirer au moins le fruit légitime qui doit en être la récompenfe.

On n'eft pas dans l'ufage de taxer le pain à Paris, ainfi que dans beaucoup de villes du Royaume, parce que là où il fe trouve un très-grand nombre de Boulangers réunis, la concurrence met nécessairement dans tous les temps, le prix du pain à sa juste valeur, & toujours en proportion de celui du blé & de la farine. Le Boulanger qui, dans ses achats, vient d'éprouver une diminution, baisse aussitôt le prix de son pain, afin de se faire de nouvelles pratiques en conservant les siennes; son voisin surveillant & actif l'y forceroit bien s'il différoit de prendre ce parti; c'est au moins ce que l'expérience journalière apprend dans les marchés qui se succèdent; dès que l'augmentation arrive, les mêmes motifs opèrent encore un semblable effet, c'est-à-dire, qu'on n'ose pas changer le prix aussitôt le renchérissement des grains; aussi remarque-t-on avec satisfaction que le prix du pain y est toujours dans une relation intime avec celui des blés & des farines.

Quelquefois cependant le pain a été taxé à Paris & dans les environs, ce n'a été il est vrai, que pendant les temps de cherté, dans l'intention d'obliger par ce moyen les Boulangers à ne fabriquer qu'une seule qualité de pain pour ramener cette denrée essentielle à un prix plus modique, & soulager en même temps le Peuple dans les besoins indispensables de son premier aliment; mais il y auroit tout lieu de craindre que la taxe dans les années d'abondance, ne replonge dans l'enfance la Meunerie & la Boulangerie, plus perfectionnées à Paris qu'ailleurs, parce que le Boulanger plus instruit & plus jaloux de faire du beau pain, n'achette pour y parvenir, que des blés d'élite, la taxe ne portant que sur ceux du milieu, par conséquent d'un prix & d'une qualité inférieurs, & ne pouvant se retirer au tau de la taxe, il se verroit contraint d'acheter des grains médiocres, de faire des moutures basses; enfin, d'augmenter les produits en farine aux dépens du son; & pour épargner sur les plus légers frais, négliger précisément ceux qui peuvent influer sur la qualité: quand on ne gagne pas sur l'objet de son travail, les talens sont en défaut, & rien ne ressemble davantage à l'ouvrage d'un mauvais ouvrier, que celui d'un homme instruit qui n'est pas suffisamment payé.

On a remarqué qu'à prix égal du blé, le pain dans beaucoup de nos Provinces, étoit cependant presque toujours plus cher qu'à Paris, tandis qu'on devroit y éprouver l'effet contraire. Il est facile de prouver que c'est autant aux vices des moulins & à l'ignorance des Meuniers, qu'aux défauts de fabrication, qu'il faut attribuer principalement cette augmentation.

Mais si les Boulangers, il est vrai, sont bornés à une ou deux fournées, les frais de fabrication sont nécessairement plus considérables, & le pain, quand il seroit le produit d'une bonne mouture & d'un excellent travail, pourroit en proportion coûter davantage.

D'autres causes occasionnent encore la différence du prix du pain de province à province, à prix égal du blé; ce sont les calculs établis par l'usage & l'habitude pour la taxe dans les pays où l'on fait commerce de farines; c'est sur le prix & le produit de la farine que l'on établit cette taxe : mais on s'en rapporte à des données incertaines; les uns estiment les frais de manutention & le bénéfice du Boulanger à un prix trop haut, tandis que d'autres n'ont en vue que des calculs devenus inférieurs à cause de l'augmentation amenée par une succession de temps & d'années pour les frais de la main-d'œuvre.

Dans les petites villes où l'on doit moins espérer des bons effets de la concurrence, & où l'on suppose d'ailleurs que les Boulangers, en moins grand nombre, ont la facilité de pouvoir s'entendre; la taxe alors y paroît plus nécessaire : mais la manière dont on s'y prend pour y procéder, & qui a passé en usage dans certains endroits, remplit-elle tout-à-fait les différentes vues que l'on a pour l'avantage du Peuple & le bénéfice honnête du Boulanger! C'est ce qu'on va voir.

Ce sont tantôt les Officiers de police qui président eux-mêmes à la taxe; tantôt les Marchands ou les Commissionnaires les plus notables remplissent cette fonction, & quelquefois les mesureurs sont chargés de rendre compte aux Magistrats, du prix des grains : le marché commence ordinairement à midi ; environ trois heures après & même moins, on sait à quoi s'en tenir sur le renchérissement ou la diminution ; ne croiroit-on pas que la taxe va suivre naturellement le prix du grain après le marché ? mais souvent ce n'est que le lendemain à la même heure, & plus tard encore, que la taxe est signifiée aux Boulangers : de ce retard, il résulte pour ceux-ci plusieurs inconvéniens.

Si le blé a augmenté, le peuple toujours aux aguets sur le prix du pain, & qui, pour gagner un sou sur cette denrée, va perdre une matinée à courir d'une extrémité à l'autre de la ville ; le peuple instruit, aussitôt que le Boulanger, de cette augmentation, achette du pain au-delà même de ses besoins, & quand il ne devroit pas le consommer dans la semaine, il n'en fait

pas

pas moins provision quand ses facultés le permettent, dans la crainte que l'augmentation ne continue au prochain marché; mais le soir du jour du marché, quoique le Boulanger ait fait la nuit & dans la matinée autant de fournées qu'à l'ordinaire, on se plaint de ce qu'il n'a plus de pain, de-là les murmures, les reproches, dont il devient presque toujours la victime injustement. Le blé, au lieu d'augmenter, diminue-t-il, alors le Peuple loin de s'approvisionner, achette au jour le jour & à mesure que les besoins le sollicitent : ainsi le Boulanger qui n'avoit pas suffisamment de pain le jour du marché, où le blé a renchéri, pour fournir à l'importunité de la multitude, a presque tout ce qu'il a cuit pour son compte lorsqu'il a augmenté.

C'est donc pour obvier à tous ces inconvéniens, qu'il seroit à propos de taxer le pain à l'instant même où le prix du blé vient d'être déterminé, sans attendre un intervalle de vingt-quatre heures & plus; intervalle qui nuit toujours aux Boulangers, & sur-tout au Peuple, en lui faisant manger son pain, tantôt au sortir du four, & tantôt beaucoup trop rassis.

Un autre usage qu'on ne devroit laisser subsister nulle part; c'est que dans les mois de Juillet & d'Août, à la veille de la récolte, où les grains augmentent prefque toujours, foit à cause que les marchés font moins fournis par rapport aux travaux de la campagne, foit relativement aux craintes préfentes & futures de la moiffon; foit enfin, parce que le cultivateur fait différentes fpéculations à ce fujet: alors les Boulangers ne peuvent obtenir la taxe du pain, fous le prétexte que le prix du blé n'eft pas encore affis. Mais dans un commerce auffi mobile, auffi important que celui des grains, il n'eft aucune faifon, aucune circonftance qui puiffent difpenfer de la taxe, conformément au prix du blé dans tous les endroits où l'expérience en a démontré la néceffité. Quand on fuppoferoit que le Boulanger aifé n'attend jamais le moment pour faire fes approvifionnemens; le plus grand nombre qui gagnent à peine de quoi faire fubfifter leur famille, n'ont pas les fonds néceffaires pour pouvoir les garantir des circonftances de cherté: ceux-ci qui n'ont pas le moyen de faire nul facrifice, vont donc voir leur ruine fe préparer, lorfqu'on fufpendra la taxe en laiffant le prix du pain au tau où étoit le blé avant l'augmentation.

Quand le Boulanger a trouvé dans fon commerce & dans fon patrimoine des reffources pour parer aux circonftances d'augmentation, le bénéfice qu'il fait alors est comme marchand, c'est-à-dire, que le blé qu'il auroit acheté à bon compte en le portant au marché, il y gagneroit en le vendant le prix courant; alors il feroit assimilé au sort de tous ceux qui courent les hasards de ce commerce. Enfin une considération à laquelle on ne prend pas garde, c'est que quand la taxe du pain est établie après la diminution du grain, on ne seroit pas arrêté par les représentations du Boulanger, qui prouveroit qu'il a des provisions.

Les Boulangers forains qui viennent vendre le pain au marché, sont ordinairement accueillis & protégés, dans la préoccupation où l'on est qu'ils entretiennent & augmentent l'abondance d'une denrée trop essentielle à la vie, pour ne pas la favoriser; mais cette abondance ne produit tout au plus qu'une sécurité perfide; c'est un superflu dont on ne peut jouir dans un temps où l'on n'a que le juste nécessaire; puisque la taxe du pain étant arrêtée pour tous les marchands indifféremment, la concurrence ne sauroit produire aucun avantage aux acheteurs.

On sait que les Boulangers des villes, obligés d'une part à des impositions dont une partie est ignorée dans les campagnes, contraints de l'autre à fournir un service journalier dans tous les temps & fans varier leur bénéfice, ne fauroit être comparé à celui des Boulangers de village; ces derniers n'étant affujettis à aucune loi, à aucune police, ayant à meilleur compte l'emplacement, le bois & la main-d'œuvre, ne faifant pas toutes les efpèces de pain, n'ont pas le même intérêt à contenter leurs pratiques, dont ils font à peine connus; & s'ils donnent leur pain à plus bas prix, c'eft parce qu'il eft d'une qualité inférieure. Je reviens à la taxe.

Il eft ridicule que dans quelques villes on affimile tous les pains par la taxe, & que les gros pains foient proportionnément auffi chers que ceux d'un petit volume. Cette taxe cependant ne devroit être bornée qu'au pain deftiné pour le peuple; à l'égard des pains mollets & de fantaifie, comme ils exigent plus de travail & de frais, que la farine dont ils font compofés eft plus belle, & qu'ils éprouvent davantage de déchet dans la cuiffon, on devroit laiffer aux Boulangers la liberté de les vendre plus cher; il feroit même à defirer que dans le cas où ils fabriqueroient également l'une & l'autre efpèce de pain, on fît enforte que les frais de fabrication du gros pain fuffent reportés fur ceux des petits pains, & foulager par-là le peuple : l'homme aifé ne balancera jamais d'ajouter quelque chofe au prix ordinaire du pain pour satisfaire son goût particulier : d'ailleurs, n'est-ce pas une justice, que plus les objets demandent d'attention & d'industrie, plus on doive les payer.

Il seroit donc à souhaiter que la taxe se fît immédiatement après le marché, que les personnes nommées par les Officiers municipaux pour en rendre compte, fussent experts en grains & reconnus par leur probité, afin de ne pas donner un prix pour un autre, & une qualité de blé différente de celle sur laquelle doit être établie la taxe; car ayant autant d'intérêt que le peuple, à ce que le pain soit à bon compte, leur rapport, d'où dépendent le bien public & la fortune du Boulanger, doit toujours paroître suspect ou du moins insuffisant à des Juges faits pour tout peser, tout voir, tout examiner par eux-mêmes, donner leur attention à ce que le peuple ne paye pas son pain trop cher, & que le Boulanger retire de son commerce le bénéfice légitime qui doit être la récompense du travail pénible & assujettissant de sa profession.

Article IV.
De la Pesée du Pain.

Il a déjà été fait mention à l'article qui traite de la pesée de la pâte, des règles adoptées

& fuivies chez tous les Boulangers pour lui ajouter un excédant capable de remplacer ce qui fe perd & s'évapore pendant la fermentation, durant & après la cuiffon; que cet excédant, toujours relatif à la nature & au volume des pains, ne mettoit pas toujours le Boulanger le plus honnête & le plus attentif, à l'abri des variétés innombrables auxquelles chaque efpèce de pâte étoit affujettie par rapport au déchet qu'elle éprouvoit avant d'être convertie en pain; maintenant il eft bon d'en donner la démonftration.

Quelles que foient les connoiffances que l'on pofsède fur le commerce du pain, nous croyons pouvoir y ajouter encore les nôtres. L'Auteur de l'Art du Boulanger a commencé de défiller les yeux à ce fujet; ce que nous allons expofer fera un fupplément de ce qu'il a déjà dit fur la pefée du pain, puiffai-je, avec M. Malouin, concourir à établir ce qu'il y a de plus effentiel & de plus précis fur une matière auffi délicate, & faire ceffer fans retour cette efpèce de guerre qui règne dans tout le Royaume entre la Police, le Peuple & le Boulanger.

Plufieurs queftions me paroiffent concerner la pefée du pain; l'intérêt du peuple & la fûreté du commerce de la Boulangerie néceffitent cette discussion. Je vais encore m'y livrer, afin de rendre mon Ouvrage plus digne du Gouvernement qui le protège : il s'agit de savoir 1.° si une pâte confiée au four peut être portée par le moyen de la cuisson, à un poids déterminé, fixe & invariable. 2.° Si après la cuisson cette pâte est encore susceptible d'éprouver une diminution sensible. 3.° Si les Boulangers peuvent être garants du déchet que la pâte subit pendant les différentes opérations qui le convertissent en aliment. 4.° Si le pain, représentant un poids quelconque, vendu & livré ainsi à l'acheteur, le fabricant peut être taxé de fraude, parce qu'il y aura quelques onces de moins sur le poids. 5.° Enfin, s'il est possible de faire ce commerce à l'exclusion des poids & des balances; voilà ce que je me propose d'examiner très en abrégé dans cet article.

Rien au premier coup-d'œil ne paroît plus naturel ni plus conforme à l'équité & à la raison, qu'un pain annoncé pour peser quatre livres, possède réellement ce poids, rien aussi ne semble plus manifeste que la fraude du Boulanger, qui ne donneroit que trois livres dix à douze onces, au lieu de quatre livres ; cependant en réfléchissant un moment sur ce qui se passe dans la panification, on sentira aisément, que malgré les plus grands soins & l'exactitude la plus scrupuleuse dans la pesée de la pâte, il peut encore arriver une multitude d'accidens qui les font varier à l'infini, non-seulement d'année en année, mais encore de lieu à lieu, de moment à moment; ce qui auroit dû prouver clairement qu'il étoit d'autant plus injuste d'infliger des amendes pour quelques onces de manque dans le poids, qu'aucune loi n'autorisoit le Boulanger à se faire surpayer de l'excédant, & quand il y en auroit, le peuple ne s'y prêteroit pas; d'ailleurs le Boulanger, une fois entaché de deshonneur, est découragé, & s'il ne jouit d'aucune considération, on est bientôt disposé à l'insulter.

Il n'est personne tant soit peu au fait de la Boulangerie, qui puisse disconvenir que le degré de sécheresse ou d'humidité des blés & des farines, leurs diverses qualités, les moutures & leur manière d'être dirigées, la température de l'eau employée au pétrissage, l'apprêt des levains, le séjour de la pâte dans le tour & sur couche, la saison, l'état de l'atmosphère, l'emplacement du fournil, la force, l'adresse & la vivacité des ouvriers, la construction du four & la nature du bois avec lequel on procéde au chauffage, ne soient autant de causes physiques

& accidentelles qui rendent le déchet plus ou moins confidérable, & empêchent, à quelques onces près, que le pain ne pèfe conftamment fon poids.

Les Phyficiens & les Chimiftes connoiffent depuis long-temps les effets de l'air & du feu fur les corps, ils favent que ceux-ci éprouvent plus ou moins de déchet, en raifon de leur denfité, de leur ténacité, & des furfaces qu'ils préfentent à l'action de ces deux élémens, ainfi l'eau que la pâte a abforbée dans le pétriffage s'évaporera d'autant plus aifément qu'elle y fera plus abondante, moins confondue & difperfée dans la maffe générale; que les différentes parties conftituantes de la farine qui l'ont accrochée & retenue, ne feront pas de nature graffe, & que les agens qui doivent opérer fon atténuation, fa combinaifon, fon adhérence & fa fixation, exerceront leur pouvoir plus long-temps & d'une manière très-infenfible.

Entrons dans une Boulangerie, fans préjugés, & portons les regards fur une pâte qu'on pétrit & qui fermente, nous verrons comparativement avec d'autres, qu'elle évaporera d'autant plus aifément, qu'elle contiendra plus d'eau & de levains trop prêts : nous verrons qu'avec la même quantité de bois, le four ne fauroit être toujours chauffé d'une manière uniforme, & la cuisson constamment égale par-tout : nous verrons que le pain le premier enfourné, est presque toujours retiré le dernier, & que celui placé à la bouche ne peut avoir le même degré de cuisson que le pain qui occupe le fond & les rives : enfin, nous verrons que la position des fours & leur différente construction, la méthode de les chauffer, d'enfourner & de défourner, doivent tout naturellement apporter à la même farine, à la même pâte & au même pain, des nuances différentes de déchet, & occasionner le manque de poids, sans que la fraude y ait absolument aucune part.

Le Boulanger contraint de cuire la nuit pour fournir ses pratiques, quelquefois fort tard, est souvent exposé à des reproches de leur part, à cause que le pain rassis ne pèse plus son poids, elles attendent même plusieurs jours pour en donner la démonstration : en vain le pain du matin au soir, depuis sa sortie du four jusqu'à sa consommation, évapore continuellement ; en vain il est prouvé que le déchet qui s'ensuit ne sauroit être plus apprécié que celui occasionné par la fermentation & la cuisson ; qu'il dépend de la saison, de l'endroit où le pain est serré, & de sa qualité ; toutes ces raisons n'empêchent pas les particuliers de rapporter leur pain, souvent trois jours après sa cuisson, en criant qu'il ne pèse pas son poids ; comment la chose seroit-elle possible, puisque le Boulanger le plus attentif ne sauroit parvenir à conserver le poids juste du pain, lorsqu'à peine il est refroidi.

La pesée de la pâte est une opération si vive & si prompte, que pour peu que l'œil soit distrait & les mains peu agiles, on ne peut jamais rencontrer le milieu entre le trop & le trop peu : souvent par ignorance ou par défaut de conduite, le peseur ne saisit pas assez rapidement le trait du fléau, ses balances n'ont pas toute la propreté requise ; quelquefois par oubli il ne met pas le poids ; mais quand bien même le peseur se seroit acquitté de son travail avec adresse & ponctualité ; le brigadier à son tour ne peut-il pas commettre d'autres fautes, en laissant trop apprêter la pâte, en desséchant ou en brûlant le pain. Le Boulanger, dira-t-on, pourroit prévenir tous ces inconvéniens, en inspectant la pesée & le peseur, le four & le geindre ; mais lui est-il permis d'être toujours présent au travail pendant la nuit ? occupé le jour à ses achats, à ses moutures, à ses mélanges de farine ; n'est-il pas d'ailleurs exposé encore aux misères humaines, & lorſqu'il eſt malade les ouvriers ne font-ils pas encore plus mal leur beſogne.

Aucun Marchand ne peut garantir la déperdition à laquelle font ſujets certains objets de leur commerce; celui, par exemple, qui vend des jambons a grand ſoin de noter le poids qu'ils pèſent à leur arrivée, en y ajoutant une étiquette, & ils le vendent comme ayant réellement ce poids, quel que ſoit ſon déchet. Le Charcutier fait éprouver au jambon une autre déperdition en le réduiſant preſqu'à la moitié; mais il le vend le double de ce qu'il a coûté étant crud ; comment le Boulanger pourroit-il garantir la pâte du déchet qu'elle éprouve pendant les différentes opérations qui la convertiſſent en aliment, puiſque cette pâte une fois peſée & tournée, elle n'eſt plus à ſon pouvoir, & qu'il n'a pas d'influence ſur toutes les cauſes qui peuvent enſuite occaſionner un manque de poids. Il ne ſeroit pas raiſonnable d'objecter ici que le Boulanger pourroit, dans tous les temps & pour toutes les qualités de blé, fixer la mobilité du déchet, en augmentant encore l'excédant ajouté à la pâte avant de la ſoumettre à l'apprêt & au four; mais le bénéfice du Boulanger étant borné à quelques deniers, portant toujours fur le produit de la farine en pain, en augmentant cet excédant, loin de gagner, il perdroit, c'eſt-à-dire, qu'au lieu de retirer d'un quintal de farine cent vingt-ſix livres de pain environ, il n'en retireroit plus que cent ſeize livres : or, cette diminution l'empêcheroit de retrouver même les frais de fabrication ; il perdroit bien au-delà de ce bénéfice, s'il vouloit prévenir toutes les circonſtances qui font ſi ſouvent varier le déchet, & il arriveroit qu'il y auroit des pains qui peſeroient beaucoup plus que leur poids, & qui reviendroient néceſſairement à un plus haut prix.

Si le déchet qui arrive dans la peſée, pouvoit être calculé au point de ne jamais varier, on pourroit à la rigueur n'exiger le poids du pain que dans le cas où cet aliment n'a que la forme, la groſſeur & la cuiſſon ordinaires : celui qui, par un goût particulier, veut que ſon pain ſoit compoſé d'une autre pâte, & façonnée différemment, qu'il ſe trouve plus long, plus plat, plus petit & plus abondant en croûte, ſemblable aux pains en flûte, en bourrelets, à couronne ou à ſoupe, ſuivant l'uſage du pays, doit s'attendre à plus de déchet. Il eſt démontré qu'un pain de quatre livres extrêmement alongé, auquel on auroit ajouté l'excédant en pâte preſcrit, peut être réduit à trois livres fans avoir trop de cuiſſon & à moins encore, fans cependant être brûlé ; tandis que le même pain, fous une forme ronde, pourroit même peſer plus que fon poids, & fe trouver fuffiſamment cuit.

Si l'on ne peut déterminer au juſte le degré de cuiſſon, & par conſéquent le déchet qui en eſt la fuite, on doit s'attendre que dans le nombre des pains expoſés en vente, il s'en rencontrera neceſſairement qui pèſeront quelques onces de moins, & d'autres de plus ; croit-on après cela être en droit de taxer le Boulanger de mauvaiſe foi, d'intelligence avec fes garçons, de faire un commerce frauduleux de pain, puiſque malgré tous fes efforts pour tâcher de concilier le rapport du poids de la pâte avec celui du pain, malgré les connoiſſances qu'il a déjà acquiſes, relativement à la farine fur laquelle il opère & au four où il cuit ; fon attente & fa prévoyance font encore très-fouvent trompées par l'effet furprenant & inopiné qui réfulte de la fermentation & du chauffage accélérés ou retardés par des circonſtances imprévues, par la nature des levains & le volume différent des pains.

L'Officier de police néanmoins qui, vraiſemblablement ignore tous ces faits, que la variété du poids du pain a rendu défiant fur le compte du Boulanger, fans altérer la pureté de fes intentions, vient chez lui faire vifite, choifit trois ou quatre pains au milieu de ceux qui compofent fix fournées; il les pèfe, & les faifit parce qu'il leur manque quelque chofe, fans avoir égard au plus grand nombre dont le poids eft jufte & même excédant. Ces pains ont pu être les premiers enfournés; alors on ne peut douter qu'étant infiniment plus cuits, ils ne foient certainement les moins pefans; pourquoi n'en pas pefer plufieurs féparément ou enfemble pour les comparer & acquérir des preuves évidentes fur la fraude du Boulanger, contre lequel on peut déjà être prévenu? quand bien même les pains d'une fournée entière fe trouveroient avoir quelque chofe de manque, feroit-ce une raifon fuffifante pour le condamner, fur-tout fi les pains font trop cuits ou trop raffis? d'ailleurs, le pain pourroit pefer fon poids, & même au-delà, fans être cuit; le Boulanger alors feroit plus répréhenfible: ne faudroit-il pas que le déchet fe trouvât affez confidérable pour ne pouvoir plus être attribué aux circonftances énoncées & à l'impoffibilité phyfique de ne pouvoir rencontrer la précifion dans l'exactitude de la pefée, puifqu'elle dépend de la réunion d'une foule de circonstances sur lesquelles la volonté, l'attention & la probité n'ont aucune influence.

On juge bien d'après les difficultés insurmontables qui s'opposent à ce que le pain pèse constamment son poids au sortir du four, & quand il est parfaitement refroidi, combien on a été exposé à faire des saisies & appliquer des amendes injustement, en mettant toujours sur le compte du Boulanger la mal-adresse & l'inconduite des garçons, en le rendant responsable des variations de l'atmosphère, de l'inégalité des matières, de l'action inconstante du feu : combien de fois n'est-il pas arrivé que le peseur, pour nuire à son Maître, a soustrait par humeur l'excédant en pâte de quelques pains ! cette coutume bizarre & contradictoire qui asservit le Boulanger à tenir des balances dans sa boutique, & à ne pas s'en servir pour vendre son pain, n'a-t-elle pas fourni quelquefois des armes à la passion ! on a des exemples qu'il y a eu des gens qui ont fait sécher devant le feu du pain rassis pour augmenter son déchet, & lui donner une apparence de nouveauté, afin de s'en faire ensuite un moyen de plainte pour assouvir leur haine.

Les Marchands de mauvaise foi, il est vrai, pourroient sans doute se prévaloir & se faire un

titre

être des accidens qui mettent obstacle à la précision de l'exactitude de la pesée, pour tenir toujours leur pain à un poids inférieur à celui qu'il doit avoir, & faire par-là un vol au peuple dont la nourriture fondamentale ne sauroit trop intéresser. Si le pain est la moindre dépense du riche, elle est sans contredit la plus forte & presque la seule du pauvre ; on ne sauroit donc trop prendre garde qu'il ne lui soit fait aucun tort à ce sujet ; le seul moyen pour y parvenir seroit de vendre le pain au poids avec d'autant plus de sûreté, que l'acheteur, trouvant chez le Boulanger des balances, il pourroit toujours, quand il le voudroit, acquérir la certitude du poids de son pain, & seroit également le maître de quitter son fournisseur lorsqu'il auroit quelques mécontentemens sur la qualité.

On pourroit, pour un motif semblable, obliger les Boulangers qui garnissent les marchés, à se pourvoir de balances & de poids, dont la justesse seroit souvent inspectée. C'est-là surtout où la loi que nous desirons, produiroit un plus grand bien, parce que le pain qu'on y débite est spécialement destiné à la consommation de la classe la plus indigente ; on a même droit d'être étonné que les Boulangers de la ville qui travaillent davantage pour la classe la plus opulente, & qui fabriquent différentes espèces de pain dont le déchet eſt impoſſible à déterminer ; que ces Boulangers, dis-je, aient des balances & ſoient ſouvent viſités, tandis que ceux qui approviſionnent le marché d'un pain dans lequel il doit y avoir moins de déchet, n'aient pas de balances, & ne ſoient pas inſpectés : nous oſons réclamer pour le peuple la même faveur.

Tous les Règlemens, toutes les Ordonnances enjoignent aux Boulangers d'avoir des balances & des poids dans leur boutique, afin que le public puiſſe vérifier par lui-même & à ſon gré, le poids du pain qu'il achette & qu'il paye ; pourquoi donc a-t-il négligé d'uſer de cette précaution expoſée à ſa vue ? pourquoi, au lieu de l'employer à l'inſtant que le ſoupçon s'empare de lui, court-il chez l'Officier de Police ſe plaindre, & demander qu'on ſéviſſe contre le Boulanger, quand ce dernier n'a pas refuſé de tenir compte du manque de poids ? pourquoi accuſer ſa bonne foi ailleurs que dans la boutique où il a acheté le pain, lorſqu'il a des balances & des poids pour remplir le déchet d'une évaporation inappréciable ? la balance enfin n'eſt-elle pas deſtinée pour obvier aux inconvéniens & aux débats qui peuvent partager le vendeur &

l'acheteur ? existe-t-il un médiateur plus puissant, moins équivoque pour terminer les débats, lever les difficultés & anéantir tous les doutes ?

Lorsqu'on prend un homme en fraude, la marchandise qui en est l'objet est déposée ordinairement sous le sceau & la garde de la Justice ; c'est sur le vu & la représentation de la marchandise suspectée, qu'il est convaincu & jugé ; mais le Boulanger seul paroît privé de cet avantage, à peine les pains sont-ils saisis, qu'on les déforme aussitôt en les coupant par morceaux, & en les distribuant à la populace ou dans les hôpitaux ; il n'existe donc plus ensuite de pièce de conviction capable de le condamner, & quand même elle existeroit, elle ne pourroit servir qu'à déposer contre lui, puisque le pain confisqué pouvant avoir deux onces de moins au moment de la saisie, seroit en état de diminuer encore d'autant, parce que le pain depuis le pétrissage jusqu'à ce qu'il est cuit, & qu'on est sur le point de le manger, va toujours en s'évaporant. Ainsi, on prononce sur l'honneur & la fortune du Boulanger, trop souvent victime d'une fraude apparente.

Un commerce quelconque le plus difficultueux, ne peut guère tromper, fait à l'aide de l'aune, de la mesure & de la balance ; mais le

Boulanger qui a acheté fon blé à la mefure, qui a exigé du Meunier la farine au poids, qui pèfe fa pâte après qu'elle eft pétrie, ne vend pas le pain au poids; lorfqu'il en a déterminé la quantité, fuivant les règles prefcrites, il ne peut plus y toucher, la fermentation, la cuiffon & le refroidiffement, viennent déranger tous fes calculs; hier, les pains de la même pâte, du même volume & de la même forme, avoient jufte leur poids après le défournement, aujourd'hui il y a du manque; c'eft le froid qui a rendu l'action du chauffage plus vive, c'eft l'eau moins tiède & les levains plus avancés qui ont accéléré l'apprêt; enfin, c'eft le pétriffage plus vigoureufement exécuté, qui, en faifant entrer davantage d'eau & d'air dans la pâte, la rend plus évaporable, en forte qu'indépendamment des autres circonftances de l'atmofphère, l'excédant de la pâte eftimé néceffaire pour remplir le manque de poids que le mouvement de la fermentation, la chaleur du four & l'air ambiant dans lequel refroidit le pain, ont pu occafionner, n'a pas été fuffifant pour fournir à tous ces agens.

L'ufage de vendre le pain au poids eft adopté dans quelques provinces, où les pauvres comme les riches s'en trouvent fort bien. Quels feroient donc les obftacles qui empêcheroient qu'on ne rendît cet usage général ; je ne vois que les Boulangers infidèles ou craignant la gêne qui pourroient s'y opposer : personne ne profite d'un pareil abus, & l'intérêt du public en sollicite la destruction. Les grandes Maisons, les Colléges, les Monastères, prennent leur pain au poids ; ils ont reconnu que, si les pains mis à la balance séparément n'avoient pas constamment leur poids, ils étoient assez ordinairement justes, étant pesés plusieurs ensemble : mais le peuple, cette classe d'hommes d'autant plus intéressante qu'elle est la plus utile & la plus misérable ; le peuple qui n'a pas le moyen de perdre une once sur sa nourriture, qui n'achette souvent qu'un pain de quatre livres & dans lequel il se trouvera jusqu'à quatre onces & plus de manque s'il étoit trop cuit ou trop rassis ; le peuple qui ne voit que son pain, qui ne sent que le prix du pain, dont la consommation pour lui est égale dans tous les temps ; ce peuple enfin, si respectable par son utilité, seroit soulagé par la vente du pain au poids.

La seule objection qu'il soit possible de faire contre la loi qui ordonneroit la vente du pain au poids, c'est que les Boulangers pourroient ajouter à la pâte une plus grande quantité d'eau & l'y retenir ensuite, en cuisant peu le pain, de manière que par ce moyen on feroit expofé à avoir du pain qui pèferoit beaucoup par l'humidité qu'il renfermeroit, & non par la nourriture : or, il s'enfuivroit un pain très-abondant en mie, ayant peu de croûte & dont le goût feroit fade.

Mais cette objection préfentée dans toute fa force, tombe entièrement d'elle-même ; le Boulanger prépare conftamment trois fortes de pains fur lefquels le public aura toujours le choix ; celui de pâte molle, qui contient le plus d'eau, doit avoir encore affez de fermeté & d'épaiffeur pour conferver le volume néceffaire, fans quoi ce feroit une galette platte, dont la croûte inhérente deviendroit un défaut ; quant à la cuiffon, on ne courroit pas plus de rifque à être trompé ; ne feroit-on pas toujours le maître de laiffer celui qui ne fembleroit pas affez cuit ? d'ailleurs la Boulangerie fera toujours foumife par la nature de fon objet à la rigueur des loix & à la févérité du Magiftrat éclairé qui en eft le dépofitaire.

Le Boulanger ne peut fe juftifier aux yeux de la Police & du Public que par la balance ; aucune expérience ne lui a encore dévoilé le moyen de s'en paffer : elle eft l'unique reffource qu'il ait pour écarter le foupçon, &

éteindre le reſſentiment qu'on pourroit conſerver contre lui ; elle peut donc procurer la ſécurité de ſon commerce, & rétablir ſon honneur dans l'eſprit des hommes prévenus. Enfin, il n'y a pas de remède plus efficace pour prévenir tous les inconvéniens.

De ces obſervations fondées ſur l'expérience, le raiſonnement & l'équité ; il réſulte qu'il eſt phyſiquement impoſſible d'aſtreindre le Boulanger à vendre ſon pain à un poids juſte & déterminé, ſans qu'il n'y manque par fois quelques onces ſur quatre livres ; que l'unique moyen de parer à cet inconvénient qui réſulte des variétés des temps & des matières, c'eſt qu'il pèſe le pain qu'il vend & débite ; que les Édits, Arrêts & Ordonnances qui enjoignent à tous les Boulangers d'avoir dans leur boutique & dans les marchés, un fléau garni de balances, & des poids marqués, étalonnés, & viſités pour peſer leur pain à meſure qu'ils en font la vente & la diſtribution, aient une pleine & entière exécution : que ſi le public enſuite a oublié ou dédaigné de ſe ſervir de la balance qui frappe ſes yeux, & qu'on lui offre d'en faire uſage, il ne doit plus être fondé ni reçu après cela à s'en aller plaindre ailleurs ; puiſque ſans ſortir, il a la liberté de demander cette ſatifaction de voir peſer ſon pain, sauf à lui, après cela, si cet aliment n'est pas loyal & marchand, s'il ne peut obtenir justice de celui qui le lui a vendu, de recourir à l'autorité.

Quand bien même, ceux qui sont plus occupés de leurs petits intérêts, que jaloux de leur honneur & de leur tranquillité, trouveroient le débit du pain au poids trop assujettissant; de pareilles considérations pourroient-elles arrêter? quand la loi qui prescriroit une coutume aussi sage, soulageroit le peuple sans nuire au fabriquant. Malgré l'avilissement où se trouve aujourd'hui l'art de préparer le premier de nos alimens, il existe encore parmi ceux qui l'exercent, des hommes honnêtes & distingués, qui ne respirent qu'après le moment où ils auront la liberté de remplir par la balance & les poids, le déchet dont ils ne sont pas absolument les maîtres; quelle circonstance plus heureuse pour solliciter & obtenir une pareille loi! un Monarque bienfaisant, des Ministres éclairés, des Magistrats qui ne respirent que le bien-être du peuple au bonheur duquel ils sont chargés de veiller: d'ailleurs pourroit-il y avoir des Boulangers assez indifférens pour un Règlement qui porteroit le calme dans leur commerce & les justifieroit aux yeux de tous les hommes?

Article V.

De la Police des Boulangers.

Ce seroit un avantage bien réel de pouvoir soumettre les garçons boulangers à une discipline non asservissante, mais propre à établir entre eux & leurs Maîtres une concorde qui assurât dans tous les temps le service public & l'exécution paisible d'un Art aux progrès duquel les Européens particulièrement ont un intérêt direct ; mais cet objet ne paroît pas encore avoir été pris en considération, & malgré les sacrifices humilians que les Maîtres font pour fixer l'inconstance naturelle de leurs garçons, ils sont continuellement exposés à perdre des fournées entières, ou à fabriquer de mauvais pains par leur désertion au moment même de commencer l'ouvrage, ou bien par une multitude d'entraves qu'ils apportent, au lieu d'en partager les embarras & les soins.

Tous les Boulangers confessent cependant que la cause essentielle du bon ou du mauvais pain dépend du concours de plusieurs garçons d'accord entr'eux & doués de l'intelligence proportionnée à la fonction qu'ils ont à remplir ; en effet depuis que le travail est commencé, jusqu'à ce qu'il foit achevé, toutes les manipulations marchent enfemble & fe fuccèdent très-rapidement, en forte qu'elles ne peuvent éprouver aucun retardement, fans donner lieu auffitôt à des inconvéniens très-préjudiciables, qui empêchent qu'on ne foit affuré de faire du pain conftamment bon à des heures régulières & fixées par les befoins du public.

Le Boulanger n'eft pas feulement Artifte, il eft encore Commerçant, puifqu'il vend & débite la marchandife qu'il fabrique; il eft donc tout-à-la-fois marchand & fabriquant : ces deux qualités font tellement liées l'une à l'autre, qu'il feroit peut-être dangereux de les féparer, en ne permettant pas au Boulanger de vendre l'aliment qu'il a préparé; il n'eft pas non plus hors de propos d'obferver que le travail de la Boulangerie a cela de particulier, que dans les grandes Villes, il ne fauroit être fufpendu fans que la tranquillité publique ne foit troublée. On ne fauroit donc trop favorifer, dans la pratique de leur Art, des hommes qui, par la nature des occupations auxquelles ils fe livrent, n'ont pas un feul moment de repos dans le cours de la vie; à peine le jour commence-t-il à paroître, qu'ils vendent déjà le pain qu'ils ont fait la nuit, & fi on les a fuivis dans les différentes opérations relatives à leur commerce, on aura vu que de reste, combien ils ont besoin d'être secondés & obéis par leurs garçons.

Ces réflexions que M. Brocq a faites avant moi, l'ont déterminé l'année dernière à présenter au Gouvernement un Mémoire sage & bien détaillé, sur la nécessité & les moyens d'établir une police chez les Boulangers de Paris; dans lequel il démontre que le travail de la Boulangerie exigeant le concours de plusieurs garçons, dont les fonctions différentes demandoient de la part de chacun d'eux, pour être rempli convenablement, non-seulement de la force, du courage & de l'intelligence, mais encore des mœurs & de la conduite ; que l'esprit de légèreté & d'insubordination qui caractérisoit particulièrement cette classe d'hommes, faisoit sans cesse le tourment, le malheur & même la ruine des Maîtres ; qu'enfin, pour les prévenir, il ne s'agissoit que d'attacher les garçons à leurs devoirs par des moyens simples, sans les gêner, sans leur ôter la liberté de prendre les délassemens que leur état peut leur permettre.

On ne peut cependant pas se dissimuler, observe très-judicieusement M. Brocq, que le tort ne vient pas toujours de la part des garçons Boulangers, que les Maîtres abusant par fois de leur autorité, ils n'ont pas continuellement les attentions & les égards que l'on doit à ſes ſemblables & ſur-tout à ceux que nous admettons pour partager le fardeau, & concourir à notre bien-être. Le Boulanger eſt condamné à vivre d'un travail pénible, aſſidu & continuel, dans un lieu toujours très-chaud, où l'air a perdu ſon reſſort; quoique pour faire ſon ouvrage il eût beſoin de force, de vigueur & de jeuneſſe, & qu'il ne puiſſe s'y livrer que pendant un certain temps, & juſqu'à un âge peu avancé.

Les reproches qu'on peut faire aux Boulangers, continue M. Brocq, peuvent être réduits à trois points, ou le Boulanger, dont les manipulations ne ſont preſque jamais ſemblables à celles de ſon confrère, exige des garçons, un travail au-deſſus de leurs forces, ou le Maître, par ignorance de ſon Art, les met dans la néceſſité de ſe roidir contre ſa volonté; ou bien enfin, le Boulanger attribue ſouvent à la négligence & à l'incapacité de ſes ouvriers, les défauts qui ſurviennent à la fabrication du pain, tandis que ſouvent le vice réſide dans ſa méthode ou dans la nature des matières qu'il emploie, en ſorte que le manque de lumières des Boulangers ou de leurs garçons, perpétuent les mauvaiſes qualités du pain.

L'intelligence & l'habileté des garçons échouent quelquefois auprès des matières fur lefquelles ils opèrent; tantôt les blés font médiocres, tantôt les farines ont été altérées à la mouture, & peuvent avoir perdu une partie de leurs propriétés; il arrive encore que l'impéritie des Meuniers & des Fariniers font fouvent la caufe du pain médiocre, dont le public mécontent avec raifon, rejette toujours la faute fur le Boulanger, & fouvent celui-ci fur les garçons, ce qui donne lieu à des difputes qui durent autant que l'objet qui en eft caufe.

C'eft pour obvier à ces inconvéniens & à beaucoup d'autres que le Mémoire dont nous parlons, expofe que M. Brocq avoit propofé de former quatre claffes des garçons Boulangers fuivant leurs fonctions, dirigées par un Boulanger inftruit & fous les yeux de la Police, qui infcriroit fur un regiftre par ordre de capacité, & noteroit leur conduite à côté de l'enregiftrement : diftribués chez les Boulangers, il les fuivroit pour connoître fi effectivement ils font en état de remplir la place pour laquelle ils fe font préfentés. Le garçon Boulanger ne pourroit pas quitter fa boulangerie, ainfi que l'endroit, fans en prévenir le Maître, pour avoir le temps de le remplacer, & celui-ci ne pourroit point par complaisance délivrer de certificat qui atteste sa conduite & ses mœurs, sans qu'il ne soit visé en même temps par le Boulanger inspecteur qui feroit mention du grade qu'il pourroit occuper : tels sont les principaux moyens que M. Brocq indique pour faire cesser toutes les contestations qui partagent les Maîtres & leurs garçons, alors on préviendra la négligence des bons principes, ainsi que les cabales pour faire manquer le travail & le service public.

Il paroîtra toujours étonnant, que dans beaucoup d'Arts utiles, mais moins que la Boulangerie, & dont l'interruption pendant même des semaines entières, ne seroit pas capable de déranger l'ordre, ni de troubler la tranquillité, on voie depuis peu des Règlemens très-détaillés, qui attachent les garçons aux devoirs de leur état & à l'obéissance qu'ils doivent aux Maîtres qui les emploient ; & que les Boulangers dont les travaux ont augmenté avec la perfection de l'Art, n'aient que des anciens Règlemens, qui, loin de remédier à aucun abus, en ont grossi le nombre. Tous les Boulangers honnêtes de Paris ne font qu'un cri à ce sujet ; *que l'on nous donne, disent-ils souvent, la liberté de vendre notre marchandise au poids, ainsi que nous avons acheté la farine d'où elle résulte ; que les moulins qui avoisinent* les environs de Paris ne soient plus occupés, à notre exclusion, par des intrus qui nous obligent d'aller au loin faire moudre; que l'on nous accorde enfin un nouveau Règlement pour contenir & dompter l'indocilité de nos garçons; alors nous supporterons patiemment & avec courage, les peines & les fatigues inséparables de notre état. Cette expression que le besoin fait entendre quelquefois, parviendra sans doute un jour à l'oreille du Magistrat éclairé qui préside à la police de Paris; & il accordera aux vœux des Boulangers le Règlement qu'ils desirent: la sûreté d'un service aussi important, & la bonne qualité du pain qui en résultera, seront un nouveau bienfait que lui devra la Capitale.

FIN.

www.ingramcontent.com/pod-product-compliance
Lightning Source LLC
Chambersburg PA
CBHW050054230426
43664CB00010B/1320